최강

농민
중국

농민
중국

초판 1쇄 인쇄 2017년 8월 15일
초판 1쇄 발행 2017년 8월 26일
지 은 이 루이룽 (陆益龙)
옮 긴 이 김승일
발 행 인 김승일
디 자 인 조경미
펴 낸 곳 경지출판사
출판등록 제2015-000026호

판매 및 공급처   도서출판 징검다리
주소 경기도 파주시 산남로 85-8
Tel : 031-957-3890~1 Fax : 031-957-3889 e-mail : zinggumdari@hanmail.net

ISBN 979-11-86819-70-8 93520

최강 농민 중국

루이룽(陆益龙) 지음 | 김승일 옮김

 경지출판사

CONTENTS

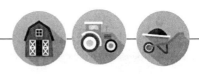

제2편 중국농민의 관념 및 행위

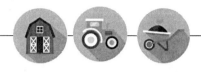

제3편 중국향촌사회의 정치와 경계

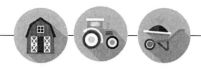

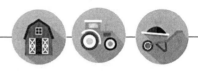

머리말

현재 많은 문고들이 출간되어 있으며 그중에는 사회학 문고도 많이 나와 있다. 이러한 상황에서 중국인민대학출판사의 위촉으로 사회학 문고를 주관함에 앞서 자신에게 이러한 질문을 던지게 된다. 이 문고는 단순하게 문고의 수량을 늘리기 위함인가? 아니면 질적인 측면에서 모종의 특별한 점을 지향하기 위함인가? 이는 이 문고가 비켜갈 수 없는 포지셔닝(positioning)의 문제이다. 그렇기 때문에 고심 끝에 이 문고의 포지셔닝을 다음과 같은 네 가지로 정리했다.

첫째, 연구서라는 점에 중점을 두고자 했다. 즉 이 문고에 수록되는 작품들은 반드시 연구성, 탐색성을 구비하고자 한 것이다. 연구성, 탐색성의 필수적인 요소는 모종의 신생 사물을 제시하는 것과 연관되어 있다. 즉 모종의 창의성을 가지고 있다고 말할 수 있는데, 다시 말해서 일반적인 자료성, 소개성, 번역성의 작품들과는 다른 점이 있다는 것이다. 그렇다고 후자가 중요하지 않다는 것을 말하는 것은 아니다.

사회학 연구는 여러 측면과 관련된다. 이론연구와 경험연구가 있고 정성연구와 정량연구가 있으며, 사회현상에 대한 연구가 있고 사회학 자체에 대한 연구 등이 망라된다.

따라서 이 문고는 모든 연구에 취지를 둔 작품을 향해 오픈되어 있고, 또한 사회학의 글로벌화와 현지화, 상호 결부되어야 한다는 요구와 자국의 국정에 맞도록 하기 위해 다음과 같은 몇 가지 문제에 포커스를 맞추고자 했다.

- 변화 중에 있는 중국사회에 대해 깊게 이해하고 있는 연구 작품.
- 중국특색의 사회학 이론에 기여가 될 수 있는 연구 작품.
- 세계 사회학의 새로운 발전과 방향을 포착한 연구 작품.

둘째, 최고의 작품을 수록한 문고가 되도록 하고자 한다. 최고의 작품이라 함은 내용적인 측면에서 적어도 다음의 한 가지 또는 몇 가지를 동시에 구비해야 하는 작품을 말한다. ① 사회학적 시각으로 사람들이 보편적으로 관심을 갖고 있는 사회적인 핫이슈에 대해 설득력 있는 분석을 해야 하며 탁월한 견해로서 시간과 역사의 시험을 이겨내는 작품. ② "사회의 진보를 촉진하고 사회적 대가를 줄이는" 사회학적 이념에 기여토록 해야 한다. ③ 사회학의 학과건설과 이론혁신을 촉진시킬 수 있어야 한다. ④ 중국 사회학의 글로벌화와 현지화에 대한 촉진작용을 가지고 있어야 한다. 또한 내용에 알맞은 적절한 서술 형태를 가지고 있어야 하며, 흥미롭고 쉬운 표현방식으로 독자들의 사랑을 받을 수 있어야 한다는 것 등이다.

셋째, 사회학계의 젊은 피가 두각을 보여줄 수 있는 문고가 되도록 하고자 한다. 즉 연구성 작품을 통해 사회학계에서 인지도가 없거나 젊은 신예들의 인지도를 향상시키고 그들을 학계와 사회에 널리 알려 학계의 유명인사가 되도록 해야 한다. 이러한 의미에서 이 문고는 사회학 인재를 양성하는 무대가 될 수도 있다. 주지하다시피 젊은 신예들이 없거나 부족한 학과나 학계는 미래가 없다고 할 수 있다. 물론 기존의 학계 유명인사를 무시해도 된다는 의미는 아니다.

그들은 우리가 의지해야 할 가장 중요한 버팀목이며, 그들은 후발주자를 이끌어줘야 하는 중요한 책임도 맡고 있다. 우리는 기존의 학계 유명인사와 곧 두각을 나타낼 학계 유명 인사들이 힘을 합쳐 이 문고를 명실상부한 유명인사 문고로 만들어 학계와 사회에서 보다 큰 역할을 할 수 있기를 희망한다.

넷째, 여러 학파가 여러 가지 학설과 주장을 자유롭게 발표하여 논쟁할 수 있는 문고가 되도록 하고자 한다. 여러 학파의 논쟁과 토론이 없는 학계는 성숙되지 못한 학계다. 필자는 사회학계에서 "학파는 많아야 하고 종파는 적어야 함"을 수차 강조한 바 있다.

학파 사이의 논쟁은 학술문제, 학술관점의 논쟁이므로 학술적인 기준을 통해 얼굴을 붉히며 논쟁을 하다가도 친구가 된다. 그러나 종파 사이의 논쟁은 비 학술적인 기준을 사용하며 파벌 간 대결로 인해 "우리와 같은 목소리를 내지 않는 사람은 우리의 적이다"라는 관념을 갖고 있다. 그러므로 학파간의 싸움은 선의의 싸움으로 서로 배우면서 학술의 발전을 촉진하며, 반면 종파간의 싸움은 악의적인의 싸움으로 학술 발전에 걸림돌이 되곤 한다. 우리는 이 문고가 여러 가지 견해를 갖고 있는 사회학 학파가 형성되고 서로 다른 학파 간에 유용한 논쟁을 통해 긍정적인 역할을 할 수 있기를 기대한다.

이 문고는 여러 가지 견해의 학파를 동일시하고자 한다. 요컨대 우리는 이 문고를 통해 훌륭한 연구 성과, 최고의 작품, 유명인사 및 학파가 탄생할 수 있기를 진심으로 희망한다. 이것이 바로 중국인민대학출판사

사회학 문고가 지향하는 포지셔닝이다.

옛날 사람들은 '상'이 되고자 하면 '중'이 될 가능성이 있고, '중'이 되고자 하면 '하'가 될 가능성이 있다고 말했다. 이 문고가 추구하는 포지셔닝은 '상'에 속하는 목표라고 할 수 있다. 그러나 결과는 두 가지 가능성을 갖고 있는데, '상' 아니면 '중'이다. 우리는 이 두 가지 가능성 중에서 전자를 목표로 하고자 한다. 최종 결과는 독자들과 시간의 검증을 받아야 할 것이다.

이어서, 이 문고는 특별한 시기에 출판되었음을 말하고 싶다.

먼저 정책적 환경이나 체제적 요건, 국내 분위기와 국제적 환경을 등을 볼 때, 중국 사회학은 중국 건국 이래 가장 훌륭한 발전기에 처해 있다고 할 수 있다. 현재 사회학의 지위는 철학 사회과학의 기본학과 중 하나로 자리매김했다. 사람들은 경제적 요인이 아닌 사회적 요인이 개혁과 발전, 그리고 안정에 주는 역할의 중요성을 날로 심각하게 인식하고 있으며, 따라서 비경제적 요인을 다루는 사회학이 경제적 요인을 연구대상으로 하는 경제학과 마찬가지로 모든 사람의 일상생활과 밀접한 연관이 있으며,

개혁과 발전, 그리고 안정을 촉진하는 학과임을 인지하고 있다.

또한 수많은 문제들을 사회학의 시각으로 보고 이해해야 함을 알게 되었고, 사회학의 이론연구과 경험연구는 실제상황에 맞는 사회정책을 제정함에 있어 기본적인 절차임을 인지하게 되었다.

사람들은 사회학을 이해했던 적이 없거나 잘 이해하지 못했거나 심지어 오해하던 것으로부터 점차적으로 이해하는 단계로 넘어가게 되었다. 일부 사회학의 용어(예를 들면, 커뮤니티, 사회화, 소외계층, 사회 변화, 양성 운행 등)들이 날로 보편화, 대중화되고 있고, 그중의 일부는 정부부문에서 사용하는 관용어가 되었다. 이는 중국 사회학의 발전에 체제적 조건을 마련해 주었을 뿐만 아니라 사회적 분위기도 조성했다.

치열한 경쟁을 거쳐 중국 사회학계는 제36회 세계 사회학대회를 주최할 수 있는 권한을 갖게 되었다. 이 회의는 '글로벌화 배경하의 사회적 변천'이라는 주제 하에 2004년 7월 북경에서 개최되었다. 중국사회과학원 사회학연구소가 이 회의를 주관했다. 현재 미국과 유럽의 사회학계는 모두 중국사회의 변화, 중국 사회학의 연구에 깊은 관심을 모으고 있다.

세계 사회학의 구도 중에서 미국과 유럽의 강력한 사회학과 비교해 볼 때, 중국 사회학은 여전히 규모나 투자, 성과와 영향력 등의 측면에서 약세에 머물러 있다고 할 수 있다. 강력한 사회학계가 이토록 중국사회의 연구에 관심을 집중시키고 있는 것은 본토사회에 뿌리를 내리고 있는 중국 사회학계에 있어서 무거운 부담이기도 하고 한층 더 발전할 수 있는 막강한 동력이기도 하다. 이러한 상황에서 이 문고를 출판하는 것은 매우 시의적절한 것이라고 말할 수 있다. 우리는 이러한 훌륭한 조건을 헛되게 하지 않기를 희망한다.

다음 세계 사회학이 자기반성과 재건의 과정에 처해있는 것 역시 이 시기의 특별성을 잘 설명해 주고 있다. 이러한 자기반성과 재건의 추세는 그냥 나타난 것이 아니라 현실적 근거를 갖고 있다. 그것은 바로 구식 현대성의 몰락과 신식 현대성의 흥기라고 할 수 있다. 필자는 이러한 구식 현대성의 몰락과 신식 현대성의 흥기는 중국 사회학의 글로벌화에 영향을 줄 뿐만 아니라, 중국 사회학의 현지화에도 영향을 준다고 본다. 이와 관련해서 좀 더 언급해본다면 다음과 같다.

구식 현대성이란 자연을 정복하고 자원을 통제하는 것을 중심으로, 사회와 자연이 조화를 이루지 못하고 사회와 개인이 조화를 이루지 못해 사회와 자연이 이중으로 대가를 치르는 현대성을 말한다. 20세기에서 21세기로 과도하는 시기에 전 세계의 사회생활 경관에는 큰 변화의 조짐이 나타났다. 사람들은 자연에 대한 인류의 파괴가 "자연이 주는 징벌"을 조성하였고, 자연과 사람의 관계가 긴장해지도록 하였으며, 심지어 "자연에 대한 인류의 도발은 인류의 자체훼멸의 전쟁으로 변하였음"을 볼 수 있었다. 인류욕망의 폭발과 자원의 고갈로 인한 자원통제에 대한 권력쟁탈은 기필코 가치척도의 왜곡, 윤리준칙의 변형, 개인과 사회의 관계가 악화되는 것을 초래하게 될 것이다. 구식 현대성은 이미 심각한 위기를 맞이했다. 따라서 세계적으로도, 또한 중국도 신식 현대성을 탐색하는 것은 필연적인 흐름과 추세가 되었다.

　신식 현대성이란 사람을 근본으로 하고 사람과 자연이 윈-윈하며, 사람과 사회가 윈-윈하고, 양자의 관계가 조화로우며 자연과 사회의 대가를 최대한 낮게 줄이는 현대성이다. 중국사회 전환의 가속기에 취득한 거대한 사회적 진보와 여러 가지 사회적 대가 중에서 우리는 신식 현대성의 심각한 의미를 체험할 수 있었다.

　두 가지 유형의 현대성과 사회학의 관계를 놓고 볼 때, 과거의 구식 현대성은 과거 사회학의 감성과 상상력, 설문과 식견, 심지어 그가 달성할 수 있는 이론적 포부와 희망의 한계를 형성했었다. 현대성이 심각한 변화의 시기에 직면할 때가 바로 사회와 개인의 재구성, 개인과 사회의 관계를 재건할 수 있는 시기이다. 사회학은 반드시 이러한 과정에 개입되게 될 것이며, 설정의 근본적인 변화, 시각의 심각한 조정, 이론의 재구성과 재생과정을 겪게 될 것이다.

구식 현대성에 반응하는 것은 신식 현대성일 뿐만 아니라 후 현대성도 있다. 신식 현대성이 구식 현대성에 대한 적극적이고 정의적인 의미에서의 반성이라고 한다면, 후현대성을 주장하는 포스트모더니즘은 일반적으로 구식 현대성에 대한 소극적이고 부정적인 의미의 반응인 것이다. 포스트모더니즘이 구식 현대성의 폐단을 비판하는 것은 정확하지만, 그 해결방법은 폐단을 제거하는 것이 아니라 현대성마저 포기케 하여 극단으로 나아갈 수 있다. 이러한 사회와 지식기초에 대한 '구조의 붕괴'는 사회의 조화로운 발전을 촉진시키는데 아무런 도움도 되지 않는다.

그러므로 구식 현대성이 몰락하고 신식 현대성이 흥기하는 역사적 시기에 중국 사회학은 반드시 시대의 요구에 부응하고 세계 사회학

재건의 발걸음에 맞추어야 하며 중국의 실제상황과 결부하여 이론연구의 측면에서 새로운 학리 공간을 개척해내야 한다. 중국의 고속 전환기를 겪은 독특한 경험을 바탕으로 중국 사회학계의 주체성, 자발성과 민첩성은 이미 크게 향상되었으며 따라서 위에서 언급된 목표에 도달하는데 도움이 될 것이다.

우리는 이 문고가 이상의 목표를 실현하는 과정에 촉진역할을 할 수 있기를 진심으로 바라마지 않는다.

정항성(郑杭生)

2003년 8월 치허문헌(气和文轩)에서

대중을 향해 나아가는 농촌 사회학

– 포스트향토(后乡土) 중국에 대한 탐색

- 정항성(鄭杭生)

　　농촌은 사회시스템의 중요한 구성부분이며 농촌연구는 사회학 연구의 중요한 구성부분이다. 특히 중국 사회학에 있어 농촌연구의 의미는 각별히 중요하다. 중국 사회학의 전파와 발전시기에 옌양추(晏陽初), 량수밍(梁淑溟), 우원차오(吳文藻), 리징한(李景漢), 옌신저(言心哲), 양카이다오(楊開道), 천한성(陳翰生), 페이샤오통(費孝通), 린야오화(林耀華) 등 사회학 선배들은 중국의 농촌과 농민발전이 직면한 문제에 대해 탐구하고 사색해왔다. 모종의 의미에서 볼 때 농촌에 대한 경험연구는 조기 중국 사회학 연구의 핵심이었다. 사회학에 있어서 중국학파의 형성은 수많은 중국 사회학자들이 향토사회 연구에 열중해 온 것과 밀접한 연관이 있다.

　　개혁개방 후 중국 사회학은 약 30년간의 중단 끝에 회복되었다. 30년 이래 농촌 사회학 연구의 수량과 품질은 꾸준하게 향상되었고, 농촌마을의 커뮤니티, 농촌사회의 변천, 빈곤 구제와 농촌발전, 촌민자치와 농촌관리, 농민공과 사회유동 등 체계적이고 깊이 있는 사회학 연구가 이루어졌으며, 막강한 실력과 현지 특색을 갖춘 농촌 사회학 인력을 형성하여 당대 중국

사회학 발전에 적극적인 역할을 하였다. 특히 국제사회학계에서 중국 사회학의 발언권을 크게 향상시켰다.

농촌에 깊이 뿌리내리고 광범위한 농민과 긴밀한 연계를 유지하며 몸소 체험한 경험으로부터 오는 이해력, 주관적 표현과 사회학적 설명을 유기적으로 결부시킨 점은 이러한 농촌연구의 공통적인 특징이다. 이러한 본토 사회학 연구는 많은 측면에서 중국 농촌과 농민에 대한 서방학자들의 관점을 능가했다. 먼저 현지경험과 체험을 통한 이해는 서방학자들이 따라올 수 없는 것이다.

다음 현지 학자의 인간적 배려는 주체성과 건설성을 갖고 있다. 그러나 서방학자의 이론적 기술은 가끔 일부 이익집단의 구미를 맞추기 위한 연구가 있으며, 중국의 농촌건설과 발전에 대한 배려는 중요하게 여기지 않는나. 마지막으로 중국 사회학 진문교육이 신속하게 발전함에 따라 수많은 수준 높은 전문 인력이 양성되었고, 이 인력들은 서방사회학의 이론과 방법을 충분하게 활용하는 능력을 갖춤으로서 본토 연구의 수준을 크게 향상시켰다.

1996년 필자가 주관하여 편집한 『당대 중국농촌사회 변화의 실증 연구』가 바로 종합적인 사회조사를 토대로 서방사회학의 분석 방법을 활용하여 우리의 주변에서 발생하는 농촌사회구조 변화에 대해 진행한 과학적인 실증연구였다. 이 연구는 농촌사회 변천의 현황, 문제점, 추세 및 변천의 동기를 인식하는데 과학적인 근거를 제공하였으며 필자가 제기한 사회변화이론에 중요한 경험근거를 제공하였다.

필자가 주관한 『화북 농촌의 80년 변천』의 중요과제 중에서 우리는 리징한의 딩현(定縣) 사회조사를 추적하여 당대 화북 농촌의 사회변천에 대해 다양한 조사를 진행하였다. 젊은 중국 사회학 학자들은 여러 가지 측면에서 여러 가지 방법을 활용하여 당대 중국 농촌의 사회변화를 해석하였다. 루이롱(陸益龍) 박사의 『농민 중국-포스트향토사회와 새농촌 건설연구』라는 책은 『개입성 정치와 농촌경제의 변천-안훼이(安徽) 샤오캉촌(小崗村) 조사』 이후 루 박사가 농촌 사회학 연구에서 취득한 또 하나의 중요한 성과이며, 중국 농촌 사회학에 대한 중요한 기여이기도 하다.

농촌연구 중에서 커뮤니티 연구 또는 개별사례 연구법은 중요한 의미가 있다. 마을 또는 커뮤니티의 민족학 연구는 농촌사회의 구조적 특징과 기능을 보여주는데 매우 효과적이다. 그러나 오늘날 신속하게 변화하는 사회에서 농촌사회 역시 끊임없는 변천 중에 있다. 따라서 농촌연구가 미시적인 민족학 연구에만 머물러 있고 농촌사회 변천의 동적 과정을 무시해 버린다면, 변화 중에 있는 중국농촌에 대해 전면적으로 파악하고 이해하기 어렵게 된다.

루이롱은 개별사례 연구를 진행했던 탄탄한 기초를 갖고 있었으며, 이는 그가 샤오캉촌에 대한 연구를 진행하는 과정에서 충분한 역할을 발휘했다. 그러나 그는 연구 중에서 개별사례 연구에만 제한시키지 않았다. 그가 당대 사회학의 주요 흐름, 즉 사회변화의 시각을 민첩하게 파악하였음을 알 수 있다. 따라서 그는 이 저서에서 개별사례 연구와 종합적인 사회조사연구를 훌륭하게 결부시키고, 동적, 거시적, 이론적 분석을 연구에 활용하였으며, 마을 또는 커뮤니티 민족학에 대한 연구방식을 확장시켰다.

중국의 전통적인 농촌사회에 대해 페이샤오통(費孝通) 선생은 향토사회, 차서구조(差序格局) 등의 이론개념을 통해 개괄하였는데, 이는 매우 중요한 이론적 의의를 갖고 있다. 그러나 현대화, 도시화와 글로벌화의 과정 중에서 향토 중국에 커다란 변화가 끊임없이 발생하고 있는 것은 논쟁의 여지가 없는 사실이다. 따라서 앞선 시각으로 농촌사 회를 관찰하고 이해할 필요가 있다.

현재 중국 농촌사회의 구조와 변천에 대한 인식은 이미 사회적 전환에서 제외될 수 없게 되었으며, 기존의 시각으로 새로운 문제를 보아서는 안 되는 시기에 처해 있는 것이다. 루이룽은 저서에서 포스트향토 중국의 도래를 언급하고 포스트향토성 특징을 분석하였는데, 이는 매우 훌륭한 시도라 할 수 있겠다. 이러한 분석은 이론적으로는 부족함이 있을지 모르겠지만 적어도 작가가 농촌 사회학 연구 중에서 이론과 방법의 혁신을 시도하였음을 보여준다. 사회학 연구는 꾸준한 혁신과 앞선 시각으로 사회를 연구할 것을 선도한다.

　　사회주의 새농촌 건설은 현재 전반 중국의 이목을 집중시키는 중요한 발전문제이며 중국 농촌발전 중의 전략적 임무이기도 하다. 이 문제에 대한 논의와 연구는 중요한 이론과 현실적 의의를 갖고 있다. 필자는 건설시기의 사회학은 반드시 건설적 역할을 발휘해야 하며 건설적인 연구의 길을 가야 한다고 주장해왔다.

　　이 점은 루이룽의 연구 중에서도 구현되었는데, 그는 주로 제도건설 측면에서 새농촌 건설을 위해 많은 건설적인 관점과 대책을 제기하였다. 예를 들면, 농촌과 농민발전과 관련된 체제개혁의 대책 제안 등이 그것이다. 이러한 대책 제안은 작가가 국가 건설과 인민의 이익에 관심을 갖고 있음을 보여준다. 필자는 『중국 사회학 30년』의 기념 글 중에서 중국 사회학은 "하늘을 떠받치고 우뚝 서는 학문이 되어야 한다"고 언급한 바 있다. 소위 "하늘을 떠받친다"는 것은 사회학 연구는 국제 사회학 연구에 앞장서서 학술연구의 새로운 문제를 파악해야 한다는 뜻이다. 다시 말하면 중국 사회학은 반드시 국제적 시각을 갖추어야 한다는 말이다. 소위 "우뚝 선다"는 말은 사회학 연구는 반드시 본토연구에 입각하여 현지사회에 뿌리를 내려야 한다는 뜻이다. 이것이 바로 본토시각이다.

사회과학은 자연과학과 다르다. 자연과학은 실험을 통해 각종 물질현상에 대해 반복적으로 관찰하고 인식할 수 있지만, 사회현상에 대해 해석하려면 먼저 이러한 현상이 사회생활 중에서 갖는 의의를 이해해야 한다. 이러한 사회현상을 파악하기 위해 현지경험이 매우 필요한 것이다.

그러므로 중국사회의 이론해석에 있어 현지의 사회학자들은 선천적인 우위를 가지고 있다.

또한 사회학의 본토연구 역시 글로벌화의 중요한 조건과 구성부분이며, 본토연구 없이는 국제 사회학 중에서 발붙일 자리를 찾기 어렵게 된다. 항상 다른 사람의 뒤만 쫓고 다른 사람의 이론을 소개하고 배우기만 한다면 영원히 글로벌화의 무대에 설 수 없게 된다. 따라서 중국 사회학의 발전은 반드시 글로벌화와 현지화 두 가지에 뒷받침되어야 한다. 필자가 기쁘게 보았던 점은 루이룽이 그의 농촌연구 중에서 사회학 연구의 이 두 가지 중요한 시각을 잘 활용했다는 점이다.

먼저 그는 서방학자의 눈에 비춰진 중국 농민과 농촌사회에 대해 전면적으로 이해하고 서방학자가 활용한 이론과 방법을 이해하고 분석하였다. 그런 다음 그의 연구는 농촌 땅에 뿌리를 내렸다. 일부 이론해석은 그가 장기간 농민·농촌과 긴밀하게 접촉하는 과정에서 깨우쳤다는 것이다. "하늘을 떠받치고 우뚝 서 있는 두 가지 차원을 잘 파악하는 것"은 중국농촌 사회학 발전이 나아가야 할 방향임이 분명하다. 이 두 가지 시각을 결부시키고 통일시켜야만 농촌연구의 수준과 가치가 향상될 수 있는 것이다.

사회학 연구의 가치성과 과학성 문제는 사회학 연구의 방향과 관계된다. 막스 베버는 사회과학 방법론을 논술하면서 과학연구의 '가치중립' 원칙을 언급하였으며 동시에 '가치관련'의 원칙도 언급하였다. 소위 가치중립 원칙이란 과학연구의 논증 과정은 주로 논리체계를 수립하는 과정이지 가치판단을 진행하는 과정이 아니라는 것이다. 여기에는 객관성, 과학성 등 부분적 합리성을 강조하는 것이 포함된다. 그러나 사회과학연구에 있어 모든 가치를 무시하거나 가치를 주관적인 것으로 왜곡하거나 주관적인 편견과 동일시해도 된다는 얘기는 아니다. 과학연구는 주제 선정, 결과 및 활용 등 면에서 모든 가치와 밀접한 연관을 깆고 있다.

예를 들면, 현재 중국 사회학이 '3농' 문제에 대해 관심을 집중시키는 것 자체가 시대적 가치 취향을 보여주고 있는 것이다. 사회학의 가치성과 과학성의 관계 문제에서 일부 학자들은 편파적인 인식을 갖고 있다. 루이롱의 박사논문 답변에서 누군가가 이러한 문제를 제기했던 기억이 난다. 루이롱의 연구에는 농민배려의 취향이 있으므로 연구의 과학성이 의심된다는 것이다. 그러나 필자는 사회학 연구의 과학성과 가치성이 상호 대립되지 않는다고 생각한다. 가치성은 과학성과 통일되며, 과학연구가 사회적 기능을 실현하는 기본조건이다.

가치와 관련이 없거나 가치가 없는(사실, 이는 불가능함) 과학연구는 우리 인류사회에 어떤 의미가 있는 것일까? 사회학연구는 더욱이 그렇다. 아무런 가치적 연관이 없다면 이런 연구는 사회현실을 벗어난 것이며 사회에 무익한 연구다. 농촌사회 연구 중에서 정확하고, 합리적인 가치관과 취향을 갖는 것은 매우 중요할 뿐만 아니라 매우 필요한 것이다. 과학발전관을 견지하고 사회학의 과학적 방법과 지식으로 대중을 위해 이익을 추구하고 농민들에게 복지를 마련해주며 국가건설을 위해 기여하는 것은 농촌 사회학 연구자가 반드시 갖추어야 할 가치관이다. 국가이익, 대중의 이익과 상반되는 원칙이라면 과학연구는 부정적인 가치를 향해 나아가게 된다.

모든 사물은 양면성을 갖고 있으며 과학도 예외는 아니다. 그러므로 사회학 방법은 실사구시(實事求是)를 견지해야 하며 사회학자는 과학성을 고수하는 동시에 정확한 가치 취향을 갖추어야 한다.

우리는 가치중립을 핑계로 가치문제를 회피해서는 안 될 뿐만 아니라 비이성적이고 비건설적인 가치취향을 채택해서는 더욱 안 된다. 우리의 사회학은 대중을 향해 나아가야 하며 광범위한 대중의 이익수요를 충족시키기 위한 서비스를 제공해야 한다. 필자는 루이룽이 이러한 면에서 매우 훌륭하게 해냈다고 본다. 그의 연구는 과학성을 견지하는 것을 토대로 가치적 배려를 갖고 있을 뿐만 아니라 일관되게 정확한 가치 취향을 견지하고 있다.

개혁개방 30년 이래, 중국사회는 엄청난 사회변화를 겪었고 경제사회 발전 역시 괄목할만한 성과를 거두었다. 그러나 이 발전단계는 여전히 초급발전단계인 데 발전의 성과는 주로 초급자원에 대한 개발과 저렴한 인력을 활용하는데 의존하여 이루어졌다. 그러므로 중국의 다음 단계의 발전은 발전수준을 향상시키고 조화로운 발전을 촉진해야 하는 문제에 직면해 있다. 이러한 문제는 오늘날 중국 사회학이 논의하고 답을 제시해야 할 중요한 과제다. 이 저서는 농촌발전문제의 시각에서 이 중요한 과제에 답인을 제시하고 있다.

책에서 작가가 제기한 '다원 도시화'의 농촌발전 관점은 농촌사회발전에 대한 작가의 이해와 인식의 개방성과 혁신성을 보여준다.

종합사회조사(CGSS)는 중국인민대학 사회학과가 장기간 견지해온 대형 사회조사인데, 사회학의 본토연구를 위해 탄탄한 기초를 마련하였다. 작가는 연구 중에서 이러한 장점을 충분하게 활용하고 개별사례 연구와 사회조사, 정성연구와 정량분석을 훌륭하게 결부시켜 농촌연구의 내용과 방법을 보다 풍부하게 하고 보다 발전시킨 것이다.

루이롱은 꾸준히 배우고 농촌에 다가가며 농민에 관심을 기울이고 있다. 중국인민대학출판사가 그의 농촌연구 성과를 출판한 것은 참으로 기쁜 일이다. "하늘은 부지런한 사람에게 상을 주고 사람이 덕을 쌓으면 복"이 있기 마련이다. 멈추지 않고 꾸준히 노력하기만 한다면 그가 보다 많은 성과로 중국 농촌 사회학을 위해 새로운 기여를 할 것이라고 믿어마지 않는다.

정항성

2009년 2월 16일

중국인민대학 이론과 방법 연구센터에서

제1편

포스트향토(后乡土) 중국의 사회형태

제 1 장 중국 향촌사회의 기본형태

제1장
중국 향촌사회의 기본형태

1970년대 말부터 시작된 가정도급책임제를 핵심으로 하는 농촌개혁은 전국 각지에 널리 보급된 이래, 이미 30여 년이란 긴 여정을 걸어왔다.

30여 년간의 개혁개방을 거쳐 중국경제의 지속적인 성장과 종합경제 능력의 대폭적인 상승과 더불어 중국사회는 전환을 가속화하는 시기에 진입했고, 사회구조와 여러 가지 관리체제에 거대한 변화를 지나왔다.

더욱이 도시화, 시장화, 세계화의 속도가 모두 향상되었는데 이러한 요소들은 중국의 향촌구조와 향촌발전에 모두 지대한 영향을 끼치고 있다. 그렇다면 당면한 중국 향촌사회의 형태는 과연 변했다고 할 수 있을까? 가져왔다면 어떤 변화를 가져왔을까? 또 중국 농촌 사회에는 어떤 발전 추세가 있었다는 것일까?

소위 사회형태는 개제사회 구성원의 행동 혹은 사실을 통해 반영된 전반적인 상황과 추세를 가리킨다. 기본 사회형태를 장악하고 파악하는 것은 거시적으로 혹은 전방위적으로 사회를 이해하는 중요한 하나의 경로다. 바로 모든 사회발전추세 즉 사회구조 변화 가운데서 나타나는 특징과 방향을 가리킨다. 사회형태와 발전추세 문제는 거시적 문제에 속하지만 이 문제를 정확하게 장악하려면 단지 일반적인 추론과 판단으로는 부족하다. 사안에 근거한 미시적 경험조사는 비록 향촌사회구조와 변화에 대한 우리들의 구체적인 이해에 도움이 될 수 있지만, 구체적 사안은 총체적 형태와 추세를 대표할 수는 없다.

중국향촌의 실제는 복잡하고 다양한 지역으로 구성되어 있기 때문에 각지의 향촌은 자연생태, 민족, 역사 및 문화전통 등 방면에서 모두 각양각색의 차이가 존재한다.

따라서 중국 향촌사회의 연구 가운데서 사람들은 사회구역 연구방식을 비교적 많이 운용하고 동질성과 전형성이 비교적 높은 마을 혹은 농촌 사회구역을 선택해 사안연구를 진행하며, 마을 혹은 사회구역으로 깊이 들어가 전면적인 묘사를 통해 하나의 지방성적인 사회구조, 문화특징 및 변화 메커니즘을 해석하고 있다. 예를 들어 1930년대 우원차오(吳文藻)는 사회학은 사회구역 연구를 전개해야 한다고 창의했기에 중국 서부 및 남부지역의 농촌에서 광범위한 사안 조사연구를 전개한 토대 위에서 중국 향촌사회 성격에 관한 인식을 끊임없이 누적시키면서 종합했다.[1] 페이샤오통은 1930년대 윈난(雲南)성의 봉록마을, 화야오란(花搖籃) 및

---

1) 『우원차오의 연구문집』, 북경, 중앙민족대학출판사, 2004

장수(江蘇)성 강촌의 민족지를 연구한 토대 위에서 당시 중국 향촌의 향토특징을 종합하고 개괄했으며, '향토중국'을 향촌사회 성격에 대한 이론으로 삼았다.[2] 1980년대 이후, 페샤오통은 강촌(江村), 저장(浙江)성 연해일대 및 내지 기타지역의 향촌공업화에 대한 고찰을 진행하면서 '수난(苏南, 장수성 남부) 유형', '온저우 유형(温州模式)' 등 향촌사회의 발전유형을 종합해냈다.[3] 섬세한 민족지(民族志) 재료가 없고 인식에 대한 경험기초가 결핍할 수 있기에 이런 전형적인 사안은 사람들이 향촌사회를 구체적이고 심층적으로 연구함에 있어서 없어서는 안 되는 재료가 되었다.

하지만 향촌사회의 신속한 전환과 더불어 향촌사회에 대한 현대화, 도시화의 충격과 영향력도 갈수록 커가고 있다. 향촌사회 변천가운데서의 보편적인 특성과 공통점을 갖고 있는 추세를 파악하고 파악하려면 마땅히 연구 측면을 증가하거나 혹은 바꾸어야 하는데, 바로 개체에 대한 관찰과 연구를 통해 향촌사회구조와 변천의 총체적 특징을 추론해내야 하는 것이다.

사안 연구의 전형적 의미는 우리가 향촌사회의 성질과 문화특징을 더욱 잘 판단하고 파악하는 데는 유리하지만, 사안은 의미상의 대표성을 띠지 않기에 전반적인 구체적 특징을 추론하는 면에서는 일부 국한성이 존재한다. 즉 전반적으로 중국향토의 사회형태를 파악하려면, 한편으로는

---

2) 페이샤오통, 『향토 중국 출산제도』, 1 쪽, 북경, 북경대학출판사, 1998
3) 페이샤오통, 『실천중에 얻는 지식록』, 북경, 북경대학출판사, 1998 년

전국의 모든 마을에 대한 사안연구를 진행할 수 없고, 다른 한편으로는 사안을 대표하고 반영하고 있는 농촌사회의 구역문제는 다만 모 유형 혹은 지역으로서 전반적인 일반상황은 아닌 것이다. 그렇기 때문에 표본조사를 통해 밝혀진 향촌사회 발전의 일반적인 특징은 전체를 추론하는 의거로 삼을 수 있는 것이다.

향촌의 사회구조와 변화에 대한 세밀한 분석에 앞서, 본 장에서는 먼저 전반적으로 당면한 중국 향촌의 기본 형태를 스케치하여 개괄적인 인식을 갖게 했다. 여기서 우리는 주로 2006년 중국종합사회조사(CGSS) 수치를 운용해 통계방식으로 현재의 중국 향촌사회형태의 기본적인 도식를 그려냈다.

2006년 중국의 종합적인 사회 조사는 계층별로 표본을 추출하는 방법을 취해 전국적 범위 내에서 임의로 표본을 추출해 종합적인 앙케이트(Anqute) 조사를 진행한 후, 마지막으로 농촌지역에서 효과적인 샘플 4,138개를 얻어냈다. 이 4,138개 샘플에 대한 분석조사는 향촌사회의 총체적 특징과 구체적 형태를 대표할 수 있다고 하겠다. 본 장에서는 향촌 경제활동, 정치참여, 시장과 문화 활동, 구조 등 몇 개 방면에서 일부 주요 활동사항을 선택해 분석하고 향촌의 사회경제 및 정치활돈의 기본상황과 총체적 분포특징을 거시적 차원에서 파악하고자 했다.

제1절

향촌 경제활동의 형태

중국의 농촌개혁은 먼저 경제분야에서 진행된다. 1970년대 말 농업생산 경영체제는 점차 생산대(生产队)를 단위로 하는 집단화 경영으로부터 가정을 단위로 하는 개체경영으로 전환되었고, 경영 정책과 계산도 기본적으로 농가 내에서 진행하였기 때문에 가정 구성원에 대한 조사를 통해서 가정 경제활동의 전반 상황을 파악할 수 있었다.

향촌의 경제활동 고찰은 경제의 기본요소 및 주요 경제활동에 대한 관심과 연구를 떠나서는 할 수가 없다. 즉 향촌 경제에는 토지, 노동력, 자본, 기술 등 내용이 포함되고, 경제활동의 기본 유형에는 생산, 교환, 소비 등 몇 가지 부분의 활동을 빼놓을 수가 없다는 것이다.

2006년의 중국종합사회조사(CGSS)는 앙케이트를 설계할 때 이런 방면의 문제를 기본적으로 포괄시켰고, 농가들의 경제생활을 파악하는 일반 상황과 전반적인 추세에 대해서도 수치를 제공했다.

토지 및 사용

토지는 농업생산의 가장 중요한 요소이다. 농촌개혁 이후, 집체 토지를 농가에 도급 주어 농가들이 자주적으로 경영하고 생산하게 했다. 현재 농가는 토지 도급과 사용의 기본단위로서 농가의 토지 도급과 사용 상황에 대한 조사를 통해 현재 향촌농업 경제활동의 기본 형세를 대체적으로 파악할 수 있다. 그림 1-1는 농가의 도급토지와 실제 경작토지의 집중 추세를 분석한 것이다.

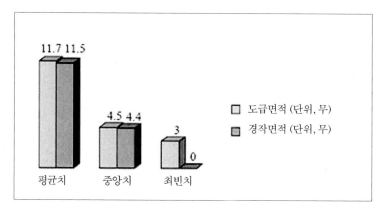

그림 1-1 농가 도급 및 경작 토지 상황

그림 1-1에서 볼 수 있듯이 현재 전국 평균 농가당 도급 면적은 11.7 무(畝)에 달하고 실제 경작면적은 평균 농가당 11.5무에 달해 양자 사이의 격차가 비교적 적다. 이는 일정한 정도에서 도급 맡은 토지를 방치해 두는 현상이 그다지 심각하지 않고, 절대 다수의 도급 경작지는 모두 경작에 이용되고 있음을 보여준다.

하지만 향촌사회에서 적지 않은 농가들은 외지로 일하러 갔거나, 혹은 기타 원인으로 도급 경작지를 다른 농가에게 맡겨 경작하게 하고 있다. 실제 경작토지의 최빈치 '0'은 상대적으로 적지 않은 사람들이 이미 토지를 경작하지 않거나 혹은 농업생산에 종사하고 있음을 표명한다. 이런 유형의 사람들은 비록 숫자는 많지 않지만 현재 향촌 경제 가운데서 나타나는 추세와 두드러진 문제를 반영해주고 있으며, 또 갈수록 많은 도급 경작지를 갖고 있는 농가들이 토지경작을 원하지 않고 비농업 경영으로 전환하고 있다는 점을 알 수 있다.

만약 농가들이 실제로 경작하는 다른 유형의 토지상황을 가 일층 세밀하게 분석한다면 농가들이 경작하는 토지의 구체적인 분류와 분포 특징을 알 수 있다. 조사에서 우리는 농촌의 토지유형을 대체로 밭, 논, 임지 등 3개 부류로 나누었다. 지역별로 토지 유형의 분포는 다소 차이점이 존재한다. 예를 들면 화북지역은 밭을 위주로 하지만, 장강 남쪽지역은 밭이 비교적 적고 임지가 비교적 많다.

표 1-1는 농가들이 실제로 경작하는 밭 면적의 분포상황에 대한 분석 결과로, 이 표를 통해 농가들의 밭 경작면적의 분포상황 비례를 파악할 수가 있다.

표 1-1 농가가 실제로 경작하는 밭 상황

경작토지(무)	비율(%)	누적 비율(%)
무 경작지	25.5	25.5
3무 이하	38.7	64.2
3~10무	28.8	93.0
10무 이상	7	100.0
	$N = 4,138$	

농가에서는 일반적으로 밀, 옥수수 등 알곡 류 작물을 위주로 심고, 콩, 면화, 과일, 채소 등 경제작물을 보조적으로 재배하고 있다. 북방지역의 농가들은 흔히 밭을 위주로 경작하고 있다. 표 1-1로부터 보면 25.5%의 농가들은 밭이 없는데 이런 농가들은 주로 남방지역에 분포되어 있고, 또 북방에서 토지를 경작하지 않는 농가들도 포함된다. 밭 경작면적을 보면, 3무 이하가 38.7%로 다수를 차지한다. 만약 농가당 인구를 3~4명으로 계산하면, 1인당 평균 밭 경작면적은 1무 이하이지만 밭 경작의 전반 상황으로부터 보면 93% 농가들의 실제 경작 밭 면적은 10무 이하라고 할 수 있다.

표 1-2에서 보면, 남방지역의 농촌 경작지는 논을 위주로 하고 있지만, 북방 특히 화북과 서북지역은 논이 비교적 적기 때문에 45.8%의 농가들이 논을 경작하지 않고 있다. 논을 주요 경작지로 하는 농가들은 일반 농경지에다 벼농사를 짓고 있다. 장강이남지역은 일반적으로 1년 이모작 벼와 1년 삼모작 벼 혹은 일모작 벼와 일모작 유채를 주로 경작한다.

농가들이 실제로 경작하는 논밭면적의 상황에서 보면, 다수의 농가들은 3무 이하이고 농가 1인당 평균 경작면적은 약 1무이다. 이 분포 결과는 현재 더 많은 농가들이 밭 경작을 위주로 하거나 혹은 농업경제 가운데서 밭이 위주로 되고 있다는 점을 보여준다. 일반적으로 밭 경작은 관개에 의거하므로 관개문제가 농가들의 경영활동에서 아주 중요하다. 이밖에 논밭을 경작하는 농가들에게 있어서 1인당 논 경작면적은 1무 가량밖에 안 돼 상대적으로 면적이 지나치게 작은 문제가 존재할 수 있다. 만약 완전히 재배업에만 의존한다면 저소득과 소득 성장이 느린 상황을 개선하기는 어려울 것이다. 그렇기 때문에 남방 여러 지역의 향촌을 보면, 제한된 경작지는 농업소득의 성장과 향촌의 발전을 제약하는 중요한 요인의 하나가 될 수 있는 것이다.

표 1-2 농가 별 실제 경작하는 논 상황

경작토지 (무)	비율(%)	누적 비율(%)
무 경작지	45.8	45.8
3무 이하	36.2	82.0
3–10무	16.3	98.3
10무 이상	1.7	100.0
N = 4,138		

농가들이 실제로 경작하는 면적으로부터 볼 때, 현재 다수의 농민들은

여전히 소규모적인 농가 경영유형에 속한다. 경작지 면적이 10무 이상 되는 큰 규모생산의 농가 비례가 비교적 적은데, 이는 토지의 규모경영이 보편화되지 못하고 향촌 경제활동이 여전히 가가호호 소규모 토지 경작을 위주로 하고 있음을 보여준다.

노동력

노동력은 농업경제활동 가운데서 또 하나의 중요한 요소이다. 농촌 경제활동은 주로 가정을 단위로 하므로 농촌 사회노동력 상황을 고찰할 때 농가 노동력 분포상황을 파악하는 것이 가장 중요하다. 여기서 우리는 18~65살의 가정 성원들을 모두 노동력 범위에 포함시키고, 농가 노동력 인수 분포의 집중추세에 대한 분석에 근거해 얻은 결과가 아래 그림 1-2 이다.

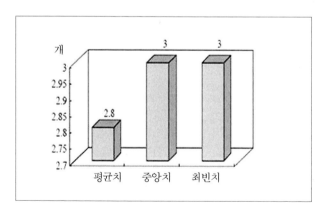

그림 1-2 농가 노동력 분포상황

그림 1-2에 근거해 우리는 현재 농촌사회는 농가당 평균 2.8명의 노동력을 갖고 있고, 적지 않은 농가는 3명의 노동력을 갖고 있음을 알 수 있다. 앞에서 분석한 농가당 도급농지 면적과 결부해 향촌의 1인당 노동력의 생산수단 부존상황을 계산해 낼 수 있을 뿐만 아니라, 평균 1인당 노동력이 소유한 도급농지 면적이 4무 가량임을 알 수 있다.

현재 농촌의 농가 노동력과 토지자원 배치 상황으로부터 보면, 노동력은 상대적으로 여유가 있는 셈이다. 농업노동생산성이 향상되고 있는 상황에서 평균 농가당 잉여 노동력은 약 2명이다. 기존의 단위노동력 도급량이 4무인 상황에서 만약 재배구조와 경영구조를 변화하지 않는다면, 소득 성장은 매우 어려울 것이다. 1인당 4무의 도급 면적에 만약 곡류작물을 재배한다면 매년 1무당 생산량이 500kg가량이고, 평균 가격은 100kg당 200위안이며, 4무의 순소득은 4,000위안으로 30%의 생산수단 원가를 빼면 순소득은 2,800위안이 된다. 이렇게 농업노동력의 월 평균 소득은 250위안을 초과하지 않고 있다.

아마도 노동력과 토지자원의 불균형한 배치 및 농업경영의 효율이 낮은 원인으로 인해 노동력의 농업소득이 낮아지고, 나아가 농업노동력의 상대적인 잉여 노동력이 나타나며, 대량의 농촌노동력이 대외적으로 이전하는 현상이 나타날 것이다.

자본과 소득

자본은 경제소득을 올리는 중요한 길이다. 적지 않은 농가들에게 있어서 생산경영 활동에 사용되는 자원은 주로 소득 누적으로 인해 전환된 자원, 즉 가정소득에서 온다. 그렇기 때문에 농촌사회의 자본상황을 파악하려면 먼저 당면한 농민들의 소득상황을 잘 파악해야 한다.

　당면하고 있는 상황에서 보면 농촌의 경제생활 가운데서 하나의 중요한 문제가 바로 농민들의 소득 증가문제이다. 개혁개방이래 농촌 경제가 비교적 큰 변화를 가져와 먹고 입는 문제는 이미 기본적으로 해결되었지만, 농업을 주요 소득원으로 하는 농가들은 소득 증가의 난제에 직면하고 있다. 그럼 농민들의 경제소득상황은 도대체 어떠한 수준에 도달해 있는 것일까? 표 1-3에 나타난 것은 농민들의 개인 별 연간 소득상황이다.

표 1-3 개인 연간 순소득

소득 수준	비율(%)	누적 비율(%)
2,000 이하	43.1	43.1
2,000~3,000	12.7	55.8
3,000~6,000	19.4	75.2
6,000~10,000	10.7	85.9
10,000 이상	7.2	93.1
파악하지 못한 값	6.9	100.0
$N = 4138$		

조사결과로부터 보면 적지 않은 농민들의 연간 소득 수준은 2,000위안 이하이고, 절반을 초과하는 농민(55.8%)들의 연간 소득 수준은 3,000위안 이하이며, 연간 소득이 10,000위안 이상자가 7.2%를 차지한다. 이 소득 분포상황에서 볼 수 있듯이 농민들이 전반적으로 아직은 소득수준이 높지 않으며, 75% 이상의 농민들의 월평균 소득은 500위안 이하로 이 수준은 개별적 도시의 최저 생활 보장수준과 맞먹는다.

　　이밖에 농민들의 농가 연간 소득수준(표1-4)을 보면, 소득이 5,000위안에서 10,000위안인 가정이 비교적 많아 31.9%를 차지했고, 61.1%의 농가 연간소득수준은 10,000위안 이하로 거의 2/3을 차지했다. 연간 소득이 15,000위안 이하의 농가가 74%로 3/4를 차지했고, 20,000위안 이상의 가정이 11.9%를 차지했다.

　　이 조사수치는 농촌가정의 소득수준이 상대적으로 비교적 낮고, 특히 도시주민과 국민경제 성장 속도를 비교해 볼 때 그 격차가 비교적 크다는 것을 말해준다. 비록 이러한 소득수준은 다수 농가들이 먹고 입는 일반 생활비 지출을 유지하는데 문제가 되지는 않지만, 소비시장과 교육시장의 지속적인 지출 면에서는 이와 같은 소득수준으로는 유지하기 어려울 것으로 생각된다.

표 1-4 농가 연간 순소득

소득 수준	비율(%)	누적 비율(%)
5,000 이하	29.2	29.2
5,001~10,000	31.9	61.1
10,001~15,000	12.9	74.0
15001~20,000	9.3	83.3
20,000 이상	11.9	95.2
파악하지 못한 값	4.8	100.0
	$N = 4138$	

조사결과 역시 농촌 주민들의 소득수준 분화 추세가 비교적 뚜렷하다는 점을 보여주고 있다. 일부지역과 일부농가들은 개방된 시장에서 이상적인 수익 기회를 찾아 소득수준을 크게 향상시키고 있다. 예를 들어 도시에서 가게를 운영하고 공사를 도급 맡거나 혹은 경제작물 재배 및 '농가식당' 등 관광 서비스업을 발전시키면 소득수준을 크게 향상시킬 수 있다. 하지만 농업과 재배업에 의거하는 다수의 농가들을 보면 곡물 수매가격의 상한가로 인해 생산량 증가폭이 제한되고 소득성장의 공간도 제한되어 소득수준이 비교적 낮아지게 된다.

소득수준의 높고 낮음은 일정한 정도에서 농가 생산경영의 자본상황을 반영하고 있는데, 저소득은 한편으로는 자본으로 전환할 수 있는 소득 축적량이 비교적 적음을 의미하고, 다른 한편으로는 생산에 사용되는 자본량이 제한되어 있음을 설명해준다. 농가들의 자본 보유 상황을 가일층 파악하려면 농가들의 자산소득 상황으로부터 조사를 진행할 수

있다. 여기서 우리는 주로 농가들의 금리, 주식, 배당금, 임대료 등에 대한
자산성 소득을 조사했는데, 그림 1-3에서 그 구체상황을 파악할 수 있다.

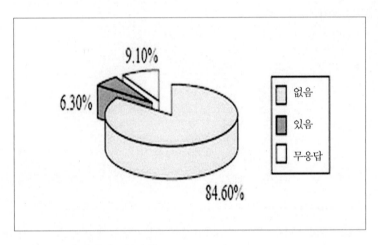

그림 1-3 농가 자산성 소득상황

분석결과에 따르면 84.6%의 농가들이 자산성 소득이 없다고 명확히
밝히고 있는데, 다만 6.3%의 농가들이 자산성적인 소득이 있다고 명확히
밝히고 있다. 이로부터 보면, 절대 다수의 농가들은 생산성 자금을 만족
시키는 것 외에 투자성적인 자금이 기본적으로 없기에 자산성 소득 원이
매우 적음을 알 수 있다.

농가들이 본래 가지고 있는 재배구조 혹은 경영구조를 변화시켜 새로운
품종 혹은 새로운 경영 프로젝트로 전환할 경우, 모든 필요한 가동자본을

기초로 하는 것과 떠날 수 없기에, 농가 자본의 국한성은 소득 수준과 생산 활동의 성장성을 직접적으로 제약하고 있을 뿐만 아니라, 비교적 큰 정도에서 농가 경영구조의 조정과 업데이트를 제약하고 있다. 그리하여 자본난의 제한으로 적지 않은 농가들이 현황을 유지할 수밖에 없는 것이다.

교육과 기술

농민들이 받은 교육과 기술수준은 그들의 인력자본의 주요구성이다. 적지 않은 농민들의 관점에서 볼 때, 농사를 짓는 것은 농업생산노동에 종사하는 것으로 그 어떤 교육과 기술이 필요하지 않다고 생각하고 있지만, 일종의 특수한 자본형식에 직면해 개인의 교육 받은 문화정도와 기술수준은 그들의 경영활동 효율에 영향을 끼칠 뿐만 아니라, 또 농민들의 개인발전과 농촌사회의 발전문제와도 관계가된다.

조사 상황(표1-5)에서 보면, 현재 농민들의 교육 받은 차원은 전체적으로 비교적 낮은 편으로 반수 이상의 농민들이 초등학교 교 육수준에 달하며 심지어 교육을 받지 못한 사람들도 있다. 조사에서 반영된 농민들의 교육 받은 수준은 비교적 낮은 상황인데, 이는 현실과 비교적 일치하고 있다.

그중에는 객관적이고 역사적인 원인이 있을 뿐만 아니라 또한 농민들의 주관적인 요인에도 있다.

표 1-5 농민 교육상황

교육 차원	비율(%)	누적 비율(%)
초등학교 및 이하	51.2	51.2
중학교	36.7	87.9
고등학교, 중등전문학교	10.5	98.4
전문대학 및 이상	1.6	100.0
	$N = 4138$	

　　교육받을 기회가 상대적으로 적고, 교육 원가가 상대적으로 높으며, 학교교육에 대한 농민들의 인식이 부족한 것 등의 원인으로, 적지 않은 사람들이 많은 교육을 받는 것을 적극적으로 선택하지 않고 있다. 현재 일부 농가들을 보면 가정경제가 부유하지 못하여 자녀들의 교육이 가정에 부담을 끼치는 것을 바라지 않는 동시에 자녀들이 일찍이 가정을 위해 재부를 창조하기를 바란다. 때문에 일반 농가들에서는 자녀들이 중학교를 졸업한 후, 즉 의무교육 단계가 끝났거나, 혹은 끝나지 않았는데도 자녀들을 돈벌이에 내몰고 있다.

　　농민교육 자본의 총체적 수준이 높고 낮은 추세는 일종의 현실적이며, 또 농가들이 자주적으로 선택한 결과이기도 하다. 한편으로 교육 받은 수준이 보편적으로 낮더라도 향촌사회 생활의 현실적인 수요를 만족시킬 수 있어 적지 않은 농민들이 생산과 생활에서 더욱 많은 교육을 받아들이기를 바라지 않고 있다. 다른 한편으로는 이성적인 선택 특히 단기적인 각도로부터 볼 때 적지 않은 농가들에서 현재 향촌교육의 예상

수익과 원가를 따지는 것이 자녀들이 중학교 이상의 교육을 받는 것을 포기하는 중요한 원인이 되고 있다.

이로부터 현재 향촌 주민들의 피교육자 수준이 대부분 중졸 이하인 상황이 나타나고 있다. 농민들이 어떠한 생산 혹은 경영기술을 장악하고 있는지의 여부는 그들의 인력자원 소유상황을 반영하는 중요한 지표가 된다. 전통사회에서 적지 않은 소농가들이 높은 교육을 받을 수가 없어 적지 않은 젊은이들은 견습공 방식을 통해 기술을 갖고 있다. 이와 같이 일부 농가들이 농업생산에 종사한 것 외에 수공예 혹은 기타 부업도 겸영하여 가정 소득원을 보충하고 확대하고 있다. 농민들이 기술을 습득하는 것은 소득 성장을 촉진하는 중요한 조건중의 하나인 것이다.

현재 현대화 과정에서 전통 수공업은 기계생산의 충격을 받고 전통 수공예 기술도 현대 전문화 기술의 도전에 직면하고 있다. 그리되면 한편으로는 많은 시간을 들여 배운 수공업이 시장에서 수요자를 찾기 어려울 수 있고, 다른 한편으로 전문화 수준이 비교적 높은 기술을 습득하려면 전문적인 교육을 통해 양성시켜야 한다. 오늘날 농촌의 상황을 보면 많은 젊은이들이 중학교를 졸업한 후, 즉시 외지에 나가 돈벌이하는 길을 택하고, 소수의 젊은이들만이 재차 스승을 모시고 기예를 익히는 것을 볼 수 있다.

일하는 과정에서 그들은 사업의 필요성에 따라 임시로 관련 직업기술을 배우고, 또 일자리와 직업을 빈번하게 바꿀 때에도 꾸준한 학습을 통해 새로운 직업기술에 대한 수요에 적응하고 있다. 이러한 사회변화의 배경은 현재 농촌 젊은이들이 직업교육을 받고 직업기술을 획득하는데 영향을 주는 중요한 요소가 되고 있다.

조사 결과(표 1-6)에서 볼 수 있듯이, 현재 적지 않은 농민들이 생산과 경영기술을 학습하거나 습득하지 않고 있는 실정이다. 이 비율은 83.8%에 달해 4/5를 초과하고 있지만, 한 가지 기술이라도 습득한 사람은 단지 16.2%로 1/5 미만에 그친다.

이로부터 현재의 농민단체가 가지고 있는 기술자본은 전체적으로 비교적 낮을 뿐만 아니라, 학습기술과 기술양성을 받는 적극성도 안정적인 동력이 결핍하여 갈수록 많은 농민들이 기술 획득 면에서 중립성 혹은 단기성으로 나아가는 동시에 임시적인 수요에 근거해 직업기술과 기술의 부족을 반복적으로 미봉하고 있음을 볼 수가 있다.

표 1-6 농민의 기술 습득상황

	인수(명)	유효 비율(%)
적어도 한 가지 기술 보유	480	16.2
없음	2,493	83.8
파악하지 못한 값	1,165	
합계	4,138	100.0
N = 4,138		

농민들이 교육과 기술자본에 대한 비교적 낮은 제약작용은 정확한 평가를 내리기 어렵다. 그들은 향촌생활에서 교육과 기술수준의 높고

낮음은 생산과 생활에 뚜렷한 진전 없다고 인정하기에 농민들은 당장의 이익을 더 중히 여기고 장기적인 발전의 안목으로 교육과 기술양성을 직시하지 못하고 있는 상황이다.

하지만 사실상 교육과 기술자본 스톡의 제한은 이미 비교적 큰 정도에서 농민 경제활동 범위 및 구조조정의 적응성을 제한하고 있다. 즉 기존의 농민교육과 기술 등의 인력자본은 생산과 생활현황을 만족시키는 면에서 아무런 문제가 없지만, 이러한 인력자본은 현황만 유지할 뿐 변화와 발전이 제기한 요구에 대응하기 어렵다.

생산활동

농업생산 면에서 현재의 향촌사회는 또 어떠한 형태를 보이고 있을까? 이를 위해 우리는 농가들의 재배구조와 경영활동 등 면에 착안해 농민들의 경제활동 및 기타 특징을 고찰했다.

식량 및 기타 농작물 생산은 농업 경제활동의 핵심적인 구성이다. 특히 식량생산 상황은 농민 자체의 경제이익과 직접적으로 관계될 뿐만 아니라 사회의 식량안전과도 밀접하게 연관된다. 중국은 십 몇 억 인구를 보유한 대국으로서 먹는 문제가 농업생산 활동의 첫째가는 목표이자 가장 중요한 관심사가 되고 있다.

현재 가정경영 패턴을 위주로 하는 농업생산은 농장경영이 아직 발달하지 못한 현황에서 양곡 선택의 관건은 여전히 개체 농가들이 결정할 뿐만 아니라 농가들은 주로 정책, 시장, 가정 경제이익 등 면의 여러 가능성에 근거해 무엇을 재배할 것인가, 또한 얼마나 재배할 것인가를 고려하고 결정을 내리게 된다.

표 1-7에서 보면 대다수의 농가(88.7%)는 모두 곡물을 심고 있는데 이러한 결과로부터 알 수 있듯이 현재 다수의 농민들이 모두 곡물생산에 참여하고 또 이를 주요 경영활동으로 하고 있다. 그렇기 때문에 대다수 농민들의 수입원과 소득성장의 요소도 곡물 생산량과 가격에 의해 결정된다.

표 1-7   농가 곡류작물 재배 상황

	인수(명)	유효 비율(%)	누적 비율(%)
있음	3,659	88.7	88.7
없음	459	11.3	100.0
합계	4,138	100.0	

90%의 농가들이 곡류작물 재배를 선택한 것은 농민들의 곡물재배에 대한 적극성이 여전히 높다는 것을 말해주는 동시에 농가들의 곡물 생산량이 어떠하든 적어도 자신의 곡물공급 문제를 해결할 수 있기 때문인 것이기에, 중국사회의 곡물 안전에 적극적인 의의가 있는 것이다.

이러한 상황은 정부가 최근 수년간 출범한 곡물 보조금 정책 및 기타 장려 조치와도 관련된다.

이밖에도 이 결과는 소농 가정은 여전히 곡물 재배에 치우치기에 다만 관련된 농업과 곡물정책이 적극적이고 타당하기만 하면 농민들의 재배의 적극성을 유지하는 것은 문제가 되지 않는다는 점을 알 수 있다.

하지만 적지 않은 농가들이 곡물 재배에 의존하는 경우는 현재의 사회적 배경에서 일부 발전상의 곤경을 초래하고 있다. 개체 농가들을 볼 때, 곡물가격과 수요가 모두 강세에 처해 있는데, 즉 농업생산에 필요한 재료 가격이 탄력적인 변동이 상승세를 보이고 있는 상황에서, 농가들이 어떻게 농업소득의 안정적인 성장을 실현할 것인가 하는 문제이다. 이로 인해 사회 공공이익과 농민 개체이익이 위배된 곤경이 발생하는 동시에 또 시장 조정이 통제력을 잃는 문제가 나타났다. 따라서 시장 메커니즘의 이성적인 선택 원칙에 근거해 개체는 효과의 극대화를 선택하게 된다. 곡물생산의 이익을 올리기 어려울 때, 농민들의 곡물 재배의 적극성은 필연적으로 떨어지게 되는데, 이는 곡물안전 즉 사회공공 이익의 극대화를 위협할 수 있는 것이다. 이러한 곤경에 직면해 있을 때 정부의 조정 행위는 절대적으로 필요한 것이다.

이론상에서 농업을 주요 수입원으로 하는 농민들을 말하면, 재배구조의 조정과 다양화는 곡물 판매난과 시장의 가격파동이 가져다 준 잠재적인 위험을 피하는 주요한 책략이 될 수 있다. 농가들이 시장추세를 파악하고 수익률이 비교적 높은 경제작물을 적당하게 재배하는 것은 농업소득을 향상시키는데 중요한 의의를 갖고 있다. 하지만 조사결과(표1-8)에서 볼 수 있듯이, 1/4의 농가들이 경제작물 재배를 선택하고, 3/4의 농가들이 경제작물 재배를 선택하지 않은 이러한 현실은 농민들이 경영 정책상에서 영민함이 부족하다는 것을 반영하는 것이 아닐까 생각된다. 하지만 실제상황은 결코 이처럼 간단하지만은 않다. 농민들도 슐츠(Schultz)가 말한 것처럼 비교적 이성적이다.[1] 농민들이 여전히 곡물 재배를 위주로 하고 경제작물 재배를 적게 선택하는 것은 "안전제일의 원칙"을 농민들이 신뢰하기 때문이다. 즉 "농민들이 생활가운데서 얻은 생태학 의존성의 논리"가 가져온 결과라는 의미이다. 이 말은 스콧(Scott)의 말과 실제적으로 부합되기도 한다.[2]

표 1-8 농민 경제작물 재배 상황

	인수 (명)	비율(%)	유효 비율(%)	누적 비율(%)
있음	1,077	25.0	25.0	25.0
없음	3,061	74.0	74.0	100.0
합계	4,138	100.0	100.0	

현재 적지 않은 농민들이 경제작물 재배를 선택하지 않는데 이러한 경영정책은 농민 경제행위의 논리가 안전제일임을 반영해 준다. 농민들은 일반적으로 곡물을 재배하면 더욱 안전하다고 생각하는데, 왜냐하면

---

1   [미국] 슐츠, 『전통 농업에 대한 개조』, 1~26쪽, 북경, 상무인서관, 1987년
2   [미국] 스콧, 『농민의 도의 경제학, 동남아의 반란과 생존』, 36쪽, 난징, 역림출판사, 2001년

곡물 가격이 생각했던 것 이상이 되지 않더라도 큰 파동은 없을 것이라고 생각하는 동시에 곡물 재배는 원가가 비교적 낮지만 경제작물 재배는 원가가 상대적으로 비교적 높기에 위험이 더욱 크다고 생각하기 때문이다. 만약 경제작물 시장 공급이 지나치게 크고 판매상에서 문제가 존재한다면 농가들의 손실은 크게 늘 것이기 때문이다.

따라서 농민들이 끊임없이 재배구조를 조정하고 수입원을 풍부히 하도록 장려해 주려면 농민들에게 정보와 기술에 대한 지원을 제공해야 하는 것이다. 더욱 중요한 것은 어떻게 위험 해소 메커니즘을 구축하는가 하는 것인데, 위험 해소는 농민들에게 있어서 일종의 장려제도로서 농민들이 생계안전을 위해 고소득을 올릴 수 있는 기회를 놓치더라도 고소 득 기회에 포함된 위험을 감당하려 하지 않으려 한다는 점을 말해준다.

경작지 면적으로부터 보면 85.4%의 농가들은 임지(林地)가 없고, 다만 소수의 농가들만 임지를 도급 재배한다. 평원지역에서 도급한 집체 토지는 산림을 포함하지 않는다. 가령 어떤 농촌지역에서 농가들이 집체 토지를 나눈다 해도 다수의 농가들은 임지를 경작하지 않고 산지를 관리하고 보호하거나 혹은 산림에서 일부 땔나무만 벌목한다.

표 1-9 농가 실제 임지재배 상황

경작 토지(무)	비율(%)	누적 비율(%)
경작하지 않음	85.4	85.4
3무 이하	7.8	93.2
3-10무	3.9	97.1
10무 이상	2.9	100.0

$$N = 4,138$$

현재 농촌 산림재배 상황으로부터 보면 산지의 이용률이 비교적 낮은 수준에 처해있다. 일부 언덕과 산간지역 농촌에서 농민들은 산지에 대한 투자를 적게 하고 많게는 직접적으로 산지에서 자원을 얻는 경향이 나타나고 있다. 예를 들면 경제림 재배, 인공림 건설, 일부 장려 메커니즘과 기술적 지원, 임지 재산권 제도에 대한 세분화 개혁 및 임지 도급 패턴에 대한 개혁으로 자금과 기술을 흡인해 기존 산지를 개조하고 이용하며 일부 산지의 경제 가격과 생태가치를 한층 높은 단계로 끌어올리는 것이다.

표 1-10는 농가들의 가금과 가축 사육 면에서의 기본 상황을 보여주고 있다. 전통마을 사회에서 농가들마다 일반적으로 모두 가금과 가축을 사육하고 있는데 이는 자체 소비와 농업소득을 증가시키기 위해서이다. 조사 결과를 통해 보면 근 1/3의 농가들은 이미 가축을 기르지 않고 있다.

2007년 하반기 이후부터 육류와 가금의 알 등 음식물 가격이 상승세를 보이고 있는데, 이는 이와 같은 음식물의 공급이 부족한 것과 밀접한 관련이 있다. 이 조사결과로부터 또 물가 상승과 농민들의 경제활동 간의 관련을 볼 수 있고, 농민들의 가금 사육 비례가 비교적 낮은 것을 볼 수 있는데, 이는 농민들의 가축 가금 사육에 대한 적극성이 현저하게 떨어졌음을 보여준다.

표 1-10   농가 가금 사육 상황

	인수(명)	비율(%)	유효 비율(%)	누적 비율(%)
있음	1,286	31.1	31.1	31.1
없음	2,852	68.9	68.9	100.0
합계	4,138	100.0	100.0	

현재 농가들의 가축 가금 사육에 대한 적극성이 떨어진 원인은 대량의 농민들이 외지에 돈벌이를 하러 나가고, 또 가금 사육 원가가 끊임없이 상승하여 소득이 상대적으로 감소된 점 등의 요소와 관련된다. 갈수록 많은 농가들이 가축 사육은 이미 수지가 맞지 않는다는 것을 발견하였기에, 사육 포기로 인해 시장 가금 알류의 공급이 크게 감소되었을 뿐만 아니라 이런 상품에 대한 수요 압력도 심각해졌다.

농가들에게 있어서 부업은 농업생산경영에 대한 중요한 보충이자 보조이다. 농민들의 생산수단 구매자금은 보통 부업 소득 혹은 저축을 통해 공급된다. 하지만 농업생산의 성과 형식은 곡물, 기름 등 실물을 위안화로 전환하려면 왕왕 비교적 긴 주기가 필요하다. 또한 생산과정에서 필요한 생산수단과 생활필수품은 반드시 위안화로 지불해야 하기에 저축이 없는 농가들은 반드시 농업생산에 영향을 받게 될 것이다.

표1-11의 수치로부터 보면 현재 농촌가운데서 부업 겸업의 농민 비율이 3.8%로 비교적 낮으며 농업생산에 종사하는 96.2%의 농민들은 부업을 겸업하지 않는다. 이와 같은 국면을 초래한 원인은 매우 복잡하다. 첫째, 현재 많은 농촌노동력은 외지에 돈벌이를 나갔기에 농촌에 남아 농업생산에 종사하는 노동력의 노동 부담이 크게 늘어나 농업생산에 종사하는 농민들이 부업을 겸업할 시간을 내기가 매우 어렵다.

설사 농한기라 해도 농가들은 겸업할 엄두를 내지 못한다. 둘째, 농민들이 부업을 겸업하지 않는 것은 현재 농촌의 시장상황이 이상적이 되지 못해 부업 경영기회를 찾기 어렵다는 문제점도 알 수 있다.

표1-11 농가 부업 경영 상황

	인수(명)	비율(%)	유효 비율(%)	누적 비율(%)
있음	156	3.8	3.8	3.8
없음	3,982	96.2	96.2	100.0
합계	4,138	100.0	100.0	

농민들의 비농업경영 상황은 농촌 주민들이 외지에서 비농업에 종사하는 노동 상황을 말하는데, 주로 도시에서 일하거나 혹은 경영에 참여하는 것을 가리킨다. 향촌 주민들이 비농업 직업 혹은 농업에서 비농업으로 전환하는 시기에 진입한 것은 농민 및 향촌사회발전 공간이 확장되었음을 보여준다. 농업생산의 자원이 제한된 상황에서 향촌 노동력은 적당하게 농업 이외의 다른 업종으로 이전되어야만 노동력 효율을 향상시키는데 유리하다.

표 1-12는 현재 농촌 주민들이 비농업 경영활동에 참여하는 기본 상황을 보여주는데, 그중 37.5%의 사람들이 비농업 경영에 종사하고 62.5%의 사람들이 비농업 경영에 참여하지 않고 있다.

비농업 경영활동에 참여하는 사람 중에서 2/3의 사람들은 타인에 의해 고용된 것으로 비례가 가장 높고, 다음은 자체적으로 소규모적인 장사를 하거나 혹은 다른 업종에 종사한다.

표 1-12   농민들의 비농업 사업 상황

		인수(명)	비율(%)	유효 비율(%)
1	고용자 (고정 고용주가 있는 고용자)	941	22.7	50.6
2	품팔이꾼 (고정 고용주가 없는 고용자)	187	4.5	12.0
3	가족기업에서 일하거나 도와주면서 임금을 받지 않음	17	0.4	1.1
4	가족기업에서 일하거나 도와주면서 임금을 받음	9	0.2	0.6
5	독자적으로 일하면서 다른 사람을 채용하지 않음	167	4.0	10.8
6	자기 사업 혹은 기업에서 일하면서 다른 사람을 채용함	192	4.6	12.4
7	자신이 사장이고 1~7명의 직원을 고용함	27	0.6	1.7
8	자신이 사장이고 8명 이상의 직원을 고용함	12	0.3	0.8
	소계	1,552	37.5	100.0
	파악하지 못한 값	2,586	52.5	
	합계	4,138	100.0	

비농업활동은 농촌노동력이 농업 이외로 이전하는 수단이고 방식이며 농촌 주민들이 수입원을 확대하는 경로이다. 현재 농촌 주민들이 종사하는 비농업 경영 상황에 대해 말하면, 대다수 사람들은 여전히 도시에서 체력노동에 종사해 체력에 의지하는 것을 위주로 하며, 독립적으로 경영활동에 종사하는 자가 비교적 적다.

농촌 주민의 비농업 경영활동의 소득상황(표1-13)에서 볼 수 있듯이, 월급이 500~1,000위안인 비율이 가장 높아 37.5%를 차지하고, 다음은 500위안 이하가 35%를 차지한다. 그리고 월급 수준이 1,000위안 이하인 자가 2/3를 차지하고 1,000위안 이상인 자가 27.5%를 차지하여 전반적으로 볼 때 농촌 주민들이 비농업경영에 종사하는 소득수준이 그다지 높지 않는데, 이는 다수 농민들이 여전히 저렴한 노동력에 의거해 비농업소득기회를 획득하고 있음을 알 수 있다. 하지만 상대적으로 순수한 농업소득 수준 혹은 비농업 소득에 대해 농민들은 비교적 만족해하고 있다.

표 1-13 비농업 사업의 월 소득

비농업소득(위안)	비율(%)	누적 비율(%)
500 이하	35.0	35.0
500~1,000	37.5	72.5
1,000~3,000	13.1	85.6
3,000 이상	14.4	100.0
파악하지 못한 값=2,847, N = 4,138		

소비와 지출

농촌 주민들의 소비생활 상황은 일정한 정도에서 농민들의 소득수준을 결정하는 동시에 주민 소비관념 및 생활방식과 일정한 연관이 있다.

농민들의 소비방식과 지출상황도 농민경제와 사회생활의 기본 형태를 반영해 준다. 농촌 주민 소비상황에 대한 고찰은 주로 농민들의 주택상황, 생활비용 지출, 의료지출, 교육지출 등 면으로부터 착수한다.

먼저 현재 농촌 주민들의 주택상황(표1-14)으로부터 보면, 25.7%의 농가들이 2층집에서 살고 있고 69%의 농가들이 단층집에서 살고 있다.

표 1-14 현재 농민들의 주택상황

	인수(명)	비율(%)	유효 비율(%)	누적 비율(%)
층집	1,064	25.7	25.7	25.7
단층집	2,854	69.0	69.0	94.7
기타	220	5.3	5.3	100.0
합계	4,138	100.0	100.0	

농촌 주택 면적(표 1-4)에서 볼 때, 41.7% 농가들의 주택 면적은 90㎡ 이하이고, 절반을 초과하는 농가들의 주택 면적은 90㎡ 이상이다. 단순히 면적을 놓고 볼 때 농촌 주민들의 주택조건은 비교적 이상적일 뿐만 아니라, 이미 적지 않은 농가들이 2층집에서 살고 있는데, 이는 농촌 주택의 질도 비교적 개선되었음을 설명해준다.

하지만 상대적으로 도시 주민들의 주택과 비교할 때 농촌 주민의 주택은 시설이 비교적 낙후하고 전체적인 위생 시설도 비교적 적다.

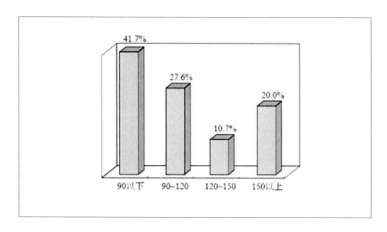

그림 1-4 현재의 농민 주택 면적(제곱미터)

현재 농촌 주민 주택조건의 개선은 주택소비에 대해 농민들이 중시하고 있는 것과 떼어놓을 수 없다. 적지 않은 농민들은 자금 여유가 있으면 먼저 주택건설을 고려하고 경제 소득이 상대적으로 높으면 일반적으로 건물을 지으려고 계획한다. 새집을 짓는 것은 농촌 주민들의 유행적인 소비방식으로 농민들은 거주환경이 쾌적한 주택을 선호하고 있는데 이는 향촌사회의 상징에도 부합된다.

일부지역에서는 남자가 대상자를 구할 때 반드시 비교적 좋은 주택이 있거나 혹은 새 주택을 마련하겠다는 약속이 있어야 한다. 현재 일반 농촌지역에서 2층짜리 집을 지으려면 약 5만 위안이 필요한데, 일부 경제능력이 약한 농가들에게 있어서 주택소비는 하나의 주요한 부담과 압력으로 작용할 수 있다.

다음으로 일상생활의 지출 면(표 1-15)에서 볼 수 있듯이 농촌 주민들의 소비수준은 전반적으로 낮은 차원에 있는데, 85.9% 농가들의 매년 생활비로 지출하는 비용은 1,000위안 이하로 세대 당 매달 생활비 지출은 85위안 전후에 불과하다. 이러한 수준은 농민들의 소득 수준이 비교적 낮은 것과 연관되지만 동시에 농민들의 소비패턴과도 관련된다. 다수 농촌 주민들에게 있어서 생활비 지출은 주로 일상 소비품 구매에 사용되며 식품은 주로 자급에 의존한다.

표 1-15　농가의 매 년 일상생활 지출

생활지출 수준(위안)	비율(%)	누적 비율(%)
200 이하	31.3	31.3
200~300	20.5	51.8
300~600	30.3	82.1
600~1,000	3.8	85.9
1,000 이상	12.5	98.4
파악하지 못한 값	1.6	100.0
$N = 4,138$		

다음 의료지출 면(표 1-16)에서 지출수준의 구조분포 상황으로부터 볼 때, 농촌 주민들의 의료비용 지출은 생활지출보다 조금 높은 편이다.

농가의 연간 의료비용이 1,000위안 이하가 72.7%이고, 1,000위안 이상이 19.1%이다. 비록 절대적인 수치로부터 볼 때 의료비 지출이 그다지 많은 것은 아니지만 상대적으로 농가들의 소득 수준으로부터 볼 때 의료비용 지출은 그래도 높은 수준에 머물러 있다. 아마 그런 원인으로 적지 않은 농가들이 병원에 가기가 어렵고 치료비가 비싸다는 불평을 토로할 수도 있다.

표 1-16 농가의 매 년 의료지출

의료지출(위안)	비율(%)	누적 비율(%)
200 이하	31.4	31.4
200~300	8.1	39.5
300~600	17.0	56.5
600~1,000	16.2	72.7
1,000 이상	19.1	91.8
파악하지 못한 값	8.2	100.0
$N = 4138$		

마지막으로 현재 농촌 주민들의 교육비 지출이 하나의 주요한 소비 부분이 되고 있다. 자녀가 학교에 다니는 농가들을 볼 때, 교육지출은 가정소비의 주요 부분이다. 현재 농가들의 교육비 지출 수준(표1-17)으로 볼 때, 지출이 1,000위안 이하가 68.5%를 차지하고, 20% 이상 농가의 연간 교육비 지출은 1,000위안 이상에 달하며, 8.6% 농가의 연간 교육비 지출은 3,000위안 이상에 달하는데, 이는 상대적으로 농촌 주민들의 소득 수준 및 기타 지출 항목에서 볼 때 교육비 지출 수준이 상당히 높다고 할 수 있다.

표 1-17 농가의 매년 교육지출

교육지출(위안)	비율(%)	누적 비율(%)
300 이하	49.4	49.4
300~600	10.3	59.7
600~1,000	8.8	68.5
1,000~3,000	15.6	84.1
3,000 이상	8.6	92.7
파악하지 못한 값	7.3	100
N = 4,138		

현재 일반 농가들을 볼 때, 만약 자녀가 대학에 다니면 지출소비가 더욱 높을 수 있어 매년 10,000위안 이상이 필요할 수도 있다. 이와 같은 높은 소비는 그들의 소득으로 지탱할 수 없기에 교육지출은 일부 농가 특히 중고등학교 및 대학에 다니는 자녀들을 둔 가정의 가장 큰 부담이 될 수

있다. 이로부터 농민들의 부담을 줄이려면 농민들이 부담하고 있는 높은 교육비용 지출에 대해 관심을 기울여야 하는데, 이런 비용은 의무교육 단계의 비용이 아니라 주로 중고등학교와 대학교 단계의 비용이다.

조사결과에 대한 분석에 근거해서 현재 향촌경제활동의 기본특징을 아래와 같은 몇 가지로 개괄할 수 있다.

첫째, 세대 당 10무, 노동력 1인당 4무의 도급 경작지는 향촌 농가들의 생산경영 패턴이 여전히 소규모의 가정경영 패턴에 속하며, 제한된 도급토지와 전통적인 생산구조로 향촌사회는 세대 당 잉여노동력이 2명가량 나타날 수 있다는 것을 의미한다.

둘째, 농민 단체의 교육받은 차원 및 소유한 기술자원이 비교적 낮다. 절반 이상의 농민들이 소학교 이하의 교육을 받았고 36%의 사람들이 중학교 교육밖에 받지 못했으며 20%도 안되는 농민들만이 한 가지 기술을 가지고 있다. 이와 같은 인력자본 구조는 향촌사회 주체발전의 기반으로서 이런 취약한 기반은 근본적으로 향촌경제와 사회발전의 방향과 범위를 제약하고 있다.

셋째, 농민들의 농업생산에 대한 적극성은 일종의 평온한 상태에 처해 있고, 농업생산 열정도 점차 식어져 저수준의 느슨한 상태에 처해 있다. 이는 농민들이 재배업을 선택하는 면에서 절대 다수의 농가들이 모두 곡물재배업을 선택하는데서 볼 수 있다. 농가를 단위로 하는 생산경영 체제하에서 농가들이 생활을 영위하기 위해 반드시 곡물생산에 대한 적극성을 유지할 뿐만 아니라 곡물 재배를 계속 유지할 것이다. 하지만 기본적인 생활이 보장된 후, 한계 수익률이 비교적 낮고 한계 위험이 점차 증가되는 것으로 인해 농민들의 생산 적극성도 지속적으로 향상되기는 어려울 것이다. 이는 현재 농가들이 가축을 사양하는 적극성이 급격히 떨어진 것을 집중적으로 보여주는 것으로서 많은 농가들이 왕년처럼 자급과 증수를 위해 더는 가축과 가금을 사육하지 않고 있으며, 생활 조건이 개선됨에 따라 사육 원가와 수익의 비대칭으로 인해 대량의 농가들이 사육을 포기하는 주요 원인이 되고 있다.

넷째, 농민의 소득성장은 하나의 '병목'단계에 처해 있다. 비록 그들이 농업 외의 소득을 통해 농가의 소득수준을 끊임없이 끌어올려 농촌 주민의 소득수준이 개혁개방 이전보다 어느 정도 향상되었지만, 농업소득과 비농업 경영활동의 소득수준이 아직도 비교적 낮고, 불확실성 등의 원인으로 인해 농가들이 갈수록 소득수준을 향상시키기가 어렵다.

다섯째, 농촌 주민들의 소비 및 생활수준이 비교적 낮은 차원에 처해 있다. 전반적으로 소득수준이 비교적 낮은 편이지만, 주택 건설, 의료, 교육 등 지출수준은 비교적 높은 편으로, 이와 같은 이중 압력으로 농촌의 소비시장도 비교적 낮은 차원에 처하게 된다. 농민들은 현실생활에서 높은 교육, 의료 등 비용을 지불해야만 하기에 생활비 지출을 줄일 수밖에 없다.

종합적으로 말해서 현재 향촌 경제생활이 처한 구도의 기본특징은 소농가들이 시장과 정책 사이에서 자체적인 경영 정략을 끊임없이 조정해 가며 농가의 경제행위 선택에도 개체이성과 집체이성의 괴리현상이 나타나, 농가들이 시장에서 자신의 소득을 최대화로 추구할 때 수익률이 비교적 낮은 곡류작물의 생산을 포기함으로서 집체이익과 안전에 대해 모두 위협을 조성할 수 있다.

제2절

향촌 정치생활의 기본형태

정치생활은 향촌사회생활의 주요한 측면이다. 향촌의 정치생활에 대한 고찰을 통해 현재 향촌사회의 권리 혹은 권위 구도, 정치 법률의식 및 정치활동을 알아볼 수 있고, 또 향촌질서의 토대 및 향촌관리의 메커니즘을 이해할 수 있다.

개혁개방이래, 농촌경제체제의 개혁과 더불어 농촌 기층정권 조직 구조에는 비교적 큰 변화가 일어났다. 경제적 계산과 기층의 행정관리 기능을 갖고 있던 인민공사가 향·진 행정조직에 의해 대체되었다. 또한 1급 경제계산 단위인 생산대대와 생산소대가 이미 행정촌 및 촌민소조로 탈바꿈하였다. 행정촌은 실질적인 변화를 가져와 농촌 촌민자치조직으로 되어 그 구성원은 촌민들이 직접 선거하고 있다. 행정촌의 직능은 주로 국가정책을 홍보하고 공공사무를 해결하며 촌민을 도와 생산력을 발전시키고 사회생활을 조직하는 것으로서 더는 경제계산과 정책직능을 갖지 않고 있다.

현재 경제활동이 개체 가구를 단위로 하는 큰 배경에서 농촌 공공사무가 주로 어떤 면에서 표현되고 있는지, 농촌 기능의 당 조직은 농촌 공공사무를 관리하고 사회생활을 조직하는 면에서 어떤 역할을 발휘할 수 있는지, 행정촌 당 지부 및 당 지부서기와 행정촌 촌민위원회 주임 사이, 촌 간부와 촌민 사이에 집체적 혹은 공공사무를 대처하는 면에서의 관계는 또한 어떠한지 등의 문제에 대한 고찰은 개혁개방 이후, 소농 생산의 상황 하에서 농민들이 어떻게 공공생활을 조직하고 전개하는가 하는 것을 인식하는 토대가 될 수 있다.

정치신분

농촌 정치생활에서 정치신분의 의의는 매우 중요하다. 서로 다른 정치 신분은 정치활동에 참여하는 내용과 방식도 서로 같지 않을 수 있음을 의미한다. 일반 백성들을 보면 주요한 정치생활인 촌민위원회에 직접 선거로 참여하는 것은 물론 촌민마다 모두 경선 자격이 있다.

공산당원 신분을 가진 농민들은 또한 당 지부의 활동에 참여해 촌 지부서기를 선거하거나 추천할 권리가 있다. 촌 당 지부 및 당원활동은 농촌 공공사무 가운데서 비교적 큰 영향력을 행사한다. 어떤 점에서 촌민 위원회의 많은 중대한 정책은 모두 촌 당 지부 서기 및 촌 당지부의 인정과 지지가 필요하다. 촌 위원회 위원 및 위원회 주임(촌장)은 비록 전체 촌민들이 직접 선거하지만 현실 속에서 많은 촌의 당 지부서기와 당 지부 의 영향력은 촌민 위원회와 촌민 위원회 주임보다 더 크다.

농촌 주민 정치신분 구조에 대한 조사상황(표 1-18)을 보면 농민들 중, 공산당원이 6.6%, 공청단원이 4.4%, 무소속 일반 군중이 88.9%를 차지한다. 이 결과에서 볼 수 있듯이 농촌의 당원, 단원 비례는 그다지 높지 않지만, 농촌의 이 10%밖에 안 되는 당원, 단원들이 농촌사회의 정치 엘리트가 될 수 있으며, 또 농촌 사회의 많은 사람들이 정치적인 일에 적극적으로 임하려는 자세가 있음을 보여주고 있다.

표 1-18 농촌 주민들의 정치참여 구조

	인수	비율(%)	유효비율(%)	누적비율(%)
공산당원	272	6.6	6.6	6.6
민주당파	3	0.1	0.1	6.7
공청단원	184	4.4	4.4	11.1
군중	3,679	88.9	88.9	100.0
합계	4,138	100.0	100.0	

표 1-19의 수치에 근거하면 농촌사회의 조직수준이 비교적 낮고 여러 가지 민간적인 사회조직 혹은 자치조직에 참여하지 않는 인수가 99.4%를 차지한다. 이 결과는 현재 농민 자치조직 수준 혹은 조직화 수준이 상대적으로 비교적 낮다는 점을 설명해주데, 이는 현재 향촌의 개체 가구식의 경영패턴과 밀접한 관련이 있다.

집집마다 자주경영 시, 개체 가구생활의 독립성을 보장하고 있는 상황에서 가구들은 평소의 생활에서 기본적으로 자급자족할 수 있기에 조직 혹은 단체에 대한 수요가 그다지 강하지 않다. 하지만 발전 차원으로부터 보면, 낮은 조직화는 비교적 큰 정도에서 이러한 단체의 이익 표현능력, 정치적 지위, 시장에 대해 담판할 수 있는 지위를 제약할 수 있다.

표 1-19 농촌주민들이 사회단체조직 참가 상황

	인수	비율(%)	유효비율(%)	누적비율(%)
참가	25	0.6	60.6	0.6
불참가	4,113	99.4	99.4	100.0
합계	4,118	100.0	100.0	

현재 일부지역은 농가의 분산경영과 낮은 조직화 특징을 겨냥해 농민들을 일부 경제 협력사와 같은 유형의 조직에 참가하도록 동원하고 있다. 하지만 이는 일종의 외부 수입식의 조직 혹은 협력 경로로서 진정으로 농촌사회생활의 자체 조직능력의 향상에 역할을 발휘할 수 있을지는 현재까지 아직 이에 대한 정론이 없다.

농촌주민의 조직화 수준 향상을 추진함에 있어서 가장 중요한 것은 촌 내부역량에 의거해 농민들이 자체적으로 조직을 구성하여 진정으로 자치기능을 발휘하게 하는 것이다.

정치참여

정치참여 면에서 향촌 주민들은 일반적으로 촌민위원회의 직접선거 활동에 참여한다. 비록 적지 않은 사람들이 외지에 돈벌이를 나간 탓으로 투표에 참여할 수는 없지만 그들 중 많은 사람들은 가족에게 위탁해 대신 투표하게 되기 때문에 촌민위원회 선거 투표 중, 지지와 반대의 태도는 늘 가구를 단위로 하는 특징이 나타난다. 또한 가구 구성원들 사이의 정치태도와 의도에는 불일치하는 점이 비교적 적어 한 가구의 투표행위는 기본적으로 일치한다.

농촌 주민들은 촌민위원회 선거에 직접 투표하는 것 외에, 또 현과 향·진의 인대대표(人大代表)의 투표에도 참여한다. 인대대표의 투표 활동은 모종의 의의에서 촌민위원회의 직접선거 투표와는 일치하지 않는다. 촌민위원회 선거에서 농촌 주민들이 선거한 촌 간부들은 그들이 잘 아는 사람일 뿐만 아니라, 또 자신의 이익 요구를 선거인과 긴밀히 연결시키기 때문에, 촌민위원회 선거에 대한 이해가 더욱 직관적이고 직접적이다. 하지만 인대대표 선거에서 그들은 비록 인대대표 선거에 참여하려 해도 그 의의에 대한 이해가 깊지 못해 다만 정치상의 임무를 이행할 따름이다.

표 1-20의 수치로부터 보면 90% 이상의 농촌 주민들이 현(縣)과 향(乡)의 인대대표 선거에 참가한 적이 있다. 이는 인대대표 선거가 농촌에서 매우 효과적이고 광범위하게 추진되고 있으며, 또 농촌 주민들이 인대대표 선거활동에 참여하는 열정이 매우 높다는 점을 설명해준다.

표 1-20 농촌 주민들이 현(县)과 향(乡)의 인대대표에 대한 직접선거 참가상황

	인수	비율(%)	유효비율(%)	누적비율(%)
참가	3748	90.6	90.6	90.6
참가 안함	390	9.4	9.4	100.0
합계	4,118	100.0	100.0	

농민들의 적극적인 투표행위는 농민들이 비교적 강한 정치참여 의식을 갖고 있고 정치 및 공공사무에 대해 관심이 있음을 말해준다. 비록 집체경제 시대에서 벗어나 분산된 가도대체영 시대로 나아가고 있지만, 정책과 정치에 대한 농민들의 관심은 여전히 식을 줄 모름을 보여주고 있다.

법제의식

현대화 가정에서 법제건설도 끊임없이 향촌사회에서 추진되고 있다. 그렇다면 법제화 행정이 과연 농촌 주민들의 정의 관념과 법제 의식으로 전환하고 있다는 것일까?

먼저 농촌 주민들의 권위적인 인식으로부터 보면, 행정 권위가 여전히 제1위이고 사법 권위가 제2위이다. 표 1-21 중의 수치가 이러한 관점을 잘 보여준다. 주민들은 억울하고 불만스러운 일에 봉착했을 때 도움을 청할 수 있는 부문을 가장 많이 찾는데, 이는 실제상 그들 마음속에서 가장

신임하고 가장 효력을 발생할 수 있다고 인정하는 권위 부문으로서, 이런 부문에서만이 자신들을 도와 문제를 해결해줄 수 있다고 생각하는 것이다.

표 1-21 농촌 주민들이 억울함을 당했을 경우, 가장 도움을 청하고 싶은 부문

	인수	비율(%)	유효비율(%)	누적비율(%)
본 단위 지도자	39	0.9	8.1	8.1
현지 정부	276	6.7	57.1	65.2
법원	85	2.1	17.6	82.8
공회, 공청단, 여성연합회 등	5	0.1	1.0	83.8
비정부 기구	16	0.4	3.3	87.1
기타	62	1.5	12.8	100.0
소계	483	11.7	100.0	
파악하지 못한 값	3,655	88.3		
합계	4,138	100.0		

표 1-21을 보면, 향촌 주민들은 억울함을 당했을 경우, 절반 이상 즉 57%를 차지하는 사람들이 먼저 현지 정부를 떠올리는데, 현실 속에서도 확실히 그렇다. 촌락사회에서 분쟁이 발생했을 경우, 당사자는 일반적으로 먼저 촌 간부들을 찾아가 촌 간부들이 시비를 가르고 처리해주기를 바란다. 농촌 주민들이 억울함을 풀 때 먼저적으로 기층 행정과 반 행정적

권위를 선택한다. 이는 농촌 주민들이 가장 신임하거나 혹은 가장 효력이 있다고 인정 하는 권위가 바로 행정 권위이지 사법 권위가 아니라는 점을 설명 해준다. 하지만 법원은 이미 적지 않은 농촌 주민들이 억울함을 풀고 문제를 해결하는 두 번째 선택 대상이 되어 농촌 주민들의 법률의식이 비록 강하지는 못하지만 끊임없이 향상되고 있음을 표명한다.

표 1-22로부터 보면 단체 민원 면에서 다만 1.2%의 사람들만이 단체 민원에 참여한 적이 있고, 90% 이상의 사람들은 단체 민원에 참여한 적이 없었다. 이 결과는 농촌 주민들이 억울하고 분쟁이 있는 문제를 처리할 때 단체행동을 비교적 적게 취한다는 점을 알 수 있다. 농촌 주민들의 낮은 조직화 수준 및 농민들의 분산성은 농민들이 단체행동을 비교적 적게 취하게 하지만 영향을 주는 데에는 주요한 요소가 되고 있다. 비록 농촌에서 단체행위가 자주 발생한다 하지만, 이런 행위는 늘 정서가 불안정한 상황에서 일어나는 가족 등 친척관계를 변수로 하는 단체적인 충돌사건이 대부분이다.

표 1-22 농촌 주민들이 억울함을 당했을 경우 단체 민원 상황

	인수	비율(%)	유효비율(%)	누적비율(%)
없다	435	10.5	89.9	89.9
있다	49	1.2	10.1	100.0
소계	483	11.7	100.0	
파악하지못한 값	3,655	88.3		
합계	4,138	100.0		

법률에 대한 농촌 주민들의 이해와 인식에 대해서 표 1-23에서 볼 수 있듯이 법률 및 법제건설을 지지하는 사람이 절반도 안 되며, 법률에 전혀 관심이 없는 사람이 상당히 많다. 47.5%의 사람들은 법률은 일상생활과 별로 관계가 없다고 인정하기에 법률을 경시하고 법률을 단지 형법 혹은 도구적인 법률로 이해하고 있을 뿐만 아니라, 부당한 행위를 제약하고 징벌하는 준칙으로만 이해한다.

표 1-23 "법을 어기지 않고 죄를 범하지 않으면 법률은 나의 생활과
기본적으로 관련이 없다"는 견해에 대한 농촌 주민들의 인식

	인수	비율(%)	유효비율(%)	누적비율(%)
매우 불찬성	316	7.6	7.6	7.6
불찬성	1,609	38.9	38.9	46.5
찬성	1,590	38.4	38.4	84.9
매우 찬성	378	9.1	9.1	94.1
무응답	245	5.9	5.9	100.0
합계	4,138	100.0	100.0	

조사결과에 대한 분석에 근거해 향촌사회 정치생활 형태의 특징을 아래와 같은 몇 가지로 개괄할 수 있다.

첫째, 권위 인정 면에서 행정권위는 향촌사회의 핵심권위로서, 다수 농민들이 이 권위를 신임하고 의지한다. 이와 동시에 권력과 권위에 대한 농민들의 인식과 판단은 주로 자신과 행정 권위의 관계에 근거한다.

둘째, 정치에 대한 농민들의 관심정도 및 정치에 참여하려는 적극성이 모두 상대적으로 높다. 이로부터 향촌사회는 결코 완전히 분산된 원자화(原子化) 사회가 아니라 적지 않은 주민들이 여전히 공공사무에 대해 높은 관심을 보여주고 있음을 알 수 있다. 다만 그들의 관심이 행정적인 권위에 더 많은 희망을 기탁하고 있을 뿐이다. 이와 동시에 농민과 향촌 간부들 사이의 관계도 각별히 중요한 것으로 농민들이 기층간부를 통해 권위와 외부정치를 연계시키고 있기 때문에 양자의 거리가 가까울수록 연계성도 더욱 밀접해진다.

셋째, 향촌 주민들의 조직화가 비교적 낮은 수준에 처해 있어 1%도 안 되는 사람들이 각 유형의 사회단체 혹은 조직에 참가한 적이 있다. 낮은 조직화 수준은 그들이 여러 가지 분쟁과 억울함에 직면했을 경우, 98%를 넘는 사람들이 단체 민원형식을 취해 억울함을 풀지 못하고 있다. 이로부터 향촌사회는 단체행동의 고발지역이 아님을 볼 수 있다. 하지만 다른 각도로부터 보면 낮은 조직화 상황에서 농민들의 이익표현 강도가 제한되어 있기에 시장 속의 담판지위도 영향을 받을 수 있다.

넷째, 법치의식 면에서 약 절반을 차지하는 향촌 주민들이 법률에 대해 일정한 거리를 유지하고 있는데, 그들은 생활 속에서 법률에 그다지 관심이 없고 법률이 자신과 별로 관계가 없다고 여긴다.

제3절

향촌사회와 문화생활 형태

농촌사회와 문화생활 형태의 고찰에 대해 주로 두 가지 면으로 나눌 수 있다. 첫째는 주체의 관념 체계이고, 둘째는 주체의 행동사실이다. 종교 신앙, 사회 평가, 계층 인정 등 여러 차원에 대한 고찰을 통해 농촌 주민 가치관의 기본 형태를 알 수 있고, 일생생활의 기본사실을 파악하는 것을 통해 그들의 생활방식 형태를 알아볼 수 있다.

종교적 신앙

종교적 신앙은 행동자의 정신세계를 반영하는 기본구도로서 일정한 정도에서 그들의 가치관과 사상의식 활동을 대표하기도 한다. 조사한 상황에서 보면 현재 86.7%를 차지하는 농촌 주민 절대 다수가 모두 종교를 신앙하지 않고, 14%를 초과하지 않는 사람들이 종교를 신앙해 종교인 비율이 비교적 낮다. 종교인 중에서 불교를 신앙하는 사람이 비교적 많고, 다음으로 민간종교와 기독교를 신앙하는 사람이 많아 각기 7.4%, 2.9%, 2%를 차지했다. 이 결과는 현재 농촌 주민들 속에서 민간종교 신앙과 기독교 신도가 점차 늘어나고 있는 추세를 보여주고 있다고 할 수 있다.

표 1-24 향촌 주민들의 종교신앙 상황

	인수	비율(%)	유효비율(%)	누적비율(%)
불교	305	7.4	7.4	7.4
도교	5	0.1	0.1	7.5
민간신앙	119	2.9	2.9	10.4
이슬람교	13	0.3	0.3	10.7
천주교	14	0.3	0.3	11.0
기독교	82	2.0	2.0	13.0
무교	3,589	86.7	86.7	99.7
기타	11	0.3	0.3	100.0
합계	4138	100.0	100.0	

인정과 평가

자신 혹은 타인에 대한 개인의 평가와 인정 상황은 개인의 사회의식과 가치관의 중요한 구현이다. 사람들은 평가 표준과 인정 차원을 선택할 때 실제상 가치관의 지배 하에서 판단을 진행한다.

사회평가 면에서 향촌 주민들이 사회계층 지위의 높고 낮음에 대해 판정할 때 경제수입의 높고 낮음을 첫째가는 평가표준으로 삼는 사람들이 40%로 제1위를 차지해 비율이 상당히 높았다. 이로부터 그들 관념 속에 있는 계층별 차별에서 가장 중요한 것이 경제수입의 차별임을 알 수 있다.

표 1-25 개인 사회경제지위를 평가하는 가장 중요한 요소

	인수	비율(%)	유효비율(%)	누적비율(%)
소득의 높고 낮음	1,672	40.4	40.4	40.4
산업 보유 여부	360	8.7	8.7	49.1
양호한 교육 받은 상황	527	12.7	12.7	61.8
존중 혹은 멸시 상황	228	5.5	5.5	67.4
기술 보유 여부	362	8.7	8.7	76.1
관리자 혹은 피관리자	107	2.6	2.6	78.7
주인 혹은 고용 노동자	306	7.4	7.4	86.1
군중 혹은 당원	16	0.4	0.4	86.5
도시 사람 혹은 시골 사람	44	1.1	1.1	87.5
국가 간부 혹은 일반 백성	516	12.5	12.5	100.0
합계	4,138	100.0	100.0	

이밖에도 조사결과에서 현재 농촌 주민들이 사회계층 지위를 평가할 때 적지 않은 사람들이 교육수준과 행정권력을 중요한 표준으로 삼고 있음을 알 수 있다. 표 1-25에서 12.7%의 사람들이 교육은 계층별 지위의 높고 낮음을 결정하는 가장 중요한 요소로 인정하는 동시에 12.5%의 사람들이 국가 간부인가, 아니면 국민인가 하는 것으로서 지위의 높고 낮음을 판정하는 중요한 요소라고 인정했다. 이 결과는 향촌 주민들이 교육자본과 권력 자본을 갈수록 중히 여기고 적지 않은 국민들이 고학력과 권리가 있는 관직을 선망하고 있음을 말해준다.

계층차별

향촌사회의 세분화 문제는 줄곧 학계에서 주목하는 핫이슈 중의 하나가 되었다. 그렇다면 개혁개방과 시장전환을 거쳐 중국 향촌사회에는 과연 뚜렷한 빈부 세분화와 계층차별이 나타난 것일까? 우리는 소득과 같은 객관 수치를 운용해 분석을 해야 하는 동시에 반드시 농민들이 이 문제를 어떻게 대하고 있으며, 또 그들이 향촌사회의 계층 세분화가 매우 뚜렷하다고 인정하고 있는지 등 그 여부를 잘 알아야 한다.

자신이 처한 계층에 대한 농촌 주민들의 인지와 평가로부터 보면 70% 이상의 높은 비율을 차지하는 다수의 사람들은 자신이 사회의 중하층 혹은 하층에 속한다고 인정하고 있다. (표 1-26) 21.6%의 사람들은 자신이 사회 중층에 속한다고 인정하고 2%의 사람들은 자신이 사회 중상층 혹은 상층에 속한다고 인정하고 있다.

표 1-26 본인의 계층지위에 대한 인정

	인수	비율(%)	유효비율(%)	누적비율(%)
상층	10	0.2	0.2	0.2
중상층	74	1.8	1.8	2.0
중층	893	21.6	21.6	23.6
중하층	1,082	26.1	26.1	49.7
하층	1,857	44.9	44.9	94.6
무응답	222	5.4	5.4	100.0
합계	4,138	100.0	100.0	

농촌 주민들의 계층인정 상황은 자신이 처한 실제 사회계층 생활과 비교적 일치한다. 그들은 의식적으로 자신의 계층지위를 과소평가하는 것이 아니라, 자신의 생활 실제에 근거해 내린 판단이다. 뿐만 아니라 이와 같은 판단은 그들이 소득, 교육, 권력 등 3개 주요 계층으로 표준을 정해 판정한 것과 일치한다.

자신이 처한 계층위치에 대한 농민들의 판단과 인지 결과를 놓고 말하면, 무릇 이런 주관적인 판단이 객관적인 실제 상황에 완전히 부합되는지 안 되는지는 잘 알 수 없다고 하겠다, 그렇지만 실제상 절대 적인 부합은 실현할 수 없겠지만 그들의 자아판단과 평가는 적어도 현재 사회계층 차별에 대한 자신의 인지와 관념을 반영하고 있다고 할 수 있다. 집중적인 추세로부터 보면 다수 사람들의 계층 인정은 일치하는 추세로 나아가고 있는데, 이는 향촌사회의 계층 세분화 현상이 사회적으로 홍보하는 것처럼 그렇게 두드러지고 심각하지 않다는 점을 보여준다.

개혁개방 이후, 확실히 일부 사람들이 먼저 부유해지기는 했지만 이는 극소수로서 겨우 2%에 불과해 절대다수의 사람들은 여전히 사회의 중하층에 처해있다.

가정의 사회적 지위에 대해 인정하는 면에서(표 1-27), 기본상황이 개인의 계층 인정과 비교적 일치하여 다수의 농촌 주민들은 자기 가족의 지위를 중하층 혹은 하층에 편입시키고 있음을 알 수 있다. 그중 자기 가족이 하층에 속한다고 인정하는 비율이 제일 높아 41%를 차지한다.

표 1-27 가정 계층지위에 대한 인정

	인수	비율(%)	유효비율(%)	누적비율(%)
상층	27	0.6	0.6	0.6
중상층	105	2.5	2.5	3.2
중층	1,008	24.4	24.4	27.6
중하층	1,068	25.8	25.8	53.4
하층	1,698	41.0	41.0	94.4
무응답	232	5.6	5.6	100.0
합계	4,138	100.0	100.0	

조사결과는 두 가지 기본상황을 반영한다. 하나는 사회계층 지위에 대한 농촌 주민들의 인지와 판정이 비교적 현실적인데, 이는 자신이 처한 생활형편과 계층 위치에 대한 인식이 현실생활과 비교적 일치하다는 점을 보여주며, 다른 하나는 적지 않은 농촌주민들의 생활 형편이 그다지 이상적이 아니라는 것을 설명해준다고 하겠다.

생활방식

생활방식은 주민들이 생활시간을 지배하는 내용과 방식을 가리킨다. 생활방식은 다방면으로 일상생활의 다양한 분야 및 개인과 사회의 상호 관련방식을 종합하고 있다. 이는 개인이 타인 혹은 개인 이외의 세계를 이해하고 인지하는 경로이자 방식이다. 농촌 주민들의 생활방식 약도를 간단하게 스케치하기 위해 우리는 개인과 외부세계의 연계방식 및 개인의 주요 활동 등 면으로부터 착안해 고찰을 진행했다.

개인과 타인 및 외부세계와의 연계는 일정한 매개물을 필요로 한다. 매개물의 연결을 통해 개인은 자신 이외의 세계를 이해하고 인식할 수 있는 동시에 매개물이 제공한 정보 자극에 근거해 자신의 행동 책략을 선택한다. 때문에 개인의 사회행동은 비교적 큰 정도에서 매개물의 영향을 받는다. 또한 자신이 처한 사회 환경 및 자신의 개인 인지 구조가 같지 않아 개인과 다른 형식의 매개물의 관계를 제약하고 있다.

현대사회는 정보가 고도로 발전한 사회이다. 텔레비전, 인터넷 기술의 광범위한 응용은 정보의 전파와 연동을 더욱 가속화하고 광범위하게 한다. 상대적으로 말하면 향촌사회의 정보기술 응용은 비교적 낙후해 있기에 촌민 주민들이 외부세계를 인식하는 매개물도 비교적 특수하다.

먼저 농촌 주민들과 텔레비전의 관계로부터 보면 (표 1-28) 약 80%의 사람들이 거의 매일 텔레비전을 본다. 이로부터 텔레비전은 농촌 주민들의 일상생활과 매우 밀접한 관계를 갖고 있으며 농촌 주민들이 가장 광범위하게 이용하는 대중적인 매체라고 할 수 있다. 따라서 농촌에 정보를 전파할 때, 농촌 주민들의 매체 운용 특점에 근거해 텔레비전의 역할을 충분히 발휘해 갈수록 많은 농촌 주민들이 텔레비전을 통해 바깥세계를 이해하고 가치 있는 정보를 더 많이 얻게 하도록 해야 한다.

표 1-28 텔레비전 시청 빈도

	인수	비율(%)	유효비율(%)	누적비율(%)
거의 매일	3,306	79.9	79.9	79.9
일주일에 수회	539	13.0	13.0	92.9
일주일에 1회	82	2.0	2.0	94.9
한 달에 수회	89	2.2	2.2	97.1
한 달에 1회	11	0.3	0.3	97.3
1년에 수회	47	1.1	1.1	98.5
종래로 시청 안함	64	1.5	1.5	100.0
합계	4,138	100.0	100.0	

　　다음 표 1-29의 수치로부터 보면 절반이상(57.3%)을 초과하는 농촌 주민들이 전혀 신문을 읽지 않는데, 이 결과는 농촌 사회에서의 종이 매체의 응용이 극히 제한되어 있음을 말해준다. 이는 농촌 주민들의 교육 받은 수준 및 실제조건과 관련된다. 교육 받은 수준이 비교적 낮기에 신문구독에 대한 관심이 상대적으로 낮은 것이 많은 농촌 주민들이 신문 매체를 선택하지 않는 주요 원인으로 보인다. 이밖에 농촌은 도시와 달리 신문발행이 비교적 낙후하고 신문을 구매하는 것이 그다지 편리하지 못하다. 또한 일부 농민들에게 있어서 신문 구매는 비교적 큰 소비가 될 수 있어 소득 수준이 비교적 낮은 농촌 주민들을 입장에서는 돈을 내어 신문을 사보는 적극성이 높을 수가 없다.

　　주민들이 매일 텔레비전을 사용하는 것은 텔레비전만 있으면 프로를 시청하는데 돈을 쓸 필요가 없기 때문이다. 이로부터 농민들이 신문을 통해 자원을 얻는 것이 아니라 텔레비전을 통해 학습하고 기술과 정보를 받아들이는데 더욱 치우치게 되었다는 것을 추론할 수 있다. 따라서 현재 농민들에게 정보와 기술을 제공할 경우, 그들의 생활습관을 감안해 구체적 실천 혹은 시각적인 매체를 통해 전파하는 방식을 선택하는 것이 정보와 기술의 보급에 더욱 유리하다고 하겠다.

표 1-29 신문열독 빈도

	인수	비율(%)	유효비율(%)	누적비율(%)
거의 매일	265	6.4	6.4	6.4
일주일에 수회	424	10.2	10.2	16.6
일주일에 1회	217	5.2	5.2	21.9
한 달에 수회	287	6.9	6.9	28.8
한 달에 1회	112	2.7	2.7	31.5
1년에 수회	462	11.2	11.2	42.7
종래로 구독하지 않음	2,371	57.3	57.3	100.0
합계	4,138	100.0	100.0	

이러한 상황에 대비해 많은 농촌 주민들이 책과 신문, 종이 매체를 이용해 더 많은 가치 있는 정보를 얻게 하려면 농촌 사회생활의 실제 상황을 충분히 고려해야 한다. 하나는 농촌 주민들의 교육 받는 수준을 끊임없이 향상시키고 농민들의 문화자질 향상과 문화학습 습관 양성을 통해 점차 농민들의 학습 적극성을 향상시켜야 한다. 다른 하나는 공공의

종이매체 봉사를 제공해 주민들이 매체를 이용하는데 필요한 원가를 낮춰야 한다.

여가 시간의 지배방식은 생활방식을 구현하는 주요 차원으로서 여가 시간의 길고 짧음과 여가시간을 어떻게 활용하고 사용하는가 하는 것은 실제상 필요한 노동시간과 노동성과가 그들에게 어떠한 소비를 제공해주는가 하는데서 반영된다.

전에 사람들은 농민들의 농한기 사용과 생활방식에 대해 직관적인 판단에 의해 인지하였는데, 그들은 다수의 농민들이 여유가 있을 때면 모두 잡담하거나 카드놀이를 한다고 인정했다. 심지어 어떤 곳에서는 농민들의 시간활용에 관해 재미있는 문구가 유행한 적도 있다. "한 달 동안 설을 쇠고 두 달 동안 농사를 지으며 9개월 동안 카드놀이를 한다." 즉 농업생산은 계절성이 비교적 강한 것으로 농민들이 매년 수확기와 파종기에 1~2개월만 분주히 보낸 후, 나머지 시간은 상대적으로 한가하여 농한기 때면 농민들이 카드놀이로 시간을 보낸다는 것을 의미했다.

혹 이 유행문구가 어느 한 시기 농민들의 생활방식과 특징을 확실히 반영했다면, 이는 개혁개방 초기 가정 생산량 도급책임제의 추진과 가구별 노동생산율의 향상과 더불어 모든 농가들이 비교적 짧은 시간 내에 필요한 농사일을 완성하려는 데서 보여 졌을 것이다. 농작물의 생산량과 재배시간은 큰 연관성을 갖고 있으므로, 첫째로 효율성을 제고하고, 둘째로 단위 당 생산량을 향상시키려면 농민들이 일정한 시기 내에 파종임무를 완성해야만 높은 생산량을 보장할 수 있었다.

이와 동시에 외지에 돈벌이 하러 나간 농촌 주민들이 한편으로는 제도상의 제한을 받고, 다른 한편으로는 여유시간을 보낼 수 있는 기회가 드물었기에 적지 않은 잉여노동력은 농한기 때면 카드나 마작을 하는 방식을 선택해 시간을 보낸다. 오늘날 향촌사회의 구도와 생활방식은 빈도 높은 사회 유동과 더불어 30여 년이란 긴 시간의 농촌개혁을 거쳐 거대한 변화를 가져왔다. 그렇다면 농민들이 아직도 돈내기 카드놀이로 시간을 소모하고 있다는 것일까?

실제로 조사한 상황으로부터 보면 2/3를 초과하는 농촌 주민들이 카드나 마작을 하지 않았다. 이 결과는 카드나 마작을 하는 것은 농민들이 한가한 시간을 소모하는 가장 보편적인 방식이 아니고, 또 농촌의 보편적인 문화생활 현상도 아니라는 점을 설명해준다. 이로서 농촌 사회문화 생활 속의 도박문제는 사람들이 상상하는 것처럼 그렇게 심각하지 않다고 판단할 수 있다. 사람들의 직감적인 경험으로 말하면 우리는 확실히 현실 속에서 카드나 마작을 하는 것이 매우 평범한 현상으로서 이 활동은 무릇 향촌이든 도시든 어디를 막론하고 모두 보편적으로 존재하고 있음을 발견할 수 있다.

하지만 보편적으로 볼 수 있는 현상이라 하여 결코 다수의 사람들이 모두 활동에 참여하는 것만이 아니라, 소수 사람들이 진행하는 빈번한 활동일 수도 있다. 즉 농한기에 돈내기 카드놀이 현상은 향촌에서 흔히 볼 수는 있지만, 각지에서 이와 유사한 활동에 참여하는 사람들은 극히 일부분에 속한다고 할 수 있다.

표 1-30 카드나 마작 놀이 빈도

	인수	비율(%)	유효비율(%)	누적비율(%)
거의 매일	48	1.2	1.2	1.2
일주일에 수회	210	5.1	5.1	6.2
일주일에 1회	131	3.2	3.2	9.4
한 달에 수회	282	6.8	6.8	16.2
한 달에 1회	154	3.7	3.7	19.9
1년에 수회	454	11.0	11.0	30.9
종래로 안함	2,859	69.1	69.1	100.0
합계	4,138	100.0	100.0	

이러한 결과에 대해 우리는 혹시 이렇게 이해할지도 모른다. 대량의 청장년들이 외지에 나가 돈 벌이를 하면 무거운 농업 노동은 부득이하게 고향에 남은 사람들이 짊어져야만 했다. 이렇게 비교적 긴 시간동안 농업노동에 종사해야 하는 그들에게는 농한기가 극히 제한되어 있기 때문에, 카드나 마작을 하는 등의 여가 활동마저 적게 한다면 휴식을 위주로 하고 텔레비전을 보는 데만 그치게 되는 그들의 여가 생활은 너무 단조로울 것이다. 이밖에 향촌에 남아있는 노동력 혹은 기타 사람들은 상대적으로 생활이 그다지 부유하지 못하거나, 특히 화폐소득이 비교적 제한되어 도박에 손을 대지 않을 수도 있는 것이다.

제4절

요약

　상술한 향촌사회의 경제, 정치, 사회문화 생활 등의 조사상황에 대한 통계분석을 통해 우리는 현재 중국 향촌사회의 기본상황이 갖고 있는 아래와 같은 중요한 특징을 찾아낼 수 있었다.

　먼저 경제생활 면에서 농가들의 제한된 도급 경작지와 전통적인 재배 패턴에 의한 의존으로 인해 집집마다 약 2명의 잉여노동력이 잠재할 수 있는데, 이는 향촌 노동력이 농업 이외로 이전하는 압력이 매우 크다는 점을 의미한다. 농업생산 면에서 농민들은 여전히 곡류작물 재배를 위주로 하여 경제작물 재배, 양식, 부업 발전 등에 대한 적극성과 열정이 그다지 높지 않다. 이런 특징을 보여주는 원인은 주로 농업과 부업의 한계 수익률이 점차 감소되는 추세가 나타나고, 또 농민들이 자신의 호주머니만 챙기는 상황에서 더욱 많은 땅을 경작할 것을 요구하지 않는데서 찾아볼 수 있다. 다수 농민들의 개인 인력자본과 기술 보유량이 비교적 낮은 편인데, 이는 그들이 가 일층 발전하는 공간을 제약해 농민 소득증가의 제약 요소가 될 것이다. 다수 농민들의 연간소득 수준은 약 3,000위안으로 소득 성장의 동력이 크게 부족하다. 이는 농업소득 성장이 완만하고 농업

이외의 소득을 올릴 수 있는 기회가 매우 적으며, 2/3의 사람들이 비농업 수입원이 없기 때문이다.

농민들은 완만한 소득성장의 압력에 직면해 있는 동시에 또한 소비지출이 신속 성장하는 압력에도 직면해 있다. 대부분의 농촌 주민들을 보면 주택 소비도 가정 소지비출 중에서 비교적 큰 비율을 차지한다. 다수의 농민들은 모두 자신의 주택을 추구하고 개선하기를 바라기에 새로운 주택건설은 일종의 유행 추세가 되어 주택건설 비용의 지출압력도 비교적 보편화되었다. 건축자재와 생활필수품 가격의 신속 인상과 더불어 소비지출의 성장속도도 가속화되었다. 이밖에 교육과 의료비용 지출이 상대적으로 매우 큰 부담이었다. 농업을 위주로 하는 일반 농가들에게 있어서 자녀들의 고등학교와 대학교의 비용을 지불하는 것도 이미 감당하기 어려운 형편이었다.

정치생활 면에서는 행정 권력과 기층 정부는 현재 향촌 정치생활의 핵심으로서 농민들은 정치의식과 관련한 모든 문제를 모두 기층 권력에 맡기고 있다. 이로 인해 기층간부와 농민들의 관계도 향촌사회의 공공 분야에서 하나의 가장 중요한 관계가 되었다. 농민들의 정치참여를 보면 다수 농민들의 정치참여 적극성과 참여도는 비교적 높다.

그들은 대부분 기층조직과 인대대표 선거에 참여하는데 자신의 이익과 연관된 정치에 큰 관심을 가지고 있다. 농민들의 법제의식은 도구주의 특색을 갖고 있어 행정 권위가 사법 권위보다 먼저적이거나 높은 위치에 있지만 현재 갈수록 많은 사람들이 사법 경로를 이용하여 문제를 해결하기 시작해 사법 권위가 상승추세를 보이고 있다.

끝으로 문화와 생활방식 면에서 향촌사회의 계층차별은 다소 세분화되었지만 눈에 띄게 두드러지지는 않았다. 2/3정도의 농촌 주민들이 자신과 자신의 가정을 중하층 혹은 하층에 속한다고 인정했다.

이는 농촌 주민들의 사회 생활형편이 별로 이상적이 않음을 설명 해주는 것이고, 또한 적지 않은 사람들이 현황에 만족하지 않는다는 점을 암시해준다. 다수의 농촌 주민들에게 있어서 텔레비전은 그들이 바깥세계와 소통할 수 있는 주요 매개방식으로 많은 사람들은 날마다 텔레비전을 시청하고 있지만 신문 등 유형의 매체를 이용하는 사람은 극히 적다. 여가 생활면에서 다수의 농촌 주민들은 비교적 긴 노동시간 때문에 여가생활이 밀릴 수도 있으므로 그들의 생활방식은 비교적 단조롭다고 할 수 있다.

상술한 내용을 종합해 보면, 개혁개방 30여 년 이래 향촌사회는 경제, 정치, 사회문화 생활형태 등 면에서 비록 변화를 가져왔지만, 향촌사회 내부는 여전히 전통적인 농업생산 경영패턴을 유지해 농업경제의 구조적 발전은 변화가 그다지 뚜렷하지 않다고 하겠다. 농가들의 기본생활이 보장되었고 물질적 조건이 다소 개선되었지만, 교육과 기술양성의 정체로 인해 향촌 주민들의 개인발전 및 사회발전 공간에 대한 개척은 가 일층 향상되어야 한다. 향촌사회 공공분야의 질서는 농민들의 낮은 조직화 상황 하에서 갈수록 기층권력 기구에 의거하여 향촌 간부와 군중과의 관계가 사회의 핫 이슈가 되었다. 만약 이 관계를 잘 처리한다면 공공생활의 질서가 매우 정연해질 것이고, 잘 처리하지 못한다면 향촌사회의 모순은 갈수록 격화될 것이다.

제1편

포스트향토(后乡土) 중국의 사회형태

제 2 장 중국 향촌사회 전환의 쌍 이원화(双二元化)

제2장

중국 향촌사회 전환의
쌍 이원화(双二元化)

중국의 개혁은 농촌으로부터 시작됐다. 1978년 말 안훼이성 샤오캉(小崗)촌 농민들은 집단의 토지를 가가호호에 나눠주는 '도급제' 제도를 실행해 뚜렷한 효율을 보았다. 그때로부터 '세 가지에 의거하던 촌'은 굶주림에 시달리던 곤경에서 벗어나 먹고 입는 문제를 해결했다. 샤오캉촌 농민들이 붉은 손도장을 찍던 개혁정책은 현 정부와 성 정부의 동의를 받았을 뿐만 아니라 최종적으로는 중앙의 인정과 찬사와 더불어 상까지 받았다.

이때부터 가정도급책임제를 위주로 하는 농촌개혁이 점차 전국에 보급되었다. 농촌의 경제체제 개혁은 향촌사회의 전환을 촉진하고 가속화시켰다. 소위 전환은 향촌사회가 한 가지 구조 패턴에서 새로운 구조 패턴으로 과도하고 전변하는 과정을 가리킨다. 사회전환은 사회 변화의 표현방식으로 전환의 차원으로부터 사회구조 및 기타 패턴에 어떠 한 변화가 발생하였는지를 명확히 알 수 있다.

지금까지 30여 년의 역사를 갖고 있는 농촌 개혁은 30여 년의 개혁과 사회전환을 거쳐 중국 향촌사회 발전이 구조 패턴 상에서 어떤 형태에 도달하였고, 또 어떤 특징을 갖고 있을까? 최근 몇 년간 각계에서 주목하고 있는 '3농' 문제와 구조전환 사이에는 어떤 연계성이 있을까? 중국 향촌사회의 발전은 도대체 어떤 방향으로 나가야 할 것인가? 이와 같은 문제들은 오직 구조에 대한 고찰을 통해야 만이 향촌사회의 발전법칙을 이해하고 파악할 수 있는 것이기에, 우리는 반드시 향촌사회 구조의 현황, 추세 및 심층적인 구조문제를 깊이 탐구할 것이다.

제3장에서는 주로 안훼이성 동부의 한 자연 촌락-T촌(가명)에 대한 고찰을 통해 현재 중국 향토사회의 구조적인 변천 및 그 특징과 향·진에 대해 연구 토론하고 구조전환 중의 향촌사회에서 보여 지는 쌍 이원화의 특징 및 쌍 이원화 전환이 어떻게 농민들의 불확정성을 일으켰는가 하는 문제를 분석할 것이며, 쌍 이원화 및 불확정성이 왜 "보이지 않는 손"으로 되어 향촌사회의 발전을 조종하고 제약하고 있는가 하는 문제들을 잘 이해하고 인식할 수 있도록 설명할 것이다.

제1절

T촌의 개황

제1장과 제2장에서 우리는 종합적인 사회조사 데이터와 전국적인 통계 데이터의 분석을 통해 거시적 측면으로부터 중국 향촌사회의 변천과 발전 상황을 고찰했다. 데이터 분석은 비록 향촌사회의 전환 상황, 상태, 추세에 대해 전반적으로 이해할 수 있는 장점을 갖고 있지만 구체적이고 형상화한 경험이 없어 전환의 특징, 영향 및 영향의 메커니즘을 심층적으로 이해하는 데는 도움을 주지 못하고 있다. 때문에 향촌사회 연구 중에서 구체적인 사례연구가 특별히 필요하다. 심층적이고 세분화된 사례 연구는 우리에게 더욱 직관적인 경험을 제공해주고 우리가 향촌사회의 전환과 발전 중의 핵심문제 및 그 본질을 판단하고 파악하도록 도와준다. 책 속의 향촌사회 사례 연구 면에서 논밭 경험과 재료는 집중적인 참여조사와 단기적인 추적조사 방식으로 안훼이성 및 현의 T촌과 펑양(風陽)현 샤오 캉촌을 망라한 안훼이성 일부 마을에 대한 현지 조사를 통해 얻어 냈다.

장강 중하류 평원에 자라잡고 있는 T촌은 안훼이성 동부의 한 자연 마을이었는데, 토지가 비옥하고 수원이 충족해 전형적인 어미지 향(魚米之鄕)으로 불리었다.

벼 생산을 주요 생계패턴으로 하는 T촌 농민들은 1년 2모작으로 계절별로 겨울 유채와 교잡 벼를 재배하면서 주로 벼와 유채 재배에 의거해 생활했다. 땅콩, 사탕수수, 수박 등을 주요 경제작물로 했으며 외지에 나가 장사를 하거나 혹은 어업, 수산물 양식업, 건축업 등 업종에 종사하는 것을 부업으로 했다.

2008년 200여 가구가 살고 있는 T촌에는 인구가 900여 명이었고 노동인력은 400여 명이었다. 다양한 성씨로 구성된 T촌에는 주로 위(兪), 왕(王), 장(張), 천(陳) 등 4대 성씨가 있었다. 촌 주민들 사이에는 비교적 밀접한 내왕이 있었고 멀거나 가깝게 혈연관계로 이루어져 있었으며 또 예의와 풍속관계도 맺고 있었다.

T촌 주민들의 집거 구조는 '일(一)'자형으로 촌내 주민들의 주택은 한 갈래로 좁고 길게 들어섰으며, 다수 인가의 주택들은 모두 한데 연결되어 이웃 간에 한 장의 벽을 사이에 두고 있었기에 상호 간 밀접한 공생관계가 있는 한편 경쟁관계도 존재했다. 공간자원이 제한된 상황에서 주민들은 당연히 더욱 많은 것을 얻으려고 하지만 이웃 간의 긴밀한 연계로 인해 그중의 한 가구가 움직이면 기타 주민들이 반응을 일으켜 늘 모순과 충돌을 일으킬 수 있었다.

T촌은 유구한 역사를 자랑하는 마을로서 전통적 풍속이 비교적 완전하게 보존되어 있다. 비록 '문화대혁명' 시기를 겪어왔지만 각 성씨의 가문들은 모두 자신의 가보를 소중하게 간직했다. 마을의 문화생활 중에서 사람들은 여러 가지 민풍과 민속을 끊임없이 계승하면서 질서 있게 생활했다. 다른 마을과 마찬가지로 돈 내기 카드놀이가 마을 문화의 주요한 구성부분이 되었다. 돈 내기에는 도박적 성격의 돈 내기가 있고,

오락성적인 돈 내기가 있었는데, 이는 촌민들에게 재생산에 영향을 주는 소극적 기능과 돈을 벌도록 동기유발을 하게 하는 적극적인 기능을 갖고 있었다.[3]

종합적으로 보면 T촌은 경제상에서 비교적 부유하고 문화상에서 비교적 전통적이지만 또 도시 현대문화의 영향을 비교적 많이 받은 마을이기도 했다.

1980년대로부터 중국 농촌이 가정도급책임제 개혁을 추진한 이래, 향토사회는 일련의 거대한 사회적 변화를 겪었다. 그중 가장 뚜렷하고 가장 쉽게 알 수 있는 것이 바로 농촌의 생산력 수준과 생활수준이 대폭 향상되어 농촌 주민들이 먹고 입는 문제를 해결하게 되었다는 점이다. 하지만 일반인들은 물질적 생활수준의 변화와 상호 관련되는 향토사회의 구조전환 및 구조적인 변천이 갖다 준 잠재적인 사회의 역할에 대해 별로 개의하지 않는 것 같았다.

T촌 농민들의 기억에 따르면 1954년 장강 유역에 큰 홍수가 발생해 농업이 곤경에 빠지는 바람에 먹고 입는 문제가 난관에 부딪치게 되었다고 했다. 그리하여 1959~1961년 3년 동안은 '굶주림'의 시기라고 불리울만큼 어려워져, 생산대의 대부분 양식이 공납해야 하는 양식으로 징수되었기에 생산대 사원들은 모두 어려운 '굶주림'의 시기를 겪어야 했다고 했다. 당시를 회고하면서 많은 농민들은 모두 악독한 생산대장

---

3 루이룽, 『출산관심, 농민출산심리의 재인식-안훼이성T촌의 사회인류학 고찰』, 『인구연구』, 2001(2)

혹은 생산대대의 간부들을 언급하면서 이와 같은 굶주림은 인위적인 행위의 결과라고 말했다. 그 후 그들의 생활은 갈수록 좋아졌다고 했다. 특히 가정도급책임제를 실시한 후, 많은 농민들은 자신들의 노동 부담이 한결 가벼워지고 생활도 갈수록 부유해졌으며, 다수 가정의 경제가 활성화되었고, 농한기 때면 갈수록 많은 사람들이 돈 내기를 하면서 편안 한 생활을 누릴 수 있었다고 했다.

향촌 경제개혁의 끊임없는 심화와 더불어 T촌의 경제구조가 점차 전환되어 전에 주로 식량재배와 농촌부업에 의거해 가정소득을 향상시키던 경로가 오늘날 많은 사람들의 환영을 받지 못하게 되었다. 즉 현재 마을에서 생활하고 있는 사람들은 이미 자신의 이상을 광활한 전야에만 의탁하는 것이 아니라 번화한 도시에 더 많이 의탁하고 있다. 이렇게 촌민들의 생활방식 중에서 도시와 향촌간의 특수 관계가 남김없이 구현되고 있는 것이다.

제2절

도시와 향촌 : '양서(兩栖)' 생활

생활방식의 전환은 사회전환의 집중적인 구현이다. 왜냐하면 생활방식의 변화 동기는 경제활동과 경제구조의 변화에서 오고 경제 시스템의 시장화 전환은 경제 활동방식 나아가서 생활방식의 전변을 이끌게 되며 동시에 생활방식의 전환은 또 사회 기타 분야의 구조전환도 일으키게 되기 때문이다.

최근 몇 년래 T촌 주민들의 생활방식은 거대한 변화를 가져왔다. 이 변화는 농촌 주민들의 도시와 향촌 간의 유동성을 크게 높여 갈수록 많은 사람들이 도시와 농촌 사이를 오가는 '양서'생활을 시작한데서 두드러지게 표현되었다.

T촌은 계약에 따라 경작하는 1인당 전지 면적이 약 1무인데, 1무당 벼 수확고가 600여 kg에 달하고 유채 씨 수확고는 200kg에 달한다. 1997년을 전후하여 농민들의 계산에 따르면 그들의 농업 순소득은 대체로 1무당 벼의 소득과 유채 씨 소득으로 각종 지출과 원가를 상쇄할 수 있었을 뿐만 아니라 당시의 벼 가격이 상당히 높아 일반적으로 인구가 4~5명인 농호의 연간 농업 순소득은 7,000~8,000위안에 달했으며, 기타 부업소득까지 합치면 근 1만 위안에 달했다.

그리하여 1997년을 전후하여 마을에는 비록 외지에 나가 돈벌이를 하거나 장사를 하는 사람이 있다 해도 소수에 불과했다. 당시 외지에 나가 돈벌이하는 사람들은 대다수가 모두 진정한 농업노동력이 아니라 금방 중학교를 졸업한 젊은이들이어서 농사일을 할 줄 몰랐고, 또 하려고도 하지 않았기 때문에 부모들은 어린 아이들이 큰돈을 버는 것보다도 외지에 나가 경험하고 단련하면서 자립하는 것만으로도 가정에 대한 부담을 줄이는 것이라고 생각했다.

이밖에 1990년 외지에 나가 돈벌이하는 사람들 중에는 또 일부 손재주가 있는 사람들도 망라됐다. 그들의 문화수준은 그다지 높지 않아 중학교를 채나오기도 전에 수공 기술을 배우고 외지에 나가 건축이나 인테리어 업종에 종사했다.

2007년에 이르러 외지에 나가 돈벌이를 하거나 장사하는 사람이 갈수록 많아져 절반을 넘는 사람들이 이미 도시로 이전하였고 절반도 안 되는 사람들 중 대다수 노인과 아이들이 농촌에 남아 있었다. 지난날 장기간 농사일을 하면서 외지에 나가 돈벌이를 할 생각을 하지 못했던 농민들도 앞 다퉈 도시로 진출해 전에 해보지 못했던 장사를 하기 시작했다.

[사례 2-1]

YCB, 남, 46세, 중학교 졸업, 결혼 후 아들 하나 딸 하나 낳았다. 전에 일가족은 줄곧 농촌에서 생활하면서 몇 무의 밭을 경작한 동시에 마을을 경과하는 강에서 물고기를 잡아 팔았는데 연당 농업소득과 어업소득을 합치면 마을에서 생활이 비교적 부유한 셈이었다. YCB도 한때는 행정촌 집중지역의 책임자로 선발되어 행정촌의 한 개 혹은 몇 개 자연촌의 사무관리를 맡아 인민공사 시기의 생산대장과 상당한 위치에 있었으며 달마다 몇 백 위안의 노동 보조금도 받은 적이 있었다.

아이들은 중학교만 졸업하면 대부분 학업을 포기한다. T촌 부모들은 아이들의 학업을 순리에 맡겼는데 만약 성적이 우수해 대학교에 입학할 수 있으면 계속해 공부하게 하고 성적이 우수하지 못하면 일찍 사회에 진출시켜 단련하게 했다. YCB는 먼저 큰딸을 외지에 보내 지인의 요식업 가게를 도와주게 했다.

그 후, 그들 부부는 집에서 농사를 짓고 어업을 운영해 얻은 소득이 외지에 나가 작은 요식업을 운영하는 사람들의 소득에 비하면 큰 차이가 있다는 점을 발견했다. 이는 매년 음력설 때면 외지에 나가 돈벌이하는 농민들이 마을에 돌아와 돈 내기를 하는데서 더욱 뚜렷하게 나타났다. 외지에 나가 돈벌이하는 사람들은 돈 내기를 할 때면 금전적 여유가 있어 뒷심이 든든했지만 자신들은 갈수록 기가 꺾였다.

2006년 작은 아들이 중학교를 마친 후, 일가족 네 식구는 모두 외지에 나가 가게를 찾아 장사를 하기로 했다. 토론 끝에 그들은 항저우(杭州)에서 요식업을 시작했다. 2007년 장사가 매우 순조로워 YCB는 흐뭇하게 "지금은 집에서 한가하게 보낼 때가 아니라 몇 년간 더 노력해서 아들에게 집을 장만해주어야 합니다"라고 말했다. T촌에서 아들에게 집을 장만해주는 것은 아들이 결혼 상대자를 찾는 필수조건으로 괜찮은 주택이 없는 총각들은 결혼 상대 구하기가 매우 어려웠다.

사실, YCB는 요식업에 그다지 익숙하지 못하고 농업과 어업에 더욱 능했을 뿐만 아니라, 농촌의 생활방식에 더욱 습관 되어 있었다. 소득성장과 자녀들의 취업 압력으로 인해 그들은 주업을 포기하고 마을을 떠나 낯선 도시로 돈벌이를 떠나야만 했다.

사례 2-1과 유사한 상황이 T촌에서 비교적 많이 일어나고 있는데 이는 일종의 전형적인 촌민생활 형태라고도 말할 수 있다. 이 형태가 보여준 특징은 1980년대와 1990년대의 농민 유동과 달리 주로 아래와 같은 특징이 있다.

(1) 유동인원의 나이가 다원화된 경향이 존재했다. 전에는 외지에 나간 촌민들 중 젊은이들이 많았고 주로 건축업종에 종사했으며 젊은이들은 수공기술이 없었기에 막노동꾼으로 일했다. 오늘날 많은 장년 즉 40~60세의 노동력도 모두 외지로 나가 나이가 적지 않은 노인들이 자녀들을 도와 잔일을 맡는다. 때문에 현재 마을생활은 갈수록 주변화(边缘化)되고 있다.

(2) 일가족의 유동 현상이 늘어나고 있다. 현재 T촌인들의 외지로 이전하는 유동패턴은 이미 남성 진출, 여성 잔류의 패턴으로부터 점차 일가족 유동의 패턴으로 전변하고 있다. 만약 집안에 학교 다니는 아이가 있으면 노인들에게 맡겼다가 아이가 중학교를 다닐 때나 혹은 중학교를 졸업할 때면 데리고 함께 장사의 길에 나선다. 외지에서 종사하는 경영활동은 주로 노동 집약형 업종에 속하는 음식 서비스업으로서

가정 구성원의 참여는 노동력의 수요를 해결할 수 있었을 뿐만 아니라 노동효율도 향상시킬 수 있었다. 또한 전반적인 유동은 도시에서의 필요한 생활 지출을 줄일 수 있었기 때문에 일가족 유동현상이 점점 늘어났다.

(3) 밭을 묵이고 도시로 가는 사람들이 늘어나고 있다. 촌민 일가족이 도시로 이동하는 현상은 농촌에서의 농업경영을 포기했음을 의미한다. 식량 가격이 낮음에도 불구하고 농업 세금을 바쳐야 하는 상황에서 묵인 밭은 일반적으로 친한 친척이나 이웃들이 비교적 좋은 경작지를 선택해 경작한다. 사용자들은 임대비용을 지불할 필요 없이 도급업자들을 대신해 논밭의 규모에 따라 받는 상응하는 관개 전기 요금만 납부했다. 현재 농업 순소득이 상대적으로 제고되어 논밭 사용자들은 일반적으로 1무당 약 140위안의 사용비용을 지불하는 것으로 도급업자들에게 보답했다.

(4) 유동인원의 '양서' 생활방식이 더욱 두드러지고 있다. 많은 장년 노동력의 도시로의 유동 및 일가족의 유동 현상이 점점 늘어남에 따라 유동인원 생활방식의 '양서'화와 표류성이 증강되고 있다. 사례 2-1 중의 주인공과 같은 유동인원들은 이미 마을에 대한 기반의식이 형성되어 어느 도시로 방랑하든 모두 고영향을 자신의 기반으로 삼고 있다. 아이들의 미래와 더욱 높은 소득을 올리기 위해 도시로 이동한 그들은 T촌에 돌아갈 때마다 농사일을 다시 시작해야겠다는 생각이 더욱 간절해지지만 농업은 그들의 기대소득을 실현할 수 없었기에 부득이 도시로 이동해야만 했다.

현재 외지로 유동하는 촌민들이 갈수록 많아지고 있다. 유동 추세가 증강된 원인은 도시와 향촌의 격차 및 비교이익의 존재와 더불어 다수의 행동에 따르는 촌민들의 심리적인 역할이 존재하는 동시에 또 이동 인터넷과 정보의 형성도 그들의 외지 유동을 위해 물질적인 기반을 제공해주기 때문이다.

현재 외지로 나가려는 촌민들의 결심과 자신감이 모두 증강되었을 뿐만 아니라 일가족의 유동량도 점차 늘어나고 있다. 그들은 비록 행위와 감정 동향 상에서 마을을 시종 자신의 기반으로 생각하고 있지만 이런 마음가짐은 사실 실질적인 변화를 가져오지 못했다. 하지만 어떤 촌민들은 외지에서 일하면서 그곳에 정착하고 싶은 충동도 생겼지만 사회관계 교차점이 고향인 농촌에 있기 때문에 여전히 고 향·진에 집을 지어놓고 매년 설이면 고향에 돌아가고는 했다. 또한 현재 도시의 정책 더욱이는 호구정책에 의하면 현지 상주호구가 없을 경우, 여러 면에서 어려움을 겪을 수 있는 것이다. 이는 그들이 결정을 내리지 못하는 요소 중의 하나가 되어 외지에 대한 '기반'감을 느끼지 못하고 '유랑'하는 것이 더욱 편하게 느껴지게 한다.

이러한 마음가짐으로 향촌의 유동인원들은 두 지역을 떠돌아다니는 방식을 선택했다. 이는 한편으로는 고향에서 농업생산에 종사하면 기대소득이 비교적 적은데다가 유동 경력과 외부세계가 이미 그들로 하여금 유랑습관을 형성케 하였고 다른 한편으로는 도시에 대한 농민들의 생산경영과 생활이 모두 불안정성을 갖고 있었기 때문이었다. 매년 설을 쇠고 나면, 그들은 큰 기대를 걸고 도시로 유동하고 있지만 실제로 어떤 성과를 이룩할지 그 누구도 가늠하기 어렵다.

도시에서의 경영활동 성과는 시장과 자체 경영 책략의 영향을 받을 뿐만 아니라 도시로 유입된 관리조치의 불확실한 요소의 영향도 받고 있다. 만약 형세의 수요에 의해 엄격한 도시 관리 조치를 시행한다면 그들은 난전을 벌일 기회조차 없어 수입원이 끊어지게 된다. 때문에 명확한 제도가 없는 상황에서 도시로 유동하는 것은 전망이 불확실하여 일종의 도리 관리자와의 도박이라고 할 수 있다.

T촌에서 보편적으로 나타나고 있는 '양서' 생활방식으로의 전환은 중국의 많은 향촌지역에서도 보편적으로 존재했다. 만약 단순한 인구의 이전 혹은 유동인구의 차원으로부터 고찰한다면, 이 현상에 함유된 풍부하고 깊은 구조적 의의를 경시하게 될 것이다. 물론 농업과 비농업의 소득격차가 벌어지는 것은 갈수록 많은 농민들이 농업을 포기하고 상업에 종사하는데서 생기게 된다. 하지만 농민 유동추세의 증가는 단지 비교이익으로 형성된 것이 아니라 기타 더욱 많은 복잡한 사회 경제요소와도 관련된다.

일가족 유동현상의 배후에는 실제적으로 농촌 핵심가정의 경제활동과 가치관의 중요한 전환이 내포되어 있다. 이왕의 다자녀 가정에서 미성년 자녀들의 유동은 전반 가정의 유동을 이끌 수가 없었다. 오늘날 가장들은 자녀들에게 도시에서 생활할 수 있는 기회를 마련해주고 또 아름다운 미래를 창조해주기 위해 부득이 자신의 본업을 포기해야 했다. 농민들에게 있어서 비록 돈벌이가 매우 중요하다고 하지만 그들의 유동은 단지 돈을 벌기 위해서만이 아니라 미래 생활방식에 대한 일종의 동경이기도 했다.

'양서' 생활방식의 존재도 도시와 향촌 간에 여전히 비교적 뚜렷한 경계와 간극이 있다는 점을 보여주고 있다. 이런 경계와 간극 중에서 그들은 서로 다른 두 가지 생활방식을 취하고 있다.

그들은 도시 체계를 완정하게 받아들일 수 없었기에 도시생활에 대한 요행 심리로 정책변동에 기대를 걸고 도시에서 얹혀살면서 큰 부자가 되거나 큰 성과를 거두게 되면 충족한 자본으로 도시에 발을 붙일 수 있다고 생각했다. 갈수록 많은 사람들은 농촌에서의 생활을 여유로운 생활공간으로 간주하고 있다. 젊은이들뿐만 아니라 사례 2-1중의 주인공 중년처럼 이미 촌락생활을 명절이나 휴일의 여가 장소 혹은 노후생활 장소로 보고 있다.

그들은 자녀들이 자신들을 초과하길 바라고 도시에 발을 붙이게 되면 자녀들의 뒤를 따라 도시로 이동하길 바란다. 이것이 현재 농촌 핵심가정이 외지에 나가 돈벌이하는 기본적인 마음가짐이다. 사실, 젊은이들의 생활태도도 역시 이러하다. 그들도 현실 앞에서 한 단계 한 단계씩 시험적으로 도시와 향촌 사이를 끊임없이 오간다. 도시체제, 개인 인력자본 및 생활누적의 3중 압력으로 젊은이들은 '양서'생활방식을 현재 생활환경에 대응하는 기본책략으로 삼고 있다. 그들은 한편으로는 젊음으로 내일을 기탁하고 청춘의 힘으로 도시에서 경험을 쌓으면서 미래를 변화하기 위해 기회를 모색하고 있으며 다른 한편으로는 도시에서 노동을 통해 얻은 소득으로 가능한 빠른 시일 내에 자신의 후기 생활보장을 위해 축적하려 한다.

촌민 생활방식은 안정적인 데로부터 유동하는 데로 변화되어 촌락 사회구조의 직접적인 변화를 일으켰고, 촌락의 독거노인 현상 혹은 공각 현상도 갈수록 뚜렷했다. 비록 한 채 또 한 채의 아름다운 주택들이 일어서고 있지만 많은 주택들은 장기간 비워둔 상태로 있지 않으면 노인들이나 어린 아이들이 지키고 있는 상황이었다.

마을은 진정으로 노인들을 돌보고 유아를 맡기는 장소가 되었다. 집에 남아 있는 노인들은 계속해 농업생산에 종사해야 할뿐 아니라 어린 아이와 미성년 손자 손녀들을 돌보아야 했다. 모종의 의의에서 말하면 마을의 이와 같은 구조는 일종의 불균형적인 구조로서 떠돌아다니는 젊은이들이 자신의 청춘으로 미래에 도전한다고 말하는 것보다 노인들의 노력으로 미래를 개척하고 있다고 말하는 것이 더욱 합당할 듯하다.

떠돌아다니면서 '양서'생활하는 방식도 유동인원의 가치관과 생활 태도를 변화시키고 있다. 향촌과 도시, 농업과 비농업에 대한 직접적인 감수와 비교를 통해 유동 촌민들의 세계관과 가치관에는 변화가 발생해 더는 안정적이지만 경제의 자유도가 부족한 마을생활에 만족하지 않고 많은 불확실한 요소와 도전장을 내민다. 이로부터 현재 외지로 나간 촌민들은 도시에 정착하려는 계획이 없을뿐만아니라 잠시 도시를 떠나 향촌에 와서 안정적인 생활을 하려는 생각도 없다는 점을 알 수 있다.

'양서' 생활방식은 계속해서 도시와 향촌의 이원성 경계선을 유지하고 있어 도시와 향촌 이원 구조의 연결 메커니즘으로 될 것이다.

제3절

큰 시장과 작은 마을, 흡인과 배척

현재 T촌 촌민들의 외지에 나가 상업에 종사하는 열풍은 농촌개혁 초기의 외지에 나가 돈벌이하는 현상과 다르다. 당시는 주로 농업 노동 생산율의 제고로 인해 많은 촌민들이 농업생산에서 해방되었을 뿐만 아니라 개체 가구식의 경영패턴이 촌민들에게 더욱 많은 행동자유를 주었기에 집에서 농사를 짓지 않는 사람들이 외지에 나가 단련하는 경우가 많았다. 하지만 지금은 이미 거대한 변화가 일어나 시장전환이 농민들의 도시유동에 비교적 복잡한 환경을 제공해주고 있다. 다시 말하면 농민들의 도시진입 행위는 이미 사회의 큰 시장과 긴밀히 연결되어 있다. 대량의 촌민들이 도시로 유동하는 추세는 농민행위의 시장화 경향을 반영했다. 농민들은 이미 농촌의 작은 시장에 국한된 것이 아니라 더욱 넓은 큰 시장로 진출했다. 그들이 사방으로 떠돌아다니는 현재가 바로 시장기회를 얻기 위해서였다.

동시에 대량의 농민들이 경작지를 포기하고 외지에 나가 일하거나 장사하는 것은 다른 한 측면으로 농업시장 기회에 대해 더는 높은 기대를 걸지 않고 있음을 알 수 있다. 비록 시장에 근거해 농업 재배구조를 조정하였다 해도 큰 환경이나 시장은 그들에게 높고 안정적인 기대감을 주지 못했다. 때문에 많은 농호들은 과감하게 농업을 포기하고 향촌을 벗어나 도시로 진입했다. 이런 의미에서 말하면 농민들의 행위는 슐츠(Schultz)가 말한 것처럼 이성적인 것으로서 자주적으로 결정을 내린 상황에서 그들도 경제의 이성적인 원칙에 따라 자신의 생산경영을 배치하고 있다. 즉 농민들도 시장화의 원칙에 근거해 자신의 행위를 조정할 줄 안다는 것이다.

이밖에 농민들이 큰 시장에 나가 치부의 기회를 얻으려 하는 것은 도시의 큰 시장이 갈수록 큰 흡인력을 갖고 있고 더욱이 도시의 신속 건설 과정에 많은 체력 노동자들을 필요로 할 뿐만 아니라 산업구조 조정은 노동 집약형인 제조업과 서비스업에 더욱 많은 발전공간을 제공해주기 때문이다. 현재 T촌의 촌민들은 외지에 나가 주로 음식 서비스업을 운영하는데 그들의 주요 봉사대상은 도시의 유동 단체이다. 이로부터 도시 유동성의 제고는 거대한 시장을 창조해주고 도시의 신속 확장은 향촌의 노동력을 필요로 하고 있다는 점을 알 수 있다.

유동 혹은 도시에 진입해 일하거나 장사한다는 것은 농민경제와 사회행위 선택에 시장화와 도시화의 추세가 있다는 것을 의미하지만 현실적인 제도배치와 큰 배경은 또 다른 정도에서 농민들의 이와 같은 경향을 거절하거나 배척하고 있다. 폐쇄적인 인정과 제도적 장벽은 농민들을 부득이 전통적인 행위방식을 보류하게 하는데 이는 농민들의 소비방식에서 두드러지게 나타난다. 갈수록 많은 농민들은 도시에서 일하거나 장사하는 것으로 부유해지고 있지만 그들은 결코 도시에서의 재 발전에 희망을 기탁하지 않고 도시에서의 경영과 생활에 대해 매우 방황하고 있다. 때문에 농민들은 돈을 벌면 먼저 마을에 더욱 호화로운 아파트를 지으려고 생각한다. 비록 1년 사계절 중 집에 있는 날이 며칠 없고 또 언제 돌아올지 아직 미결정 상태지만 그래도 온갖 방법을 다해 주택을 잘 지으려 한다.

사례 2-2에서 우리는 농민들과 마을·도시 관계의 특징을 엿볼 수 있다.

[사례 2-2]

WKL, 남, 38세, 그는 고등학교를 졸업한 후 대학입시에 합격하지 못했다. 농사일을 마치고 난 그는 고향을 떠나 북경으로 갔다. 그는 처음에 채소시장에서 육류 도매를 하다가 요리를 배워 간단한 아침 먹을거리를 만들어 팔았다. 일정한 자본과 경험을 누적한 후 북경 차오양구에서 단층집을 세내어 작은 음식점을 냈다. 비록 작은 음식점이라 이윤이 많지는 않았지만 상대적으로 비교적 안정된 장사여서 매년 10만 위안에 달하는 소득을 올릴 수 있었다. 지금까지 그는 이 가게를 거의 20년간 운영했다.

WKL의 딸과 아들은 모두 북경에서 태어났고 모두 북경에서 소학교를 다녔다. 2006년 큰딸이 중학교에 입학하자 호적이 없는 탓으로 학교를 찾기 어려웠고 호적이 없어 학교에 내는 비용도 매우 많았으며, 또 북경에서 고등학교 입시와 대학입시에 참가할 자격도 가지지 못해 딸을 고향인 안휘이성의 한 친척집에 보내 공부하게 했다. 딸은 북경을 떠날 때 매우 고통스러워하며 "나는 북경에서 태어나 북경에서 자랐는데 왜 북경에서 공부할 수 없어요?"라고 물었다.

WKL는 매우 난감해 하면서 "북경에서 적합한 중학교를 찾지 못했다"고 딸에게 말해주었다. 그 후 부모 곁을 떠난 딸은 부모님이 그리워 전화만 하면 울자 그들 부부는 매우 속상해 했다. 그리하여 2006년 그들은 호구를 해결할 수 있고 또 아이가 부근에서 학교를 다닐 수 있도록 우후(蕪湖)시에 집을 사기로 결정했다. 2007년 그는 아이 둘을 데리고 우후시에 가서 공부시켜야 했지만, 북경의 음식점을 포기할 수 없었기에 잠시 아내한테 맡겼다.

사실 WKL의 부모님은 그들을 장가보내기 위해 T촌에 아파트를 장만해놓았다. 그 후 T촌에 속하는 모든 향·진에 개발계획이 있게 되자 또 그곳에 땅을 사서 영업집을 지었다. 그는 만약 북경에서 계속 장사를 할 수 없으면 고향에 돌아와 가게를 차리려고 생각했다. 당시 도시 분양주택을 자유롭게 매매할 수 있었고 주택 가격이 비교적 빨리 상승하였기에 그는 일정한 자금을 누적한 후 2006년에 부근의 우후시에 분양 주택 한 채를 사놓았다.

오랫동안 북경에서 생활하면서 왜 북경에 집을 사놓고 장기적으로 살 생각이 없었는가 하는 물음에 그는 이렇게 말했다. "우리는 당신들처럼 정규직이 아니기에 도시에서 하루하루 막벌이하다가 늙으면 다시 농촌에 돌아가야 합니다."

사례 2-2에서 묘사한 WKL의 경력으로 보면 일부 촌민들은 이미 스윙식 유동 생활로부터 비교적 고정적인 정착생활로, 간단한 체력노동으로부터 소자본 경영으로 나아가고 있었지만 그들은 여전히 경영과 도시에서의 생활에 대한 확신이 없었고 마을에 대한 정이 더욱 높았다. 일반적인 관념으로 보면 이는 농민들의 전통적인 관념에 의해 초래된 것이라고 인정할 수 있지만, 사실상 이미 시민화 된 농촌 유동인원들의 위기 원인은 그들이 생존하고 생활하는 환경, 특히 체제 환경에서 온 것이다. 도시와 향촌 이원 체제하에서 촌민에 대한 도시의 체계 배척 및 외지에 나간 촌민들의 제도변화에 대한 불확실한 기대는 유동인원들이 자신의 도시경영과 생활에 대해 전혀 확정할 수 없었고, 자신의 최종 귀결에 대해 파악하기가 무척 어려웠다. 이와 같이 미래에 대한 불확실한 모험을 회피하기 위해 그들은 될수록 여러 곳에 집을 짓고 집을 구매했다.

사례 2-2에서는 농촌 이원화 전환 특징 및 전환 중에서 직면한 위기를 두드러지게 구현하였다. 한편으로 마을 주민들이 도시와 향촌 간의 경계를 뛰어넘어 도시로 이전하고 있으며, 다른 한편으로는 도시 비농업 부문이 농민에 대해 거대한 흡인력을 형성해 그들을 소농으로부터 비농업으로 전환하도록 촉진시키고 있다. 하지만 현실 속의 이원 체제는 유동인원들의 철저한 전환을 허용하지 않았기 때문에, 그들 정체성의 위기를 받게 되어 촌민도 아니고 시민도 아니며 농민도 아니고 종업원도 아닌 쌍 이원화 정체성 구조와 현실에 직면하게 되었다.

쌍 이원화 정체성 취향의 형성은 도시와 향촌, 비농업과 농업의 이중 배척과 압력의 결과이다. 도시의 우월한 조건과 비농업의 높은 소득은 비록 많은 농촌노동력을 흡인하고 있지만 도시체제와 비농업의 취업체제는 그들의 메커니즘을 지속적으로 수용하지 못하고 융합에 대해 반발력을 일으켰다. 또한 향촌과 농업은 비록 그들의 생활기반으로 되고 있지만 비교적 낮은 소득수준과 상대적으로 낙후한 생활조건은 실제상 도시에서 생활한 적이 있는 유동인원들을 배척하고 있었다. 그들이 도시사회에 대한 번영발전을 진정으로 인식했을 때면 더는 농촌에서 생활하고 싶지 않을 것이다. 대다수의 유동 촌민들에게 있어서 큰 도시는 무궁한 유혹을 갖고 있지만 현실적인 체제와 메커니즘은 여전히 무정하여 그들의 심리적 정체성도 점차 분열과 이원화로 나아가게 되었다.

다음 농업 및 농촌발전에 대한 불확실한 예도 많은 촌민들이 외지로 유동하는 중요한 동기가 되었다. 이는 사례 2-3에서 엿볼 수 있을 것이다.

[사례 3-3]

ZZH, 남, 43세, 중학교를 졸업한 후, 촌 소학교에서 10여 년간 대리교 사로 일했고 아내도 전에 같은 소학교에서 대리교사로 일했다. 그 후 학교에서 사범학교 졸업생들을 뽑아서 ZZH만 초빙되고 아내는 사퇴 해야만 했다. 현재 매달 600위안에 달하는 소학교 대리 교사의 월급이 전보다 더 낮다.

ZZH에게는 아들 하나가 있었는데 아들이 중학교를 다닐 때 그들은 촌에서 대리 교사로 일하고 농사를 지어 얻은 소득으로 일상 생활비와 아들 교육비를 지불하면 거의 남는 것이 없었다. 설령 아들이 대학교에 붙었다 해도 보낼 형편이 못되어 2003년 ZZH는 처제의 남편을 따라 북경 건축 현장에서 일했다.

안정한 생활로부터 유랑생활에 적응하고 또 정신노동을 위주로 하던 생활에서 완전히 체력노동으로 전환하면서 많은 어려움에 직면해야 했다. 더욱이 중년에 들어서서 업종을 바꾼다는 것은 그의 인생에 있어서 가장 큰 한차례의 도전이었다.

몇 년 전 ZZH의 월급은 매일 45원을 초과하지 않았지만 지금은 청부업자를 도와 재무와 감독사업을 맡고 있기에 연간 순소득이 3만 위안에 달했다. 촌에서의 대리교사는 아내가 임시적으로 대신했다. 이밖에 그는 줄곧 대리교사에서 정식사원이 되기 위해 고향에 가서 여러 차례의 자격시험도 보았다. ZZH는 왜 외지에 나가 일하려는 결심을 내렸는가 하는 물음에 "자신이 움직일 수 있을 때 되도록 돈을 많이 벌어 아이들을 대학교에 보내고 또 노후 준비도 해야 하니까요"라고 대답했다.

사례 2-3에서 ZZH가 대표한 것은 다른 한 특수한 전형으로서 농민 출신의 비 철저한 전형으로 연장된 불확실성이다. 대리교사로 일하던 ZZH는 비록 비농업에 종사했지만 신분은 농민신분으로부터 비농가신분으로 전환하지 못했다. 이처럼 모호한 신분으로 농촌의 적지 않은 비농업 단체들은 미래에 대한 불확실성이 생기게 되었다. 사실 ZZH가 외지로 돈벌이를 떠난 것은 교사 직업에 종사하기 싫어서가 아니라 전적으로 더욱 높은 소득을 위해서였을 뿐만 아니라, 관건은 이 직업의 미래에 대한 그 어떤 보장제도도 없었기 때문이었다.

이로부터 농촌사회의 빈번한 유동현상 배후에는 사회역할에 대해 인정받아야 한다는 위기감이 잠재되어 있어서 자신이 이 사회에서 어떤 역할을 하게 될지 그 누구도 명확하게 알 수 없다는 점을 알 수 있다.

이와 같은 현상을 초래하게 된 근원은 농촌사회제도 기틀의 결핍 혹은 제도 경계선의 모호성에 있다. 즉 사회전반의 변화는 행동선택의 제도를 변화시키지 못하거나 혹은 변화를 지연시키고 있다. 비록 낡은 제도의 울타리에서 벗어날 수는 있지만, 낡은 제도의 울타리는 여전히 존재한다. 이와 같은 사회변화의 패러독스 현상은 향토사회 역할이 혼란해진 주요 원인이다.

사례 2-3은 또 향토사회 발전에 대한 향촌 주민들의 자신감이 떨어지고 있다는 점을 보여줬다. 촌민 유동단체 범위가 장년 및 기타 안정적인 단체로 확장되고 있는 것은 갈수록 많은 농촌 사람들이 향촌발전의 미래에 대한 기대가 점점 낮아지고 있다는 것을 반영한다.

전에는 한 집안의 기둥이 장기적으로 외지에 나가 일할 수 없었지만 오늘날 너도나도 주업을 포기하고 도시로 유동하고 있다. 이는 도시의 높은 소득기회가 흡인력을 발휘한 동시에 향촌사회 현황의 추진력도 역할을 발휘한데 있다. 낯선 도시로의 유동은 비록 소득과 미래에 대한 불확실성이 존재하지만 많은 촌민들은 여전히 유동방식을 선택하는데 이는 농업소득과 농촌의 미래에 대한 농민들의 불확실성이 더욱 크다는 점을 충분히 설명해 주고 있다.

T촌의 분화 정도가 높아지고 유동성이 증강된 것은 향촌사회의 전환이 가속화되고 있음을 말해준다. 시장화, 글로벌화의 큰 배경 하에서 마을의 구조 분화 범위와 정도는 끊임없이 변화하고 있다. 마을은 이미 더는 전통적 의의 상의 폐쇄 및 반폐쇄식의 작은 사회구역이 아니라 점차 분화되고 주변화 된 사회 단원이 되어갔다. 이와 같은 사회 단원은 전에는

촌민들이 생활을 의존하던 사회공간이었지만, 지금은 작은 마을과 큰 사회가 도리어 이와 같은 거대한 격차를 형성해 비록 농촌에서 태어나고 농촌에서 자란 사람일지라도 발전에 대한 자신감을 잃어 점점 앞길이 막막해짐을 느꼈음을 보여준다.

향촌발전의 심각한 정체는 무형 중에 촌민 개체의 발전을 제약했다. 순수한 자급자족의 생활상태가 더는 존재하지 않았기에 무릇 시골에서 생활하든 아니면 시골 외의 다른 곳에서 생존을 모색하든 실제상 모두 시장의 영향을 벗어날 수 없게 되었다. 전통적인 자급자족의 농촌사회에서는 돈이 없어도 안일한 생활을 누릴 수 있었지만 오늘날의 시장사회에서는 돈이 없으면 한 걸음도 내딛기가 어렵다. 때문에 시장의 도전에 대응하거나 시장에서 자원을 획득하기 위해서는 반드시 자금이 필요했다. 또한 이와 같은 자금은 촌에서 벌기 어렵기 때문에 반드시 시골을 떠나 큰 도시로 나가야 했다. 이런 의미에서 보면 시장은 촌민들을 흡인하고 있을 뿐만 아니라 배척하기도 했다. 반발력은 주로 시장이 농민들을 점차 그들의 생활공간인 마을에서 밀어내는데서 나타난다. 다시 말하면 갈수록 많은 촌민들이 더욱 많은 돈을 벌기 위해 어쩔 수 없이 마을을 떠나 도시로 이동하는 것이다.

제4절

쌍 이원화, 불확실성 및 그에 대한 모험

시골의 유동성이 높아짐에 따라 농촌사회 경제활동의 시장화 수준도 끊임없이 향상되고 있지만, 전통적인 행동과 습관적인 행동은 여전히 중요한 의의를 갖고 있다. 때문에 사회행동 구조의 의의에서 말하면 농민들의 사회행동은 철저한 시장화 혹은 이성화로 나아가지 못하고 정책과 제도 환경 및 전통적인 요소의 제약으로 인해 행동선택 중 여전히 일부 전통적인 행위를 보류하고 있다. 예를 들면 다수의 유동인원은 도시의 생산경영에 종사하고 있지만 아들을 장가보내기 위해 향촌에 집을 짓는 것을 위주로 향촌에서 소비하고 있다. 이로부터 현재 농민들의 행동구조에는 시장과 전통, 도시과 향촌의 쌍 이원화 구도가 나타나고 있음을 엿볼 수 있다.

도시로 이동하는 대량의 촌민들은 비교적 이익 혹은 더욱 높은 수익을 추구하면서 불확실한 유랑생활을 하고 있다. 그들도 바깥 세계가 반드시 다채로운 것만은 아니고 또 외지에 나가 돈벌이하는 것이 집에서 농사짓는 것보다 반드시 낫다고 할 수 없음을 잘 알고 있었다. 하지만 향촌사회가 낮은 성장기나 높은 불확실성 상태에 처할 경우, 외지로 이동하는 것이 일종의 기풍이 되었다. T촌에는 확실히 상당한 소득을 올린 외지 유동인원이 있는가 하면 또 자신의 일확천금의 꿈을 실현하지 못한 사람들도 많았다. 도시에서 돈을 벌지 못한 사람들도 도시의 간고한 생활압력을 감당할지언정 농촌에 돌아와 안정되고 편안한 생활을 보내려 하지 않았다. 향촌에는 이와 같은 사람들이 점점 많아졌는데 그중에는 다년간 고향에 돌아오지 않은 사람들도 있었다. 부자가 된 사람들은 일반적으로 모두 금의환향하여 적어도 음력설 기간에는 고향에 돌아왔지만 돈을 벌지 못한 사람들은 더더욱 도시에 '은거'하려 했다.

[사례 2-4]

YCP, 남, 38세, 중학교 1학년을 마친 뒤 학업을 그만두고 목수 일을 배웠다. 결혼 후 줄곧 시골에 남아 농사를 짓는 한편 다른 사람들을 도와 목수 일도 해주고 또 조그마한 매점도 차렸다. 이렇게 농업과 부업을 함께 경영하면서 상당한 소득을 올려 상대적으로 부유한 생활을 누렸다.

최근 몇 년 동안 농촌생활수준의 향상과 더불어 물가수준도 끊임없이 상승했다. 상대적으로 농업 순소득의 성장이 비교적 느려 YCP의 가정 소득은 외지에 나가 상업에 종사하는 사람들에 비하면 격차가 갈수록 커갔다. 그리하여 YCP는 계속 농촌에 있는 것이 장래성이 없다고 생각하고 2003년 아내와 아이들을 데리고 T촌을 떠나 북경에 가서 인테리어 사업을 시작했다.

그는 북경에 도착한 후, 실제로 자신이 상상했던 것과 큰 차이가 있다는 것을 발견했다. 북경에서는 스스로 일자리를 찾아야 하는 동시에 솜씨가 아무리 훌륭한 스승이라 할지라도 하루에 70위안을 초과하지 못해 휴식일이 따로 없이 일을 해도 매달 월급이 2,000위안을 넘지 못했으며, 또 온 가족의 생활 지출은 모두 YCP 한 사람의 월급에 의지해야 했다. 이렇게 외지에 나가 아무리 힘들게 일해도 저금이 한 푼도 없었으며 어떤 때는 지출이 수입보다 더 많았다. YCP가 외지에 나가 돈을 벌지 못한 탓으로 그의 일가족도 연 3년간 고향에 돌아와 설을 쇠지 못했다. 그들은 여비를 절약하고 또 고향에 돌아와 설을 쇠는 것이 매우 부담스럽게 느껴졌기 때문에 아예 고향 행을 포기했던 것이다.

T촌의 풍속에 따르면 수중에 돈이 없는 사람들은 명절 때나 설날이 돌아오면 다른 사람들과 함께 돈내기도 할 수 없어 체면이 서지 않는다고 생각했다. 그는 북경에서 몇 년간 일하다가 저장성 항저우시로 가서 작은 음식가게를 차린 후로 소득이 눈에 띄게 좋아졌다. 2007년 음력설에 그들 가족은 T촌에 돌아와 설 명절을 보낼 수 있었다.

사례 2-4의 실례는 마을구조와 농민 생활형편의 높은 불확실성을 잘 설명해 준다. 경제와 사회의 전환과정은 무형 중에 마을구조의 변화에 대해 큰 충격을 주었다. 농민들이 기존의 생산과 생활방식에서 벗어나 외지에서 떠돌아다니는 불안정한 생활로 이전한 것은 큰 환경의 변화로 인해 향촌발전이 상대적으로 정체되어 생산된 이원 구도와 떼어놓을 수 없다. 이원화 상태에서 상대적으로 낙후한 부분은 언제나 비교적 발달한 부분으로 이전한다.

하지만 구조의 전환과 제도 변화는 고도의 통일을 이루지 못했을 뿐만아니라, 체제 내와 체제 외의 이원 구도를 형성하여 많은 농민들이 도시로 진입한다 해도 기존의 체제와 노동력시장에 이와 같은 이원화 분할이 존재해 도시 진입 경영자들이 청부업자들을 위해 일하거나 혹은 증서가 필요 없는 상업, 서비스업에 종사하면서 비공식적인 상태에서 취업하고 경영해야 했다. 또한 이와 같은 취업 상황은 뚜렷한 불확실성이 존재해 농민들의 직업전환에 매우 불리했다. 외지에 나가 돈벌이 하는 유동인원들을 놓고 말하면 그들도 상대적으로 안정되고 소득과 전망이 있는 일자리 찾기를 바란다. 하지만 사회 현실과 그들의 염원 사이에는 뚜렷한 격차가 존재했다.

향촌사회 구조변화의 각도로부터 보면 외지로 이동하는 촌내 주민들이 늘어남에 따라 마을에는 주로 나이가 많고 허약한 노인들이나 어린이들만 남아 청장년의 노동력이 갈수록 적어졌다.

이는 또 유동인원과 잔류인원, 도시생활과 향촌생활, 농업생활과 비농업생산 간의 이원적 분화구도를 형성했다. 또한 도시로 이동한 청장년 노동력에 대해 말할 때, 한편으로는 도시와 향촌 사이를 오가야 했고, 다른 한편으로는 도시 노동력시장 체제와 도시 사회체제에 속하지 못해 체제 내와 체제 외에서 활동해야 했다. 유동인원들이 겪은 시민도 촌민도 아니며 노동자도 농민도 아닌 생활경험은 '농민공'이라는 사이비한 명사처럼 그들 신분의 모호성과 주변화를 충분히 보여주고 있다.

도시로 이동하거나 혹은 돈을 많이 벌어 부유해질 수 있다고 해도 현실적인 사회환경에서 그들은 진정한 발전을 할 수가 없었고, 또 철저한 전환을 실현할 수도 없었다. 유동은 이원 구조를 해소하지 못했을 뿐만 아니라, 기존의 이원 구조에 한 층을 더해 체제 내와 체제 외의 이원화

구도를 형성한 동시에 농민들의 생산과 생활방식의 이원화 구도도 형성했다. 무릇 성공한 이주노동자든 아니면 성공하지 못한 이주노동자든 누구를 막론하고 모두 도시사회에 융합하기가 쉽지 않다. 하지만 그들이 향촌사회를 고수하려 하지 않는 이와 같은 현실은 농민들의 발전과 향촌사회 발전을 제약하는 큰 장애가 되었다.

향촌사회의 쌍 이원화 구도가 발전의 곤경이 된 관건은 구도 중, 당사자가 직면한 불균형적인 도전 및 그에 따르는 높은 불확실성에 있었다. 먼저 도시로 이동한 촌민들이 시민화 전환을 실현하려면 반드시 도시 및 국가의 정책과 낡은 체제를 기반으로 하는 신분 정체성 등의 역량에 도전받는 상황에 직면하게 되는데, 분산적인 유동인원들에게 있어서 이는 불균형적인 게임으로 게임에서 이겨 자신의 목표를 실현하는 것은 도전 대상에 대한 선택에 달려 있는 것이다. 예를 들면 도시로 유입된 개방 수준, 수용성, 국가의 거시적 정책과 체제 및 사회 포용성에서 뚜렷하게 나타난다.

갈수록 많은 농민들이 끊임없이 한 도시에서 다른 도시로 이전하고 있는데 이는 도전 과정에서 초래된 불확실성으로 더욱 좋은 취업기회를 모색하기 위하는데 있던 것이다.

이밖에 많은 촌민들이 한편으로는 시골을 떠나 도시에서 발전하길 바라고 다른 한편으로는 주요 자금을 아파트 건설에 소비하는데 아파트에 거주하는 사람이 매우 적었다. 뿐만 아니라 일부 유동인원들이 근무지가 아닌 도시에서 분양주택을 구매하고 그곳에 거주하지 않는 현상도 존재했다. 유동인원들이 이렇게 많은 자금을 들여 여러 곳에 집을 사고

집을 짓는 원인은 미래에 대한 확실한 기대가 없어 향후 생활과 발전에 더욱 적합한 곳을 선택해 그곳에 정착하과 하기 때문이다. 하지만 현실상황은 그들이 여전히 근무지와 시골 사이에서 '양서'생활을 하게 하고 있다.

결국 T촌의 외지로 이전하는 유동단체 범위의 끊임없는 확장은 도시노동력의 수요와 비교이익의 촉진, 그리고 향촌사회의 추진력이 끊임없이 증강된 데서 온 것이다. 그러다면 향촌사회가 촌민들을 외지로 이전하도록 퇴동하는 힘의 근원은 어디에서 오는 것일까? 이는 농촌소득 및 농촌발전의 기대에 대한 농민들의 불확실성과 밀접한 관계를 가지고 있다. 게다가 농민들이 농업소득 성장과 시골의 향후 발전에 대해 자신감이 부족하고, 또 사회보장체제 내에 포함되지 않아 일찌감치 장래를 위해 발 벗고 나섰기 때문이었다.

향촌사회 쌍 이원화 구도의 출현은 시골 발전에 많은 부정적인 영향을 갖다 주는 것을 회피할 수 없다. 이는 생활, 생산 및 문화교육 등 면에서 두드러지게 나타나고 있다. 유동은 가정의 분리와 분화를 일으켜 많은 유동인원들은 친인척과 떨어져 살아야 했고, 아이들은 시골에서 할아버지와 할머니와 함께 지내야 했으며, 또 농촌에서 학교를 다녀야 했다. 그러다보니 시골가정의 중임은 노인들과 아이들이 맡아야 했다.

농업생산 면에서 이전노동력은 농업생산 규모에 직접적으로 영향을 줄 뿐만 아니라, 갈수록 많은 사람들이 농업생산에 대해 점점 자신감을 잃고 있는 현황에서 외지에 나간 사람들에게 다시 농업에 대한 자신감을 주지시켜주려면 상당히 어려울 것이다.

높은 유동성과 불확실성의 상태는 많은 유동인원들의 마음을 들뜨게 하였고 또 신분인증과 역할의식의 위기를 초래했다. 사람들은 도시생산과 생활에 대한 모호한 애정을 가지게 되었을 뿐만 아니라, 자기 마을에 대한 모호한 애정도 가지고 있는 것이다.

도시체제가 그들을 배척하고 거절할 때면 향촌도 흡인력이 부족해 그들을 끌어들이지 못하고 있을뿐만아니라, 도리어 배척할 수도 있기에 도시에서 실패한 사람들은 고향에 돌아가고 싶은 생각이 더더욱 없어지게 되는 것이다.

제5절

요약

T촌의 경험은 농민들의 유동은 결코 중국사회의 도시와 향촌의 이원적 구조를 해소하지 못했고, 이원 체제와 정책의 지속과 더불어 유동인원이 많아짐에 따라 향촌사회가 도시와 향촌, 체제 내와 체제 외의 쌍 이원화 발전 곤경에 직면하게 되었다는 점을 말해준다.

물론 T촌의 사회변화는 보편성을 갖고 있는 것은 아니지만 이는 하나의 전형적인 사회현실로서 우리는 그 속에서 사실의 형성과정, 특점 및 가능한 영향력을 알 수 있는 것이다.

최근 몇 년래 사회 각계는 모두 중국의 '3농' 문제 즉 농업, 농촌, 농민문제를 주목하고 있다. 그렇다면 '3농' 문제란 과연 무엇인가? '3농' 문제를 어떻게 인식해야 할 것인가? 문제의 근원은 어디에 있는 것일까? '3농' 문제에 대한 인식을 심화하려면 미시적 경험으로부터 일부 이론적인 해석을 개괄해내야 한다. T촌 농민들이 외지로 이동하는 추세에 대한 경험 고찰은 마땅히 마을 시각 및 구체적 경험으로부터 '3농' 문제가 일반적으로 내포하고 있는 내용을 종합해내야 할 것이다.

T촌의 현실 상황을 보면 이른바 '3농' 문제의 실질은 바로 농업, 농촌과 농민들이 발전을 모색하는 과정에서 곤경과 딜레마에 빠진 선택 문제로서 결국은 농업, 농촌과 농민들이 어떻게 해야만 이상적인 발전을 가져올 수

129

있는가 하는 발전문제라고 할 수 있다.

먼저 T촌의 상황으로부터 보면, 농업은 기본적으로 큰 문제가 없었는데 농업소득이 갈수록 농민들의 발전수요와 농민들의 기대를 만족시킬 수 없어 많은 농민들이 점점 농업을 포기하고 농업이 침체의 위기에 직면하게 되었음을 알 수 있다.

다음 마을의 발전을 보면 T촌과 같은 마을은 물질적 생활조건과 기초시설이 낙후하지 않고 도로, 전화, 유선 텔레비전이 마을과 직접 연결되었으며, 지금은 수돗물까지도 연결되어 있다. 때문에 물질적 조건으로 말하면 마을은 현대적인 발전을 가져와 물질적인 발전 면에서는 별 문제가 없고 현재 가장 두드러진 문제가 바로 많은 촌민들이 더는 마을에서 생활하지 않고 마을을 매년 중요한 명절 때나 찾아오는 서식지로 삼고 있다는데 있다. 이러한 문제는 실질적으로 농촌 발전에서 나타난 물질건설과 사회건설 간의 균열 문제 혹은 농촌의 물질 현대화와 사회 현대화의 비동기적 현상으로서 구조상에서 보면 바로 농촌발전 중의 이원화 문제인 것이다.

끝으로 농민의 발전문제인데, T촌의 고찰을 통한 경험에서 보면 농민개체 발전을 놓고 볼 때 대량의 농민들이 비록 적극적으로 도시에 진입하고 사회의 큰 시장 속에서 더 높은 소득과 더 많은 발전기회를 얻으려고 시도하고 있지만, 도시와 향촌, 시장과 체제의 이중 배척과 압박은 많은 유동 농민들을 높은 불확실성에 처하게 했다.

불확실성은 농민 개체의 발전방향을 제약하고 농민발전에 사회적, 심리적, 경제적 압력을 가해 농민들의 발전을 궁지에 몰아넣았다. 만약의 경우를 대비해 농민들은 어쩔 수 없이 도시에서 열심히 일해야 하는 동시에 시골에 많은 자금을 들여 집을 마련해야 한다. 이러한 이중적인 투입과 건설은 본래 부유하지 못한 농민들의 자아발전을 심각하게 제약하고 있다.

'3농' 문제에 대한 인식에 대해 우리는 구조전환의 시각을 더 보태어 연구할 필요가 있다. 적지 않은 사회현상과 사회문제는 실질적으로 구조변화의 과정에 속하는데 이는 구조의 구성부분이자 사회전환의 결과이기도 하다. 사회구조변화 혹은 전환은 '하나의 보이지 않는 손'과 같아 사회생활의 여러 면에 영향을 주고 있다.[4] 또한 현재 중국의 '3농' 문제와 사회전환의 큰 배경과도 떼어놓을 수 없기 때문에 '3농' 문제를 반드시 사회전환의 문제에 포함시키고 전환의 시각으로 심층적인 구조문제를 탐구해야 할 것이다.

T촌의 현황으로부터 중국사회는 전환과정에서 특히 1980년 향토사회에 이미 쌍 이원화로의 전환이 나타났음을 알 수 있다.

이와 같은 전환 형태는 많은 마을들을 높은 유동성에 처하게 하였고, 현재 마을들로 하여금 이미 전통마을의 안정성, 폐쇄 및 반폐쇄식과 단일성을 잃게 했으며, 마을 사회가 청장년 노동력의 외지 이동과 고향으로의 귀환과 더불어 뚜렷한 스윙성과 이원화 형태를 보여주게 했다. 이밖에 생산방식 혹은 경제구조 면에서 시장제약을 받는 경제활동 및 생계를 유지하기 위해 전통을 준수하거나 혹은 사회구역의 압력과 지배를

---

4   리페이린, 『사회전형, 하나의 보이지 않는 손』, 『중국사회과학』, 1992(1)

받은 행위가 나타나 촌민들은 갈수록 미래에 대한 안정감을 잃게 되었고 도시와 향촌 사이를 쉴 새 없이 오가면서 미래에 대한 고도의 불확실성을 갖게 되었다.

그렇다면 어떻게 '3농' 문제를 잘 해결할 것인가? 제도 결정론의 이론 경향을 갖고 있는 경제 학계에서는 '3농' 문제를 중국 농촌 토지소유권 제도가 결정한 것이라고 했다. 1980년에 출범한 토지 도급책임제 개혁을 농촌 토지 소유권제도개혁의 한 방면으로 볼 수 있는데, 만약 이 개혁이 농업생산의 낮은 효율문제와 농업발전 문제를 매우 빨리 해결할 수 있다면, 농촌과 농민의 기타 문제도 순리적으로 해결될 수 있었을 것이다. 이와 같은 논리에 따라 만약 농촌의 토지소유권제도의 개혁을 가 일층 추진한다면 일련의 '3농' 문제 해결에도 유리할 것이다.[5]

물론 토지문제는 농업경제의 기본요소로서 토지제도의 배치는 요소의 구조와 관계되며 나아가서 경제성과에 대해서도 중요한 영향력을 불러일으킬 수 있다. 농촌의 토지 집단소유제의 기본제도 틀 아래에서 토지 사용권의 세분화, 토지 사용권의 양도, 수익권의 조정 등 소유권 구조를 가 일층 세분화하고 조정한 것은 농촌 토지의 사용효율을 높이는데 유리했을 뿐만 아니라, 농촌 토지 사용권의 소유자 즉 농민들의 소득수준을 향상시키기 위한 제도적 기반도 닦아놓았다.

하지만 '3농' 문제는 단지 농업문제만이 아니라 농업관리 문제도 매우

---

5 저우치런, 『농촌변혁과 중국발전,1978-1989』, 6~32쪽, 홍콩, 옥스포드대학출판사, 1994

중요했다. 토지 소유권 제도의 혁신은 농업생산율의 향상을 촉진시키는 면에서 중요한 역할을 발휘할 수 있지만 현재 중국 농업 경제발전 중의 모든 문제를 다 해결할 수 있는 것이 아니다. 따라서 토지제도의 개혁과 혁신은 '3농' 문제를 해결하는 한 가지 경로일 뿐 전부가 아니며, 더구나 결정적인 역할을 발휘하지 못한다.

페이샤오통은 일찍, 수난장(蘇南江) 경제에 대한 고찰에서 농민생활에 대한 토지제도의 중요성을 발견했다. 농업에 대한 토지의 의의는 단지 한 개 측면으로서 농민과 향촌발전에 있어서 공업 혹은 비농업의 발전도 없어서는 안 되는 부분이었다. 페이샤오통은 공업화의 큰 배경 하에서 향토사회가 중국 향촌사회 구조전환 가운데서 직면한 문제의 실질을 개괄해냈다.

이 인식에 근거해 페이샤오통은 향촌발전의 '수난 패턴'을 종합했다. 그 핵심은 향촌 공업화 혹은 공업 노동과 농업노동을 함께 하고 '농사일에 종사하지는 않지만 고영향을 떠나지 않는' 발전의 도경에 있다.[6] 하지만 현재 중국 농촌발전의 큰 배경에는 이미 거대한 변화가 일어나 공업화를 배경으로 하는 것이 아니라 글로벌화와 후 공업사회를 배경으로 하고 있는데 이는 구조전환에 새로운 현상과 새로운 문제가 따를 것임을 의미했다. 중국 경제의 고속발전의 과정에서 향촌기업의 발전과 향촌 공업화는 적극적인 역할을 발휘했고, 향촌 공업과 민영경제는 전반 국민경제 가운데서 차지하는 비율이 갈수록 커갔다.

---

6 페이샤오통, 『강촌 경제』 255~304쪽, 북경, 상무인쇄관, 1980년

20여 년간의 발전을 거쳐 향촌공업은 기술의 신속 갱신, 산업구조의 큰 조정과 세계경제 일체화의 도전에 직면한 동시에 농촌과 농민들의 발전도 이와 유사한 도전에 직면했다.

이왕의 저렴한 노동력, 저 원가, 저가 환경에서 발전한 향촌공업은 농업의 잉여 노동력, 먹고 입는 문제 해결, 농호 빈곤퇴치에 대해 모두 단기적인 역할을 발휘했다. 다시 말하면 농업과 공업에 공동으로 종사하는 농민들의 생계 패턴은 당시 발전하는 데 있어서 나타난 곤경문제를 해결하였지만, 사회의 큰 환경에 변형이 일어나 오늘날에도 저렴한 노동력에 의거하던 발전방식이 여전히 역할을 발휘할 수 있겠는지? 저소득의 농업과 저소득의 부업을 서로 결부시켜 농촌과 농민들의 발전 출로 문제를 철저히 해결했던 것인가? T촌의 경험으로부터 보면 이전처럼 농업과 부업을 같이 경영하던 패턴은 전통적인 업종에서 요소의 투입과 소득구조가 큰 시장의 발전추세와 잘 어울리지 않았기에 이미 많은 농민들의 발전수요를 만족시킬 수 없었다.

시장화로의 전환은 이런 업종에 대해 충격을 가하고 있으며, 또 많은 사람들이 이에 대한 자신감을 잃게 하여 옛 일을 포기하고 시장으로 이전해 불확실한 기회를 모색하게 했다.

현재 T촌 발전 중에서 가장 뚜렷한 문제가 실제상 황종즈(黃宗智)가 말한 농촌 '과밀화' 현상과 매우 비슷하다. 이 문제의 근원 혹은 문제점은 농촌노동력의 한계수입이 낮은데다가 성장이 완만한데 있다.[7] 황종즈는

---

7 황종즈, 『장강 삼각주의 소농가정과 향촌발전』 77~93쪽, 북경, 중화서국 1992년

기어츠(Geertz)에 근거해 인도네시아 '농업 과밀화' 현상과 관련한 논술을 발표했는데 창장삼각주 향촌사회의 사회사와 경험고찰에 대한 토대에서 중국 향촌발전 과정 중의 곤경문제를 '과밀화' 문제로 귀결했다. 중국 농촌의 '과밀화' 현상은 경제개혁이 비록 농업생산의 성장을 촉진해 생산율과 총생산액이 모두 신속 성장과 제고를 가져왔지만 경제성장은 결코 농촌과 농민들에게 발전을 갖다 주지 못했다. 이는 노동력의 일당 한계수입이 감소세로 돌아서고 있는 면에서 집중적으로 구현된다.

향촌 발전 중의 '과밀화' 문제에 대한 특징과 형성원인에 대비해 황종 즈는 중국 향촌사회의 발전은 자유시장화의 길을 걷는데 적합하지 않을 뿐만 아니라, 집단화의 길을 걷는데도 적합하지 않아 반드시 세 번째의 길을 탐색해야 한다고 인정했다.

만약 농업과 향촌발전이 완전히 시장의 역량에 의거한다면 시장은 효율제일 원칙을 선택하기에 사회의 조율발전은 정부 혹은 공공기구의 역량으로 조정해야만 실현될 수 있으므로 도시와 향촌, 현대 부문과 전통 부문 간의 공평발전 문제를 근본적으로 해결할 수 없다. 집단화 발전의 길은 총괄 발전 문제를 해결할 수 있지만, 생산 중의 효율문제를 해결하기 어려워 일단 경제효율이 떨어지기만 하면 또 여러 가지 문제를 유발하는 것도 피할 수 없다. 때문에 이른바 '세 번째의 길'이란 사실 존재하지 않는다. 이는 일종의 발전 책략으로서 시장효율원칙과 공평조율원칙을 발전과정에 관철시키는 것이다.

도시와 향촌의 격차가 커지고 향촌발전이 눈에 띄게 낙후해진데다가 농업과 농촌이 직면한 쇠퇴의 위험은 이미 많은 사람들의 주목을 끌었다.

그리하여 '새 농촌 건설'도 '3농' 문제를 해결하는 방략으로 제출한 것이다. 새농촌 건설을 주장하는 학자들은 중국 향촌발전의 관건은 농촌에 있기에 몇 억 명에 달하는 농촌인구를 발전시키려면 반드시 새로운 형세 아래, 농촌건설과 새로운 농촌사회 건설을 강화해야 만이 농업발전 문제를 해결하고 전반 사회의 조율발전을 촉진하는데 유리하다고 인정했다. 예를 들면 린이푸(林毅夫)는 중국의 농촌시장은 범위가 넓고 잠재력이 크다고 말했다. 만약 농촌시장을 잘 건설한다면 농촌발전 나아가서 전반 경제에 새로운 동력을 갖다 줄 것이다.[8]

온톄쥔(溫铁军)은 새농촌 건설을 적극 창도했다. 그는 중국의 다수 농촌이 여전히 소농 경제시대에 처해 있어 농업 현대화 실현은 난이도가 클뿐만 아니라, 농촌인구가 전부 도시에 진입할 수 없으므로 농촌의 경제를 기반으로 기구혁신과 제도혁신을 앞당겨 진행해야 하며 또 농업사회 자원을 이용해 자아발전을 촉진해야 한다고 했다. 즉 농민들의 자주적인 정신을 양성하고 사회복리와 농민들의 조직화 수준을 향상시키며 경제협력과 향촌사회의 조화로운 발전을 촉진하는 것이었다.

T촌의 경험으로부터 우리는 현재 '3농' 문제의 두드러진 표현은 쌍이원화 문제라는 것을 엿볼 수 있다. 즉 도시와 향촌, 체제 내와 체제 외의 이원 격리문제인데 이원적 구도의 분열은 농업, 농촌, 농민들이 이중 배척과 압박을 받게 하였고 또 그 발전을 심각하게 제약했다. 쌍이원화의 구도는 농촌사회가 현대화 과정에서 직면한 공성 문제이자

---

8   린이푸, 『사회주의 새농촌 건설에 관한 몇 가지 사로』 , 『중국 국정 국력』 2006(6)

중국특색이 있는 문제이기도 하다. 모종의 의의에서 말하면 그런 발전 중의 공성문제는 구조성적인 문제에 속하기에 사회 전환과 구조조정과 더불어 점차 조정되고 해결된다.

하지만 중국특색의 발전문제 즉 우리가 제도를 배치하고 정책을 설계 집행하는 가운데서 나타나는 문제는 정책과 제도개혁을 통해 해결할 수 있으며, 또한 현재 우리가 해결할 수 있는 것도 주로 이 유형의 문제이다. 그러므로 우리는 어떤 정책과 제도가 향촌사회의 발전을 제약하고 있는지를 잘 고찰해야 하고, 또 어떤 경로를 통해야 만이 발전정책과 제도의 변화를 촉진시킬 수 있는지 잘 탐구해야 한다.[9]

---

9   온테쥔 『향촌건설과 화합사회 공동구축』 『사회관찰』, 2006(3)

제1편

포스트향토(后乡土) 중국의 사회형태

제 3 장 향토 중국의 사회 전환과 포스트 향토의 특징

제3장

향토 중국의 사회전환과 포스트향토적 특징

사회주의 개조와 인민공사화 운동 그리고 가정도급책임제 개혁을 거친 오늘날, 시장화 전환의 충격을 받고 있는 중국사회의 향토사회에는 이미 거대한 변화가 일어났다. 1940년 당시 향촌사회는 많은 특수한 도시사회와 다른 구조적 특징을 갖고 있었기에 페이샤오퉁은 "중국사회의 기층은 향토적인 것이다"라고 말한 적이 있다.[10]

하지만 오늘날의 중국 향촌사회는 현대화 조류의 세례로 향토적 특징이 끊임없이 변화되고 있는 동시에 향토사회 구조의 존속 또한 부분적인 향토특색을 유지하고 있다. 이와 같은 변화와 존속의 상호 결부는 중국 사회 기층의 포스트향토성을 구성했다.

---

10   페이샤오퉁 『향토 중국 출산 제도』, 6쪽, 북경, 북경대학출판사, 1998년

제1절

향토성과 포스트향토성

"기층으로부터 보면 중국사회는 향토적이다."[11] 이는 페이샤오통이 중국의 전통적인 향촌사회 기본성질에 대해 내린 판단이다. 그는 세밀한 관찰과 높은 차원에서 개괄적으로 역사를 회고하는 과정에서 향토적 본성은 전통적인 향촌사회의 기본특징이라고 제기했다. 그는 주로 아래와 같은 몇 가지 면에서 향토중국의 향토성을 묘사하고 개괄했다.

첫째, 시골 사람들의 시골티이다. '시골 사람'과 '시골티'란 두 단어는 모두 경멸의 뜻을 갖고 있는 듯하다. 여기서 만약 그것을 중성인 단어로 바꾸어 전통적인 향촌사회 농민들의 특색을 묘사하고 형용한다면 도리어 향촌사회의 주체인 농민들의 특성이 더 잘 반영될 수도 있다. 전통적인 향촌사회에서 농민들이 생활하고 있는 공간은 향촌에 있다. 향촌은 생태적이고 지리적인 공간이며 또한 일종의 사회계층 공간이기도 하다. 상대적으로 볼 때 향촌의 사회공간은 도시에 있는데 중국 전통사회 도시의 의의는 현대사회 도시와 일정한 차별이 있다.

지금 도시에서 생활하고 있는 사람들은 대다수가 상공업 등 비농업에 종사하는 직장인들이다. 물론 공공관리 기관의 관리자들도 망라되지만

---

11   페이샤오통 『향토 중국 출산 제도』, 위의 책, 6쪽

그들과 농촌 주민들의 차별은 주로 직업차별 및 이로 인해 형성된 기타 사회적 차별이다. 전통적 사회에서는 도시에서 생활하고 있는 사람들이 대다수가 통치자 혹은 상층 귀족이고 그들을 위해 봉사하는 하인들이 소수를 차지했기 때문에 농촌과 도시는 서로 다른 사회등급에 속하고 농촌은 도시보다 지위가 낮은 사회공간과 지역에 속했다.

토지에 의거해 생계를 유지하는 농민들은 토지에서 생활필수품을 얻어야 했기에 그들은 토지와 밀접한 관계를 갖고 있으며 그들의 생활에도 농후한 향토냄새가 배어 있다. 전통적인 사회에서 세대 농민들은 모두 "경작하는 자가 토지를 소유한다"는 토지에 대한 사랑을 갖고 있다. 이는 토지문제가 향촌사회의 많은 문제를 변화시킬 수 있는 핵심이 되어 있음을 설명한다.

중국 역사에서 일부 왕조와 정권은 농민봉기로 인해 전복되었거나 혹은 정세가 위급해졌는데도 매번 농민봉기는 거의 모두 토지문제와 큰 관련을 갖고 있었다. 예를 들면 홍수전이 일으킨 태평천국 농민봉기는 "밭이 있으면 함께 경작하고 먹을 것이 있으면 함께 나눠 먹으며 입을 것이 있으면 같이 입고 돈이 있으면 함께 써야 한다"는 기치를 내걸었다. 중국공산당이 지도하는 농민운동도 농민들을 동원해 "토호를 타도하고 토지를 분배하자"는 이념으로부터 시작된 것이다. 토지는 농민들의 격정과 적극성을 불러일으킬 수 있는 장려 메커니즘이라고 볼 수 있다. 다른 한편으로 볼 때 토지상의 불공평은 향촌사회 가운데서 가장 민감한 문제이며 또한 영향력이 가장 큰 문제이다.

농촌에서 토지에 의거해 생계를 유지하는 농민들에게 있어서 토지는 그들의 생명선이고 가장 중요한 생활자원이다. 이와 같은 핵심적인 자원이 일단 배치에서 문제가 발생하거나 혹은 심각한 불공평이 존재 할 경우, 사회적 긴장관계가 초래될 수 있을뿐만아니라 혁명을 야기 시킬 수도 있는 것이다.

토지의 개인점유 상황에서 토지점유 구조는 향촌사회 계급관계의 토대로서 대량의 토지 소유자와 독점자들이 지주계급으로 되었는데, 그들은 결코 자신이 토지를 경작한 것이 아니라 소액의 땅을 갖고 있거나 경작지가 없는 농작인 혹은 자작농들에게 토지를 임대해 수입을 얻었다. 이렇게 그들은 노동하지 않고도 토지 소작료에 의거해 생활을 유지하는 유한계급(有閑階級)이 되었다. 토지 점유율의 변화는 복잡한 요소에 의해 결정되지만 이 구도의 출현은 토지사유와 자유거래의 공통적인 조건을 갖고 있다. 개체 농가들은 여러 가지 원인으로 자신의 토지를 저당하거나 판매할 수 있지만 토지의 자유 매매는 토지의 집중과 독점의 결과를 생산해 토지 점유상의 불공평을 가져다주었다.

스콧(Scott)은 동남아 농촌 문제를 연구할 때 '토지점유 면에서 불공평이 끊임없이 늘어나고' 있는 문제로 '토지에 대한 통제가 권력의 관건적인 토대가 되었고 토지를 획득하려고 농가들과 내왕하는 과정에 토지 소유자들의 지위가 강화'된 점을 발견하였다.[12] 이러한 지위 상에서의 변화는 향촌사회계급 관계를 일층 악화시켜, 한편으로는 지주와 소작인 및 고용노동자 사이의 거래평형이 파괴되어 지주들이 더욱 많은 것을

---

12   [미]스콧 『농민들의 도의 경제학,동남아의 반란과 생존』 ,85쪽

착취하기 위해 제공한 봉사가 갈수록 적어지게 되었으며, 다른 한편으로는 지주와 경작자 사이의 관계에도 본질적인 변화가 일어나 기왕의 지주와 경작자 사이에는 어느 정도 도덕적인 관계를 갖고 있어, 농작인들의 최저 수요는 만족시킬 수 있었지만 자본주의 시장 메커니즘을 도입한 후 그들 사이의 관계는 순수한 금전거래 혹은 계약관계로 변해, 감성적이고 보호 기능을 갖고 있던 가부장적인 내용이 이미 그들 사이의 관계를 조정할 수 없게 되었다.

둘째, 중국향촌사회의 중요한 특징의 하나인 농촌사회의 낮은 유동성과 지방성은 미국 향촌 단독주택의 현상과 뚜렷한 대비를 이룬다. 이론분석의 각도로부터 보면 사람들의 군체생활은 분업과 협력의 수요로서 도시 사회의 집결생활은 도시의 고도의 분업으로 인해 생긴 것이다. 때문에 분업정도가 높지 않은 상황에서 사람들은 한 곳에 집결해 생활할 필요가 없게 되었다. 농업을 위주로 하는 전통적인 향촌사회는 농업생산의 분업이 매우 적고 성별 분업이 많은 비율을 차지한다. 그렇다면 중국향촌에는 왜 뚜렷한 집결생활 경향이 나타날까? 이에 대해 페이샤오통은 아래와 같이 말했다.

중국농민들의 집결생활 원인에는 대체로 아래와 같은 몇 가지 요인이 있다. 첫째, 집집마다 경작하는 면적이 적어 이른바 소농 운영자들이 한 곳에 모여 살고 주택과 농장이 그리 멀리 떨어져 있지 않다. 둘째, 수리시설이 필요한 곳에서는 그들이 협력의영향을 보이면 함께 생활하는 것이 비교적 편리하다. 셋째, 사람이 많으면 안전을 보장하기 쉽다. 넷째, 토지의 평등한 상속 원칙아래 형제가 각기 조상의 업적을 계승하여

지방마다 대대로 누적해 가면서 상당히 큰 농촌 부락을 형성한다.[13]

농촌 부락은 중국향토사회의 존재형식이자 향촌사회관계와 제도적 기반이다. 취락지인 농촌 부락은 향촌사회 생활의 모든 내용을 적재하고 있는 만큼 생산으로부터 소비, 물질생활로부터 정신생활에 이르기까지 기본적으로 촌락 범위 내에서 진행된다. 이와 같은 의의 상에서 자연 농촌 부락은 하나의 향토사회라고 말할 수 있다. 농촌 부락은 일종의 생활공간으로서 그 속에서 생활하는 사람들의 일부 제도와 문화방식을 재통합해 하나의 지방성 사회를 형성했다.

영국의 인류학자 포우트왕(Stephan Feuchtwang)은 중국향촌을 고찰할 때 농촌 부락은 "하나의 전통적인 지방으로서 소위 '자연촌'을 망라하고 있다. 간단히 말하면 바로 역사와 의식을 갖고 있는 단위로서 주민들을 촌락이 형성된 초기로부터 온 후대 자손들과 향후의 이민자들로 나눌 수 있다. 많은 사람들이 공동 점유한 환경 및 운명으로 이루어진 공공재산은 우주 기원 의식의 조정 혹은 풍수처리를 통해 보완될 수 있다."[14] 촌민들은 같은 촌락에 모여 살면서 일부 공감하는 힘을 발생한다. 이와 같은 공감의 힘을 통해 한 집단 속에서 생활하고 있는 대중들은 촌락이란 이 공동체로서 공유할 수 있는 환경을 느끼게 된다.

전통적인 촌락은 크든 작든 규모와 상관없이 모두 독립적이고 간격이 존재한다. 촌락은 보통 내향성을 갖고 있는 하나의 제한된 지방 혹은

---

13 페이샤오통 『향토 중국 출산 제도』, 9쪽
14 [미]포우트왕 『촌락이란 무엇인가?』, 『중국농업대학 학보』, 2007(1)

지역이다. 다시 말하면 촌락자원은 일반적으로 촌락 내의 주민들에게 제한되어 촌민들만이 공동점유하고 사용할 수 있으며, 외부사람들에게는 매우 적게 개방된다. 향촌사회에서 촌과 촌 사이의 인구유동은 통혼내왕을 제외하고 극히 희소하다. 인접한 자연촌락 사이의 주민들은 서로 비교적 익숙할 수 있지만 사회적 유동성이 비교적 낮다. 한 개 촌의 주민들은 인척 관계 외에 기타 마을과 기본적으로 내왕하지 않는다. 때문에 매 촌민에게 있어서 촌락은 그들의 주요한 생활권이 되어 주로 촌락 내부에서 활동하고 있다.

촌락사회의 낮은 유동성은 비록 주민들의 행동범위에 대해 제한역할을 일으키지만 낮은 유동성은 촌락내부의 관계와 활동을 강화해 촌락 사회관계와 문화가 지방의 특징을 형성케 한다. 이와 같은 지방의 특징은 그중에서 상대적으로 안정되게 생활하고 있는 군중들이 공동으로 협력해 형성한 것이고, 또 그들 사이의 관계 및 그들이 상호 소통하는 가운데서 형성한 지식, 풍속, 규범, 조직과 제도로서 모종의 의의에서 말하면 매우 독특한 것이다. 때문에 향촌사회 중의 촌락은 내부적으로는 고도의 동질성을 갖고 있고, 외부적으로는 뚜렷한 지방성 혹은 이질성을 갖고 있는 것이다.

셋째, 지인들 사회의 신임관계이다. 촌락사회는 함께 성장하고 함께 생활하며 함께 활동하는 사람들로 구성된 것으로서 촌락 성원들 사이의 관계를 에밀 뒤르켐(E'mile Durkheim)의 개념으로 표현한다면, 바로 '유기적인 단결관계'에 속해 현대 도시사회의 '기계적인 단계관계'와는 일치하지 않는다. 유기적인 단결은 지인들 사이의 도덕과 풍속 규범을 토대로 수립되지만 기계적인 단결은 분업과 협력을 토대로 수립된다.

촌락에서 살고 있는 사람들은 필연적으로 서로 빈번한 접촉을 통해 상호 간에 자연적으로 익숙한 관계를 형성한다. 바로 촌락에서 상호 간의 익숙하고 친밀한 관계로 인해 행동규범 상에서 호흡이 잘 맞는 사람들로 형성된 지인 사회는 사람들 사이에 비교적 강한 신임관계가 존재한다. 또한 다른 사람의 개성과 품질에 대해 명확히 이해하고 있기에 타인의 행동에 대해서도 명확하게 예기할 수 있다. 이로 인해 사람과 사람들 사이의 신뢰관계에 매우 믿음직한 토대가 있게 된다.

이밖에 촌락의 지인 관계에는 또 비교적 강한 이론책임과 여론압력도 망라됐다. 지인들 사이, 풍속에 따라 행동하지 않고 규칙을 위반하거나 혹은 절도하는 행위 등을 모두 이론 규칙을 준수하지 않은 것으로 여겨 마땅히 많은 사람들의 멸시와 질책을 받아야 했다. 뿐만 아니라 지인 사회에서 '안면'은 사람 됨됨이의 토대가 되어 만약 상식을 위반한다면 체면이 깎인다고 생각했기에 체면을 위해서라면 반드시 서로 배합하고 상호 신뢰하는 관계를 맺어야 했다.

페이샤오통은 중국 기층사회의 향토성 특징에 대해 매우 심각하고 전면적이며 세밀하게 분석했다. 향토 중국은 우리가 중국의 전통적인 농촌사회를 인식하고 이해하는 가장 중요한 시각의 하나라고 할 수 있다. 하지만 시대가 변하고 사회가 변함에 따라 향토 중국도 끊임없이 변화하고 있다. 현대화, 도시화, 글로벌화의 추세와 그 충격으로 향토 중국은 포스트향토 중국시대에 접어들어 향토성 특징이 포스트향토성 특징으로 변화되었다.

포스트향토성 특징은 향토구조가 여전히 존재하는 상황에서 사회 경제와 문화관념 및 행위가 이미 현대화 속에 침투되었고, 또한 다소 현대적인 특징도 갖고 있다.

이러한 의미에서 말하면 포스트향토성의 구조 기반은 향토적이지만 에토스는 향토와 현대의 혼합으로, 소위 향토성 구조는 촌락이 여전히 향촌사회에서 존재하는 기본 형태로서 향촌 사람들이 여전히 마을에 모여 생활하게 되어 촌락은 상대적으로 구조상에서 결코 실질적인 변화를 가져온 것이 아님을 가리킨다. 하지만 촌락에 모여 생활하는 사람들은 이미 큰 변화를 가져왔다. 더욱이 어떤 마을에서는 주민들의 분화정도와 이질성이 이미 매우 커져서 비록 한 마을에서 살고 있다 하지만 서로 다른 부류에 속했다. 이는 현대 촌락이 이미 향토 중국시대의 촌락과 달라 비록 촌락 구조가 변하지는 않았지만 촌락의 면모와 에토스에는 도리어 거대한 변화가 일어났음을 설명해준다.

향토성 특징에 비하면 포스트향토성의 특징은 주로 아래와 같은 면에서 표현된다.

먼저 시골 사람들이 더는 '시골티'가 나지 않는 '현대풍'으로 새롭게 탈바꿈하였다는 점이다. 생계 차원으로부터 보면 현재 갈수록 많은 농민들이 더는 토지경작에 의해 생계를 유지하려는 것이 아니라 토지를 수입원 중의 하나로 보고 있을 따름이다. 만약 완전히 토지에만 의거하고 기타 부업의 지지가 없다면 농민들은 농업생산 재료를 구매할 자금마저 없어 토지 경작조차 어려울 것이다.

이처럼 농업수입이 극히 적기 때문에 갈수록 많은 농가들이 더는 토지에만 의거해 생계를 유지하는 것이 아니라 토지와 촌락을 제외하고 새로운 생계도모 수단도 모색하고 있다.

그리하여 대량의 시골 사람들이 도시에 진출해 그곳에서 공상업과 서비스업에 종사하고 있다. 특히 1970년대 이후에 출생한 젊은이들이 촌락에 남아 농사일에 종사하는 사람이 거의 없을 정도이다.

현재 진정으로 '흙냄새'가 배어 있는 사람들은 부녀와 나이 든 노인네들뿐이다. 노인들이 농촌에 남게 된 원인은 외출하기 어렵고 젊은이들을 위해 가정을 돌봐주기 위해서이다. 왜냐하면 젊은이들이 아이들을 데리고 도시에서 생활하려면 소비가 많고 일자리도 구하기 힘들어 일반적으로 아이들을 노인들한테 맡기고 도시로 일하러 나가는 경우가 많기 때문이다.

농촌에서 생활하고 있는 대다수의 노인들은 일반적으로 비옥하고 관개하기 편리한 밭을 선택해 경작함으로서 노동력을 절약하고 다수확도 거둘 수 있었다. 도시에 일하러 나간 사람들은 농사일에 대한 관심이 점점 적어져 파종시기에 토지를 집중적으로 파종하고 수확 철이 되면 촌락에 돌아와 수확하곤 했으며, 평소의 논밭관리 일은 집에서 생활하고 있는 노인들이나 부녀들에게 맡겼다. 농업수입이 상대적으로 비교적 낮은 현재 상황에서 왕복 노비와 도시에서의 일 지체 비용이 농업수입보다 훨씬 많기 때문에, 많은 사람들은 아예 농사지으러 갈 생각을 하지 않고 주로 식구들의 양식을 해결하기 위해 노인이나 부녀들에게 좋은 땅을 골라 농사를 짓게 한다.

일반적인 상황에서 밭이 없는 사람들은 농사를 짓기가 어렵다. 관계가 가까운 친척들을 제외하고는 사전에 미리 상의해서 좋은 땅을 골라 파종하게 한 후 상응하는 농업세를 지불하게 한다. 오늘날 경작지 도급은 이미 농업세를 지불하지 않고 있지만 다른 사람의 토지를 경작하려면 많든지 적든지 간에 그 사람한테 보수를 주어야 한다.

하지만 경작인은 묵은 밭에서는 수입을 올릴 수 없다고 하면서 수확 성과가 마땅히 자신들의 소유라고 인정하고 밭을 묵인 사람들에게 노동소득을 나누어 주려하지 않는다. 이와 같이 도급 토지에 대한 권한과 책임이 명확하지 않는 상황에서 묵은 밭이 갈수록 많아지고 있다.

한편으로 밭을 묵인 사람들은 경작자들이 토지 수입을 단독으로 진수하는데 대해 동의하지 않고, 다른 한편으로는 경작자들도 밭을 묵인 사람들이 자신들의 노동성과를 가만히 앉아서 진수하는 것을 바라지 않기 때문에, 현재 도급식 토지 양도 현상은 일반적으로 가까운 친척 사이에서만 나타나 외지에 일하러 나간 많은 사람들의 경작지는 다년간 묵고 있는 실정이다.

땅을 묵이는 현상은 토지에 대한 농촌 사람들의 열정이 이미 식어졌음을 설명한다. 그들은 토지를 더는 자신들의 생명선으로 간주하지 않았을 뿐만 아니라 토지의 속박에서 벗어나려는 염원이 갈수록 강렬해져 있다.

이를테면 필자가 펑양(風陽)현 샤오캉촌에서 발견한 것에 의하면 많은 농가들은 토지가 자신의 소유가 아니기에 도급 기간이 끝나면 다시 도급 맡을 수 있을지 없을지 아직 미지수로 남아 있어, 자신의 도급 토지를 1무당 7000원의 가격으로 양도해 먼저 현금을 손에 쥐는 것이 중요하다고 생각하고 있었다.

이처럼 포스트향토사회의 농민들은 이미 그렇게 '순박'한 것이 아니라 현대적 특징과 이성적인 특징을 갖추고 있다.

이와 같은 현대성과 이성적인 특징은 토지에 대한 농민들의 사랑이 점차 농촌에서 벗어나려는 이성적인 실천으로 변화되고 있음을 두드러지게 반영하였다. 마치 그들도 현대화의 이론을 잘 알고 현대화의 배경하에서 전통 농업이 점점 비주류화로 나아가고 갈수록 박약해지는 추세를 인식한 듯 자신을 현대화로 변화시켜 토지에 대한 지나친 욕망을 더는 가지려 하지 않고 온갖 방법을 다해 토지에 대한 의존에서 벗어나고자 했다.

대량의 향촌 주민들이 도시 각지로 유동함에 따라 농촌 사람들도 이미 단순히 농업에만 충실하는 농민은 아니었다. 편벽한 산간마을에서 생활하고 있던 그들은 장기간 현대화 도시에서 생활하고 사업하면서 현대문명에 젖어 있었을 뿐만 아니라, 또 현대적인 생산과 소비에 직접 참여했으며, 현대적인 통신기술과 미디어 수단으로 세계 속의 다양한 정보들을 이해하고 있었다.

이와 동시에 시장의 역량은 편벽한 촌락 주민들이 다국적 회사에서 생산한 제품들을 진수할 수 있게 됨으로서 현대 농촌사람들은 이미 '서로 이웃하고 살면서도 전혀 왕래하지 않는' 그런 폐쇄적인 생활에서 벗어나 천마가 하늘을 날듯이 사처로 유동하면서 어느 곳에 기회가 있으면 어느 곳으로든 유동했다. 모종의 의의에서 말하면 농촌에서 온 사람들이 정식으로 취업한 도시 사람들의 유동빈도보다 훨씬 높았다.

그들은 도시사이에서 빈번하게 유동하고 있었을 뿐만 아니라, 단위와 직업사이에서도 빈번하게 유동하고 있었다.

다음 포스트향토사회의 촌락은 낮은 유동성으로부터 극히 높은 유동성과 불확정적인 상태로 진입하였다. 향토사회와 다른 점이라면 포스트향토사회의 촌락은 이미 전혀 내왕하지 않던 폐쇄적인 공간이 아니라 빈번하게 교류하고 유동성 범위도 극히 광범위해진 다른 하나의 극단으로 나아간 것이다. 갈수록 많은 촌민들이 마을을 떠나 외지에 나가 농업외의 취업과 수입기회를 찾고 있다. 게다가 바깥세상에서 이런 유동 촌민들은 빈번하게 사업단위와 지점, 직업유형을 바꾸고 있다. 촌민들의 높은 유동성은 심지어 도시사회의 주민 혹은 메커니즘 내의 종업원들을 초월하고 있다.

즉 도시 종업원들은 늘 모종의 직업을 둘러싸고 승진하려고 하지만 유동 농민들은 기회를 둘러싸고 유동하고 있기 때문에 도시 종업원들의 유동은 직업적인 사회유동에 속하고 촌민들의 유동은 기회주의 유동에 속했다. 그리하여 광범위한 촌민들은 높은 빈도의 유동 속에서 도시로 진출할 수 있는 기회가 많고 적음으로 인해 고도의 불확정성 속에 처하게 되었다.[15] 이처럼 기회의 불확정성으로 그들은 부득불 빈번하게 사처로 유동하고 단위와 직업을 바꿔야만 했다.

높은 유동성과 불확정성이 병존하는 특징도 현재의 촌민과 부락 간의 관계를 반영할 수 있다.

한편으로 대량의 촌민들이 해마다 촌락에서 유실되고 있지만 일정한

---

15   루이룽, 『유동하는 촌락, 향토사회의 이차원 구도와 불확정성-완둥(皖東) T촌의 사회형태』, 『중국농업대학 학보(사회과학판)』, 2008(1)

계절 즉 농번기나 명절 때면 외지에 나갔던 농민들도 마을에 돌아오곤 하는데, 이는 외지에 돈벌이 나갔던 촌민들이 여전히 촌락을 자신의 고향으로 간주하고 무릇 어디에 가든지를 막론하고 결국은 촌락으로 돌아오는 것이다.

다른 한편으로는 갈수록 많은 젊은이들이 외지로 돈벌이를 하러 나간 후, 촌락에 대한 감정이 이미 밖에서 획득한 기회에 따라 변화가 일어나고 있다. 촌락을 자신의 생명선으로 여기고 있던 의식이 더는 그렇게 강렬치 않게 되었으며, 자신이 외지에서의 발전 상황과 더불어 끊임없이 변화되었다.

바깥에서 비교적 이상적인 수입과 일정한 저축이 있는 사람들은 이미 마을에 돌아갈 생각을 접고 소도시 혹은 중소형 도시에 정착하려 했지만 이와 반대로 외지에서 돈을 벌지 못한 사람들은 체면을 고려해 아예 밖에서 떠돌아다니고 있다. 오로지 밖에서 돈을 벌고 싶지만 집에 아이나 노인들이 있는 사람들만이 농촌과 도시 사이를 오가곤 했다.

그렇기 때문에 촌락 구조로부터 보면, 마을내의 주체가 이미 더는 획일적인 농업생산자가 아니었으며, 가가호호 사회경제 상황도 모두 비슷하지 않았다. 촌락 주체는 사회의 신속한 전환 가운데서 급격히 분화되었다. 이를테면 농민 기업가, 농민공, 농촌 유동인구 등은 실제상 이미 다른 계층, 다른 직업으로 분화되었고, 개인 사업주, 개체 상공업자, 고용자 등 각 업종의 일꾼들도 농업으로부터 제조업으로 다시 서비스업로 전환되었다.

하지만 그 속에는 모두 농촌에서 유동되어 나간 촌민들이 있었기에 체제상 여전히 '농민'이란 딱지가 붙혀져 있다.

끝으로 지인사회 네트워크의 연장과 운용이다. 포스트향토사회는 지인사회에 속한다. 다만 한 마을에서 생활하는 것을 토대로 하는 지인사회가 범위 상 크게 확장되고 지인사회 네트워크가 유동성의 향상과 더불어 끊임없이 바깥쪽으로 연장되고 있을 따름이다.

외지 유동 인구의 내왕 범위 및 도시 가운데서 그들의 밀집현상 으로부터 보면, 촌락을 토대로 하는 지인사회는 이미 '동향'지인 사회로 확장되어 이웃 혹은 이웃 마을에서 온 일꾼들이 도시의 유동과정에서 이미 지인사회를 형성해 도시 밀집생활의 중요한 사회 네트워크 및 교제망을 형성했다.

동향사회 네트워크의 형성은 실제상 향토사회의 지인관계를 토대로 하고 있는데 다른 점이라면 관계 범위가 촌락 경계를 초월하기 시작해 일반적인 지연관계 혹은 지연조직과 다른 포스트향토사회 농촌 주민들의 신용제도와 일정한 관련이 있다는 점이다. 현재 촌민들이 외지에 돈벌이를 나가거나 혹은 상업에 종사할 경우, 늘 촌락사회의 지인관계를 이용해 상호 연결을 취한다. 처음엔 이웃마을 사람들과 서로 얼굴을 모를 수도 있지만, 본 마을의 지인 소개로 인해 기타 마을의 전반적인 배경에 대해 빨리 장악할 수 있을 뿐만 아니라, 또 상호 간에도 조속히 이해할 수 있어 서로 신임하는 '담보메커니즘'을 형성할 수 있다.

더욱이 한 사람에 대해 잘 이해할 수 있을 뿐만 아니라 전반 가정 관계와 사회 네트워크에 대해서도 이미 잘 장악하고 이해했기에 개인 가정관계와 네트워크도 동향 사이에 가장 신임하는 담보메커니즘으로 되고 있다.

서로 인접한 한 고향사람들은 도시로 유동하는 과정에서 집단거주 경향이 나타났다. 이를테면 북경시에서 나타난 '저장촌'[16], '허난촌', '신장촌' 등은 실제상 촌락 지인사회 네트워크의 연장과 확장으로서 새로운 환경에서 지인관계 확장에 의거해 새로운 사회 네트워크를 구축해 촌락 지인사회의 부분적인 상호 감시 및 감정 교류의 기능을 보류했을 뿐만 아니라, 유동군체가 자체 사회 및 새로운 환경에 적응하고 대응하는 일종의 중요한 사회 메커니즘을 재편성한 것이다.[17]

촌락 내부관계를 놓고 말하면 지인사회 및 이에 상응하는 사회의 신임 메커니즘은 그다지 큰 변화가 없는데, 친척, 이웃 사이의 감정, 체면과 예절 등 향토 규범은 여전히 대인 관계 가운데서 중요한 역할을 하고 있다. 만약 조그마한 변화라도 있다면 바로 대인관계 가운데서 시장거래 규칙의 성분이 갈수록 감정과 체면의 규칙 속에 많이 침투되었을 것이다.

---

16 『국경을 넘는 사회구역-북경 "저장촌"의 생활사』, 북경, 싼롄서점, 2000년
17 왕춘광 『사회유동과 사회 재구성-북경 "저장촌" 연구』, 항저우, 저장인민출판사, 1995년

제2절

차등적 질서구조(差序格局)와 그에 따르는 변화

'차등적 질서구조'는 향촌사회의 구조적 특징을 가리킬 뿐만 아니라
중국 전통문화의 심리구조와 기층 사회구조의 기본특징도 가리킨다.
페이샤오퉁 '개인'문제로부터 향토 중국과 관련한 사회구조의 토론을
이끌어냈으며 중국의 차등적 질서구조와 서방 사회의 단체 구도에 대해
서도 비교했다.[18] 페이샤오퉁은 아래와 같이 지적했다.

차등적 질서구조 가운데서 사회관계는 점차 한 사람 한 사람씩 익숙
해진 개인 관계의 증가로서 사회범위는 개인적 연계에 근거해 구성된
네트워크이기 때문에 우리 전통사회의 모든 사회도덕도 개인적 연계 가운
데서 만이 그 의의가 발생한다.[19]

페이샤오퉁의 논술 가운데서 향토 중국의 차등적 질서구조의 특징을
아래와 같은 몇 가지로 개괄할 수 있다.

첫째, 차등적 질서구조는 '자신' 혹은 자아를 중심으로 하는 사회
네트워크로서 자아주의 특징을 갖고 있다. 향토사회의 기본단위는 매개
개인의 가정과 친척관계를 연결시킨 사회 네트워크로서 이 네트워크

---

18 페이샤오퉁, 『향토중국 산아제한 제도』, 26~30쪽
19 페이샤오퉁, 『향토중국 산아제한 제도』, 26~30쪽

중에서 자신이 중심으로 되어 그 범위를 형성한다. 이렇게 네트워크마다 모두 다른 중심이 있기에 매 개인의 가정과 친척관계 네트워크도 모두 완전히 달라 서로 같은 네트워크가 존재하지 않는다.

네트워크마다 모두 자신을 중심으로 하기에 사회관계를 지탱하는 가치 관념은 개인주의가 아니라 이기주의이다. 서방사회는 개인주의를 주장하고 개인 지위평등을 강조하고 있다. 이기주의는 자신을 중심으로 하는 것을 강조하기 때문에 "중국 전통사회에서 자신을 위해 가정을 희생하고 가정을 위해 당을 희생하며 당을 위해 나라를 희생하고 나라를 위해 천하를 희생했다."[20] 이 또한 중국 전통사회에서 비교적 두드러진 사회문제로 나선 이기적인 문제인데 향토사회에서도 매우 뚜렷하게 나타나고 있다.

둘째, 유가의 인륜적 관념을 토대로 하는 차등적 질서구조는 차등적 질서라는 특징을 갖고 있다. 유가 사상에서 논하는 인륜이 바로 인간과 인간 사이 내왕의 규범으로서 이 규범은 장유(长幼), 친소(亲疏), 원근(远近), 귀천(规谏), 상하(上下) 사이에 차별과 등급이 있어야 한다는데 중점을 두었기에 유가의 논리도덕 관념은 인간과 인간 사이의 사회관계에는 차별이 있어야 하고 등급을 나눠야 한다고 주장했다. 이와 같이 사회구조 가운데서 상대적인 자기 지위 혹은 자기를 중심으로 하는 메커니즘의 등급 구조를 형성해 개인마다 모두 지위가 부동하고 등급이 존재했다.

---

20 페이샤오퉁, 『향토중국 산아제한 제도』, 26~30쪽

전통적인 중국사회의 사회 내왕 가운데서 차등적 질서구조의 규칙은 '예의'를 위주로 하고 있는데 모든 '예'는 자신의 지위관계에 근거해 차별적인 행위방식을 선택한다. 이를테면 친근한 사람을 대할 때와 친근하지 않은 사람을 대할 때의 표준이 같지 않다. 이로부터 차등적 질서구조는 교제 면에서 특수성을 갖고 있는데 사람들이 늘 말하는 것처럼 '만나는 사람에 따라 말을 가려서 해야 한다'는 것이다. 즉 다시 말하면 차등적 질서구조 가운데서 사람들은 평등주의와 보편주의 원칙을 따지지 않는다.

셋째, 중국인의 집단과 나 자신을 인정하는 것과 관련되는 차등적 질서구조는 비교적 큰 신축성을 갖고 있다. 사회 기본단위인 집에 대한 중국인의 정체성은 서방인과 뚜렷한 다른 점을 갖고 있다. 서방인의 관념으로 볼 때 집이란 자신의 핵심가정 즉 부부 혹은 미혼 자녀로 구성되었지만 중국인의 관념으로 볼 때 집에 대한 경계선이 그다지 명확 하지 않다. 크다면 크고 작다면 작은데 부모, 형제자매의 집을 망라해 모두 자신의 핵심가정으로 인정하고 있다.

차등적 질서구조의 사회 네트워크 중에서 사람들의 사회적 정체성에 대한 탄성 혹은 신축성은 네트워크의 중심 세력의 변화에 의해 결정된다. 중심 세력이 강성할 경우, 그의 네트워크 연장과 보급 범위도 더욱 광범위하고 더욱 많은 사람들의 인정을 받게 되지만 반대로 중심 세력이 약할 경우, 네트워크 보급 범위도 협소해지고 인정하는 사람도 자연적으로 적어지게 된다.

때문에 중국 사회에서 사람들은 늘 "자기보다 지위가 높은 사람과 친분

관계를 맺으려 하고 우정을 중요시하려 한다."[21]

차등적 질서구조가 반영한 것은 중국 전통문화와 전통 사회구조의 특징으로서 향토사회가 특유한 것이 아니다. 전통문화 가운데서 일종의 특유한 성질을 갖고 있는 차등적 질서구조는 중국 현대화와 문화변천 가운데서 논리규칙에 이미 변화가 발생했는데 이 변화에는 실질적인 변화에 속하는 것도 있다. 이를테면 내용, 형식의 변화는 실질적인 변화로서 주로 자기중심의 차별, 등급계열 및 사적인 문제의 변화, 사회주의 가운데서의 전통적인 여가논리와 도덕규범의 개조 및 '문화대혁명' 중에서 이미 심각한 충격과 도전을 받은 것이다.

그중에는 물론 차등적 질서구조 가운데 포함된 논리관념도 망라된다. 오늘날 포스트향토사회에서 무릇 향촌에서든 도시에서든 차등적 질서구조의 관념과 규칙은 이미 사람들에게 널리 알려져 사회주의 개조의 핵심목표가 바로 '사'적인 사유제가 되었는데 사회주의 의식형태에서 '사'적인 관념과 자아 관념이 배척을 받고 있다. 농촌에서는 협동화, 인민공사화 운동을 거쳐 '사'적인 문제를 해결하려 했고 많은 역사적 사건의 세례를 거쳐 사람들의 사심과 '사'적인 관념이 일정한 정도에서 억제되었다.

하지만 비록 문화적 현대화의 세례를 거쳤지만 이는 일종의 문화특징으로서의 차등적 질서구조 중의 일부 기본원칙이 지금까지 여전히 지속되고 있다. 예를 들면 사회생활과 대인 관계가운데서 사람들이 관계와

---

21   페이샤오통, 『향토중국 산아제한 제도』, 27쪽

특수주의를 중시하는 원칙은 실질적인 변화가 없다. 다소 변화된 것은 사람들이 이용하고 있는 관계망이 더는 가정과 친척관계의 네트워크가 아니라 사회생활 가운데서 편성된 학우, 친구, 상 하급, 스승과 제자 등을 망라한 여러 가지 관계망이다.

포스트향토사회의 촌락에서 차등적 질서구조도 이미 다소 변화를 가져왔다. 먼저, 가정과 친척관계의 네트워크가 비록 유지되고 있지만 현실생활 가운데서의 기능은 이미 그렇게 뚜렷하지가 않다. 촌락 유동의 확대와 더불어 개인 네트워크는 이미 전통 촌락중의 친척관계 네트워크가 아니라 외적 유동과 경영활동 가운데서 형성된 관계로서 네트워크의 교차점은 지연관계와 업연관계가 결합되어 생산되었다. 네트워크 구성원이라고 반드시 '한집안 식구'만은 아니라 동향 혹은 사업 파트너일 가능성도 있었다.

다음 촌락 가운데서의 권력 네트워크 역할이 갈수록 커지고 있는 상황에서 사회주의 개조 및 기층의 정권건설을 통해 촌락 사회관계는 비교적 큰 변화를 일으켰다. 특히 촌락 공공사무관리 가운데서 당 지부, 당 소조 및 촌 당 지부 서기가 비교적 큰 역할과 영향력을 발휘하는 현상이 두드러지게 나타나고 있다.

이를테면 허베이성(河北省) 딩현(定县, 지금의 딩저우(定州市)시) 디청(翟城)촌에 대한 조사에 따르면, 현재 촌민위원회가 촌민들의 직접적인 선거로 선출된다 할지라도 촌민위원회의 영향력과 권위는 원당 지부 서기의 영향력보다 크지 못해 촌민들 사이에 분쟁이 생기고 의견이 분분하며, 모두 원래의 당 지부 서기를 찾는 것을 발견했는데 많은 촌민들도 줄곧 이와 같은 서기를 바라고 있다. 촌 당 지부 서기는 일반적으로 촌민위원회 당원들이 선거로 선출한 후 향·진 1급 당 위원 회에서 임명한다.

비록 촌 당 지부 서기는 촌민들이 직접 선거하는 것이 아니라 촌민위원회의 직접적인 선거로 선출되지만 현실적인 경험으로부터 보면, 촌위원회 선거는 왕왕 친척관계 즉 가족의 역량이 선거 결과에 영향을 주기 때문에 촌 당 지부 서기의 권위와 신임도는 촌락 가운데서 더욱 높을 수밖에 있다. 이로부터 촌민위원회의 직접 선거는 일부 촌락 가운데서 차등적 질서구조의 참여와 밀접한 관련이 있게 되는 것이다. 그리하여 촌민위원회는 늘 친척과 가족관계의 영향력을 피하기 어렵고 촌락 가운데서 공신력을 형성하기 어렵다. 촌 당 지부 서기가 촌민위원회와 달리 자신의 친척 네트워크가 있다 할지라도 이 네트워크는 한 사람이 촌 당 지부 서기를 담당할 수 있는가 없는가 하는 그 여부를 결정할 수 없기에 향·진 당 위원회 기관에서는 어떤 사람이야말로 한 개 촌의 공공사무를 잘 관리할 수 있는가에 대해 여러모로 고려해야 한다. 때문에 촌 당 지부 서기가 대표하는 '공'적인 성분이 어떤 촌에서는 직접선거로 선출된 촌민위원회보다 더 많을 수 있다.

마지막으로 포스트향토사회 촌락 중의 가정 및 가정 관념에는 인구정책과 사회경제의 변화에 따라 비교적 큰 변화가 발생하고 있다. 대가족이 갈수록 적어지고 있는 현재 상황에서 비록 화남의 일부지역에서 개혁개방과 더불어 가족 관념과 가족 문화가 다소 회복되고[22] 촌락 공공사무 관리와 권력구조 중에서의 가족 관계와 조직 역할이 '문화대혁명' 시기부터 개혁개방 전의 한 시기보다 뚜렷하게 성장되었다.

하지만 우리는 향촌사회에서의 핵심가정 지위가 마찬가지로 뚜렷하게 향상되었음을 발견할 수 있다. 필자가 안훼이성 T촌에서 젊은 층에서 자신의 가정이익을 갈수록 중시하고 있는 것을 알 수 있다. 부모님들은 자식들을 결혼시키기 위해 집을 장만해주고 여러 가지 가구와 생활필수품 예를 들면 액세서리, 가정용 전기제품 등을 마련해주느라 많은 돈을 쓰지만 젊은이들은 일단 결혼하기만 하면 독립하여 자식들의 혼사를 위해 진 빚은 부모들이 전부 부담하게 된다. 이는 젊은 부부들이 독립을 요구하는 중요한 원인일 것이다.

가족문화는 비록 부분적인 회복을 가져왔지만 가족관념, 의식 및 가족 기구가 많아졌고 또 중요한 역할을 하였다고 말하기가 매우 어렵다. 촌락의 가치 관념은 지금도 점차 다원화되고 있다. 비록 평소 생활 가운데서 동성 혹은 같은 민족 간에 더욱 쉽게 상호 협력할 수 있지만 이런 협력은 이미 더는 풍속적인 의무가 아니었다. T촌에서 이왕의 가족 관념에 따라 본 가문의 주택기지는 가족 내부에서 유전되고 있었다. 다시 말하면 한 가정이 다른 곳으로 이사 갔을 경우, 주택기지는 반드시 먼저적으로 본 가족 사람들에게 헐값으로 팔아야 했다.

---

22 왕밍밍, 『촌락 시야 속의 문화와 권력-민타이 3촌5론』,
    1~15쪽, 북경, 싼롄서점, 1997년

하지만 오늘날, 많은 사람들이 더는 낡은 관습을 고수하지 않고 있는데 사실 이에 대해 어찌 할 방도가 없다.

때문에 포스트향토사회의 가족 현상과 전통적인 가족제도에는 본질적인 구별이 존재한다. 소위 가문위세가 당당하고 가족문화가 부흥한다는 설법은 일부러 과장된 말로 사람을 놀랍게 하기 위하는데 있을 것이다. 기층 정권건설과 법제건설이 끊임없이 침투된 포스트 향토사회를 거쳤기에 법리의 역량이 많고 적음은 촌락 사회관계를 조절하는 중요한 요소 중의 하나가 되었다. 때문에 가족의 정체성이 사람들에게 유리할 경우, 사람들은 가족문화의 논리를 선택할 것이고 법률적 정체성이 자신에게 유리할 경우, 법률문화법칙을 선택할 것이다.

제3절

예치(礼治)질서와 법치(法治)질서

사회질서는 사람들이 일련의 규칙과 절차에 따라 내왕하고 상호 작용하면서 협력하는 상태를 가리킨다. 질서는 사람들을 연결시켜 생활을 조직하는 토대로서 정규적인 질서가 없다면 사회생활을 진행할 수 없고 한 개 사회의 질서를 유지할 수 없기에 언제나 일련의 규칙이 수요 되고 또 이런 규칙이 효력을 발생하도록 역량을 확보해야 한다. 질서를 유지하는 규칙 혹은 메커니즘도 바로 사회통제에 속하는데 어떠한 사회든지 막론하고 모종의 방식을 통해 개체적인 행동을 통제함으로서 대중들이 받아들일 수 있는 표준에 부합되며 다른 사회에 대해 다른 경로와 방식으로 개체행동을 통제하고 통일시키게 해야 한다.

역량통제와 개체행동 선택 간의 관계에 따라 대체적으로 내적 통제와 외적 통제로 나눌 수 있다. 내적 통제는 개체가 주로 통일 규범에 대한 복종에 의해 자각, 자동적으로 통일 규범과 일치한 행동을 취하는 것을 가리키는데 바로 개체 행동자의 내재적 역량을 규범화한데 의거해 통제목표에 도달하는 것을 말한다. 외적 통제는 주로 행동자의 외적 역량에 의거해 그들을 강제로 행동규범에 복종시키는 통제를 가리킨다. 물론, 이 두 가지 유형의 통제는 단지 두 가지의 이상적인 형태로서 현실 가운데서 이 두 가지 통제는 많은 교차와 중첩되는 부분이 존재할 것이다.

"향토사회 질서의 유지는 많은 면에서 현대사회 질서의 유지와 다른 점을 갖고 있다. 하지만 서로 다르다 하여 향토사회가 '무법천지' 혹은 '규율이 필요 없다'는 것은 아니다. 왜냐하면 향토사회는 '예치'적인 사회이다."[23] 페이샤오통이 말한 것처럼 '예치사회'는 실제상 기초사회가 주로 '예'에 의거해 사회통제를 실현하는 것을 가리킨다.

소위 '예'에 대해 페이샤오통은 주로 아래와 같은 몇 가지 의의가 포함된다고 인정했다.(1) 예는 사회가 공인하는 마땅한 행위규범이고 권력기구의 보급이 필요 없는 행동규범이다.(2) 예는 사회에서 누적한 경험이다.(3) 예는 변화가 비교적 작은 사회 가운데서 형성된 전통이다.(4) 예는 교화과정에서 주동적으로 복종하는 습관이다.[24]

향토사회의 예치질서는 '법이 없고' 외적 역량에 의거해 보급할 필요 없는 법률규범이다. 이와 같은 의의에서 예치질서와 법치질서는 상대적이라고 말할 수 있다. 양자는 비록 모두 질서와 규율이 있는 목표에 도달할 수 있지만 질서를 실현하는 경로가 같지 않다. 그럼 향토사회의 '무법'상태는 어떠한 특징을 갖고 있을까?

황종즈는 청대(淸代)와 민국시기 농촌분쟁에 대한 고찰 가운데서 1750년부터 1900년 사이, 민사 사건이 현 법원 모든 사건의 약 1/3을 차지하였고 민국시기에 이르러 거의 절반을 차지했는데 민사 분쟁과 소송은 주로 토지, 채무, 혼인, 상속 등 '사소한 사건'들로 생긴 논쟁임을

---

23 페이샤오통, 『향토중국 산아제한 제도』, 49쪽
24 페이샤오통, 『향토중국 산아제한 제도』, 50~52쪽

알 수 있었다.[25] 이 역사적 현상으로부터 보면 향토사회의 '무법'상태는 상대적인 것으로 근대화의 추진과 더불어 법률의 향토사회 진입 비례가 갈수록 높아졌다.

민간의 분쟁을 처리하고 질서를 수호하는 방식으로는 비공식적인 민간 조절제도와 공식적인 재판제도 및 제3분야 준정부의 해결방식이 있는데, 마을의 많은 문제 혹은 분쟁은 실제로 비사법적인 시스템을 통해 해결되고 대다수의 민사사건 역시 지방관이 등록하고 기록하기만 하면 되었기에, 진정으로 공식적인 심사에 들어간 민사사건은 그다지 많지 않다.[26] 때문에 향토사회의 '무법'은 모종의 의의 상에서 말하면 하나의 기정사실이 아니라 '유법'상황 하에서의 선택결과이다. 공식적인 법률은 전통사회에서 실제적으로 존재하고 있지만 다만 촌락사회의 주민들이 자기 내부의 논쟁을 자체로 처리하는데 많이 사용되고 있다.

향토사회가 예치질서를 형성할 수 있게 된 주요 전제가 바로 변화가 매우 작은데 있다. 페이샤오통은 "법치와 예치는 2가지 다른 사회정태에서 발생되었는데 예치사회는 변화가 매우 빠른 시대에서 나타날 수 없는바 이것이 향토사회의 특색이다."[27] 라고 특별히 강조했다.

오늘날, 포스트향토사회 시대에 진입한 이래, 사회의 신속한 전환으로 예치질서의 사회정태에도 이미 변화가 발생하였다.

---

25   황종즈, 『청대의 법률.사회와 문화, 민법의 표현과 실천』 , 42.43~111쪽,
      상해, 상해서점출판사, 2007년
26   황종즈, 『청대의 법률.사회와 문화, 민법의 표현과 실천』 , 42.43~111쪽,
      상해, 상해서점출판사, 2007년
27   페이샤오통, 『향토중국 산아제한 제도』 , 53쪽

그런 낮은 유동성과 높은 동질성의 촌락사회에서 이와 같은 신속한 변화로 이익과 가치관이 모두 비교적 큰 정도로 분화되었다. 이를테면 가족내부의 부대적인 해결절차와 규칙은 한 개 마을의 동족 혹은 동성 간에 쟁의와 분쟁이 발생할 경우, 논쟁 각 측이 이런 절차와 규칙에 따라 가족을 통해 처리하고 조정하였는데 사람들은 일반적으로 이런 처리 방법에 복종했다. 하지만 오늘날 이런 단체 내의 권위 분쟁해결 시, 권위성이 주체를 차지하지 못하고 주민들이 더는 그런 전통적인 예의와 풍속에 복종하려 하지 않고 있기 때문에 사람들은 종족 내의 조절 혹은 처리방식을 신임하지 않았다.

그렇다면 마을 사람들이 문제를 처리할 때, 무엇 때문에 이왕의 예의와 풍속규칙에 복종하려 하지 않을까? 결국 시대가 변하고 사회가 변함에 따라 사람들의 선택여지도 더욱 많아져 가치관과 행위방식에 변화가 발생했던 것이다. 현대사회에서 법제건설의 추진과 더불어 많은 사람들이 법치규칙을 이해하고 이용하였으며 법률은 문제를 처리할 때 일종의 선택 가능하고 현대화적인 도구가 되었을 뿐만 아니라 법률의 정신이 바로 사람들을 보호하는 권리로 되었다. 때문에 사람들은 일단 법률을 이용해 자신을 보호할 수 있다는 점을 느꼈을 경우 더는 체면을 고려하거나 예속에 복종하지 않았다.

한 가지 전형적인 사례는 이왕의 농촌 청년 남녀들은 약혼하면 두 사람이 반드시 혼약을 지켜야 했다. 만약 남자 측에서 약속을 어기고 다른 애인을 찾았을 경우, 여자 측에서는 약속 폐백을 돌려주지 않아도 되고 또 당당하게 남자 쪽 집에 가서 크게 떠들어 댈 수도 있었다.

사람들이 이렇게 할 수 있는 원인은 예치질서 가운데서 남자 측의 계약 파기는 '도리'가 없고 '예의'를 위배했기에 마땅히 '예의'의 징벌을 받아야 한다고 인정했기 때문이다. 하지만 법치절차 중에서 이런 예속규칙은 모두 법률의 배척을 받고 있다. 한편으로 법률은 도리가 없고 예의를 지키지 않는 자에 대해 징벌을 가할 수 없지만 위법자에 대해 처벌을 가할 수 있고 다른 한편으로 법리와 예속도리가 완전히 일치한 것이 아니며 심지어 충돌이 발생할 수도 있음을 보여주었다. 이 사건 중에서 무리한 남자 측은 법원에 폐백 반환을 기소한 동시에 여자 측 집의 폭력행위를 고발해 배상을 요구하고 있는데 이런 행위는 예속사회에서는 전형적인 '적반하장'으로 여기고 있지만 법치질서 중에서는 법률의식이 강한 것으로 인정받을 뿐만 아니라 이런 정황에서 무리한 자가 승소할 수 있는 가능성이 도리가 있는 자보다 훨씬 더 높다.

신속 변화하는 포스트향토사회에서 이런 정리와 법치의 충돌 상황이 비교적 많이 나타났다. 왜냐하면 변화가 비교적 큰 향토사회에서 나타나는 분쟁 혹은 문제가 갈수록 많아지고 복잡해져 반드시 복잡한 문제에 대한 통일적인 규칙을 찾아내야 했다. 즉 법률로 통제하고 해결해야 했다. 위의 사례에서 만약 전통적인 향토사회에서 대다수의 사람들이 모두 예속에 따라 일을 처리한다면 예속을 위반하는 현상이 매우 적게 나타날 것이다. 가끔 그런 일이 발생한다 하더라도 무리한 자에 대해 엄하게 징벌하려 하는데 이는 예속규칙을 수호하는데 이롭다.

하지만 포스트향토사회에서 사람들의 관념과 활동범위에 모두 변화가 발생해 예속을 위반하는 행위 혹은 문제가 크게 늘어나고 있다. 만약 누구나 다 떠들어댄다면 질서를 수호하는데 불리해 통일적인 규칙으로 제한할 필요가 있다. 하지만 일단 통일적인 법률 규칙으로 모든 문제를 처리한다면 반드시 상호 조정하기 어려운 상황에 직면할 경우가 있게 된다.

향토사회가 포스트향토사회로 변화하는 과정에서 예치질서도 법치 질서로 변화하고 있다. 이 과정은 예치와 법치의 조정 및 절묘한 연결이 필요하다. 만약 법치질서의 설립과정에 많은 법리와 정리의 충돌이 생긴다면 향촌질서의 유지에 불리한 영향을 끼치게 된다. 1940년 페이샤 오통이 향촌 법치건설 가운데서 나타난 문제를 발견했다.

기존의 사법제도가 마을 사이에서 매우 특수한 부작용을 일으켜 원유의 예치질서를 파괴하였다하지만 법치질서를 효과적으로 구축할 수는 없었다. 법치질서의 구축은 약간한 법률조문 제정과 약간한 법정 설립에만 의존해서 되는 것이 아니라 인민들이 어떻게 이 설비를 응용하는가 하는 것이 매우 중요하다. 나아가 말한다면 사회구조와 사상관념 상에서 먼저 한 차례의 개혁을 진행해야 한다.[28]

관념의 개혁은 포스트향토사회의 질서가 아래와 같은 도전에 직면하게 했다. 첫째는 전통적인 예의 관념이 약화됨에 따라 예속 규범의 구속력이 떨어졌고 둘째는 법치의식이 부족함에 따라 법률을 무시하는 현상이 나타났다. 현재 향촌사회에서 전통도덕과 습속규범은 더는 사람들의 중시를 불러일으키지 못하고 있다. 더욱이 교육과 행위의 교화 속에서

---

28   페이샤오통, 『향토중국 산아제한 제도』 , 58쪽

현대적 관념과 전통적 관념은 많은 면에서 일치하지 않기 때문에 어린이들에게 '예의'를 가르치는 것이 이미 이왕처럼 그렇게 사람들의 중시를 받지 못하고 소수의 촌민들도 여러 가지 정보경로를 통해 많은 새롭고 현대성을 띤 관념을 받아들이고 있다.

사람들이 현대적인 관점으로 문제를 보기 시작할 때는 이미 많은 예의의 규범이 모두 보수적이고 낙후하다는 점을 발견하였을 때이다.

이를테면 장유유서, 남녀차별 등 규칙은 오늘날의 평등주의 관점으로 볼 때 낙후하고 시기에 맞지 않아 포스트향토사회에서는 이미 예속교화가 없는 예치질서의 환경을 형성하였으며 예속규범도 이미 다원화적인 행위규칙의 일종으로 되어 사람들이 선택할 수도 있고 또 선택하지 않을 수도 있었다.

향촌사회에서 법률은 상대적으로 외부에서 온 것이고 또 법률 조문이 매우 광범위하여 학교의 정식교육을 받은 시간이 길지 않은 향촌 주민들에게 있어서 이해하기 어려울 것이다. 더욱이, 법률은 향촌의 일상생활과 멀리 떨어져 향촌 주민들이 비교적 강한 법치의식을 형성하려면 매우 어려울 뿐만 아니라 완전히 법치에 의거해 향촌질서를 유지하려면 더욱 어려울 듯하다.

향촌사회는 법치질서 건설과정에서 법률관념의 개혁문제에도 직면하게 된다. 우리나라의 현대적인 법률관념과 규칙 심지어 매우 많은 조문들은 모두 서방사회에서 그대로 옮겨온 것이다. 서방의 일부 민법 규칙은 실제상 초기 전통사회의 예속과 밀접한 관련이 있는 것으로 완전한 현대화의 산물이 아니다. 하지만 만약 우리의 법제건설이 서방의 법률규칙을 과분하게 그대로 옮겨오고 향촌사회의 본토문화 전통을 경시한다면 적지 않은 법치질서와 민간실천 규칙이 충돌될 수 있을 것이다.

때문에 포스트향토사회에서 법치질서를 구축하려면 반드시 하나의 순차적 발전과정이 있어야 하는데 이것이 바로 예속과 법리 사이에서 조정과 과도, 결합을 끊임없이 모색하는 과정이다. 한편으로 그런 합리적인 예속 혹은 법리와 실질적인 충돌이 없는 예속규칙의 합법화를 실현해야 하고 다른 한편으로 향촌사회 및 향촌사회질서와 밀접히 관계되는 법률규칙을 예속화하여 사람들의 마음속에 깊이 침투되게 함으로서 사람마다 자발적으로 법률을 받아들이고 응용하게 해야 한다.

이렇게 하려면 향촌주민들의 법치의식 양성에 중시를 돌리고 사람마다 몇 가지 법률조문을 기억하게 하며 법리를 생활 속의 기본 도리로 삼고 법리와 도리의 유기적인 통일을 이룩하게 해야 한다.

제4절

장로(長老)권력과 법리(法理)권위

권력, 권위 혹은 통치는 밀접히 연관되는 몇 가지 개념이다. 웨버(max wcbcr)의 해석에 따르면, 그 실질은 자신의 명령이 복종의 기회를 얻도록 하는 것이다. 웨버는 권위와 관련된 통치를 3가지 순수한 유형으로 나누었다. 첫째는 합법형의 통치이고 둘째는 전통형의 통치이고 셋째는 매력형의 통치이다.[29] 권력현상은 인류사회에서 보편적으로 존재해왔다. 다만 서로 다른 사회에서 권력의 생산, 성질, 특징, 운용방식이 다를 뿐이다. 중국 향토사회 권력의 성질과 특징에 관해 페이샤오통은 아래와 같이 말했다.

"권력구조 중에는, 비민주적인 횡포권력과 민주적인 동의(同意)권력이 있는 외에 또 교화(敎化)권력도 있다.
후자는 민주권력이 아니지만, 또 비민주적인 전제와도 다른 유형이다. 때문에 민주와 비민주의 척도로 중국 사회를 가늠한다면 모두 같은 것 같기도 하면서 같지 않아 확정하기가 매우 어렵다. 반드시 하나의 명사로 개괄한다면 일시적으로

---

29   [독]웨버, 『경제와 사회(상)』, 241쪽, 북경, 상무인서관, 1997년

장로(長老)통치보다 더 좋은 설법이 떠오르지 않는다."[30]

페이샤오퉁이 종합한 장로통치는 웨버가 제기한 전통형의 통치라는 이 형식적인 개념과 모종의 의의에서 많은 일치점을 갖고 있다. 웨버는 사람들이 전통형의 정치에 복종하는 것은 제도 혹은 규약이 아니라 전통이 결정한 통치자 혹은 지도자의 명령이며 통치자 명령의 합법성은 전통적인 의거와 통치자 혹은 지도자의 개인의지 등 두 개 부분에서 온다고 인정했다.[31]

페이샤오퉁은 향토사회의 정치적 성질과 특징을 장로통치로 개괄하였다. 한편으로 향토사회의 권력이 동의와 횡포 사이의 교화성적인 특징을 갖고 있고 다른 한편으로는 변화가 작은 향토사회에서 많은 문제가 전통적인 방법에 의해 해결되는데 이런 의의 상에서 향토사회는 정치가 없어도 천하가 자체로 잘 다스려진다고 말할 수 있다. 즉 향토사회의 권력은 정치성을 띠지 않고 문화성을 띠고 있다고 말할 수 있다.

중국 향촌사회에서 '장유유서(長幼有序)'의 원칙은 일종의 문화전통으로서 향촌 정치생활 가운데서 이 전통은 교화과정을 통해 자연적으로 사람들의 존중을 받게 된다. 연장자 이를테면 가장, 족장, 장로들은 모두 교화의 권력을 갖고 있었다. 중요한 사건이 있으면 연장자를 모시고, 문제나 분쟁에 직면하면 연장자를 청함으로서 장로권력은 사람들을

---

30 페이샤오퉁, 『향토중국 산아제한 제도』, 58쪽
31 [독]웨버, 『경제와 사회(상)』, 252쪽

복종케 하는 대상으로 되어 전통 향촌사회에서 장로가 언제나 향촌의 정치 엘리트 혹은 권력 엘리트가 되었다. 장로권력은 향촌 내부관계 조정 면에서만이 아니라 외부와의 연락 면에서도 모두 관건적인 역할을 발휘했다. 예를 들면 두아라(Duara)는 20세기 전반기의 화북(華北)농촌을 연구할 때 1920년 전, 화북의 일부 마을의 권력구조 고찰에서 다수 마을의 영수 혹은 엘리트들이 모두 촌락이익의 보호자이자 대리인이며 또한 촌락과 국가 및 외부세계의 중재인임을 발견했다.[32]

하지만 장로통치 혹은 전통형의 통치는 전통적이고 변화가 비교적 작은 향토사회를 겨냥한 것으로 향촌사회를 대표할 수는 없었다. 시대의 변화와 더불어 향토사회도 포스트향토사회로 매진하고 포스트향토사회의 농촌 권력 및 권위 구조에도 이미 끊임없이 변화가 발생해 향촌의 정치생활도 갈수록 많은 새로운 특징을 나타냈다. 향촌권력과 정치구조의 새로운 특점은 정치체제의 현대화 행정과 밀접히 연관된다. 이 과정에서 현대국가의 법리권력 혹은 합법적인 권력도 끊임없이 촌락 속에 침투되어 촌락의 권력구조와 사회관계가 근본적으로 변화되었다.

전통적인 촌락 내의 장로권력은 전통에 의거해 역할을 발휘하지만 전통은 변화가 없는 상황에서만 역할을 발휘할 수 있으며 급속 변화하는 사회에서는 여러 가지 제도, 규약, 원칙의 제한으로 전통적인 합법성이 크게 동요되었다. 이밖에, 새로운 법리권력은 강대한 기구인 국가가

---

32 [미]두아라, 『문화, 권력과 국가-1900-1942년의 화북 농촌』, 난징,
    장수인민출판사, 1996년

방패가 되어 그 영향력이 자명했으며 촌락에 진입한 후, 생산 메커니즘과 전통권력이 다른 것으로 인해 촌락과의 관계에도 질적인 변화를 일으켰다.

향토사회의 정치변화는 사실 일찍 민국시기에 이미 시작되었다. 근대 국가정권건설 및 법제건설과 더불어 "국가정책은 계획적으로 향촌사회를 개조하였을 뿐만 아니라 이런 정책의 집행과 더불어 국가 과밀화 역량도 향촌사회의 변화에 영향을 주고 있다. 바로 국가가 촌락에 부여한 세금 부과 책임이 이 변화의 주요 동력이다. 이런 촌락은 비정치성 촌락으로부터 세금 부과 실체로 전환하였고 향후에 가일층 발전하여 명확한 통치구역으로 되었으며 최후에는 매우 큰 권력을 구비한 협력실체의 과정으로 되었다."[33]

이로부터 포스트향토사회의 촌락권력은 이미 교화적이고 문화성적인 권력이 아니라 현대국가 행정권력 체계 중의 한 구성부분으로 되어 국가를 위해 세금 부과 책임을 짊어졌다.

그리하여 신흥의 합법적인 촌락 수령은 이미 전통적인 촌락 내의 장로들처럼 권력에 대한 복종에 습관화 된 것이 아니라 새로운 촌락 권력은 많은 면에서 주민들의 대립 면에 서서 촌락 질서를 수호하기 위해 권위적인 역할을 발휘했지만 이익 면에서 주로 국가를 도와 세금을 징수하여 촌민들의 부담을 증가했다. 그리하여 촌락권력과 민중들의 관계는 향촌사회 모순의 주요 원천으로 되었다.

사회주의 개조를 거친 향촌사회는 실제상 향촌 현대화 과정의 지속이

33　[미]두아라, 『문화, 권력과 국가-1900-1942년의 화북 농촌』, 위의 책, 194쪽

었다. 인민공사시기에 촌락은 국가에 공량을 바치고 국가를 위해 농산물을 수매하는 1급 정치의 실체였으며, 또한 집체운영 경영결산의 경제 실체이기도 했다. 당시 촌락의 자연속성과 사회속성도 행정과 경제 관리의 수요와 함께 변화되었다. 예를 들면 화북지역의 많은 대형 촌락들은 인민공사시기에 경영관리의 편리를 위해 '1사', '2사' 등 상대적으로 독립된 몇 개의 집체로 나뉘어졌는데 매 '사'는 1급 경영결산과 정치권력단위에 상당해 한 개의 자연촌락은 실제상 몇 개의 작은 촌으로 나누어진 셈이다.

개혁개방 이후, 촌을 기초로 하는 집체경영이 가구를 단위로 하는 개체경영으로 대체되었다. 촌 집체권력의 경제토대에 변화가 발생하였고 향촌정치 및 권력구조에도 일정한 변화가 발생하였다. 한편으로 국가는 농촌개혁정책을 추진하는 과정에서 촌락건설의 농촌행정체제개혁을 철수하고 인민공사의 1급 행정기구를 폐지했으며, 향 1급 행정기구를 구축한 동시에 집체경제시대의 생산대대와 생산소대를 재편성했으며, 행정 촌 1급의 반행정적인 촌 조직을 설치했다.

향촌권력기구의 변경은 합법적인 체제개혁방식을 통해 추진되었기에 행정 촌의 법리권위가 강화됐다. 하지만 이와 동시에 촌 1급의 권위성질은 변하지 않았으며 여전히 국가정책과 명령을 집행하는 책임을 담당했다. 때문에 당시 촌민들은 행정 촌의 간부직능을 양식을 요구하고 돈을 요구하며 사람을 요구한다는 '3가지 요구'로 귀납했다. 즉 행정 촌의 권력은 주로 양식 수매, 세금 징수, 인구와 산아제한 정책 등 국가의 3가지 명령을 집행했다.

현재 국가는 또 『촌민위원회 조직법』을 진일보적으로 보급 실시하고 행정 촌 권력이 생산한 민주화 행정을 추진해 촌민들이 행정 촌 간부를 직접 선거하게 함으로서 제도상에서 향촌권력의 합법성을 강화한 동시에 법리권력이 사회화 방식을 통해 향촌에서 결합 점과 사회지지를 모색하기로 시도하고 있다는 것을 표명했다. 하지만 합법적이고 민주적인 행정 촌 권력은 여전히 많은 도전에 직면했는데 그중 가장 두드러진 점이 바로 권력의 존재와 지속에 필요한 원가를 촌민들이 분담하여 무의식중에 촌민들의 부담이 늘어난 점이다.

더욱이 촌 집체소득이 비교적 적은 지방에서 이 문제는 촌민들이 촌 권력을 받아들이려 하지 않는 중요한 이유로 되었다. 예를 들면 샤오캉촌에서 촌민위원회 선거는 여러 차례나 심각한 모순에 직면하였고 심지어 선거로 결과를 생산할 수 없는 상황도 나타났었는데 바로 많은 촌민들은 촌 권력은 다만 그들의 부담을 증가할 뿐 그들에게 이익을 갖다 줄 가능성이 없다고 인정했기 때문에 촌 권력의 필요성과 합법성은 이와 같은 촌민들의 질의를 받았다.

이밖에, 집중이익에 대한 촌 권력의 경영권과 분배권의 통제는 두아라가 말한 것처럼 '기획형(经纪型)' 혹은 '수익형(贏利型)'의 기구로 발전할 수 있었다. 농촌 토지 집체소유제의 상황 하에서 촌민위원회는 실제상 촌 집체토지 소유권과 사용권 양도의 '중개상' 혹은 '대리인'을 장악한 동시에 그런 집체이익의 분배도 지배했다. 현재 일부 향촌에서 도시화와 시장개발의 범위가 확대됨에 따라 토지징수 소득과 집체개발 소득의 분배문제가 갈수록 많아져 이런 문제를 처리할 때 촌 권력의 합법성과 공정성이 도전에 직면했다.

또한 촌 권력은 현대화와 시장전환 과정에서 비록 형식상, 절차상 갈수록 민주적이고 합법적으로 나아가고 있지만 향촌생활 및 촌민들과의 거리든지 아니면 국가 주체행정체계와의 거리든지 막론하고 모두 갈수록 멀어져 촌 권력이 비주류에 직면했다. 이런 상황에서 촌민들은 이미 이런 권리를 수요하지 않았을 뿐만 아니라 국가 행정체계 중에서도 이와 같은 권력위치는 갈수록 중요하지 않았다.

2006년 국가에서는 농촌 세금정책을 완전히 취소했다. 그때로부터 포스트향토사회가 세금 시대에 진입해 향촌 정치 및 권력성질도 상응하는 변화를 가져왔다. 그것은 촌 권력이 이미 세금 징수의 책임감과 기능을 상실해 매우 큰 권력과 백성들 간의 관계를 크게 변화시켰기 때문에 향후의 세금 시대에서 촌 권력의 존재와 지속은 향촌사회 혹은 공공사무의 관리 가운데서 그 기능을 확장하게 될 것이다.

제5절

촌민자치와 기층정권

'자치'는 하나의 정치적인 개념으로서 일정한 주체가 자체 내부범위에 속하는 사무처리 권리를 향유하는 것을 가리킨다. 이런 자치권은 법률적인 보호를 받는다. 자치 혹은 자치권은 실제상 서방의 정치적인 이념으로서 서방에서 비교적 일찍 나타난 자치는 주로 일부 도시 혹은 지방자치였다.

정치학에서의 자치의 의의는 바로 국가와 사회의 분리를 가리키는데 국가정치가 더는 직접적으로 사회관리 사무를 관리하고 간섭하지 못함을 의미했다. 만약 이 자치개념에 따라 촌민들의 자치를 이해한다면 촌민 자치의 이상 상태가 바로 촌민들이 자체 촌내의 사무를 자주적으로 관리하고 해결해 국가와 상급의 간섭을 받지 않게 된다.

현재 현실 속의 촌민 자치는 일종의 향촌관리제도이다. 농촌에서 가정도급책임제 개혁을 실행하고 인민공사제도를 취소한 후, 『촌민위원회 조직법』에 근거해 구축된 이 제도는 촌민 자아관리, 자아교양, 자아봉사의 기층민주제도를 실현하는데 취지를 두었다. 이 자치제도와 서로 대응하는 촌 기층조직이 바로 촌 급 "촌 당지부위원회와 촌민 자치위원회"이다.

그중 촌민위원회는 촌민들의 직접선거로 생산된 기층 자치조직으로서 촌민자치의 집중적인 구현이라 할 수 있지만 현실적으로 보면 촌민위원회는 "법률상 하나의 자치조직으로 준 정권 조직의 의미를 갖고 있으며, 또 많은 지방의 집체경제 주관부문이기도 하다."[34]

촌민 자치는 촌 급 관리제도로서 구체적 조작 면에서 두 가지 특징이 있다. 첫째는 국가 주도이고, 둘째는 절차의 민주화이다. 촌민 자치관리 제도건설을 추진하는 과정에서 실제로는 국가가 주도적 기능을 발휘한다. 통일적인 촌민 자치조직 건설을 통해 통일적인 촌 급 사무관리 체계를 형성하는데, 이 체계는 국가정권과 밀접한 관계를 유지하고 있다. 정확하게 말하면 촌민 자치제도의 건설은 국가정권 건설의 새로운 책략이고 중요한 구성부분이다. 때문에 국가정권기관은 시종 자체의 권력시스템을 통해 촌민 자치제도의 발전방향과 구체적 건설과정을 주도하고 통제하고 있다. 이를테면 2008년의 촌 급 자치조직의 임기교체 선거를 지도하기 위해 중앙조직부와 민정부에서는 『촌 당 조직과 촌민위원회 임기 교체 사업을 잘하는데에 관한 중공중앙조직부와 민정부의 통지』(『통지』라 약칭함)를 발부해 특별히 강조했다.

촌 급 조직 임기교체를 통해 촌 "촌 당 지부위원회와 촌민자치위원회"의 지도부 구성원들은 선거를 잘해야 하는데, 중점은 촌 당 지부위원회 서기와 촌민위원회 주임을 선거하는 것이다. 정치적 자질이 높고 앞장서서 부자가 되게 하는 능력과 군중들을 이끌어 치부의 길로 나아가는 사람으로 능력이 강하며 열심히 군중을 위해 봉사하고 공평하게 일을 처리하며

---

34   주유홍, 난위즈, 『촌민위원회와 중국향촌사회의 구조 변화』, 자이쟈더위
      『현대화 행정 중의 중국농민』, 114쪽, 난징, 난징대학출판사, 1998년

군중들이 공인하는 등 여러 가지 조건을 갖추고 있는 "촌 당 지부위원회와 촌민자치위원회" 구성원 특히 주요 책임자를 입후보자의 자격 및 임직 조건의 주요내용으로 삼아야 한다.

각지에서는 실제와 결부해 "촌 당 지부위원회와 촌민자치위원회" 입후보자의 자격과 조건을 한층 더 명확히 하고, 또 입후보자의 준비단계를 공개적으로 발표해야 한다. 당원과 군중들을 인도해 "촌 당 지부위원회와 촌민자치위원회" 입후보자의 자격조건에 따라 입후보자를 추천하고 "촌 당 지부위원회와 촌민자치위원회" 지도부, 특히 주요 책임자의 '입관(入官)'을 잘해야 한다. 선거경로를 한층 더 확장해 치부의 길로 이끄는 인솔자, 퇴역 군인, 귀향한 전문대학 및 중등전문학교 졸업생, 외지로 일하러 나간 상업종사 귀향한 인원, 농민 전문협력기구 책임자 중에서 촌 간부를 선거하고, 또 그들이 "촌 당 지부위원회와 촌민자치위원회"의 임기 교체 선거에 참여하도록 고무 장려해야 한다. 대학교 졸업생들이 촌에 와서 임직하고 "한 개 촌에 한 명의 대학생" 계획 등 사업과 결부시켜 우수한 대학생 촌 간부들이 "촌 당 지부위원회와 촌민자치위원회" 지도부 선거에 참여하도록 적극 인도해야 한다.

본 촌에 일시적으로 당 조직 책임자의 적합한 입후보자가 없을 경우에 는, 상급 당 조직에서 곧바로 당원 간부를 파견해 촌에 내려가 임직하도록 해야 한다. 촌 당 지부 서기가 선거를 통해 촌민위원회 주임을 담당하는 것을 주창하고, "촌 당 지부위원회와 촌민자치위원회" 지도부 구성원들의 교차적인 임직에 대해 고무 장려해야 하지만, 실제로부터 출발하고 일률적으로 처리하지 않는 원칙을 견지해야 한다. 재능이 있고 고효율적인 원칙에 입각해 모든 촌에 "촌 당 지부위원회와 촌민자치위원회" 지도부 성원을 일반적으로 3명 내지 7명으로 확정하고, 구체적 인수는 촌의 규모에 따라 각지에서 확정해야 한다.

위의 『통지』 내용으로부터 촌민 자치제도 중의 조직기초인 "촌 당 지부위원회와 촌민자치위원회"는 실제상 국가권력기관에 의해 기층의 1급 정권조직으로 인정받았기에 국가는 기층의 민주건설을 통해 "촌 당 지부위원회와 촌민자치위원회" 지도부가 잘 건설되고, 촌 급 조직의 지도와 촌 관리 능력이 강화되길 희망하는 것을 알 수 있다.

이밖에 『통지』 의 지도적 내용부터 보면, 촌민 자치관리 제도건설은 아래와 같은 몇 가지 추세 혹은 특징이 있다.

(1) 촌 급 관리조직의 전문화이다. 모든 전문화는 조직 관리의 전문화를 가리킨다. 자치조직은 이미 완전한 군중성적인 자치조직이 아니라 구역 내 사무를 관리하는 전문조직으로 되었다. 정부는 촌 급 "촌 당 지부위원회와 촌민자치위원회" 지도부 선거의 지도의견에 대해 촌 급 조직기구 전문화를 추진하는 추세로 나아가고 있다. 이를테면 경영능력이 강하고 공공사무 관리에 능한 전문 지식인들이 "촌 당 지부위원회와 촌민자치위원회"의 선거에 입후보할 수 있는데 이는 경제, 정치, 공공사무관리 면에서 촌 급 기구의 능력을 제고시키고자 시도한 것이다. 더욱이 '한 개 촌에 한 명의 대학생을 배치'하는 계획은 촌 급 자치관리기구의 전문화 추세를 가 일층 설명해주었다.

(2) 자치기구의 공공화이다. 정부의 지도의견으로부터 촌 급 자치 관리기구가 점차 촌락의 경계를 넘어 공공화 추세로 나아가는 것을 알 수 있다. 즉 촌 급 조직을 맡은 성원, 촌 급 사무를 관리하는 사람은 반드시 본 마을의 사람이 아니라 다른 마을에서도 뽑을 수 있다.

이렇게 촌 급 자치조직은 이미 순수한 의의 상에서의 촌민 자치조직이 아니라 모종의 의의 상에서 공공관리의 구성부분이 되었다. 이는 대학생이 촌민위원회 주임을 맡는 정책 중에서 집중적으로 구현된다. 구체적 실천 가운데서 촌 급 조직 발전의 공공화는 또 기타 형식과 책략이 있다. 예를 들면 안훼이성에서는 줄곧 기관 간부들이 농촌 기관에 내려가 원래의 직무를 보류하고 임시 직무를 담당하는 방법을 보급했는데, 한편으로는 기관 간부들을 단련시키고, 다른 한편으로는 농촌 촌 급 조직에 대한 지도를 강화하기 위함이었다. 샤오캉촌에서는 줄곧 조직에서 파견한 무임소 간부들이 촌 당 지부위원회 서기를 맡았는데, 현재 여러 명의 무임소 간부들이 샤오캉촌 당위원회를 구성하고 있다.[35]

(3) 촌 급 조직의 정치와 인민공사 합일화이다. 촌 급 1급, 기층 당 조직은 정치성적인 조직으로서 촌 급 여러 사무의 관리를 지도하지만 구체적인 사무를 직접 관리하는 것이 아니라 정책을 지도하고 관리한다.

촌 급 당 조직서기 및 위원회의 생산은 당정시스템의 절차에 따라

---

35   루이롱, 『삽입성 정치와 촌락사회 경제의 변천-안훼이 샤오캉촌의 조사』,
     241~243쪽, 상해, 상해인민출판사, 2007년

진행하는 것으로 촌민위원회의 선출 절차와는 다소 다르다. 법률상, 촌민위원회는 촌민의 대중적인 자치조직에 속하지만 촌민들의 민주선거를 거쳐 선출된다. 촌민위원회가 법률상에서 말하는 사회적인 단체와 기층 자치조직은 촌민 사회생활과 더욱 밀접한 관계를 갖고 있을 뿐만 아니라 더욱 튼튼한 사회적 기반도 갖고 있다. 촌 급 "촌 당 지부위원회와 촌민자치위원회" 선거에 대한 정부의 지도적 의견으로부터 보면, 정부는 촌 급 당 조직 촌민위원회 선거를 통해 촌민위원회 주임을 겸임하고, "촌 당 지부위원회와 촌민자치위원회"지도의 통일을 실현하도록 적극 장려하고 있다.

이 정책은 한편으로는 기층 당 조직 건설을 강화하고, 당 조직이 대중들의 감독과 고찰을 받도록 촉진함으로서 기층 당 조직의 군중 토대를 더욱 공고히 하고, 다른 한편으로는 "촌 당 지부위원회와 촌민자치위원회"의 통일을 실현하는 것은 촌 급 자치관리 중에서 정치와 인민공사의 합일을 추구하고, 향촌의 정권건설과 사회건설의 유기적인 결합을 촉진하여 양자가 상호 촉진케 할 수 있다. 향촌 기층관리의 정치와 인민공사 합일의 장점은 광범위한 농촌에서 비교적 낮은 원가로 국가정권의 건설과 향촌사회의 공공관리를 실현하는데 있다.

현재의 촌민 자치제도는 포스트향토 중국향촌 정치생활과 권력구조의 새로운 특징과 새로운 추세를 반영했다. 포스트향토사회의 큰 배경은 이미 향촌사회와 달라 시장화, 도시화, 글로벌화로 전환하는 가운데 향촌 사회생활과 발전 조건에는 이미 거대한 변화가 발생했다. 포스트향토사회의 촌락은 이미 그런 '천하가 스스로 다스려지는'

자치상태를 유지할 수 없는 동시에 서방사회의 이상적인 지방 자치 상태에도 도달할 수 없게 되었다. 그리하여 포스트향토중국의 촌민 자치는 향촌사회의 현실적 토대를 고려하고 반드시 시대발전의 조류에 순응해야 했다. 촌민 자치제도는 무릇 전통적인 이상화를 갖고 있든지, 아니면 서양식 이상화 태도를 갖고 있든지, 모두 유토피아적 성격을 띠고 있어 포스트향토중국의 현실상황과 서로 부합되지 않는다.

공업화, 글로벌화, 시장화의 큰 물결 속에서 향촌사회는 이미 독선적이 될 수 없었고, 전통적인 향토 특색도 새로운 시대에서 완전하게 지속되기가 매우 어려웠다. 만약 촌락의 "천하가 스스로 다스려지는" 자치상태를 유지한다면 향촌사회는 현대화 과정에서 더욱 주변화로 나아갈 수 있을 것이다. 때문에 오늘날의 향촌은 이미 폐쇄 혹은 반 폐쇄의 상태를 유지할 수 없고, 반면에 사회발전을 긴밀히 연결시켜야 한다. 현대적인 경제, 정치, 문화역량은 언제나 여러 가지 방법과 방식으로 향촌사회가 전통적인 곳에서 현대적인 곳으로 전환하는데 영향을 주고 있다. 그리하여 전통적인 향촌의 자유와 자치방식도 향촌사회의 전환에 매우 적응하기 어렵게 되었다.

농업 및 전통적인 소농 경영방식은 공업화와 시장화의 충격으로 이미 약세와 주변화의 상태에 처해있다. 하지만 국가 입장에서 보면, 농업과 전통적인 소농 경영방식은 또 매우 중요한 간접적인 이익을 갖고 있는데, 바로 식량 안전과 사회 안전의 가치이다. 현재 현대적인 농업으로 전통적인 농업을 대체할 수 없는 전제 하에서 소농 가정 및 농업생산의 안정을 유지하는 것은 매우 중요한 의의를 갖고 있다.

국가가 소농을 방치해둔 채 관리하지 않으면 안 된다. 큰 시장의 물결 속에서 이러한 추세는 기필코 농업의 기반지위를 약화시켜 식량 안전과 사회 안전에 영향을 끼치게 될 것이다. 때문에 국가는 반드시 기층정권 건설을 통해 분산된 소농을 효과적으로 조직하고 향촌사회와 농업생산에 편리를 도모해주는 방식으로 거시적 관리를 행하는 동시에 시장경제에 적합한 향촌관리 체제를 구축해야만 한다.

촌민 자치는 비록 형식상, 절차상, 이미 민주화로 나아가 촌민들이 촌민위원회 위원을 직접 선거하고 촌민 대표대회를 통해 촌 급 사무의 정책과 관리에 참여할 수 있지만, 촌민위원회는 실질상, 정부 지도하의 촌 급 관기기구로서 서방사회의 자치단체 혹은 조직과는 달리 정부와 밀접한 관련이 있다. 때문에 현재상황에서 촌민자치를 이상화의 자치로 이해하는 것은 사실상 현실과 동떨어진 것이다. 첫째는 토지 및 기타 자원 공유제의 상황에서 향촌사회는 실제상 완전 자치의 물질적 토대가 결핍된 것이기에 거시적인 제도배경은 향촌에서 완전한 자치를 추진하는데 적합하지가 않다. 둘째는 향촌사회의 자체 발전수준도 순수하고 이상적인 자치를 지지할 수는 없다.

촌민 자치 관리제도는 추진 과정에서 두 가지 곤경에 직면하고 있다. 하나는 국가정권 건설의 구성부분인 촌 급 조직건설이 반드시 조직에 대한 사람들의 자치성의 기대와 요구에 대응해야 하고, 둘째는 촌민 자치관리 제도의 보급이 공공성과 자치성의 두 개 곤경에 직면한 것이다.

만약 촌민 자치관리를 공공관리 범위에 포함시킨다면, 기존의 법률과 공공재정 체계는 인정받을 수 없을 것이며, 만약 촌민자치를 순수한 촌 급

자치조직으로 여긴다면 촌 급 재정의 공석이 현실이 될 수 없을 것이다.

촌민 자치제도가 직면한 곤경은 관련 법률과 제도가 변화 없는 상황에서 다만 제도를 추진하는 실천 중의 변통과 탄성 조작에 의거해 해결을 할 수 있다. 그것은 광범위한 농촌에 비교적 큰 이질성 혹은 차별이 존재한다 해도 영리한 법 집행과 책략은 중국 실정에 부합되어야 한다.

다음 촌민 자치제도를 어떻게 보급하고 실시하든 간에 이는 한 가지의 제도적인 배치로서 만약 향촌사회의 진보와 발전을 촉진시킬 수 있다면 제도의 이상적인 목표에 도달할 수 있다. 촌민자치에 대해 우리는 이론적인 표준 혹은 상상적인 표준으로 이를 가늠할 것이 아니라, 실천 속에서 탐색하고 발전하는데 중심을 잡고 실천 속에서 끊임없이 제도를 개진함으로서 본 제도가 향촌사회의 효과적인 관리와 향촌경제 및 사회의 지속가능한 발전에 도움을 주게 해야 한다.

제6절

현대적인 생산과 소비

현재 향촌사회의 포스트향토 특징은 여전히 생산과 소비행위의 현대적 특징에서 많이 나타나고 있다. 현대화 과정에서 중국농촌과 농업은 근본적으로 현대화를 실현하지 못했지만 현대적인 일부 특징은 이미 광범위하게 농촌에 침투되어 향토 특색과 결부시켜 비전통적이고 비현대적인 농촌을 구성하였는데 이것이 바로 포스트향토 사회이다.

개혁개방 이후, 중국농촌경제는 인민 공사화의 집체경영으로부터 개체경영으로 돌아갔고, 농업생산은 생산대를 토대로 하는 집체노동으로부터 가정도급경영생산으로 나아갔다. 모종의 의미에서 말하면 가정을 단위로 하는 생산경영 유형은 전통적인 소농경영 유형으로 그 특징은 전통적인 친속관계에 의탁해 분공과 협력, 노동력 조직과 생산융자 누적을 진행했다. 가정경영은 개체가정을 단위로 하기에 규모가 비교적 작아 '소농' 및 '소농 가정'이라 불렀다.

소농가정 경영은 상대적으로 대규모적인 현대농장에 대해 말한 것이다. 이 두 가지 경영유형은 본질적인 구별이 있는데 주로 생산경영 메커니즘 상의 자본 경영과 생계 경영의 차별, 생산규모 상의 큰 것과 작은 것의 차별, 생산효율 상의 높은 것과 낮은 것의 차별에서 표현된다.

현대 농장경영은 자본화의 운영패턴에 따라 생산경영을 조직하고 배치한다. 모든 자본화의 운영패턴은 원가 투입과 현대기업의 경영관리 방법을 운용해 이윤의 최대화를 추구한다. 즉 현대 농장경영의 근본목적은 이윤의 최대를 추구하는 것이다. 현대 농장경영과 다른 소농가정의 경영패턴은 가정의 생계를 제1목표로 삼는다. 즉 소농경영은 생계제일의 원칙을 준수하고 있다. 일반적인 상황에서 소농가정은 자신의 생계를 유지하기 위해 기본보장을 요구하지만 위험을 무릅쓰고 지주의 토지를 소작하거나 혹은 고리 대금업자들의 돈을 빌리려 하지 않는다. 하지만 가정의 일시적인 생계난을 해소하기 위해 그들이 반드시 모험해야 한다는 이 문제를 스콧이 동남아시아의 소농 경제연구 중에서 충분한 검증을 얻었다.[36]

소농가정 생산의 첫째 목표는 단지 가정생계를 보장하는 것으로 토지, 노동력, 자금 등이 모두 가정범위 내에 국한되었다. 그리하여 소농가정의 생산규모가 일반적으로 비교적 작아 대다수의 농호들이 기본적으로 '1무 3푼'의 경영상태를 유지하고 있었다. 대규모적으로 타인의 경작지를 도급 맡아 농업생산에 종사하는 전업호(专业户)들이 극히 소수를 차지했다. 현재 농촌 생산경영의 일반적인 형태를 놓고 말하면 가구를 단위로 하는 소규모 생산이 여전히 보편적 현상으로 나타났다. 현대농장은 기업화 경영유형으로서 기업의 이윤을 향상시키기 위해 농장은 경작지와 생산규모를 끊임없이 확장하고 있다. 그리하여 농장경영은 일반적으로 모두 대규모적인 생산을 위주로 한다. 인민공사화 시기, 농업의 집체

---

36 [미] 스콧, 『농민의 도의 경제학, 동남아의 반란과 생존』, 16~71쪽

경영은 소농가정의 소규모 생산을 변화시키기 위해 농업생산의 대규모화를 촉진하였기에 "3급(인민공사·생산대대·생산대)으로 나누었고, 생산대를 토대로 하는(三级核算, 队为基础)" 규모생산 패턴이 형성되었다.

농장경영조직은 규모화경영을 통해 이윤 총량의 증가를 촉진시킬 수 있다. 대규모적인 생산경영 중에서 분업을 세분화하고 향상시키는 것으로서 생산효율의 제고를 촉진시킬 수 있었기에 일반적인 상황에서 규모화의 농장은 고효율 관리와 분업의 심화를 통해 농업생산의 효율을 크게 향상시키도록 촉진할 수 있었다. 하지만 단지 규모화로 생산효율을 향상시키는 요구를 만족시킬 수는 없었다. 인민공사시대의 집체경영은 비록 단위생산 규모의 확산을 실현하였지만, 결과적으로믐 그에 상응하는 고효율 관리 메커니즘이 없어 생산효율이 대폭 하락하였고 심지어 적지 않은 지방에서 농업생산의 붕괴가 나타나기까지 했다.

토지자원과 자본이 제한된 향촌에서 가구를 단위로 하는 소규모 경영생산은 분업과 협력 가운데서 가정과 친척관계의 적극적인 기능을 충분히 발휘해 생산효율의 제고를 촉진시킬 수 있다. 그렇기 때문에 농촌은 가정 생산량 청부책임제를 실행한 후 집체경영체제 하의 낮은 효율 상태를 돌려세움으로서 먹고 입는 문제와 생계문제를 해결했다. 현재 중국농촌의 기본조건과 문화전통을 놓고 볼 때, 가정을 단위로 하는 전통적인 소농 경영패턴이 여전히 일정한 시기 내에 농업생산이 비교적 적합한 경영패턴으로 유지될 것이다.

물론 이는 시장전환 과정에서 국부지역 혹은 부분적 농호들이 현대적인 농업경제조직을 발전시킬 수 있지만, 소농 생산경영 패턴이 기타 패턴으로 완전히 대체하기 어려워 여전히 한동안 지속될 것이다.

비록 소농 가정의 경영전통은 여전히 농업생산 중에서 유지되고 있지만, 현대화의 큰 배경 하에서 소농 생산도 현대화 요소의 영향을 갈수록 많이 받아 소농 생산의 현대적인 특징도 점차적으로 늘어나고 있다. 전통적인 소농 생산과 비하면 현대 소농 생산은 갈수록 현대화의 기술 혹은 도구 수단을 더 많이 이용한다. 이를테면 농업생산량을 높이기 위해 농민들은 예전처럼 경험과 전통에 근거해 생산을 배치한 것이 아니라, 교잡 종자, 기계 경작, 농약 화학비료 등 현대농업의 여러 가지 기술과 수단을 광범위하게 응용했다. 오늘날, 다수의 농가들이 모두 농업과학기술을 채용하고 있다. 예를 들면 전에는 농호들이 모두 자체적으로 종자를 받아두었지만, 현재는 가구마다 모두 농업기술 부문에서 추천하는 종자를 구매한다. 이밖에 생산량을 높이기 위해 농호들은 화학비료의 사용량에 더욱 시선을 돌린다.

현대성의 기본표현이 바로 성장에 대한 무한한 추구와 미시적인 차원에서의 물질욕망에 대한 무한한 팽창이다. 현재 농민들이 전통적인 농업생산 공예를 자동적으로 포기하고 현대화의 생산기술과 수단을 받아들인 것은 생산량의 끊임없는 성장과 소득의 부단한 제고를 추구하기 위해서이다. 하지만 전통적인 향촌사회에서 소농 가정의 생산목적은 자급자족 즉 자신의 수요를 만족시키는 것이었는데 사람들의 기본적인 수요는 언제나 제한된 것으로서 성장에 대한 전통적인 소농들의 욕망은 그다지 강렬하지 않았다.

포스트향토사회의 소농생산은 기본 수요를 만족하는 목표와 더불어 재부와 소득의 부단한 성장을 추구하였기에 포스트향토농촌에서 농민들은 시장규칙에 근거해 가정의 경영구조를 조절 배치함으로서 자신의 수익을 최대화로 도달시켰다.

농촌소비 분야에서도 역시 현대적인 추세가 존재하고 있었다.

소비의 현대적 특징은 소비의 목적이 기본 수요를 만족하기 위한 것이 아니라 자신과 타인을 구별하기 위한 것으로 사회적인 차별을 뚜렷하게 보여주었다. 즉 현대적인 소비는 수요적 취향이 갈수록 약화되고 과시적 취향이 갈수록 강해지고 있음을 말해준다.

현재 향촌 주민 생활수준이 날로 제고됨에 따라 현대적인 소비현상도 갈수록 보편화되고 있다. 이는 농촌의 주택소비에서 두드러지게 표현되고 있다. 많은 농민들의 가정수입은 상당히 큰 일부분이 모두 주택건설에 사용되고 있다. 농민들의 주택건설은 주로 실제 수요에 근거해 주택건설 표준을 배치한 것이 아니라 타인의 표준에 근거해 주택을 건설하였기 때문에 갈수록 많은 농민들의 주택은 편안한 거주환경을 위한 것이 아니라 다른 사람과 비교하기 위한 것이었다.

이밖에 결혼할 때의 소비 비중도 비교적 크다. 혼사준비 때 대량의 소득을 소비하는 것은 전통적인 관념이 역할을 발휘한 것이 아니라 현대 소비주의 관념이 영향을 불러일으킨 것이다. 현재 향촌 주민들은 혼사를 준비할 때 전통적인 예의와 풍속에만 따르는 것이 아니라 다른 사람과 비교하고 과시하는 경향이 갈수록 많이 나타나고 있다.

포스트향토사회의 생산과 소비의 현대성 방향은 사회전형의 영향이 이미 향토사회에 침투되었음을 보여준다. 설사 향토구조의 형태에 비교적 큰 변화가 없는 상황이라 할지라도 사람들의 관념과 행위에는 거대한 변화가 발생했을 것이다. 이 또한 포스트향토사회의 기본 특징 중의 하나이기도 하다.

제7절

요약

중국향촌사회는 현대화, 시장화, 글로벌화의 큰 배경 하에서 향토적인 특징이 이미 바야흐로 변화하고 있다. 이와 동시에 향촌은 사람들이 생활하고 있는 하나의 사회적 공간으로서 여전히 이에 상응하는 구조형태와 부분적인 향토 특색을 유지하고 있다. 향촌 구조형태의 유지와 사회전형의 추진은 중국 사회기층의 포스트향토성을 구성하였는데, 포스트향토성 특징이 바로 이미 갈수록 많은 시장화 및 현대적인 관념과 행위 심지어 사회설치가 향토의 사회적 공간에 침투된 것이다.

포스트향토사회의 촌락은 이미 더는 전통적이고 폐쇄 혹은 반 폐쇄적이며, 유동성이 비교적 낮은 생활공간에 처해있는 것이 아니라 신속 전형과 높은 유동성의 상태에 진입해 있다. 신속한 변화와 높은 유동성은 촌락 내부의 분화 및 촌락의 독거노인 가정을 초래했다.

포스트향토사회의 차등적 질서구조에는 이미 일정한 변화가 발생해 자신을 중심으로 형성되었던 관계망 혹은 네트워크가 가정 및 친척관계의 완전한 조합이 아니라 널리 교류하고 빈번하게 유동하는 과정에서 친척관계에 속하지 않는 네트워크를 형성했다. 그중 동향관계, 권리관계 등 네트워크도 이미 관계망의 중요한 구성이 되었다.

포스트향토사회는 이미 예의와 풍속에 의거해 "천하가 스스로 다스려지는" 질서를 유지하지 못해 유동성이 비교적 높은 촌락사회에서 예의와 풍속규칙은 다만 사람과 사람들 사이에 서로 내왕하는 하나의 원칙에 불과했다. 가치, 이익, 관념의 다원화도 대외로 유동하는 촌민들한테서 구현될 것이다. 때문에 향촌 주민들도 완전히 예의와 풍속에 따라 행사하지 않고 자신의 가치 관념에 따라 선택할 수 있다.

국가정권건설은 향토사회의 정치와 권력구조를 점차 변화시켜 장로의 권력 혹은 교화된 권력이 포스트향토사회에서 이미 크게 약화되었지만, 반대로 국가 혹은 법리적인 권위는 오히려 상승세를 타고 있었다. 국가정권 건설의 구성부분인 촌민 자치제도를 추진해 정치적 권력의 합법성을 일층 공고히 하고, 정권 건설과 향촌자치 사이에서 비교적 적합한 합의점을 찾아내야 할 것이다.

가정 생산량의 청부책임제 개혁은 가정이 여전히 농업생산경영의 기본단위이고 가정경영이 여전히 농업생산의 주요 패턴으로 전통적인 생산패턴의 보류는 농업생산과 소비 중의 현대화 추세를 방해하지 않았음을 설명한다. 현재 농촌의 생산과 소비행위의 특징으로부터 보면 현대적인 특징이 갈수록 강해지고 뚜렷해져 소농 가정경영이 지속됨에 따라 향촌경제는 생산과 소비 분야에서 모두 현대적인 추세를 갖고 있다. 이 또한 포스트향토사회 특징의 중요한 구현이기도 하다.

제2편

중국농민의 관념 및 행위

제 4 장 농민 및 사회적 행위에 대한 이해

제4장
농민 및 사회적 행위에 대한 이해

사회행동은 사회 생활세계 및 사회시스템을 구성하는 기초이므로 사회학, 인류학 고찰과 사회를 이해하는 기본 시각이 되며, 빈농문제와 향촌사회의 발전문제를 연구함에 있어 농민과 그 사회행동을 고찰하고 이해하는 것은 일종의 기초적인 작업이 된다.

이런 원인으로 인해, 해내외 학자들이 중국 향촌사회에 대해 깊이 연구할 때, 사회행동의 이해적 시각에 치우쳐 그들이 발견한 문제들과 보아 온 현상들을 해석하는 것인지도 모른다. 서로 다른 영역에서 서로 다른 이론유파가 중국농촌의 사회행동이론의 골격을 구축할 때 어느 정도 그 이론과 방법론의 영향을 받을 수 있고, 심지어 가치성적 영향의 제약을 받게 된다 할지라도, 다원화의 농민행동 이론은 우리가 중국농민과 향촌사회를 연구함에 있어 시야를 넓히는데 적극적인 작용을 할 것이다.

본 장은 주로 문헌 총론의 방식으로, 농민행동 이론, 특히 중국농민행동 논리에 대한 회고와 분석, 개괄과 종합을 통해 이후 중국농민 및 향촌사회의 경험 연구에 이론적 물을 제공하는 것을 목적으로 한다. 현재 중국농촌에 대한 대량의 경험조사와 연구에서, 농민의 사회행동과 농촌사회 현실의 경험적 사실과 자료를 발견하고 누적하였으며, 그 속에서 일부 문제점들을 찾아냈다.

그러나 우리는 지나치게 경험적이고 실제적인 조사에만 몰두하였거나, 또 너무 과하도록 자신의 주의력을 일부 구체적이고 열점적인 문제에만 집중시킨 나머지, 표면적이고 사소한 문제와 관련이 있는 이론문제에 대해서는 충분한 관심을 기울이지 않았을 수도 있다. 따라서 적지 않은 개별 안건들이 일반현상과 사실 나열 정도에서 멈춰버리고, 문제에 대한 분석은 조사인 개인의 임시적 감수와 직감을 통해서만 나왔다. 따라서 농촌문제의 논술과 연구는, 한 가지 혹은 여러 가지 분명한 이론적 맥락과 이론체계가 형성되지 않은 듯싶다.

만약 우리가 농촌경험 연구를 진행할 때, 이론적 관심이 없고 이론적 인도의 경험연구를 중시하지 않는다면 우리가 했던 경험조사는 기껏해야 양적 증가일 뿐 이론적인 진보와 발전에 큰 공헌이 없을 것이다.

왜냐하면 우리는 지금 진행 중인 경험연구가 놓인 이론적 위치를 모를 뿐만 아니라, 더욱이 어떤 방향으로 나가야 하는지조차 분명하지 않기에, 불가피하게 사물의 표면 현상만으로 사물을 논하는 소용돌이에 빠지게 될 것이 분명하기 때문이다.

농민과 그 사회행동연구 영역에 대한 분석과 종합은 경험조사 연구의 이론적 기초를 강화시켜, 우리가 농촌경험조사를 진행하기 전에 스스로 중요시한 이론은 무엇이고, 도달하려는 이론적 목표는 무엇인지를 알 수 있게 하며, 동시에 농민과 향촌사회의 이론 중 어떤 이론이 더욱 많은 관련 경험을 통해 검증해 나가야 하는지 정확히 이해할 수 있게 해준다.

제1절

농민 및 그 사회적 특징

비록 농민이란 단어는 모두에게 익숙한 명사이고 개념이지만 농민의 정의문제에서 사회학과 인류학의 논쟁이 늘 끊이지 않았다. 농민에 대한 정의와 해석 중에서 종종 몇 가지 개념 때문에 곤혹스러울 때가 있는데, 예를 들면 '농민', '소농', '농업 노동자', '농장 일꾼(farm worker)'과 같은 단어들이 그러한데, 이들 사이에는 중복되고 교차된 면이 존재하는 동시에 차이점도 있다. 이런 단어들은 모두가 숙지하고 있기에, 사람들은 이 개념들 사이의 내포와 외연적 차이를 그다지 중시하지 않고 유의어 혹은 동의어로 사용한다. 일부 학술연구에서조차 농민과 연관된 개념을 혼용할 때가 있다.

이밖에 농민의 속성문제에서, 일부 명확하지 않거나 가끔씩 혼동을 가져오는 이해와 인식이 존재하는데, 예를 들면 농민이란 직업을 가리키는가 아니면 하나의 계급 혹은 계층인가? 그것도 아니면 하나의 사회군체를 대표하는 것인가? 계급 의미에서의 농민이든, 아니면 직업 또는 사회군체 의미에서의 농민이든, 비록 이들 사이에는 분류하거나 구분하는 차이가 존재하지만 적지 않은 상황에서는, 농민이란 이 개념을 사용한다고 해서 그다지 큰 이해적 편차가 발생하지는 않는다.

왜냐하면 사람들은 이미 비교적 개괄적인 농민이란 개념 속에서 관련

문제를 토론하는 것에 습관화되었기 때문이다.

굳이 농민과 관련된 개념과 속성을 정확히 구분하고 싶다면, 내연과 외연에 따라 이들 사이의 관계를 명확히 나눌 수 있다(그림 4-1). 농민이란 농촌에 거주하고 농업생산에 종사하고 있으면서 임금을 받지 않거나 혹은 농업을 위주로 생계를 유지하는 계급 또는 사회군체를 가리키는데, 농민계급에는 다른 계급의 농민이 포함된다. 소농이 바로 그것으로 가정경영에 의지하여 소규모 생산을 위주로 하는 농민계급이다. 농민은 농촌사회의 계급 계층에 속하지만 농촌인 중에는 농민만 포함되는 것이 아니라, 실제로 기타 향촌사회에서 생활하고 있는 개인과 군체도 포함된다. 농업 노동자란 직업군체를 말하는데, 즉 농업생산을 직업으로 하고 농업노동에 종사하고 있는 군체를 말한다. 일부 농업 노동자는 농민에 속하지만, 그렇다고 모든 농업 노동자가 전부 농민인 것은 아니다. 예를 들면, 일부 농장 일꾼들은 농업 노동자에 속하긴 하지만 엄격한 의미에서의 농민은 아니다.

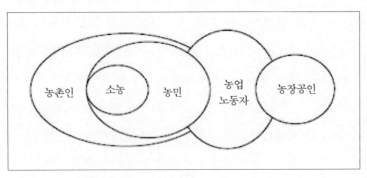

그림 4-1 농민과 관련되는 몇 가지 개념사이 관계

농민의 사회행동 특징 문제에 관하여 일부 사람들의 관념 속에는 아마 다음과 같은 고정적인 인식이 존재할 것이다. 농민들은 낡은 관습을 고수하고, 현 상태에 만족하며, 모험을 두려워하고 고지식하며, 편협하고, 개척하고 진취적인 정신이 부족하다.

전형마르크스주의(经典马克思主义)가 농민에 대한 논술 중에서, 농민은 먼저 하나의 자유적인 계급, 즉 일종의 현실적이고 자연적인 존재로서 사회 속에 존재하기는 하나 이들은 '자위(自为)'계급은 아니며, 또한 이들은 자신들이 하나의 계급, 하나의 공동 이익과 운명을 가진 집단이란 것을 인식하기 어려워한다고 하였다. 마르크스는 전에 프랑스 농민들을 "한 포대의 감자"에 비유한 적이 있다. 그러나 마오쩌둥은 대다수 농민들을 "반무산계급(半无产阶级)"[1] 속에 포함시켰으며, 농민들 속에 부농과 중농, 빈농, 고농이 있다고 보았다. 그리고 그는 농민운동에 대한 고찰을 통해 농민들의 계급의식과 혁명의식을 각성시킬 수 있으며 이를 발동하고 조직하기도 쉽다는 것을 발견하였다. 서방 고전경제학에서는 농민을 특수한 군체로 보지 않았는데, 예를 들면 애덤 스미스는 농민과 공인들을 모두 노동자 계급에 포함시키고, 이들은 모두 노동급여에 의지하여 생계를 유지한다고 보았다.[2] 역사학 영역에서는 농민에 관한 연구를 진행할 때, 농민을 농업 문명의 주체로 보고, 생산방식과 경제기초, 정치구조, 민족, 문화 등 면에서 내적인 발전 논리를 탐구하였다. 타드는 다음과 같이 주장하였다.

---

1 『마오쩌둥선집』, 제2판 제1권, 6쪽, 북경, 인민출판사, 1991년
2 [영]애덤 스미스, 『국민재부의 성질과 원인에 대한 연구』, 5~79 쪽, 북경, 상무인쇄관, 1997 년

"'시골내기!' 라고 하는 것은 하나의 특이한 고어이다. 어부, 사냥꾼, 농부, 양치기, 사람들은 지금도 이런 단어들의 진정한 의미를 이해하고 있는가? 또한 이 화석같은 존재물의 생활에 대해 잠시라도 사고해 본적이 있는가? 이들은 고대사의 서적에서 이렇게 자주 논의를 받고 있는데, 사람들은 이들을 '농민'이라고 부른다."[37)

인류학자들은 농민들을 일종의 독특한 문화를 구비한 군체로 보는 경향이 있는데, 그들은 직업과 정치적 지위 등 방면에서 모두 자신의 특점을 가지고 있다고 여겼다. 게르츠는 일전에 농민연구에 대한 종합을 바탕으로, 농민이란 개념을 정의하는 3가지 기준에 대해 제기하였는데, 즉 경제기준, 정치기준과 문화기준이 그것이다. 경제기준이란 농민과 화폐 및 시장사이의 관계를 말하는데 비록 농민은 주로 농업생산에 종사하면서, 자급자족의 자연경제 체계 속의 구성원이라고 정의를 내리지만, 이들은 일정한 정도에서 화폐와 시장에 개입하기도 한다. 농민을 가늠하는 정치적 기준은 이 군체 혹은 집단이 사회정치시스템 속에서 종속적 지위에 처해 있고 권력계급의 통치와 관리를 받고 있으며, 자신의 일부분 수입을 그들에게 나누어 주어야 한다는 것이다. 농민이란 함의 속에는 또 문화방면의 의미도 포함되어 있는데 농민문화는 전통문화의

---

37 타드가 『미래사단편』 에서 농민에 대한 논술,[프]맹델라스, 『농민의 종말』 , 1 쪽, 북경, 중국사회과학출판사, 1991 년

일부분이다.[38]

황종즈는 중국농민을 '중국의 소농'이라 불렀다. 그는 화북평원과 장강 삼각주의 소농경제와 향촌사회의 연구를 통해, 중국 향촌사회의 변천과 발전에는 '역설현상'이 존재한다고 보았다. 그는 중국의 소농은 완전히 차야노프와 같은 실체주의 경제학자들이 말하는 생계형 생산자들이 아니고, 또 파킨스와 슐츠 등 형식주의 경제학자들이 말하는 이윤 최대화를 쫓는 '이성적인 농민'도 아니라고 제기하였다.[39] 그는 중국의 소농은 양자 사이에 속하거나 혹은 양자의 결합이라고 보았는데, 그들은 자기의 일상소비를 위해 생산을 하는 동시에 자본주의 생산의 모종 의 특점도 구비하였다고 주장했다.

이러한 공통된 인식 속에서, 비교적 중요한 원칙은, 농민과 사회행동, 향촌사회의 이해는 전통과 현대, 낙후와 선진, 보수와 진보 등 이중 대립되는 인식 패턴을 돌파할 필요가 있다는 것이다. 농민은 현실 환경 속에서 자신의 논리와 자기관념의 지배에 따라 행동을 선택한다. 만약 단순히 농민사회행동을 전통 범주 속에 집어넣고, 농민 및 그 사회행동의 특징이 모두 역사전통 요인의 영향을 받는다고 보면, 역사주의 결정론의 곤혹에 빠지게 될 것이다. 비록 역사적이고, 전통적이며, 습관적인 요소와 역량은 사람들의 사회행동 속에서 중요한 역할을 맡고 있지만, 한층 깊이 농민과 그 사유방식, 가치 관념을 이해하려면, 이들이 실제로

---

38 See Geertz, Clifford, Agricultural, Involution, University of California Press, 1963 년
39 황종즈, 『중국농민의 과밀화와 현대화,규범인식 위기 및 출로』 , 131 쪽.

처한 환경에서 출발해 사고해야 한다. 왜냐하면 우리 인류의 그 어떤 정신적이고 혹은 관념적인 행위규범 및 사회패턴이든 간에 그 실제는 행동주의가 주위환경과 접촉하고 상호작용의 과정을 거쳐 형성되었고, 실제 활동을 진행하는 과정에서 싹텄으며, 저장되고 표현되었기 때문이다.

제2절

농민의 사회적 행동 논리

농민과 농촌사회에 대한 연구는 모두 농민 행위방식과 특징에 대한 해석을 떠날 수 없다. 농민행위 특징에 관한 이론적 해석은 주로 두 가지 경향이 존재하는데, 그중 첫째는 농민이 했던 각종 행위는 실은 모두 이성적 선택원칙에 부합된다는 것이다. 다시 말해, 농민은 이성적인 사람이고 농민의 행위도 이성적 행위라고 보는 것이다. 둘째는 농민은 자신들이 처한 환경과 생계 및 문화의 특수성으로 인해 이들의 행위는 도의, 습관과 예속의 지배를 받고 있으며, 습관, 풍습과 사회관계의 윤리준칙은 이들의 행위에 대한 영향이 비교적 크기에 농민의 행위는 도의성과 보수성을 지녔다는 것이다. 즉 농민은 보통 도덕원칙과 습관 원칙에 따라 행위적 선택을 하며, 수익 최대화의 이성적 원칙을 준수 하지 않을 수도 있다는 것이다.

경제학의 이성적 가설로서 농민의 각종 사회행동을 주장하는 면에서 슐츠의 관점이 비교적 명확하다. 그는 전통농업에서의 농민은 표면상으로는 이들의 행동은 전통성과 보수성을 띠었지만, 이들이 저소득 생산방식을 유지하는 것은, 이윤과 수익의 극대화를 추구할 줄 몰라서 그러는 것이 아니라, 소득 흐름의 공급과 가격의 제약을 받고 있기 때문이라고 보았다. 농민에게 소득 증가를 가져오는 소득 흐름 혹은 새로운 생산요소는 가격이 높아, 농민들이 지불하기 힘들므로 생산투자를 진행하기 어렵다. 파킨스는 베트남 농촌에 대한 경제연구에서, 스콧의 관점과 전혀 다른 관점을 제기하였는데, 그는 농민이 경제적 책략을 행할 때, 마찬가지로 시장법칙의 지배를 받는다고 주장했다. 또 이들은 자본주의 회사처럼, 심사숙고 끝에 장기와 단기의 수익을 저울질해 보고, 마지막에 이익 극대화의 선택을 내리며 마찬가지로, 이들은 정치면에서 이성적인 투자를 진행한다고 주장했다.[40] 스콧의 눈에 농민은 도의를 제일로 하는 이들이지, 개인이익을 1순위에 놓는 이들은 아니라는 것이다. 농민의 경제적 행위의 주도적 동기는 생계와 소비를 위해서이다. 따라서 안전을 추구하고 위험을 피하는 것은 가장 주요한 원칙이다. 즉 다시 말해서, 농민은 최소화의 경제행위 면에서 안전제일의 논리를 준수한다는 것이다. 즉, 어떠한 선택이 이들과 그 가족 구성원들의 생활에 제일 안전하다면, 이들은 그것을 선택할 것이라는 것이다.[41] 이밖에 이윤에 대한 추구는 안전적인 수요가 만족을 얻은 뒤에야 이 방면의 동기가 있을 수 있다는 것이다. 생계 안전을 위해 농민들은 보통 이윤을 고려하지 않고, 심지어 분명히 손해 볼 것을 알거나 혹은 비경제적인 방안임을 알면서도 선택을 한다는 것이다. 안전제일의 행동 논리는 한편으로는 농민군체의 생존의 수요로 생긴 기본선택의 결과이고, 다른 면으로, 이는

40 See Popkin, Semuel, The Rational Peasant, The political Economy of Rural Society in Vietnam, University of California Press, 1979.

41 See Scott, James C, The Moral Economy of the Peasant, , Rebellion and Subsistence in Southeast Asia, Yale University Press, 1976.

농민이 소형 군체 범위 내에서 반드시 최대한 생존과 생계의 기본도의와 윤리를 유지하고 준수해야 하는 것에서 결정되었다. 이 점은 페이샤오통이 '예속사회'에 관한 해석과 기본상 접근한다. 한사람의 행동은 전통, 습관, 윤리와 도의의 영향을 비교적 크게 받는데, 사람들이 선택을 할 때 먼저 고려해야 할 것은 도의상의 책임이다. 안전제일의 논리 원칙은 다시 말해 도의, 윤리역량이 작용한 결과중의 하나이다.

윤리행동이든 예속행동이든 간에 양자의 공통점은 사람들은 이러한 행위를 할 때 복잡하게 계산하고 따져 볼 필요가 없다는 것이다. 개인은 정밀하게 이해득실과 원가 수익 높낮이를 계산할 필요가 없다. 다시 말해, 행동 선택에서 이성적 사고의 성분이 비교적 적다는 것이다. 만약 웨버가 제기한 사회행동 분류 원칙에 따른다면, 도의적이고 윤리적인 행동은 전통형 행동에 속하고, 객체 행동자는 습관적 패턴 혹은 집체적 선택을 준수하기만 하면 될 뿐, 독립적 사고를 거쳐 선택할 필요가 없다. 그리하여 이런 유형의 행동은 위버에 의해 비이성적 행동 속에 귀납되었다.

황종즈는 마르크스, 애덤 스미스, 차야노프와 슐츠 등 다른 유파들의 이론적 가상을 종합하여 중국 향촌사회에 존재하는 '다중역설현상'을 제기하였다. 그가 보기에, 농민의 행동은 다중적 특점이 존재하고, 소농경제 행위의 분석에서 하나의 종합적인 분석을 받아들여야 한다고 주장하였는데, 그것이 반드시 종합 실체주의, 형식주의와 마르크스주의가 특별히 강조한 다른 방면이어야 한다고 하였다.

중국의 소농에 대해 이해하려면 종합적인 분석연구를 진행해야 하는데 관건은 소농의 세 가지 면을 뗄 수 없는 하나의 통일체로 보아야 한다는 것이다. 즉 소농은 이익 추구자이면서도 생계를 유지하는 생산자이고, 더욱이 착취를 당한 경작자인 것은 당연하다. 세 가지 다른 모습은 각각 이 통일체의 한 개 측면을 반영하였다.[42]

확실히 농민행위의 인식과 토론에서 종합적 분석도 필요하고 동시에 구체적 문제는 구체적으로 대할 필요도 있다. 만약 추상적이고 정확하지 않은 개념에서 멈춰버린다면 불일치성은 불가피적인 것이다. 파킨스와 스콧의 관점 차이와 대립과 같이, 대체로 그들이 토론한 농민의 행위가 동일한 차원에 있지 않다. 리터가 말한 바와 같이 파킨스와 스콧의 논쟁과 의견 차이는 그들이 다른 각도에서 농민의 행위를 해석했기 때문이다. 파킨스의 이론적 가설은 농민객체 행위를 토대로 건립된 반면, 스콧의 가설은 제도, 사회관계와 집체행동의 측면에서 농민이란 개념을 사용하고 이해하였다.[43]

기본적인 가설을 전제로 하여 명확한 대립을 배제한다면, 아마 다른 패턴의 해석은 모두 자기의 유효성을 가지고 있을 것이다. 예를 들면, 호혜와 교환 행위는 향촌사회에서 비교적 흔히 보는 행위나 현상 중의 하나이다. 선물 교환과 유동에서 가정 사이의 시너지와 협조, 더 나아가서 시장의 상품교환에서 우리는 이러한 행위 혹은 현상을 지역사회 속의 문화전통, 풍속습관, 민간예절 등으로 해석할 수 있다. 그러나 우리도 부인할 수 없는 것은 이러한 교환행위 속에 행동자는 완전히 무지하며

---

42 황종즈, 『중국농민의 과밀화와 현대화 ,규범인식 위기 및 출로』 , 6 쪽.

43 See Little, Daniel, University Peasant China, Case studies in the Philosophy of Social Science, New Haven, Yale University Press, 1989 년

아무런 이성적인 계산도 없다는 것이다. 말리노프스키는 서인도제도의 섬사람들이 형성한 '쿨라권'이 해당지역 문화 전체의 일부분으로서 사회관계를 재통합시키는 기능을 발휘한다고 지적했다. 이와 동시에 '쿨라권'의 형성은 마찬가지로 미시적 경제학의 각도에서 해석할 수 있거나 혹은 시장체계의 원리로 해석할 수 있다.[44]

윌리엄 스키너(William Skinner)는 중국 농민의 행동에 대해 이해할 때, 촌락사회의 생활세계에 착안해야 할 뿐만 아니라 농민이 생활하고 있는 세계가 하나의 '기층시장공동체'라는 것을 보아야 한다고 주장했다. 농민행동의 범위는 비좁은 촌락에서 뿐만 아니라 지방 시장체계 속에도 존재하는 데, 예를 들면 기층의 장터가 바로 농민들이 잉여제품의 도매지역이자 교환지역인데, 여기서 농민들의 무역수요는 최초의 만족을 얻는다.[45] 농민도 시장체계 속에 개입하였으면 그들의 행위 역시 시장법칙의 인도를 받는 것은 필연적이다. 그들은 이익을 얻기 위해 사고하고 선택해야 한다. 스키너가 제시한 것은 농민행위 사이의 상호작용관계 및 이를 통해 구성된 농민 개체 행위를 초월하는 큰 시스템이다. 이 점에서 그는 확실히 다른 일부 인류학자보다 더욱 거시적인 시각으로 문제를 보았다. 이는 그가 지리학과 역사학, 인류학의 방법을 결합한 덕분일 것이다.

농민의 정치행위에서, 일부 연구는 주로 농민 반란과 폭동, 혁명행위

---

44 [영]말리노프스키, 『서태평양의 항해자』, 북경, 화하출판사, 2002 년
45 See Skinner, William eds, The City of Late Imperial China, Stanford University Press, 1977 년

등 면에 주의를 돌렸는데, 비록 다른 학과연구의 시각은 다를 수 있어도, 관심하는 문제는 주로 위에서 열거한 문제들이다.

파킨스를 제외하고, 농민의 정치행위를 농민의 정치투자라고 보는 학자는 아주 드물다. 다시 말해 대다수 학자들은 농민의 정치참여와 정치혁명 행위와 현대 정치 체계중의 '투표자' 행위를 분리하여 본다는 것이다. '투표자'는 현대 정치학 중의 정치 계통론의 중요개념인데 이들은 정치 체계속의 하나의 단체 혹은 정치계층을 대표하며, 자신의 이익에 관심을 두고 적극적으로 이익에 대해 표현하는 정치 참여의식이 있는 공민에 속한다.[46] 행위주의 정치학 경향은 농민의 정치개입이 드물며, 이들은 모든 현실을 참고 견디거나 어쩔 수 없는 상황이 되어서야 반란에 참가하거나 혁명에 참가한다고 보았다. 이 점은 스콧의 논술 중에서 비교적 뚜렷하게 표현되었다.

미그달(Migdal)은 새로운 정치사회에서도 농민의 정치행위는 큰 제한을 받고 있으며 농민의 정치교류 역시 엄격한 제약을 받는다고 지적했다.

농민 입장에서 볼 때, 정치활동의 가장 주요한 영역, 다시 말해 그들이 지도자를 모색하고 그러한 행위에 영향을 주는 책략의 영역은 대부분 공동체 내부에 있다. 비록 공동체 이외의 지주, 정치가와 행정관원들이 그들의 권리를 이용하여 농민들의 수많은 행위규범을 결정하지만 농민들은 보통 이러한 지역사회의 지도하에 외부세계의 권력이 가져

---

46   [미]아스턴, 『정치생활의 체계분석』, 20-38 쪽, 북경, 화하출판사, 1999 년

다주는 압력을 느끼곤 한다.[47]

근대 화북지역에서 발생한 두 차례 농민폭동에 대한 역사분석을 하고
나서 페이이리(裴宜里)는 농민의 집체폭동 행위는 화북 농민생활을
곤혹시키는 생태환경과 관련이 있다는 것을 발견하였다. 정기적인
가뭄과 장마 그리고 역병 재해로 인해, 해당지역의 낮은 생산력은 낮은
수준의 상업화를 초래하였고, 이들은 극소수의 잉여산품으로 자연재해를
극복해내야 했다. 요컨대 농민과 자연사이의 상호 작용이 화북지역에 준
한 가지 보답은 극도로 불안정한 생태시스템이었다는 것이다.[48]

페이이리는 농민의 집체 폭동행위는 이들이 이러한 생태시스템 속에서
강구한 약탈책략과 자위책략이며, 그 어떤 책략이 유발한 집체행위든 간에
모두 다른 하나의 책략이 추진한 집체 행위의 결과라고 주장했다. 다시
말해 농민이 처한 생태시스템 역시 자체 행위 후과의 영향을 받는다는
것이다. 페이이리는 농민혁명의 이론에서 기본적으로 참여자의 이성적
선택행위를 가설로 하였다. 그러나 그녀 역시 지역의 자연환경과 지역주의
특징 및 기타 비 직접적인 요소의 영향과 작용에 대해 인정하였다.

농민의 경제행위든 아니면 농민의 정치행위든 모두 농민사회 행동시
스템의 구성부분에 속한다. 농민행위의 본질적 특점의 분쟁은, 근본적으로
보면 이성적 선택과 문화 상대주의 혹은 문화 특색론 문제에 집중되어
있다. 즉 농민군체가 행동 선택에서 기타 군체와 마찬가지로 보편적인

---

47 [미]미그달, 『농민정치와 혁명』, 165 쪽, 북경, 중앙편역출판사, 1996 년
48 Perry, Elizabeth J, Rebels and Revolutionaries in North China, 1845-1945, Stanford,
    California, Stanford University Press, 1980 년 16 쪽

이성 원칙을 준수하였는지 아니면 특수한 문화 환경의 제약을 받았는지, 다른 논점과 농민행동 규율에 대한 다른 해석은 실제로 단지 학자들이 무엇이 이성적 선택이고 무엇이 지역문화인지에 대한 다른 이해차이로 나타날 뿐이다. 예를 들면, 농민의 임대저항 행위는 이들이 특정된 환경속의 일종의 생존책략 혹은 이성적 선택이라고 말할 수 있다. 동시에 지역문화에 포함된 저항정신과 연계시킬 수 있다. 이로 보아 구체적인 사회 정경과 구체적인 군체와 행위를 떠나, 간단하게 농민행위의 특유의 성질을 개괄하고 귀납할 때 불가피적으로 이런저런 결론을 얻게 되었다. 장님이 코끼리 만지는 격으로 얻은 총체적 결론이 실제로 코끼리 일부분의 특징일 뿐이라는 것이다.

따라서 농민행동 논리에 대한 해석에서, 우리는 한 가지 이론적 개괄을 유일하거나 인간성적인 것으로 보지 말아야 하는 반면, 오히려 이를 농민행동논리의 일부분으로 여겨야 한다. 이를 통해서 농민에게는 이성적 선택의 논리가 있는 동시에 문화 특수주의 논리도 있으며, 또 기타 실천 구성주의와 같은 논리도 있다는 것을 알 수 있다.

제3절

조직과 농민의 행위

조직은 사회행동 범위와 구조적 특징을 분석하는 중요한 시각이 된다. 중국 농민의 사회행동과 그 구조적 특징에 대한 탐구와 이해를 진행할 때, 사람들은 보통 행동의 조직화 정도에 관심을 가진다.

농촌경제 조직의 특점에서, 토론의 초점은 개체주의와 집체주의, 소규모 생산단위와 대규모 농장의 좋고 나쁨의 문제를 벗어나지 않는다. 예를 들면, 니즈웨이(倪志伟)는 농민이 집체경영이 아닌 가정경영을 선호하기에 개체 가정 경제조직이 더욱 장려기능이 있다는 것을 발견하였다. 이 점은 양바이촌(杨白村)의 경험에서 검증할 수 있다.

우리는 개체 가호의 우월성에 두 가지 전제조건이 존재한다는 것을 볼 수 있다. 첫째 농민은 개인 혹은 공동체 목표가 아닌 가정 목표를 선호한다. 둘째, 가정 내의 분공은 한개의 생산단위가 되기에 충분하다.[49] 니즈웨이의 이러한 발견과 저우치런이 말한 "가정경영의 재발견"에는 고도의 일치성이 존재한다. 저우치런은 일반경험으로부터 출발하여 전통농업 경영방식에서의 가정은 천연적으로 농업생산 조직으로 될

---

49 See Nee , V.eds, state and society in contemporary China, Cornell University Press, 1983 년 168 쪽.

수 있는 특성을 구비하였는데, 즉 가정경영 조직은 선천적인 우월성이 있다고 추리해냈다.[50] 이밖에, 양메이훼이(杨美惠)도 인류학 각도에서 중국 가정조직이 경제 생산에서의 천연적 우세에 대해 논증하였는데, 그는 가정윤리와 친속관계의 문화적 가치를 중시함으로서 가정이 경제 및 기타 활동을 위해 양호한 분공과 협조의 기초를 제공하였다고 지적했다.[51]

차야노프는 소련의 경험을 토대로 농민의 생산목적의 한 가지 중요한 방면은 자신의 소비와 생계를 만족시키는 것이라고 지적했다. 비록 이윤에 대한 기대치가 극히 낮거나 심지어 이윤이 없는 상황에서도, 농민은 여전히 생산투자를 행하려고 하였다. 한계수익의 성장요인이 농민의 투자행위에 주는 작용은 생계 변두리에 놓인 사람에게서는 그다지 뚜렷하지 않다. 이런 가정 경영조직은 두 말 할 것 없이 농민이 생산투자를 진행하는데 유익하다.

즉 '기아지세(饥饿地租)'도 내부적 균형을 개선할 수 있다는 것이다.[52] 린이푸도 농업생산조직의 규모가 작을수록 효과적인 감독 과 장려제도는 더욱 쉽게 건립될 수 있는데, 경제 효익의 향상은 경제적인 장려에 달려있다고 주장했다. 린이푸는 1951~1961년간의 중국농업 위기의 중요한 원인은 3년 동안의 자연재해와 공사 내부의 부적 절한

---

50   저우치런, 『농민개혁과 중국발전』, 61 쪽, 홍콩, 옥스퍼드대학출판사, 1994 년

51   See Yang, Martin, "The family as a primary economic group," in George Dalton eds, Tribal and Peasant Economy, The Natural History Press, 1967 년

52   [레]차야노프, 『농민경제조직』, 232 쪽, 북경, 중앙편역출판사, 1996 년

관리, 외부정책의 실수, 사원들의 노동에 대한 적극성 저하가 아니라고 지적했다. 실제로 합작사(合作社)운동은 사원의 퇴사자유를 빼앗 았는데, 농민이 퇴사자유를 누리는 조건하에 합작사의 성질은 일종의 '반복투쟁'인데, 농민이 퇴사자유가 없는 상황에서 합작사의 성질은 '일차성투쟁'으로 바뀐다. 일차성 투쟁 속에서 농민의 '자아실시' 협약은 유지하기 어렵고 이로 인해 노동의 적극성이 낮아지고 생산효율이 하락 되어 농업에 심각한 위기가 발생한다.[53]

이로 보아 합작화(合作化)의 대규모적인 경영조직이 만약 효과적인 감독과 장려메커니즘을 수립하지 못한다면, 소규모적인 개체 가호의 경영효율보다 낮을 뿐만 아니라, 도리어 효율이 떨어질 수도 있다. 왜냐하면 개체 가호 중에서 가정은 윤리와 친밀관계를 통해 감독과 장려효과를 낼수 있고, 그럼으로서 외부의 감독과 장려 역량을 필요로 하지 않게 되기 때문이다.

그러나 황종즈는 가정의 경영조직이 낡은 집체경영조직 보다 더 선진적이라고 여기지 않는 듯싶다. 그는 인구요인의 영향을 빼고, "새 조직과 낡은 집체 생산대, 대대는 대동소이" 하다고 주장했다. 그는 1949년 이전의 화북 농촌의 사회연구에서 '경영식 농장'은 자유로 과잉 노동력을 해고할 수 있었기에 '가정농장'보다 효율이 더 높다는 것을 발견하였다.[54] 마이어스는 '다타오(搭套, 몇몇 농가가 인력·가축·농구

---

53 린이푸, 『제도, 기술과 중국농업발전』, 7 쪽, 상해, 상해 싼롄서점, 1994 년
54 [황종즈, 『장강삼각주 소농경제와 향촌발전』, 249 쪽, 북경, 중화서국, 1992 년

따위를 서로 내어서 공동 경작하는 방법)' 혹은 가정협조가 전통농업에 늘 존재하였는데 생산대 집체도 이런 전통의 연속일 뿐이라고 보았다.[55] 다시 말해서 농촌집체 합작조직은 어떤 의미에서 보면 전통 가정사이의 협조 결과로서 마찬가지로 전통논리 관계의 기초를 구비하였는데, 가호 혹은 가호 협조의 집체조직은 실질적 차이가 없으므로 어느 조직이 선천적인 우세가 있는지 말하기 어렵다는 것이다.

만약 단순하게 어느 조직 혹은 어떤 경영방식이 효율이 있는지, 생산력 발전에 적합한지에 대해 토론하고, 기타 사회정치와 문화적 요인을 결합하지 않는다면 이러한 토론 결과는 흔히 현실배경을 빗나간 결론을 가져올 것이다. 왜냐하면이론 추론을 통해서만 어떠한 조직과 경영방식이 효율적 우세가 있다는 결론을 얻어낸다 해도, 보통 이러한 추론의 대전제가 현실에서 사실상 성립되지 않는다는 사실을 소홀히 할 수 있기 때문이다. 따라서 필연적으로 유도해 낸 결론이 아무런 의미도 없게 된다. 그 어떤 조직과 경영관리 방식이든 언제나 일정한 조건과 체제하에서만 효율과 목표를 실현할 수 있다.

동시에 이러한 전제조건과 체제는 생산경영 활동과정에서 끊임없이 변동하며, 그로 인해 결과 혹은 효율이 끊임없이 발생하는 결과를 초래하게 된다. 그리하여 정적 구조의 각도에서 조직과 경영방식의 효율문제를 탐구하는 것은 알다시피 그렇게 충분한 것은 아니다.

---

55   See Myers, Ramon; The Chinese Peasant Economy, Agricultural Development in Hopei and Shantung, 1890-1949, Cambridge, MA, Harvard University Press, 1970 년 267 쪽.

예를 들면, 고도의 공유화된 인민공사 조직이 만약 그 내부 구성원들이 고도의 자각성으로 자아감독과 규제를 실행하고, 자각적으로 협조에 참여한다면 그 효율은 소규모의 가호 조직보다 우월할 수 있기 때문이다.

농촌 정치조직의 특징을 보면, 거의 모든 연구가 국가-사회, 국가-농민 관계의 분석패턴을 벗어나지 못했다. 장중리가 제기한 중국 향신(鄉紳)은 농촌 엘리트계층으로서 국가와 향촌사회 사이에서 중개역할을 하는 명제와 비슷하다. 두아라는 향촌사회 '이중경제통치'에 관한 토론에서 '보호형 경제'의 합법과 불법, 문화와 행정의 연계에 대해 언급한 적이 있었고, 동시에 그는 지역 엘리트, 보호인 권위의 참여는 국가가 통제를 시행하고 현대화를 진전시키는데 중요한 작용을 한다고 보았다. 다이무전은 새 중국 성립 후의 향촌 정부의 연구에서, 촌 간부와 농민과 국가와의 관계는 '대리와 고객'의 관계에 속한다고 지적했다. 다시 말해 촌 간부는 국가와 농민의 중매인 혹은 대리인이라는 것이다.[56]

크룩(I. & D.Crook) 부부는 스리뎬(十里店)이라는 마을의 혁명시기 농민경제와 정치행동의 책략과 심리변화의 과정을 상세히 묘사하고 형상화함으로서 일반 농민, 향촌 엘리트 및 정치 엘리트들이 혁명시기의 농촌사회제도 변화와 사회운동에 끼친 행동논리 및 그 특점을 제시하였다.[57] 이 기록성적인 사회역사 서술은, 농민과 농민, 농민과 정당의

56   See Oil, Jean C, State and Peasant in Contemporary China, the Polities Economy
      of Village Government, Berkeley, University of California Press, 1989 년
57   [캐]L.D. 크룩, 『스리뎬, 중국의 한 촌락의 대중운동』, 1~6 쪽, 상해, 상해 인민출판사,
      2007 년

관계 및 행위특징을 진실하게 재현하였으며, 동시에 농민의 혁명행위와 집체행동을 이해하기 위해 비교적 풍부한 소재를 제공하였다. 이러한 재료에서 보면, 혁명시기의 농민정치 합작조직, 예를 들면, 부녀협회, 농회, 민병조직, 당지부 등은 경제협조 조직인 합작사보다 더욱 순리롭게 협조하고 운행되는데, 그 원인은 정치조직이 가져온 공동 이익 때문이다.

블레처와 슈(M.Blecher & V.Shue)는 허베이성 수루현(束鹿县)을 실례로, 현(县)정부가 향촌발전을 위해서 작용하는 기능에 대해 탐구하였다. 그들은 사회구조 전환 시기, 지방정부의 기능도 전환할 필요가 있다고 보았으며, 특히 농촌 발전 면에서 공공 수자원을 어떻게 잘 관리하는가 하는 것이 가장 심각한 도전이 될 것이라고 지적했다.[58]

비록 종족(宗族)은 중국향촌의 통일된 정치조직이 아니지만, 종족에 대한 이해는 향촌 정치구조, 더 나아가서 향촌사회를 이해하는 중요한 방면이 된다는 것이다. 중국 향촌 종족 조직에 대한 연구에서, 프리드먼의 연구가 눈에 뜨인다. 그는 한 가지 이론 패턴을 제기했는데, 즉 종족 y=변경지대a + 수력시스템b+ 도작생산c+e이다.[59] 알다시피 프리드먼의 유형은 화남의 종족현상에 초점을 맞추어 가설한 것이다. 그리하여 파스테르나크가 이 유형에 대해 비판을 제기한 것도 당연한 것이다. 그는 중국 타이완 두 지역에 대한 비교 연구를 통해, 프리드먼의 3개의 변량

---

58   See Bleacher, M, and V, Shue, Tetherred Deer, Government and Economy in a Chinese Country, Stanford, Stanford University Press, 1996 년

59   See M. Freedman, Chinese Lineage and Society,Fukien and Kuangtung, London, Athlone Press, 1966 년

작용에 대한 가설을 반박하고, 이 3개의 변량은 혈연공동체인 종족의 발전이 아닌, 지역성의 인정과 지역 공동체의 형성에 더욱 유리하다고 논증하였다.[60]

두아라는 화북의 종족을 문화권리 네트워크 중의 하나의 로드로 보았으며, 종족세력은 강한 것도 있고 약한 것도 있으며, 촌락 내부의 종족관계는 주로 단일종족, 다종족, 대종족이 소종족을 통제하는 세 개의 유형으로 나뉘며, 종족과 국가권력은 복잡한 관계가 존재하지만 종족조직으로는 촌락내부의 권력분배 문제를 완전히 해석할 수 없다고 보았다.[61]

현재까지, 중국 농촌개혁은 어언 30여 년이란 역사를 지나왔다. 농촌발전의 상대적 정체성(滯后性)은 수많은 국내 학자들로 하여금 초점을 다시 농촌조직에 맞추게 하였다. 왜냐하면 농민 자체의 내부에서 발전을 제약하는 요소를 찾으려 할 때면, 한 가지 논리가 사람들의 머릿속에 떠오르는데, 이 논리는 실은 마르크스가 농민계급에 대한 인상과 일치한 것처럼 농민은 비록 숫자가 많으나 그들은 한 포대의 감자처럼 서로가 분산되어 있으며, 상호간에 아무런 연계도 없으며 조직도 없다는 것이다.

소농의 분산성 혹은 무 조직성적 특징은 자기가 생활하는 농촌의 발전 수준을 결정한다는 것이다. 미 조직화의 농민은 경제지위나 정치이익의 표현에서 모두 열세상태에 놓여 있다. 따라서 농촌가정의 경제조직이

---

60 See B, Pasternak, Kinship and Community in Two Chinese Village, Stanford, Stanford University Press, 1972 년
61 [미]두아라, 『문화, 권력과 국가, 1900-1942 년의 화북 농촌』, 111~146 쪽.

여전히 농업생산의 기본단위를 이루는 상황에서 사람들은 분산된 소농가정과 더디게 발전하는 농업 사이의 연관성에 대해 연상하였으며, 따라서 누군가 농민을 장려하여 각종 경제합작조직에 참여하여 점점 많은 사람들이 조직을 통해 기술과 정보, 자본의 서비스를 얻을 수 있도록 해야 하며, 특히 조직을 통해 자신의 시장 교섭력을 향상시켜야 한다고 주장하였다.

확실히, 현실경험에서 사람들은 일부 농업경영 협조조직이 특정지역 내부에서 모종의 농업생산과 경영에 대해 적극적인 작용을 하는 것을 보았으며, 비교적 큰 정도에서 농업생산의 효율과 수익을 향상시킴으로서 해당지역의 농업이 전통패턴에서 현대화패턴으로 전환될 수 있게끔 추진하는 것을 보았다. 하나의 경험으로서 농촌 합작조직의 구성과 운행은 참고적 가치가 있을 수는 있지만, 그 어떤 보급이 필요한 체제나 제도는 반드시 보편성이 구비되어야 하는데, 다시 말해 특정지역의 경험이 구비한 전제조건은 보편성이 있는가 없는가 하는데 있는 것이다.

이밖에 농업 경제 합작조직을 선도하는 과정에서 사람들은 이러한 문제에 대해 추궁할 수가 있다. 대다수 농민들이 모두 자율적으로 그러한 합작조직에 참여하려 하는가? 아니면, 우리는 어떻게 그러한 합작조직이 농민들에게 모두 유리한 것인지 알 수 있는지? 따라서 객관적인 각도에서 가정조직이 효율적인지 아니면 합작조직이 효율적인지를 추론하는 것은 사람들로 하여금 농민에 대한 관념을 경시하게 만든다.

마찬가지로 지금 농촌의 정치조직과 정치생활에서도 국가건설 이론과 향촌 자치이론이라는 두 가지 분쟁이 존재한다. 국가건설 이론은 농촌

사회주의 개조의 논리를 답습하여 국가정권이 직접 촌락 내부로 들어와 확장되어, 촌락내부의 공공사무 관리를 국가구조 내부의 공공관리에 포함시킬 것을 주장하였다. 세제 개혁 전에 농촌의 향진정부는 일정한 재정/세무 권한이 있었는데, 즉 농촌 공공사무 관리의 비용지출은 농민이 부담하였지만 조직체제에서는 국가행정조직이 실시하고 관리하였던 것이다. 비록 촌 급이라도 촌 내부 사무를 관리하는 조직에는 당 지부와 촌민위원회가 있고, 비록 그들의 직무 수당금이 공공재정에서 오는 것이 아니라 촌민들이 부담하는 것이지만 이러한 직위가 연관되는 사무는 최소 절반이 공공성격을 띠는데, 다시 말해 국가행정과 정치임무가 연관이 있었던 것이다. 따라서 농민과 기층조직이 모순과 충돌이 생기는 원인은 대다수 농촌 세금의 문제 때문이었다. 그들은 기층간부들을 위해 관리비용을 부담하였지만 관리사무는 자신과 관련된 사무가 아니었다.

촌민 자치이론의 주장에 따르면, 촌민위원회는 촌민이 직접 선거하여 생산되고, 대대적으로 촌락 내 관리의 민주 정도를 향상시킬 수 있으며, 촌민과 촌 간부사이 모순을 줄일 수 있다. 그 원인은 촌민위원회의 구성원은 촌민 스스로 선출했기 때문이다. 의식형태와 일반 이론관념으로 볼 때, 촌민 자치조직은 자아관리, 자아교육, 자아서비스, 자아감독이란 4개의 기본기능을 가지고 있다.[62]

실제 경험으로 놓고 볼 때, 농촌의 1급 기층조직으로서의 촌민 위원회는 촌민 자치관리 및 내부사무 처리 중에서 확실히 중요한 기능을 가지고

---

62   쉬난, 『중국농촌촌민자치』 ; 100~126 쪽. 우한, 화중사범대학출판사, 1997 년

있지만, 촌민 자치조직과 촌민이 희망하는 조직 기능 사이에 실은 여전히 비교적 큰 거리감이 존재한다. 세금시대에서, 촌민과 자치 조직사이의 관계는 기본상 충돌적이다. 왜냐하면 이 조직의 존재가 농민에게 가한 부담은 농민에게 주는 이익을 초과했기 때문이다. 촌민 자치조직은 촌민이 직접 선거를 통해 생산된 상황이라 할지라도, 촌민과 기층 조직의 관계적 성질을 변화시키기는 힘들다. 후 세금시대에서 이러한 충돌관계는 중대한 변화가 발생할 수 있다.

왜냐하면 촌민 위원회란 이 촌민 자치조직의 역할은 요구 위주의 대리인에서 지불 위주의 대리인으로 변한데다 농촌내부의 협조 기능도 그에 따라 진일보적으로 강화되었기 때문이다. 따라서 촌민 자치조직의 구성원들은 국가 재정이 지불과 사회 복리정책을 이전하는 과정에서, 공공 권위는 점차 강화와 인정을 받았다.

따라서 농민의 조직에서의 행위가 정적이고 일반적인 것이 아니라, 동적이며 다방면일 가능성이 있다. 어떠한 조직구조가 있으면 어떠한 농민행동을 결정하는 것이 아니라, 농민의 행동방식과 효율은 조직 운행과정에서 사람들이 이익구조와 관계패턴에 대한 반응이다.

조직규모와 구조, 성질 및 조성방식은 비록 일정한 조건하에 사람들의 행동 및 그 효율에 영향을 주지만 행동효율의 높고 낮음에는 직접적인 관계가 없으며, 아주 중요한 요소는 조직에서의 관계적 특징과 장려 체제이다. 농촌 가정경제 조직이 생산대보다 더욱 경제적 효익이 있는 원인은 가정 내부의 관계가 친밀성, 이타성과 높은 신임도가 있기 때문이다.

따라서 더욱 분공과 협조에 유리하며, 생산대는 이익분배 요인이 내부관계 충돌에 주는 영향으로 인해 분공과 협조를 제약한다. 이로부터, 농촌에서 광범위하게 추진하라고 주장하고 제창하는 합작조직인 '농호+공장', '농호+기업', '농호+합작사' 등과 같은 합작조직은 사실상 고효율과 농업발전을 실현하는 보편적인 패턴이 아니다. 협조는 효율을 향상시키는 기본적인 메커니즘이지만 합작조직은 필연적으로 합작목표를 달성하는 것은 아니다. 우리가 한 가지 합작조직을 추진할 때, 반드시 이런 하나의 문제를 물어야 할 것이다. 이러한 조직이 현실과 미래 발전에서 진정으로 협조관계의 기초를 가지고 있는가? 이러한 기초의 안정성과 보편성이 도대체 얼마나 큰 것인가?

농촌 자치조직을 볼 때도 이와 마찬가지다. 촌민 자치선거는 비록 절차와 형식에서 농촌조직 형성과 정치생활의 민주화를 실현 하였지만, 수많은 촌민들은 물을 것이다. "우리는 왜 이러한 조직을 선출해야만 하는가?", "마찬가지로 우리는 선출한 조직 구성원을 해임시킬 수 있는가?" "농민이 촌민자치조직에 대한 합리성과 필연성에 제기한 도전은, 실은 자치 조직과 촌민의 관계가 필연적으로 협조 관계가 아니라 충돌성이 있음을 표명한다.

따라서 국가건설과 촌민자치의 관계가 만약 상호 보완성과 협력성이 있다면, 이 두 가지 역량은 모두 농촌발전에 적극적인 작용을 하게 될 것이다. 한편으로 국가가 새농촌을 건설하는 과정에서, 농촌에 투자하거나 재정적 지원을 제공하여 농촌의 발전에 필요한 물질적 토대를 닦았고, 다른 한편으로 촌민이 공공재정을 지지하는 상황에서 자치조직을 통해 자신의 내부적 사무를 관리하며 자신의 특점과 소망에 따라 발전을 촉진시킬 수 있다. 만약 양자를 대립 상태에 놓고 극단에 치우친다면, 이는 농민과 농촌의 발전에 불리하게 된다. 건설과 자아통치를 유기적으로 결합해야만 두 가지 합력의 우세를 발휘하여 농민과 농촌의 발전을 촉진할 수 있는 것이다.

제4절

문화와 농민의 사회행동

농민의 사회행동 특징을 탐구할 때, 사람들은 보통 문화를 하나의 주요한 요인으로서 고찰한다. 이러한 생각은 인류학적 사고유형이며, 다시 말해 문화 내부에서 각종 사회운동의 운동을 이해하고 탐구하는 주인공이 되는 것이다. 문화인류 학자의 입장에서 보면, 그 어떤 사회 구성원이든지 모두 문화화된 객체이며, 다시 말해 객체의 관념과 가치, 행위방식은 모두 문화의 감화 혹은 사회화와 갈라놓을 수 없음으로 해서 문화시스템 중에서 객체관념과 가치, 행동의 동기가 결합된 근원을 찾을 수 있는 것이다.

농민 행동중의 문화요소에 주목하는 원인은 주로 농민군체가 생존하고 생활하는 사회공간이 일부 특수성을 갖고 있기 때문이다. 예를 들어 레드필드(R. Redfield)는 농민이 생활하는 공간은 하나의 소형 사회지역이며, 자연, 경제, 정치, 문화 이 4개 방면의 특징의 집약체 혹은 사회 혼합체라고 주장했다. 여기서 주민들은 범위가 비교적 작은 지역 공간 속에서 집단생활을 하고 있으며 작은 범위내의 장기적인 교류와 상호협조를 통하여 비교적 안정적인 행위방식과 교류패턴을 형성하였으며, 이로서 농촌지역 사회의 '소전통'을 구성하였다.[63]

---

63   See Redfield, R; The Little Community and Peasant Society and Culture, The University of Chicago Press, 1973, 5 쪽.

'소전통'에는 촌락사회 사람들이 특정 자연 혹은 생태환경에서, 정치와 경제, 문화생활을 통해 형성된 세계관과 가치관 및 이와 상응되는 행위 방식이 포함되어 있다.

사람들이 중국사회의 전통문화에 대해 토론할 때, 언제나 유가 등 전통철학 사상을 분석과 주목의 초점으로 두는데, 다시 말해 이러한 전통의 철학적 세계관과 가치관 속에서 현실사회와 전통문화의 연계점을 탐색하는 것이다. 그러나 리이위안(李亦園)은 사고할 가치가 있는 문제를 제기하였는데, 주로 다음과 같다. 공자 등 선현들이 제기한 철학사상을 기초로 한 전통문화가 먼저 엘리트계급 혹은 통치의 의식형태 영역에서 전파되는 게 마땅하며, 따라서 이러한 전통 철학관념은 당연히 '대전통'에 속해야 하는데, 이러한 엘리트 철학과 문화관념은 도대체 어떻게 민중들의 일상생활 속에 스며들었는가? 어떻게 일반 민중들의 생활과 행위방식에 영향을 주었는가? 따라서 우리가 전통과 유가문학 등 전통사상 관념을 연계시킬 때, 반드시 '대전통'과 '소전통'의 관계문제에 대해서 고찰해야 하는데, '대전통'은 어떻게 '소전통'에 영향을 주는가, 혹은 '대전통'은 어떻게 '소전통'으로 변했는가? 특히 전통 촌락사회를 볼 때, 전통적인 유가문화는 또 어떻게 일반 민중들의 생활과 연계되었는가? 하는 것 등이다.

리이위안은 전통 농촌사회의 문화와 큰 문화전통은 고도의 일치성이 존재하는데, '소전통' 중의 수많은 내용은 모두 '대전통'의 엘리트문화와 성현철학에서 온 것들이라고 보았다.[64] 이로서 '대전통'과 엘리트문화는 일정하게 체제를 전환시키거나 영향을 주는 방식을 통하여 민간생활에 유입되었으며, 또한 '소전통'의 환경과 결합되어 점차 '소전통'의 유기적인 부분으로 구성되었음을 표명한다.

페이샤오통이 중국 향신(향촌의 지식인)에 대한 분석으로 '대전통'과 '소전통'이 어떻게 연계되었는가 하는 문제에 대해 답하였다.[65] 향신들은 향촌사회의 엘리트계급으로서 체계화된 전형적인 문화훈련을 받았고, 이러한 과정 또한 그들이 엘리트 문화 혹은 '대전통'을 습득하는 중요 경로가 되었다. 향촌 엘리트들은 향촌사회의 정치, 문화, 종교 등 활동에서, 보통 중요한 역할을 담당하는데, 그들은 향촌사회에서 비교적 높은 권위를 가지고 있기에 그들의 가치관과 행위방식은 보통 농민들의 관념과 행위에 일정한 영향을 끼친다. 따라서 문화 '대전통'은 향촌 명사 혹은 엘리트들이 향촌사회에 중요한 영향을 끼침으로서 점차 '소전통'속에 침투되었다. '대전통'의 일부 가치 혹은 관념도 향촌 엘리트계급을 통해 기층 백성들이 받아들일 수 있게 되었다.

예를 들면, 향촌의 중요한 의식활동은 보통 엘리트들이 진행하고 조직하였는데, 의식활동이 민중들에게 가치관념과 행위방식을 주입시키는 과정에서 매우 중요한 작용을 발휘하였다. 유가의 풍부한 예교 전통이 바로 민간의식 활동을 통해 향촌 엘리트가 민중들에게 주입시키고

---

64   리이위안, 『인류의 시야』, 142~156 쪽, 상해, 상해문예출판사, 1996.
65   페이샤오통(费孝通), 『향토중국 생육제도』, 324~347 쪽

229

전파한 것인지도 모른다.

'대전통'과 '소전통'사이의 연관문제에 관해 두아라는 국가와 농민, 국가와 사회에 대한 분석구조로 국가 정통문화와 의식형태가 어떻게 향촌사회 및 농민의 행위에 영향을 주는가에 대해 탐구하였다. 두아라는 "문화네트워크"라는 개념을 제기하고, 이를 통해 의식형태가 향촌에 침투되고, 농민의 행위에 대해 영향을 주고 제약하는 경로와 방식에 대해 해석하였다. 문화네트워크는 국가권력네트워크처럼, 자체의 체계성을 갖추었다.

권력네트워크는 기층의 행정관리와 향촌 과세 매니저의 협조를 통해, 효과적으로 국가권력이 촌락에 침투되는 것을 실현하였다. 두아라는 '문화네트워크'를 통해 향촌사회의 각종 상호경쟁 집단이 통제하고 운영하는 상징 및 규범들로 구성한 합법적인 정체성메커니즘을 밝혔다. 그는 "문화 네트워크는 향촌주민과 외부세계가 소통할 수 있도록 연계시켰을 뿐만 아니라 봉건 국가정책이 향촌사회에 스며드는 경로가 되었다. 이러한 경로를 통해, 봉건국가는 자기의 권력에 합법적인 옷을 걸치게 되었다"고 주장했다. [66] 따라서 향촌문화에 대해 탐구할 때 유교, 명사 및 그들이 조종한 체제에 대해서 중시해야만 하는 것이 아니라, 또 국가권력과 협조한 상인단체와 묘회조직 신화 및 대중문화 중의 상징적 자원에 대해서도 주의를 기울여야 하는데, 이들은 모두 전통권력과 문화가 향촌사회에 스며들어 농민들의 행위에 영향을 주는 경로들이다.

---

66 [미]두아라, 『문화, 권력과 국가, 1900-1942년의 화북 농촌』, 21쪽.

향촌문화 특징에 대한 토론에서, 무디(P. Moody)는 중국농촌 사회는 이미 '포스트유가(后儒家)사회'에 속한다고 지적했는데, 그 이유는 전통의 유가사회는 일종의 반 현대와 반 실용주의적인 국가권력과 사회구조가 하나로 통합된 사회이기 때문이다.[67] 이러한 해석은 단지 추상적이고 모호한 측면에서만 유가사상과 사회문화를 연계시킨 것이기에 너무 간단하고 억지스러워 보인다. 유가사상은 비록 중국 전통문화에서 주도적인 지위를 차지하였으나, 유가문화는 사회의 현대화를 진전시키는 것에 어긋나는 것은 아니기에 반 현대적 역량을 구성하기는 어렵다.

지금까지 향촌문화는 사회전형의 전환에 따라 전환되었는데, 이러한 과정은 유가가 포스트유가로의 전환뿐만 아니라, 전통 향촌문화가 현대화, 시장화, 세계화의 충격으로 전통문화와 현대문화, 순수문화와 상업문화, 본토문화와 외래문화 등 여러 요인들이 서로 공존하고 영향을 주는 과정을 겪고 있는 것이다.

향촌문화의 현대화 전환은 철저히 전통과 작별하는 것을 의미하는 것이 아니라, 전통적인 기초 위에서 일부 현대적인 요인들이 형성되었음을 말한다. 마찬가지로, 세계화 과정에서, 문화의 전환은 본토와 민족의 문화가 소실된 것을 의미하는 것이 아니라, 본토문화와 기타 문화 사이의 연계와 상호작용이 증가했음을 의미한다.

향촌문화가 전환을 겪고 있고 문화와 사람들의 행위에 대한 동기

---

67 See Moody, Peter, Political Opposition in Post Confucian Society, New York, Praeger, 1988년 3쪽.

구조가 밀접한 연계가 있다면, 간단한 전통문화론 혹은 문화 특수주의의 이론적 가설로 전환하는 사회 속에서 중국농민의 행위를 해석하는 것은 비교적 큰 제한성이 존재한다. 그 이유는 향촌사회와 문화구조는 이미 점점 개방성을 띠게 되면서 농민의 관념과 행위방식도 점차 개방적 요인의 영향을 받게 될 것이며, 이는 단지 '소전통' 혹은 작은 지역사회의 요인뿐만이 아니기 때문이다. 따라서 당대 농민행위의 고찰과 이해 면에서 특수문화 환경에 대해서만 고려하는 것이 아니라 시야를 넓혀 더욱 넓은 사회와 문화구조 및 변화의 추세에 대해서도 고려해야 할 것이다. 농민의 행동 논리는 전통문화의 논리와 동등하지 않으며, 특수문화 환경의 구조와도 동등하지 않다. 농민의 행위 특징은 문화구조가 전부 결정하는 것이 아니라 수많은 행동자의 구체적인 실천 활동에서 나타난다. 모종의 의미에서 볼 때, 농민의 행동과 향촌문화 사이에는 상호 구성하는 관계가 존재하는데, 한편으로 농민은 실천 속에서 향촌문화 및 문화환경을 형성하고, 다른 한편으로 농민은 또한 향촌문화 환경 속에서 자기의 실천패턴을 구성한다.

제5절

요약

　중국농민은 이러한 사회군체에 속한다. 그들은 광활한 농촌지역에서 생활하며 농업생산활동에 종사해 왔으며, 가정을 단위로 소규모 경영을 주요한 생산방식으로 해왔다. 촌락과 같은 소규모 지역사회를 단위로 한 환경에서 농민들은 상대적으로 특수한 농민문화를 창조하거나 구성하였으며, 또한 자기 특점을 구비한 행동 논리를 형성하였다.

　서방학자들은 늘 중국 농민행동의 보편적 규율에 대해 개괄하려 하였고, 이를 통해 향촌사회 변화의 내적 논리를 효과적으로 해석하려고 하였다. 그러나 중국농민의 내부적 접근관념(emic approach)에 대한 충분한 지식이 부족하여 그러한 일반적 접근관념(etic approach)으로 진행한 해석은 단지 하나의 물이 될 수밖에 없고, 전면적으로 농민행동 논리구조의 형성과정에 대해 밝힐 수 없게 되었다. 그러나 페이샤오통이 말했듯이 본토사회 연구도 "나를 바라보고 있는 타인을 보는" 방법을 이용하여, 다시 말해서 타인이 우리를 어떻게 보고 있는지에 대해 많이 이해하게 되면, 이를 통해 우리는 자신을 알게 될 것이고 새로운 시야를 개척할 수 있게 될 것이다.[68]

68　페이샤오통, 『종실구지록(从实求知录)』, 385~400쪽.

중국농민의 행동 특징을 말할 때, 이성주의와 문화 특수주의는 그중의 한 부분에 대해서만 해석하였다. 다시 말해서 보편적인 원칙 혹은 논리로 중국농민의 관념과 행동 특징들을 설명하게 되면 제한성이 존재하게 된다는 것이다.

현실사회중 농민들의 행동은 이성인의 논리에 부합되는 동시에 특수문화 환경특점도 가지고 있다. 또한 더욱 풍부한 실천 구성특징도 포함되었는데, 행동 상황과 행동자와 관련 있는 우연성적인 특징이 있다. 그리하여 중국농민의 관념과 행동에 대해 고찰하고 이해할 때 보편원칙과 특수원칙, 구조요인과 구성요인을 유기적으로 결합하여 고려하는 것이 매우 필요하다. 그렇지 않으면 일부 이해와 해석만 강조하게 되면 농민사회 행동특징에 대한 오해와 편견을 조성할 수 있다.

예를 들면, 농민의 행동 효율을 조직하는 문제에서, 우리는 마찬가지로 보편주의 시각으로 이 문제에 대하여 대체적으로 경솔한 결론을 얻어내, 모종의 조직패턴이 농민행동의 효율을 향상시킬 수 있다고 하여 그것이 보편적인 유효성이 있다고 보면 안 된다. 반대로 현실상황은 흔히 이러한 상상 혹은 추리에 비해 볼 때 비교적 큰 편차가 존재한다. 그 이유는 농민의 사회행동은 여러 요인들의 영향을 받기 때문에 단일한 각도에서 출발하여 현실적 상황에 대한 고찰이 부족하다면 인식과 실제 사이에 편차가 존재하는 것을 피하기 어렵기 때문이다. 마찬가지로, 통일된 경험을 토대로 건립되지 않은 조직효율에 대한 논쟁은, 예를 들면 집체조직과 협조조직, 가정조직 효율에 대한 논쟁은 보통 의식형태의 측면에 머물 뿐 구체적인 실천에 대해서는 큰 의미가 없는 것이다.

문화가 농민의 관념과 행동에 대한 영향문제에서 사람들은 농민의 사회행동 속의 특수문화교양에 대해 주목해야 할 뿐만 아니라, 농민의 이 특수문화의 구성에 대한 작용도 이해하여야 한다. 다시 말해서, 농민행동 선택에 영향을 주는 문화 관념은 비록 농민이 생활하는 특정한 환경과 밀접한 연관이 있지만, 동시에 농민 자체의 행동실천을 통해 공동으로 구성된 것이다. 따라서 문화와 행동의 관계에 대해 토론할 때, 단일 방향의 시각이 아닌 쌍방향 작용을 통해 고찰하고 이해해야 한다.

제2편

중국농민의 관념 및 행위

제 5 장 남아선호와 농민의 출산행위

제5장

남아선호와 농민의 출산행위

인류의 출산행위는 다른 동물의 번식현상과는 다른데, 전자의 경우 일정한 사회문화제도 속에서 진행되고, 후자는 일종의 본능적인 종의 번식에 속한다. 가정 혼인제도, 정치경제제도, 도덕 법률제도 및 풍속과 사회풍기는 모두 일정한 정도에서 사람들의 출산행위에 대한 의식적인 선택을 제한하면서 영향을 미친다.

출산행위는 본질적으로 보면 사회적이고 문화적인 행위이며, 중국농민들에게 출산이란 인생에서 하나의 특별히 중요한 경력인데, 특히 오늘날 보편적으로 산아제한정책을 시행하는 큰 배경 속에서, 출산은 기혼부부의 순리에 따라 자녀를 낳아 기르는 과정인 것이 아니라, 가정의 사회와 문화적인 배치와 관련되며 농촌가정과 국가, 개체와 사회의 관계와도 연관이 있다. 그리하여 지금의 중국 농민의 출산 관념과 출산행위에 대한 탐구는 더없이 특별한 의미가 있다.

사람들의 출산행위는 비교적 큰 범위 내에서 한 사회의 인구 상황에 영향을 미친다. 출생률, 출산수준 등 양적 특징은 어느 한 시기 인구변동의 기본 상황을 반영할 수는 있으나 전반적으로 출생과 인구변동의 원인을 이해하려면 반드시 사회·경제·문화 등 다방면의 종합적 요소의 공통작용에 대해 고찰해야 한다. 현재 출산행위에 대한 분석과 해석은 인구 통계학뿐만 아니라 경제학, 심리학, 사회학 및 인류학이 공동으로 흥미를 가지는 문제 중의 하나이다.

본 장에서는 두 가지 각도에서 오늘 날 중국농민의 출산관념과 출산행위의 특징을 고찰하고 탐구를 진행할 것이다. 첫째는 사회인류학의 사례연구라는 시각에서 출발하여 안훼이성(安徽省) 동부의 한 자연촌락인 T촌의 전야에 대한 고찰을 통해 현실생활 속에서 향토문화와 농민의 출산심리 상태 및 행위 특징 사이의 관계를 탐구함으로서 '효용 극대화', '전통문화 결정론', '생산방식 결정론' 및 "아들을 키워 노년을 대비하다(养儿防老)"는 등 농민의 출산선택에 영향을 주는 요인에 대한 이론적 가설에 대한 재검토를 통해 더욱 깊이 농민의 출산행위 배후에 있는 정신 혹은 문화심리 구조를 제시하는 것을 목표로 한다. 둘째는 농민의 '생남편중(生男偏重)' 모형에 대한 분석을 통해 계획생육이라는 배경에서 농민들의 출산관념의 기본형태, 그 형성 원인과 영향에 대해 설명하고, 이러한 분석을 토대로 농민의 출산수요와 국가정책수요 사이에서 균형적인 조건을 실현하고 균일한 책략을 실시할 수 있는 방법에 대해 탐구하였다.

제1절

농민의 출산행위 이론

출산행위에 대한 분석이나 출산행위에 영향을 미치는 여러 요소에 관한 이론들은 다종다양하며 아주 풍부하다. 특히 1960년 이래 출산문제에 대해 미시적인 분석을 진행하는 것은 수많은 학자들이 공통적으로 흥미를 보이는 것이며, 또한 학제적 연구가 날로 증가함에 따라 나타난 이론해석 유형도 각자의 특색을 갖추었다. 현재 비교적 영향이 있거나 혹은 유행하는 이론해석은 (1) 인구전환신론(人口转变新论), (2) 자녀수요이론(孩子需求论), (3)전통문화이론(传统文化论), (4)사회수요이론(社会需求论) 등 크게 4가지 부류로 개괄할 수 있다..

(1) 인구전환신론. 이는 인구전변이론을 겨냥하여 제기한 것인데, 전에 이러한 구호를 제기하였다. "발전이야말로 가장 유용한 피임약이다." 이러한 관점을 지닌 이는 사회경제제도와 구조의 변화에 따라, 특히 공업화와 도시화 수준이 제고되면서 새로운 소가정적인 관념이 형성되고, 개인발전의 새 기회와 출산을 절제하는 새로운 기술의 출현으로 출생률과 인구규모는 저절로 낮아지고 균형을 이룰 것이라고 보았다. 즉 사회경제의 발전과 전환은 자연히 인구전환 문제를 불러와서 자연적으로 인구규모와 성장속도를 통제하는 상태에 도달하게 만든다. 콜(Ansley J.Coale)은

인구전환이론의 해석이 구체적이고 깊지 못하다고 지적하였다. 그는 프린스턴 인구연구팀을 거느리고 유럽의 출산율과 출생률 감소문제에 대해 구체적이고 역사적인 비교연구를 진행하였다. 1973년 국제인구과학 연구학회(IUSSP) 전체회의에서 콜은 『인구전환이론 재사고』란 연구 보고서를 제출하여 전통적인 전환이론을 수정하고 보충하였다. 콜은 가임여성 총계 출산율지수(If)는 주로 혼인비례지수(Im)와 혼인 내 출산율지수(Ig)의 영향을 받으며 지수사이 관계는 다음과 같다고 보았다. If=Im*Ig. 그리하여 그는 인구 전환을 두 가지 단계로 나누었다. 첫 번째 단계의 전환은 결혼지수(Im)가 감소된 맬서스식(Malthus式) 전환이고, 두 번째 단계의 전환은 혼인 출생율지수(Ig)가 감소된 신 맬서스식 전환 이다. 그는 혼인 내 출산율 감소에 세 가지 선결성 조건이 존재한다고 주장하였는데, 즉 첫째, 출산은 반드시 의식적인 고려와 선택의 행위를 거쳐야 한다. 둘째, 적게 낳으면 장점이 있다. 셋째, 절제 출산의 효과적 인 방법과 기술은 반드시 편의적이어야 한다. 이것으로 보아, 콜의 기본 관점과 낡은 전환이론 사이에는 큰 의견차이가 없으며 이들은 모두 사회 구조는 전통에서 현대로 전환하여 최종적으로 인구증가 방식의 전환을 초래한다고 주장하고 있으나, 그 중 콜의 전환체제에 대한 분석이 더욱 세심할 뿐이다[69].

인구전환신론은 일정한 의미에서 출산율 감소와 인구증가 방식 전환의

---

69   See Cole,Ansley J, "The Demographic Transition", in International Population
      Conference, 1973, Vol.1

인구학 원인을 해석하고 설명하였으나 공업화, 도시화, 현대화 과정은 인구자연전환의 보편적인 규율로서 분명하지 않다는 의문이 있다. 먼저 인구 전환신론이 봉착한 문제는 현대화 혹은 현대화의 임계점을 어떻게 정하는가 하는 것이고, 다음 사회구조와 인구변동은 "결정하고 결정 당하는 관계인가?" 아니면 "서로 영향을 주는 관계인가?" 하는 것이고, 그 다음 사회경제 발전이 "어떤 상태로 발전해야 하는 건가?" 혹은 사회구조 전환이 "어떤 정도까지 도달해야 인구전환을 일으키는가?" 하는 것이며, 마지막으로 동일한 성질의 사회단계에서 "모든 사회, 모든 문화중의 인구 증가 양식이 천편일률적인 것인가?"하는 문제이다. 총괄적으로 인구구조는 사회구조의 조성부분이며, 이 중 사회구조의 변화가 출산과 인구구조 변화의 원인이라고 주장하는 데는 반복적인(同义反复) 제한성이 존재함이 틀림없다. '인구전환론'이든 아니면 '인구전환 신론'이든 모두 하나의 비교적 유구한 역사 범위 내에서만 진정한 해석력을 가진다.

(2) 자녀수요이론. 1950년대부터 미시적 경제학 연구는 광범위하게 인구영역으로 침투되어 출산행위에 관한 수많은 경제학 해석 혹은 출산 분석의 경제학적 모형이 샘솟듯 나타났다. 이러한 해석과 양식은 모두 경제학의 '경제인'에 대한 기본가설에 근거한 것인데, 즉 사회속의 사람은 늘 자신에게 유리한 행위를 선택한다고 보았다. 사회와 가정행위의 경제적 분석면에서 베커(Becker)가 가장 대표적이다. 그는 자신의 모형을 만들 당시, 출산행위와 관여되는 세 가지 기본명제를 제출하였는데, 그 세 가지란 최대화의 행위, 균형적인 시장과 안정적인 선호이다. 베커는

가정에서 자녀에 대한 수요는 자녀의 가격과 실제수입에 달려 있으며, 자녀의 가격이 높아질수록 아이에 대한 수요는 감소되는 반면 다른 상품에 대한 수요는 증가될 것이라고 보았다. 베커는 아이에 대한 양과 질량은 서로 영향을 주며, 수입의 증가와 질량 수익율의 제고는 비교적 큰 폭으로 아이에 대한 수요를 줄인다고 보았다.[70]

후에 레이번슈타인(leibenstein)은 또 한 번 이 모형에 대해 수정과 보충을 하였다. 그는 출산을 개인의 소비행위라고 보았는데, 인구는 서로 다른 사회지위를 가진 군체들로 구성되었으며 이들은 수입뿐만 아니라 군체의 선호도 완전히 다르다고 주장하였다. 또한 사람들은 서로 다른 선호구조에서 출발하여 자신의 소비구조를 확정 짓는데, 아이를 출산하는 행위도 이 지출구조 속에 포함 된다고 지적하였다. 베커와 레이번슈타인의 전 시기 연구를 토대로, 이스털린(R.A Easterlin)도 일종의 수요를 방향으로 하는 경제학 분석과 틀을 제기하였다. 그는 출산을 결정하는 요인에는 세 가지가 포함되는데, 첫째. 아이에 대한 수요, 둘째. 가능한 아이의 수. 셋째. 출산통제에 필요한 대가이다. 그중 첫 번째와 세 번째 요인이 제일 중요하다고 했다. [71]

출산행위의 선택을 결정짓는 경제학 이론과 그 모형의 공통점은 바로, 사람들이 어떠한 선택을 하든 모두 자신에게 유리하거나 유용한 곳으로부터 출발하여 고려하거나 계산한다는 것이다. 물론 어떠한

70　【미】 베커, 『가정경제분석』, 6~38 쪽, 북경, 화하출판사, 1987.

71　See Easterlin, Richard A. , Population, Labor Force, and Long Swings in Economic Growth, New York, Columbia University Press, 1968.

행위든지 모두 행위자의 잠재의식 혹은 의식과 같은 주체적 정신작용의 결과이며 행위자가 내린 선택은 언제나 그가 보기엔 기정된 상황 속에서 더욱 가치가 있거나 효용이 큰 쪽이긴 하지만, 주체가 가치가 있거나 유용한 것인지에 대한 판단과 평가는 절대 단순한 계산과 논리적 추리가 아니라, 문화 가치관이나, 인격적 특징과 사회환경의 제한을 받아, 즉 같은 행위가 모종 문화배경 속에서는 유리하거나 가치 있다고 평가되지만 기타 문화 가치관에서는 원가 혹은 대가의 범주에 속할 수 있다. 따라서 이성적 선택의 분석은 구체적인 문화배경과 인격적 특징 및 사회정경 속에서만, 그 결과가 효과적이며 의미가 있게 된다. 서방학자들이 제기한 일부 모형과 가설은 서방에서는 적용될 수 있는데 이들은 분석을 진행할 때, 이미 문화적 요인을 하나의 공리 조건으로 보았기 때문이다. 그러나 이러한 이론으로 중국인들의 사회행위를 분석하려 한다면 그에 앞서 문화적인 수정을 진행할 필요가 있다.

(3) 전통문화이론. 이런 유형의 관점이 주장한 것은, 출산관념과 태도를 결정 하는 요인은 주로 전통문화속의 윤리와 가치관이라는 것이다. 이런 관점을 가지고 있는 사람이 중국 농민들의 출산관념과 소망을 해석할 때, 흔히 유가의 "불효에는 세 가지가 있는데 대를 이어 갈 자손이 없는 것이 제일 크다"는 윤리신념 및 조상숭배, 생식숭배[72], '종자'문화와 '향화(좁火)'를 연장하는 등의 가치관은 잠재적인 결정적 의의가 있고,

---

72 자오궈화, 『생식숭배문화론』, 384~403 쪽, 북경, 중국사회과학출판사, 1991.

따라서 일부 사람들이 보건데 이러한 관념의 작용은 뿌리 깊이 박혀있어 변화될 수가 없는 것처럼 보인다.

문화가치 관념은 자연스레 출산관념과 행위에 영향을 주지만 문화,관념은 단지 전통관념 만을 가리키는 것이 아니며, 전통적인 것은 항상 모종의 체제와 조건하에서 기능을 발휘한다. 사상관념은 유전을 통해서만 얻는 것이 아니고, 조상의 관념이거나 전통관념은 모형이 아니며, 후세사람들의 사상도 모형으로 이루어진 것이 아니다. 실제로 소위 문화관념이란 바로 현실생활 속의 여러 요인들이 사람들의 의식 속에 나타난 반영과 표현이다. 이이위안(李亦园)과 페이샤오퉁은 전에 '소전통'이란 개념을[73] 제기하였는데, 그들은 이를 통해 문화의 현시성과 현실성을 강조하는 동시에 역사적이고 전형적인 윤리와 관념이 어떻게 그 시대 민간문화에 작용 되었으며, 작용 정도가 얼마나 큰가 하는 것을 설명하기 위해서였다.

(4) 사회수요이론. 이 이론의 관점에서는, 현 단계 중국농민의 출산 행위의 동기는 주로 5단계의 수요, 즉 궁극적 의의(意義), 정감, 혈통, 사회성 수요, 생존성 수요에서 온 것이며, "고도의 공업화-고도의 집체화"라는 사회구조는 출산수요를 만족시키고 약화시키는 기능[74]을 가지고 있다고 주장하였다. 어떤 의미에서 볼 때, 이러한 해석은 사람의

---

73 페이샤오퉁, 『「강촌경제」 서문을 다시 읽다』, 『북경대학 학보』, 1996(4).
74 천준지에, 무광쭝, 『농민출산수요』, 『농민출산수요』, 1996(2).

기본수요와 출산행위의 사회적 기능이 양자 사이의 관계를 구분하지 않은 것이다. 매슬로(Maslow)의 관점에 근거하면, 5단계의 수요는 매 사회에서 모두 동일한 표현이 있으며, 이는 사람들의 보편적 수요이지 농민들에게만 있는 것이 아니다. 따라서 수요의 가설로서 농민의 출산소망과 행위의 특수성을 설명하지 못하였다. 이상 몇 가지 유형의 출산행위 및 그 영향을 주는 요인에 대한 이론적 해석 범식의 의의는 주로 사람들 출산행위의 일부 특점을 분석한데 있으며, 현실생활 속의 구체적인 현상에 대해 더 깊은, 이해성의 해석을 진행하려면 생활세계에 대한 고착과 체험이 필요하다. 현재 사회에서 비록 수많은 농민들의 출산관념과 행위에 대한 일반적 인식이 유행되고 있지만 이러한 관념은 듣기에는 그럴듯하게 보이지만, 현실상황과는 일치하지 않을 가능성이 있다. 그중의 일부 관념은 흔히 사람들의 일반적 직감이나 경험에 머물러 있을 뿐, 체계적인 경험고찰과 이성적 분석을 토대로 한 분석이 부족하다.

사회행위 이론의 각도에서 보면, 사람들의 사회행위 동기는 주로 이들이 현실 인식과 수요심리의 구조에서 온 것이며, 사람들의 인식과 심리적 수요는 구체적이고 현실적인 생활환경에서 형성된다. 농민들의 출산태도, 소망, 행위적 특징은, 농민이란 이러한 사회집단의 심리와 인격적 특징의 체현이라고 말할 수 있다. 그러나 농민집단의 심리적 특징은 이들의 그러한 특수한 시공간 장소(场域)와 생활환경에서 형성된 것이지, 현실생활의 추상물을 이탈한 것은 아니다. 따라서 이러한 집단의 심리현상에 대해 이해하고 인식하려면 반드시 농민들이 생활하는 공간 및 이들이 참여한 여러 경제와 사회문화 활동 속에 깊이 들어가야 한다.

제2절

촌락문화 구성의 출산압력과 비호

완동(皖东) T촌은 양자강 중하류 평원에 자리 잡고 있는 어미지향(魚米之鄕)이다. 이런 자연촌락에는 약 150호의 가구가 거주하고 있고, 1996년 명부에 기록된 등록인원은 645명이 되며, 노동력은 380명이었다. 촌락의 거주 형태는 "一"자형으로 나타나며, 대부분 집집마다 주택이 한 줄로 연결되어 있다.

소수의 새로 생긴 단독주택만 촌락 주변의 경작지거나 제방 옆에 새로 저택기지를 마련하였다. 특히 자식이 많은 가정들에서는 아들들이 결혼하여 가정을 이룰 때쯤이면, 여자 측에서 남자 부모 측에 제기한 첫째 요구가 바로 아들들한테, 각각 단독 주택 한 채씩 지어 달라는 것이었으며, 특히 다층 건물을 지어 달라는 요구가 많았다. 다시 말해서 여자 측 부모가 딸의 결혼 전 성혼과 결혼의 제일 중요한 전제 조건으로 주택 재산권을 꼽았다는 것이다. 보통 남자 측 부모가 살고 있던 낡은 집은 이러한 요구를 만족시킬 수 없게 되며, 이럴 때 보통 그들은 본래 건축지를 토대로 위에다 다층 건물을 지어 올리거나, 다른 곳에 새로 집을 짓는다. T촌에서는 보통 '一'자형 집터 앞에 집을 덧 짓지 못하게 하는 풍속이 있는데, 이런 방식은 자신에게 속해야 할 좋은 풍수를 타인이 빼앗아 자신을 앞서고 강압을 주고 있다고 보기 때문이다.

같은 논리로 사람들은 집터 뒤에 집짓기를 꺼려했다. 이 또한 타인에게 뒤떨어진다는 것을 상징하기 때문이다. 그래서 주요 저택들은 '─'자형으로 배열되었으며, 이웃집과 연결되어 있는 주택을 보수하거나 재건축할 때는 반드시 사전에 이웃집과 협상을 진행하여 의견의 일치를 봐야 한다. 만약 길이 혹은 너비, 집의 형상면에서 조금이라도 앞서거나 뒤 떨어진 기미가 보이면 반드시 이웃 간 모순을 초래하게 되고 심지어 큰 충돌이 발생하게 된다.

T촌 주민들은 주로 식량과 식용유 생산에 종사하며, 경작제도는 벼와 유채를 번갈아 심는다. 이곳은 토양이 비옥하고 수원이 충분하며, 사람들의 평균 경작면적은 다른 구릉 지역에 비해 상대적으로 크며, 1인당 1모작(옛날의 묘 단위를 가리킴. 대약 지금의 2.5묘이다)을 나눠가질 수 있다. 그리하여 집집마다 식량과 식용유 생산량이 모두 높은 편이다.

비록 농작물 생산의 수확이 상당히 낙관적인 편이지만 대부분 가정 내 수입원은 부업에서 온다. 부업에는 주로 어업, 건축업, 소상업 그리고 외출하여 노동하는 것들이 있다. 현재 갓 학교에서 졸업한 학생과 일부 젊은 부부들은 도시로 가서 일하거나 장사를 한다. 농촌에 남아 있는 사람들은 대부분 나이 많은 식구들이다. 일부 젊고 힘 있는 남자들이 집에 남아 있는 경우도 있는데 그들은 부업을 겸하여 하고 있다. 부근에서 생산된 농산품을 수송한다든가 건축업을 겸하여 일하고 있다. 부업은 번영발전과 더불어 가정의 수입 수준을 크게 상승하였다. 거기에다 그들과 도시사이의 교류가 빈번해 지면서 도시사람들의 물질생활 수준을 점차 받아들이는 한편 흠모하게 되었다. 현재 촌에 사는 젊은이들의 결혼 표준을 보면, 물질면에서 도시사람들의 표준을 요구하고 있다. 다시 말해 결혼 전에 남녀 양측 가정에서 반드시 아파트(적어도 시멘트 평집), 컬러TV, VCD, 냉장고, 세탁기, 액화가스 레인지 등 여러 가정용 전기기구와 비교적 도시화된 일상용품을 갖추어야 한다는 것이다. 일부 물건들은 큰 사용가치가 없음에도 불구하고, 위와 같은 요구를 제기하는 것이 일종의 조류를 이루었다. 많은 사람들은 자신에게 누군가 이런 방식을 요구했다면 같은 방식으로 타인에게 요구해야 한다고 보고 있기 때문에 결혼표준이 높아지고 변화된 것은 일정한 정도에서 농민들의 비슷해지려는 대중심리가 작용한 결과라고 볼 수 있다.

촌락의 생활요소, 생산방식, 거주형태는 향토문화의 형성에 하나의 시공간 장소를 제공하였다. 페이샤오통은 향토사회에 다음과 같은 몇 가지 특색을 부여하였다. (1) 흙의 향기. 한 사람의 생활은 삶에서 죽음에 이르기까지 흙과 밀접한 관계가 있으며, 그들의 우주관에서는 향토의식이 매우 농후하다. (2) 예속사회. 즉 사람들의 행위가 따르는 규범은 주로 인정, 예절, 관계와 체면 및 본 고장, 본 촌의 풍속이다. (3) 차등적 질서구조(差序格局). 향토사회에서 사람들의 인식구조는 자아를 중심으로 차등적 질서를 나타내고 있다. 즉 나→우리 집→우리 가족→우리 촌 이러한 순서로 펼쳐졌다.[75]

사회체제의 변화와 더불어, '향토' 개념은 실제로 또 다른 한 층의 의미를 포함하고 있다. 향ᆞ진은 일종의 농촌이나 촌락을 관리하는 행정기구,

75   페이샤오통 , 『향토중국』 , 21~28 쪽.

혹은 국가권력기구를 대표하고 있다. 향토사회, 자연촌락은 완전한 독립자치의 자연적인 사회단위가 아니라 일종의 '행정화'된 사회지역에 속한다. 이곳 사람들은 권력의 문화네트워크 속에서 생활하고 있으며 국가정책과 빈번한 교류를 하고 있는데, 이속에는 복종도 있고 저항도 있다. 저항은 언제나 폭력적인 행위로 표현되는 것은 아니지만 일반 상황에서 의식과 상징 혹은 다른 대체 형식이 정책에 복종하거나 저항하는 선택 과정에서 이상적인 균형을 찾는다.

현재 이곳 농민들의 출산관념과 행위특징은 대부분 정부와 정책의 교류 속에서 형성되고 표현되었다. 예를 들면, T촌이 종속된 향·진의 계획 및 생육정책의 집행상황은 대개 이러하다. 첫 임신으로 아들을 낳은 집은 원칙적으로 둘째를 낳지 못한다. 규정에 따라 적어도 4년이 지나야 둘째의 출산 지표를 신청 할 수 있는데 지표가 없으면 출산할 수가 없으며, 만일 규정을 어기게 되면 벌금을 내거나 강제로 피임수술을 해야 한다. 첫째로 딸을 낳은 집은 4년 후 둘째를 낳을 수 있다. 아들을 낳는 목표를 실현하기 위해 많은 농민 가정들에서는 효과적으로 생각되는 자원과 수단을 사용하여 상기의 정책에 대응한다. 아들을 낳은 가정들에서는 보통 정책에 따라 둘째를 출산하지 않으며 일부 가정에서 더 낳을 마음이 있다 해도 대부분 정책이 주는 압력과 현실적 압력으로 인해 정책을 어기고 자식을 더 낳지 않는다.

반면에 아들을 낳지 못한 가정에서는 여러 가지 책략을 사용하여 아들을 낳는 목적에 달성하기 위해 노력을 아끼지 않는다. 특히 그들은 둘째를 낳기 위해 '구실'을 만들어 내는데, 두 번 째 출산은 농민가정의 조작에 여지를 남겨 두었으며 정부정책의 집행에도 공간을 남겨 두었기 때문이다. 농민가정 입장에서 말하면, 그들의 최종 목적은 아들을 낳는 것이지 많이 낳는 것이 아니며, 기층 정부입장에서 말하면, 그들이 정책을 집행하는 목표는 농민들의 초과 출산을 통제하기 위함이지 그들이 출산한 자녀의 성별 선택을 통제 하려는 것은 아니기 때문이다. 두 번째 출산에서, 농민 가정에서는 보통 여러 가지 책략을 택하여 정책을 준수하거나 저항하는 이중선택 과정에서 평형을 찾는다. 이러한 정책에는 다음과 같은 것들이 포함된다.

잘 아는 의사를 찾아 태아의 성별 검증을 진행하여 만약 아들이면 낳고 아들이 아니면 낙태를 하는 것이다. 일부 사람들은 둘째를 임신했을 때 먼 곳에 가서 낳은 아이가 아들이면 향·진에 가서 호적에 올리고, 딸이면 다른 사람에게 입양을 보내거나 심지어 직접 신생아를 익사시키는 수법으로 두 번 째로 낳은 여자 아기를 처리한다. 직접 정책에 저항하여 셋째, 넷째를 출산하는 사람은 사실상 매우 드물다. 한편 농민들은 기층 정부가 정책을 집행하는 역량과 범위를 알고 있기 때문에 가급적으로 정부와 대항하는 것을 회피한다. 다른 한편으로는 농민들이 변통을 위해 채택한 책략으로 계획 생육 정책에 대응하는데 이런 행동은 농민 가정에서 최적화 되는 행위에 속한다. 그 목적은 정부와 정책을 저항하는데 있는 것이 아니라 자신의 출산 소원을 실현하기 위해서이다. 만약 변통을 통해 정부와 정책의 직접 충돌을 순조롭게 피할 수 있다면, 이는 의심할 여지없이 그들의 행동 원가를 낮추게 된다.

그렇다면 T촌의 농민들은 왜 아들을 낳는 행위를 추구하는 경향을 보이는 것일까? 이와 관련된 관념 및 동기시스템의 특점은 또 어떻게 형성되었는가? 이러한 문제의 해답은 T촌 농민들의 생활세계와 현실경험 속에서만 찾을 수 있다.

정책과 같은 방향성(趨同性) 심리 압력

촌락은 농민이 생존하고 발전하는 시공간 장소이다. 농민의 독특한 거주 형태는 이익, 정감, 심리 등 방면에서 그들을 긴밀히 연계시켰다. 이곳에서, 농민들은 공동생활하고 공동으로 정보를 공유하며 오랜 시간 함께 지내기에 서로 잘 친하며, 그들 사이에는 협조도 있고 투쟁도 존재한다. 공존과 경쟁이 병존하는 인간관계와 심리특점이 T촌에서 여실히 드러났다.

현지 조사에서, 필자는 촌민들이 생산과 생활면에서 비슷해지려는 경향이 특별히 강하다는 것을 발견하였다. 예를 들면 생산방면에서 만약 어느 한 집에서 어느 날 비료를 주거나 관개를 하고 농약을 뿌리면, 다른 집에서 잇따라 하기도 하며 심지어 비료, 종자, 농약마저 같은 것으로 사용한다. 생활면에서, 사람들의 습관, 표준, 사용하는 기물들이 모두 같다. 예컨대, 과거에 집집마다 밥을 짓고 요리를 할 때 볏짚을 연료로 사용 했다면, 현재는 생활수준이 점차 향상되면서 일부 가정에서는 액화 가스렌지를 사용하기 시작하였다. 지금까지 대부분 가정에서 모두 이처럼 생활에 편리를 주고 다루기 쉬운 도구를 사용하고 있다. 출산 선택방면에서는 같은 방향성의 심리와 행위가 특히 돋보인다. 촌민들은 현행 계획 산아제한 정책의 상호 작용으로 남자를 낳는 집중성 심리를 형성하였고, 또한 이런 압력도 점차 가중되었다. 흔히 이와 같은 커다란 압력이 농민들을 부추겨서 정책을 거스르게 만든다. 소위 아들을 낳는 것을 추구하는 행위는 일반 의미에서 아들에 대해 일방적으로 선호하는 것과는 달리, 특정 환경과 강렬한 동기의 추진으로 끊임없이 시도하는 행위이다.

사실 T촌 농민들의 출산관념과 소망의 특징은 일부 학자들이 주장하는 것처럼 많이 낳는 것을 요구하는 것이 아니다. 즉 소위 말하는 '다자다복(多子多福)' [76] 보다 이곳 농민들의 최대 소망은 아들을 낳는 것이다. 다시 말해 '생남편중' [77] 이지, 아이를 많이 낳는 것이 아니다.

방문 취재에서 많은 촌민들이 아이가 많은 것은 부담스럽다고 말했는데, 특히 아들이 많으면 부담 역시 더욱 가중된다는 것이다. 들건대 예전에 산아제한 정책을 실행하지 않았을 적에는, 적지 않은 가정에서 아들 둘을 낳고 나서 그 뒤로 또 아들을 낳으면 종종 먼 곳에 입양을 보냈다고 한다. 마찬가지로 딸을 여러 명 낳게 되면, 다른 집에 입양 보낼 때도 있고, 때로는 신생아를 익사시키는 수단으로 해결하기도 했다고 한다.

76　천준지에(陳俊杰), 무광종(穆光宗), 『1996, 농민출산수요』, 『중국사회과학』, 1996(2)

77　페이샤오통, 『출산제도』, 150 쪽, 천진, 천진인민출판사, 1981.

[사례 5-1]

40대의 한 부녀는 이미 아들 한 명, 딸 두 명을 두고 있었다. 산아제한 정책이 추진되고 나서 그녀는 불임수술을 하였는데 수술이 그만 효력을 잃는 바람에 예상 밖의 임신을 하여 또 딸을 낳았다. 당시 그녀는 아이를 낙태하려 하였지만 이웃사촌들이 여러 번 타이른 끝에 낳게 되었다. 수술 실패로, 초과 출산 책임은 그녀에게 있지 않았으므로 이 일에 대해 추궁하는 사람은 없었다. 그 후 그녀는 또 여자아이를 임신하여 낳게 되었는데, 이번에 태어난 여자아이는 버림받는 운명에서 벗어나지 못하였다.

이런 생활사의 자료들은, 예전의 수많은 관념과 가설들에 대해 명백한 도전장을 내밀었다. 적지 않은 사람들은 농민은 항상 많이 낳기를 원하거나 혹은 많이 낳을수록 좋다고 생각하며, 또한 그들은 '다자다복'이란 사자성어가 농민의 출산관념을 개괄 한다고 보았다. 이러한 해석은 인구발전사의 각도에서든, 현실적 각도에서든 모두 보편적인 근거를 찾을 수 없다. 만약 농민이 모두 많이 낳기를 갈망 하였다면 역사적으로 왜 정부가 사람들의 출산을 고무했던 일이 존재 했었겠는가? 그렇다면 지금 왜 일부 사람들이 자기의 아이를 타인에게 입양 보냈겠는가? 많이 낳는 문제가 발생하는 원인은 주로 농민들이 출산 리듬을 조절하는 것에 미숙하기 때문인데, 즉 산아제한 피임 의식이 비교적 모호하고, 또 농민들도 좀 더 편리하고 효과적인 피임조치를 얻을 수 없었기 때문이었다.

남자아이를 선호하는 것은 확실히 촌민들의 공동적인 관심이다. 한 가정에 아들이 없다는 것은, 무척 받아들이기 힘든 사실이다. 적어도 심리면에서 촌민들에게 불완전한 느낌을 준다. 왜냐하면 이곳의 가정마다 서로 다른 전략을 채택하였음에도 거의 집집마다 아들을 낳았고, 혹은 멀지 않은 장래에 아들을 낳게 되기 때문이다. 촌민들은 죽기 살기로 아들을 추구하며 종종 이 목표를 달성하기 위해 대가가 무엇이든, 심지어 가산을 모두 탕진 하더라도 정책과 맞서 대항한다. 이런 행위는 일반적 의미에서의 이성적인 경제 속셈행위가 아님이 분명하다.

촌민들은 왜 이토록 절실하게 아들을 원할까? 왜 그들은 "목적을 이루지 못하면 절대 끝내지 않을 생각"까지 하는 것일까? 그 원인은 매우 복잡하다. 일반 관념이 주장하는 것처럼 농민들이 아들을 낳는 것은 "대를 잇고", "가문을 빛내고", 혹은 "노년을 대비하여 아들을 낳거나" 농업생산의 예비인력을 담보하기 위해서가 아니다. 이러한 관념들은, 직관에 치우쳐 실제생활의 논리와 일치하지 않는다. 페이샤오퉁이 말했듯이 "불효에는 세 가지가 있는데 후손이 없는 것이 제일 크다. 아이를 낳는 것은 조상에 대해 면목을 세우기 위함인데, 듣기에는 무척 현실에 맞지 않는 이론인 것 같다. 우리가 죽은 후, 저승에서의 생활이 인간세상의 종이돈에 의존해야 한다고 믿지 않은 이상 …… 나는 충분히 아이를 낳는 사회적 의미가 죽은 후 저승에서 생활을 유지하려는 행위보다 더욱 알기 어렵다는 것을 인정한다. 사람들의 생각은 주로 구체적이고 개별적인 경향이 있기 때문이다."[78] 현실에서 농민이 아들을 선호하는 추세는 일반적인 선호성과는 다른, 극단주의 선호에 속한다. 선호성은 개인 선택의 경향이 있고 아들을 바라는 것은 선호에서 오는 것일 수도 있고, 혹은 선호가 아닌 외부 압력의 작용으로 생긴 행위일 수도 있다.

추구하는 행위는 보통 선택 가능한 범위를 초월한다. 예를 들면, 도시에서든 농촌에서든, 그 어디서나 아들을 선호하는 사람이 있는가 하면 일부 사람들은 딸을 선호하는 상황도 존재한다. 선호성은 단지 행위적 선택의 가능성을 대표할 뿐, 선택이 불가능한 상황이라면 절대적으로 모종 행위의 동기가 될 수 없다. 그러나 T촌의 사실들을 보면, 그곳 사람들은 무조건 아들만을 고집하는 군중심리가 있는 듯한 느낌을 준다. 다시 말해, 산아제한 정책이 이들의 선택범위를 제한할 때, 이들은 방법과 수단을 가리지 않거나 혹은 그 어떤 대가를 치루든 자신이 추구하는 목표를 실현한다는 것이다.

촌민들이 남자 아이를 선호하는 동기는 전부 "대를 잇는" 추상적 가치에서 오는 것이 아니고 또 전부 "아들을 낳아 노후를 대비하려는" 장기적인 고려 때문 만이 아니다. 비교적 긴 시간의 현지 고찰과 감수를 통해 필자는 농민들의 아들 바라기 행위와 직접적인 연관이 있는 것은 일종의 군중심리적 특징임을 발견하였다. 이러한 심리적 특징이란 바로 촌락의 시공간 속에서 촌민과 촌민, 촌민과 현행 산아제한 정책 사이에서 서로 영향을 주고 작용하여 형성된 같은 방향성의 심리적 압박이다.

---

78 페이샤오퉁, 『출산제도』, 170 쪽.

촌민의 남아선호 심리구조를 더 깊이 이해하기 위해, 필자는 촌내 97명의 20~35세 이미 출산을 경험한 가임여성들의 출산상황에 대해 간단한 조사와 대략적인 통계를 하였다. (표5-1)

표5-1 20~35세 이미 출산을 한 부녀의 출산 상황

출산수 자녀 성별	아이 한 명	아이 두 명	아이 세 명 이상	합계
첫 자녀가 남자아이	47	4	0	51
첫 자녀가 여자아이	8	36	2	46
비례 (%)	56.7	41.2	2.1	100

*조사시간은 1996년 8월

표5-1의 통계 수치는 최근 몇 년 간 T촌 농민 출산에 대한 기본 심리와 추세를 반영한 것이다. 먼저 1자녀를 가진 비례가 56.7%로 비교적 높은데, 그 중에는 첫째 아이가 여아인 가임여성도 포함된다. 그녀들은 이후 계속하여 출산을 할 가능성이 있다. 반면에 첫 아이가 남자아이인 비율은 48.4%에 달하며 계속하여 출산할 가능성은 낮다. 첫째 아이가 아들이고 또 둘째를 낳은 4가지 실례 중, 한 실례는 부녀의 심리가 건전하지 않고 찢어지듯 가난한 제도 밖의 사람들에 관한 것이고, 한 가지 예는 아이가 지적장애인인 유형이며, 나머지 두 개는 정책이 엄격하지 않았을 당시 밖에서 몰래 낳은 아이에 관한 실례이다.

첫 아이로 딸을 낳은 집들에서는 2자녀를 가진 비례가 비교적 높게

나왔다. 그 원인은 현행 정책이 규정하길 첫째 아이가 딸인 경우 아이가 만 네 살일 때 한 명 더 낳는 것을 허용한다. 이런 조치에 대해 촌민들은 한 쌍의 부부가 아이 둘만 초과 하지 않으면 계속해서 낳을 수 있는 것으로 이해하였다. 그들을 보면, 남자 아이를 낳는 목적을 이루기 위해, 둘째 출산문제를 통제하고 해결하는 것은 각별히 중요한 문제로 여겨진다. 그들은 보통 이런 몇 가지 조치를 적용한다. 첫째는 부녀가 둘째를 임신했을 때 사회관계를 동원하여 미리 초음파 검사를 하고 가령 여자 아이면 인공유산을 시키고 남자 아이면 낳는다. 둘째는 부부 쌍방이 모두 외지에 품팔이로 가 있던 중 여자 아이를 낳으면 버리거나 입양 보내고 남자 아이면 집으로 데려와서 기꺼이 벌금을 문다. 셋째는 집에서 아이를 임신했을 때, 여자 아이를 낳으면 신생아를 익사시키는 방법을 사용한다. 필자는 이러한 조치들을 '컨닝'행위라고 칭한다. 왜냐하면 이런 행위는 부당하고 비 도의적인 방식을 통해 남자아이를 낳는 목표를 실현하였고, 이 모든 것들은 부녀의 몸과 마음을 향해 엄청난 희생을 요구하기 때문이다.

'컨닝'행위의 출현은 촌락 내부에 시범효과와 연쇄반응을 동시에 생산시켰다. 한편으로 후세사람들에게 어떻게 정부의 정책에 "교묘하게 복종"하는 동시에 회피할 수 있는가를 보여줘 엄벌을 면할 수 있게 하였는데, 마치 농민이 평소 얘기했던 것처럼 "위에 정책이 있다면 아래에는 대책이 있다"를 직접 보여준 것이다. 이는 또 한편으로 타인에게 심리적 압력을 안겨준다. 왜냐하면 이런 행위의 결과는 하나의 사실을 구축해 놓았는데, 즉 "집집마다 남자아이가 있을 것"이라는 것이다. 다시 말해, 그 어떤 책략을 사용하든 최종적으로 매 한 쌍의 기혼부부는 아들을 낳는 목적에 반드시 도달할 것이라는 것이다. 농민들이 자주 하는 말인 "아래윗집을 봐요. 어느 집에 남자아이가 없나요?"라는 말에서 볼 수 있듯이, 집집마다 남자아이를 낳는 것은 이미 현실로 자리매김 하였다. 이런 현실은 남자아이를 낳지 못한 가정에 지극히 큰 압력을 가한다. 사람들은 '컨닝'행위를 하면서 막대한 대가를 치르고 또 거대한 심신의 박해와 압력 앞에서도 꿋꿋이 견뎌내야만 하더라도, 촌락에서의 사실과 이곳에서 형성된 같은 방향성적 심리는 그들이 이와 같은 선택을 하도록 강력히 추진시킨다. 이런 현실상황에서, T촌 농민의 아들을 낳는 심리의 형성은 불가피적이다.

만약 농촌지역에도 아이 한 명을 낳는 정책을 실행 한다면, 가령 정책의 집행이 체계성 있고, 정부 혹은 집행기관이 효과적으로 신생아를 버리거나 혹은 익사시키는 행위를 제지시킨다고 할 때, 만약 둘째 출산의 성별 선택 행위가 더욱 엄격한 제한을 받는다고 할 때, 여자아이만 있고 남자아이가 없는 가정은 점점 더 많아 질 것이고, 농민들은 남자아이를 낳든 말든, 이 문제를 좀 더 여유 있게 대할 수 있을 것이다. 농민들도 도시사람처럼 평소 마음가짐으로 여자아이를 낳는 문제를 대할 가능성이 있다. 그러나 이런 서로가 잘 아는 세계에서 "집집마다 남자아이가 있다"는 사실은 반드시 그들에게 거대한 심리적 압박을 준다. 모종의 의미에서 볼 때, 이런 현실은 촌락의 개체가 어쩔 수 없이 아들을 낳는 목표를 추구하지 않으면 안 되도록 강요하였다.

가치 공감과 사회적 지지

'컨닝'행위의 출현은 촌락 사람들의 행위가치에 대한 공감, 승인과 밀접한 관계가 있다. 인정심리 및 행동의 일치성은 일종의 집단 보호 그물 혹은 바람막이를 구성하여 처벌에 대한 사람들의 경외심을 약화시킴으로서 그들의 모험을 지지하고 고무 장려하였다.

먼저 공감은 아들을 낳는 필요성에 대한 가치적 공감에서 표현된다. T촌에서는 거의 "집집마다 아들이 있다"는 현실은 "집집마다 아들을 낳아야 한다"는 관념이 모두가 인정하는 보편적 신념으로 되게 만들었다. 또한 남자아이를 낳지 못한 부녀가 만약 계속하여 출산할 때, 다른 사람들은 그녀의 비호자(庇護者) 역할을 하고 사실을 숨긴다. 촌에 거주하고 있는 행정촌과 자연촌 간부도 한쪽 눈을 감고 듣지도 묻지도 않는다. 혹은 물어보기 싫어하는 동시에 감히 간섭하지 못한다. 그 누구도 이런 행위를 정책 혹은 법률을 위반한 행위로 보지 않으며 누구도 정부에 신고하지 않는다. 그 누구도 이런 오랜 관습을 통해 은연중에 일반화된 약속을 깨고 싶어 하지 않는다. 설사 두 집안에 모순이 있거나 서로 앙숙일지라도 이런 방식을 보복수단으로 사용하지는 않는다.

다음 공감은 '컨닝'행위에 대한 가치적 공감에서 표현된다. '컨닝'행위는 농민이 채용한 '저항성질의' 복종 책략이다. 즉 이들이 다른 가치를 희생하는 것으로서 모종 규칙의 목표에 복종한다는 것이다. 예를 들면, 여자아이를 낙태하는 방법이다. 그들은 많이 낳지 않지만 많이 양육하는(不多生多养)정책 규정에 복종하고 정책의 처벌을 회피하기 위해 법률과 도의적 규칙을 위반한다.

비록 그들도 이 점을 의식하였지만 향촌사회는 예속사회이지 법치사회가 아니며, 그들에게 있어 법률과 인도주의 원칙은 외재적, 추상적, 변동이 가능한 것이다. 그들이 보기엔 남자 아이를 낳는 것과 정책에 복종하는 가치가 인도적 법률의 가치보다 더욱 중요하고 심지어 그들의 일종의 책임 윤리로 되었으며, 다시 말해 아들과 가정, 가족과 마을에 대해 당연히 해야만 할 책임인 것이다. 페이샤오퉁이 종합한 향토관념에 "차등적 구조"의 특징[79]이라는 말이 있듯이, 사람들의 가치 관념 속에 자아가치는 중심이고, 순서대로 밖으로 한 층 한 층 전개된다. 사람들은 자아 이익을 위하여 가정, 가족, 마을 및 국가 이익을 희생할 수 있고, 이 점은 촌민이 남자아이를 낳는 과정에서 충분히 체현되었다. 자신의 가치체계를 옹호하기 위해 촌의 연장자도 한 가지 관념을 늘어놓고 자기 합리화를 하였다. 예를 들면, 아이를 익사시키는 방식을 변호하는 구실은, "가야 할 것(여자아이)은 안 가고, 와야 할 것(남자아이)은 안 오는구나.", "빨리 가서 빨리 환생" 및 "여자아이는 인간에 속하지 않는다." 등이 있다. 이러한 말들은 자아이익을 보호하기 위해 만들어진 민간관념으로, 이런 관념을 통해 사람들은 촌락사회에서 도의와 사회적 지지를 찾는다.

마지막으로 사회지지력은 또 촌락 공생관계의 정체성에서 온다. 촌락을 거주형태로 하는 사회공동체에서 사람들은 늘 함께 지내며 서로에 대해 잘 알고 있고, 이심전심, 호흡이 잘 맞는다. 사람들은 모두 공동체의 가치규칙을 엄격히 준수하면서 그 속에 그들의 공동이익과

---

79 페이샤오퉁, 『향토중국 출산제도』, 24~30 쪽.

정감이 연계되어 있었음을 인식하였다. 그리하여 사람들은 남아선호를 외치는 이들에게 이해와 지지를 보냈으며, 이는 사례 5-2에서처럼 명확히 표현되었다.

[사례 5-2]

한 촌의 국립 초등학교 교사의 아내는 '농사꾼'이었다. 그들에겐 이미 10세가량의 딸아이가 있었다. 전에 그들도 딸을 애지중지 하였고, 딸이 있는 것으로 만족하고 더 이상 다른 무언가를 바라지 않았다. 그러나 본 학교 그리고 촌에 사는 다른 사람들이 딸이 있고 나서 다들 아들을 낳게 되자, 그는 사람들이 의논하고 '동정'하는 대상이 되었다. 더욱 중요한 것은 주변의 친척과 친구들은 그를 지지해 주면서 정책을 위반하도록 부추겼다. 그 중 적지 않은 사람들이 그에게 만약 아들을 가진 후 면직 당하면 그를 데리고 가서 품팔이를 하고 장사를 하게 해주겠다고 공개적인 약속을 하였다.

수많은 '선의적인' 관심과 지지 아래 이 교사의 심리적 압박은 눈에 띄게 늘어났고, 거기다 뭇 사람들의 비호와 지지가 있었으므로, 그는 초과 출산의 길을 걸었다. 들은 바에 의하면, 그 후 그의 아내는 또 여자아이를 낳았다고 한다. 어떤 사람이 그에게 아이를 익사시켜버리라고 했지만 그는 동의하지 않았다. 그 후 그의 친척들은 할 수 없이 비밀리에 그 아이를 다른 집으로 입양을 보냈고, 그렇게 하여 그는 처벌을 면하게 되었다고 한다.

상기의 예에서 볼 수 있듯, T촌사람들이 초과 출산을 선택하고 남자아이를 선호하는 행위는, 단지 단순한 원가와 효용을 계산하여 내린 결정이 아니고, 동시에 그 어떤 전통적 관념이 작용한 것도 아니며, 이런 숙인(熟人) 사회에서, 모두가 공동으로 노력하여 하는 일인 즉 남자아이를 추구하는 행위는 이지역의 행동표준이 되어 이 개체의 선택에 대해 시범 작용을 하게 하는 동시에 압력을 주는 기능도 가지고 있다.

또한 이러한 서로 잘 아는 사회에서 촌민들은 서로의 속셈을 훤히 꿰뚫고 있고 손발이 잘 맞으며, 개인의 입장에서는 타인이 자신에 대한 행동 소망 및 타인의 행동에 대한 예측을 통해 그들의 행동결과에 대한 비교적 정확한 판단을 가지게 한다. 남자아이를 원하는 사람들이 계속 하여 출산 선택을 하는 가장 중요한 원인은 다음과 같이 개괄할 수 있다. 촌락사회가 소망하는 압력 및 촌락사회가 제공하는 지지력, 이들의 공동작용이 개인의 다수 출산 및 '컨닝' 행위에 대한 동기를 구성하였기 때문이라고 볼 수 있다.

제3절

농민의 출산에 대한 문화심리메커니즘

T촌 사람들이 남자아이를 원하는 현상에는 남자아이를 낳을 때까지 그만두지 않는다는 관념과 이 목적에 도달하기 위한 여러 가지 책략 혹은 변통방식이 포함되는데, 필자는 이러한 현상을 출산 면에 있어서 촌민들의 흥미로 보고 있다. 다시 말해 현실생활에서의 출산 흥미를 뜻한다. 필자는 촌민들의 출산흥미와 그들이 일상생활 중 '돈내기' 풍속이라는 양자 사이에 구조적인 일치성이 존재함을 발견하였다. 그리하여 필자는 돈내기 심리로서 농민들의 출산흥미와 남자아이를 원하게 된 동기를 비유하였는데, 이는 인류학자 클리포드 기어츠(Clifford Geertz)가 '발리섬 닭싸움' 현상을 이지역성 사회의 문화 및 정치 구조와 연계시킨 것과 유사하다.

기어츠는 문화는 일종의 의의와 상징의 순서 체계이며, 문화와 사람사이의 관계는 마치 교향곡 악보와 연주가 사이의 관계와 같다고 보았다. 인간이 문화를 창조하고, 문화는 또 인간의 행동을 인도하고 제약하는데, 이는 소위 "문화내권화"(文化內卷化)의 결과이다. 그 어떤 사회행동은 모두 일정한 상징적 의미를 포함하고 있다. 예를 들면, 발리섬의 닭싸움을 고찰하고, 닭싸움을 둘러싸고 진행된 도박활동에서, 기어츠는 이를 일종의 "심오한 게임"이라고 해석하였으며, "사람과 야수,

선과 악, 자아와 무아, 드높은 남성 창조력과 방임된 야성의 파괴력이 일체적으로 혼합되어, 선혈로서 한 폭의 증오, 가혹한 폭력, 죽음의 레퍼토리를 그렸다"[80]고 지적하였다. 닭싸움과 도박게임은 발리섬의 사회적 형태를 모방하여 불평등 등급제도하에 사람들의 정신 혹은 심리구조를 표현한 것이라 보았던 것이다.

이밖에 말리노프스키(Malinowski)는 민족지 연구(民族志硏究)에서 트로브리앤드(Trobriand) 주민들의 특수한 출산관념을 발견하였다. 현지에서는 일종의 요정이 처녀의 자궁에 진입하여 여성을 임신시키는 신화전설이 유전되고 있었음을 발견하였다. 말리노프스키가 볼 때, 현지 부녀가 이런 방식으로 아들, 딸을 낳는 행위가 남자와 무관하다는 출산관념은 실제로 현지사람들이 섬의 모권제도를 보호하기 위한 일종의 중요한 문화 관념이자 체제였다. 이런 현실에서 볼 수 있듯이 하나의 지역사회에서 문화는 실은 체계적인 전체를 구비하였으며, 각 부분은 모두 전체의 기능을 보호하기 위해 특정한 기능을 발휘하고 있는 것이다.[81] 일부 표면적으로 단순하게 보이는 풍속들도 실제로 이 문화 전체의 유기적인 일부분이라 할 수 있다.

T촌 사람들의 '돈내기' 풍속도 이 촌락문화의 유기적인 구성일 가능성이 있다. 그렇게 되면 돈내기 현상에 대한 구조분석을 통해 우리는 촌민문화 심리의 일반적 구조에 대해 알 수 있다. 의식형태의 각도에서,

---

80 Greertz, Clifford, The Interpretation of Culture, New York, Basic Books, 1973, 449~450 쪽.
81 【영】말리노프스키, 『양성사회학』 (복사본), 1~26 쪽, 상해, 상해문화출판사, 1989.

T촌 사람들의 '돈내기' 현상을 도박 현상 혹은 위법 행위라고 점찍어 정의 내리기엔 적합하지 않으며, 또한 이를 단순한 경제학 의미에서의 게임이라고 정의 내리기에도 적합하지 않다. 설사 '돈내기' 활동이 어느 정도 이 방면의 특징을 가지고 있다 해도, 그 의미는 법률 및 경제상의 의미를 훨씬 벗어난 것이다.

돈내기 활동은 촌민들 일상에서 하나의 극히 보편적이면서도 중요한 생활경험이므로, 일상생활과 여러 가지 밀접한 연계를 가지면서 촌락 문화를 구성하는 중요한 내용이 된 것이다. 그리하여 필자는 이러한 현상을 통 털어 민속 현상이라 결론 내렸다. T촌은 필자의 고향이 아니다. 필자가 잘 아는 관계를 통해 T촌의 논밭에 발을 들여놓았을 당시, 두 가지 현상이 필자의 주의를 불러일으키면서 필자에게 '이질문화'라는 감각을 주었는데, 그 원인은 이곳의 촌락생활과 필자의 고향 농촌은 거주형태, 생활방식, 인간관계, 관념 및 정책의 상호작용 형식 등 면에서 모두 비교적 큰 차이가 존재하였기 때문이다. 이로부터 중국 농촌은 범위가 넓고, 차별이 크며, 그 어떤 이론 가설이든 모든 지역에 있는 모든 농민들을 개괄하려 한다면, 이는 그다지 현명한 행위가 아니다. 이 두 가지 현상이란, 첫째는 남녀 아이를 출산하고 일부 아기를 익사하는 문제에 관한 의논을 자주 듣는 것이고 둘째는 돈내기 현상과 돈내기에 관한 토론이다.

돈내기는 T촌에서 돌출적으로 나타났다. 촌에서는 이런 구어가 유전하고 있다, 두 달간 농사짓고, 한 달 설을 쇠며, 9개월 돈내기를 한다. 돈내기는 이곳에서 아래와 같은 몇 가지 특점으로 표현되고 있다.

(1) 현상이 보편적이다. 돈내기에 참여하는 사람들은 무수히 많고, 남녀노소를 막론하고 전부 다른 형식의 도박에 참여한다. (2)형식이 다양하다. 돈내기 방식은 각양각색이고 도박 자금은 액수 크기가 다르다. (3)계절성이 강하다. 농한기와 명절에 활동이 빈번하다.

상술한 특점을 내놓고 돈내기는 이곳 향토사회의 문화현상이라고 이해할 수 있는데, 그 원인은 도박과 이곳의 '예', '속'이 아주 밀접히 연계되어 예속문화의 중요한 구성부분으로 되었기 때문이다. 사람들의 인정이 오고 가는 정의 속에 돈내기는 흔히 반드시 진행해야 하는 의식의 하나로 되고 있다. 예를 들면, 출생, 결혼, 장례식 그리고 기타 경사 예의에서, 초대 측은 반드시 선물을 드리러 오는 손님들을 위해 도박 활동을 조직하고 안배해야 하는데, 주인이 이런 활동을 통해 손님을 만류한다는 의사를 나타내고, 손님에 대한 존중과 답사를 표시하는 동시에 이를 통해 북적거리는 열기와 경사, 성대한 분위기를 두드러지게 나타내 보인다.

이 밖에 돈내기와 여러 가지 생활풍속도 긴밀히 연계되어 있는데 각종 경사와 명절날, 도박은 가장 주된 활동이기도 하다. 특히 여러 가정 혹은 성씨 족보를 만들 때, 무대를 설치하여 전통극을 공연하는 것은 반드시 해야 할 활동이다. 이는 명의상에서 기타 성씨의 축하에 대한 답사이며, 더욱이 중요한 것은 주변의 노름꾼들을 끌어들이는 역할을 한다. T촌 사람들 뿐만 아니라 부근의 농민들도 모두 도박을 즐긴다. 도박은 그들의 주요한 생활 홍미라고 말 할 수 있으며, 또한 이곳에서 도박은 일종의 문화자원이라 할 수 있다.

T촌이 있는 행정촌은 족보, 전통극 공연, 도박장 설립을 통해 그중에서 '우두머리'를 거둬들인 것이 십만 위안 이상이 되며, 이것으로 향·진 정부로 통하는 자갈길을 닦았다. 이로부터, 우리는 간부에서 촌민에 이르기까지 그들은 향·진정부에서 금지한 행위인 도박을 합법적인 것으로 보고 있음을 엿볼 수 있다.

T촌에서 농민들은 돈내기에 대한 흥미와 남자아이를 바라는 흥미는, 구조적인 면에서 비슷한 곳이 있는데, 상기 두 가지 현상은 이곳에서 모두 보편적이고 두드러지며 특별하다. 우리는 다음과 같이 이해해도 될 수 있지 않을까 싶다. T촌 사람들이 남아선호행위와 그들의 도박심리는 구조면에서 일치한 것이다. 양자는 모두 그들이 향토문화 배경에서 형성된 생활 흥미이다. 생활취미는 군체성 집단성이 있으며 내부 성원들의 심리와 가치적 추구에 영향을 준다. 이런 환경의 영향으로 사람들은 어느 정도 '도박'을 즐기는 심리특점에 감염되었는데, 사람들은 늘 분수에 맞지 않거나 불법적인 것에 도전하는 경향이 있다. 예를 들면, 이들은 도박에서 '이기기'를 추구하는 것은 자기 몫이 아닌 재물을 획득하려는 것에 불과하다. 이들은 출산면에서의 남아선호 행위 역시 정책규정에 따라 하지 말아야 한다.

사람들의 흥미는 특정된 공간의 문화습성에서 점차 양성된 것이다. 흥미에는 사람들의 모종 행위 및 그 결과에 대한 평가도 포함 되었으며 직접적으로 사람들이 어떠한 행동에 대한 태도와 동기에 영향을 준다. 이는 파슨스(Parsons)가 내린 결론인, 사회행동의 동기는 정경과 조건 두 가지 상태의 인식에서 오는 행동이라는 것과 비슷한 부분이 있다.

여기서 도박현상에 대한 서술은, 도박이 T촌사람들이 남자아이를 추구하는 원인임을 설명하려는 것이 아니라, 농민의 남아선호, 정책, 정부의 도박, 항쟁 그리고 도박에 대한 갈망은 모두 T촌 사람들의 생활취미라는 것을 설명하기 위함이다. 생활 속에서, 사람들이 한 가지 사물에 흥미가 생길 때, 기꺼이 더 많은 많은 몰두를 원한다.

생활흥미와 농민의 출산 심리상태, 행동동기 사이의 관계를 한층 깊이 설명하기 위해 기타 해석에 대한 적용성을 검사 할 필요성이 있다. 먼저, "대를 잇다"에 관한 전통적인 '효'가치의 결정론이다. 농민의 남아선호 관념에 대해 토론할 때, 일부 학자들은 흔히 공자가 말한 "불효에는 세 가지가 있는데 후손이 없는 것이 제일 크다."를 연상하게 되며, 당대 농민의 출산관념이 바로 이 같은 전통윤리에 대한 추구가 포함되었다고 주장한다.

이는 명백히 억지 논리를 쓰는 감이 드는데 만약 상기 가설이 성립 된다면, 공자는 또한 "부모가 살아계실 때는 멀리 다니지 않는다."는 말도 했는데, T촌의 적어도 70%이상의 젊은이들이 외지에 나가 품팔이를 하고 있는 현황으로서 그들은 왜 전통윤리에 복종하지 않는 것일까? 현지 연구를 진행하면서 수많은 재료를 통해 필자는 현대 젊은이들이 '효'를 자신의 핵심 가치관으로 보지 않았고, 많은 사람들은 단지 성인의 언어를 이용해 자아동기를 감추려는 구실로 삼았다는 것을 느꼈다.

농민의 남아선호사상은 농업생산에 필요한 노동력을 준비하기 위한 고려에서 나온 것은 아닌지, T촌의 현실에서 그 답을 찾을 수 있었다. 촌의 연장자는 모두 자신의 자녀들이 토지와 농촌을 떠나기를 바라고 있으며 설사 농촌을 떠나지 못하더라도 자녀가 토지를 떠나 농사일을 버리기를 극히 바라고 있다. 그리하여 평소 촌의 젊은이들은 모두 외지에 나가 품팔이를 하며 땅을 부모에게 주어 경작하게 한다. 일반적으로 부모들은 모두 자녀들이 "농업에서 탈피하기를" 바라는데, 농사를 짓는 것은 마지못해 하는 선택행위이다. 이는 현실에서 농민들이 자신의 자녀들이 농업 노동자가 되는 것을 원하지 않음을 표명한다. 따라서 남아선호 사상이 농업 노동의 필요성에 의해 생겨났다는 관점은 설득력이 없다.

주관적 이성주의 해석, '경제인' 가설의 해석력에도 제한성이 존재한다. 이를테면 소위 "자식은 많을수록 좋다", "아들을 낳아 노후를 대비한다"는 관념은 T촌에서 본 사실과는 전혀 반대된다. 앞에서 소개한 결혼 풍속과 거주형태를 보면, 부모가 아들의 결혼을 성사시키기 위해 들이는 노동과 대가가 아주 거대함을 쉽사리 알 수 있다. 아들 한 명이 결혼하고 가정을 이루려면 적어도 4만 위안 이상을 써야 한다.(1996년의 시세, 집 3만 위안+기타 1만 위안) 아들이 가정을 이루고 나면 부모는 또 불가피하게 옆집에 살면서 독립생활을 하지 않으면 안 된다.

그래서 물질적인 각도에서 보면, 부모의 헌신은 아들이 갚는 은혜보다 훨씬 많이 초과하였으며, 게다가 그들은 그 어떤 보답도 기대하거나 필요로 하지 않았는데, 대부분 부지런한 부모들은 거의 모두 독립적으로 생산과 노동을 삶이 다할 때까지 하였다. 이곳의 나이 많은 어르신들은 이런 말을 자주 한다, "물은 늘 아래로 흐른다. 윗사람이 아랫사람을 위하는 것은 당연한 것이다."

이 밖에, T촌 사람들은 하나 같이 일상생활에서 아들이 많을수록 부모가 더 고생스럽고 노후를 대비하는 기능이 더 적어진다고 주장하면서 그 이유로 형제 동서간 서로에게 부모에 대한 책임을 떠밀면서 다투기 때문이라고 말했다. 반대로 딸이 부모에게 효도하고 부모의 노후를 책임지는 면에서는 오히려 아들보다 더욱 유리할 것이다. 왜냐하면 T촌 대다수의 부녀들은 가정에서 비교적 큰 결정권과 지위를 가지고 있기 때문이다. 이로 볼 수 있듯, 부모가 자식을 낳는 동기는 자식에게서 노후 이익을 획득하거나 기타 복지 때문이 아님을 알 수 있다. 또한 현실 생활에서 우리는 그 누구도 자식을 낳아 기르는 것이 어느 정도 이득이 있는지 예측할 수 없고, 자녀가 이후 자신들에게 어떤 효용이 있게 될지 알 수 없다. 농민들이 주목하는 것은 일상생활에서 더욱 직접적인 수요, 흥미와 정감일 가능성이 있다.

현실에서의 행위는 문화제도의 가치와 정감적 체험을 상징한다. 농민의 남아선호가 반영한 것은 그것이 전부 물질적 수익만을 위한 행위가 아니라 향토문화 정경이 이들에게 부여한 가치와 심리적 체험임을 보여준다. 이러한 가치와 체험에는 승리감, 명예심, 행복감이 포함 된다. 촌에서 사람마다 모두 이런 가치를 추구하고 있고 정서적, 정감적 체험을 얻고 싶어 하지만 사회와 외부 조건은 흔히 그들의 시도를 차단시킨다. 그렇다고 해서 이들의 관념과 생각이 변화된 것이 아니라, 반대로 일부 면에서 그들의 동기를 강화시켰던 것이다. 따라서 "컨닝"의 체제가 잇따라 나오게 되었다.

그리하여 T촌의 경험이란 각도에서 보면, 향토문화의 같은 방향성적 심리, 교류의 비익명성(非匿名性), 친정연계와 이익 관계 등 요소들은 현실정부의 작용으로 농민들이 남아를 선호하는 심리압박과 사회적 지지력을 구성하였으며, 문화정경과 관여된 생활흥미와 습성은 출산행위의 직접적인 추진력으로 자리 매김하였다.

T촌의 사례에서 존재하는 현상은 보편적이지 않으나 엄연히 존재하는 사실이다. 이러한 사실들은 우리에게 일종의 인식시각, 사회인류학의 시각을 제공하였다. 사례연구는 정책 결정자들의 결정에 직접적, 구체적인 지도를 제공할 수는 없지만 구체적인 사례연구는 우리가 농민들의 출산관념과 기타 국가정책의 미묘한 관계에 대해 더욱 깊이 이해할 수 있도록 도와준다.

농민들의 출산관념과 행위는 촌락문화의 유기적인 구성이며, 또한 문화의 변천은 점진적 원칙을 준수하여 다문화적인 접촉과 교류, 대화를 통해 문화의 자각을 실현시킨다. 그리하여 농민들의 출산관념을 바꾸려면, 점진적 방식을 통해, 생활흥미의 형성에 영향을 주는 환경 방면으로부터 착수해야 하기 때문에, 추상적인 의식형태 선전과 행정상의 강제적인 수단은 효과가 별로 없는 것이다.

제4절

남아선호 사상의 사회적 영향

T촌 사람들이 남자아이를 원하는 현상은 농민들의 남아선호 관념구조와 떼어놓을 수 없다. 이러한 관념은 T촌 사람들에게만 고유한 것이 아니라 비교적 보편적이라 할 수 있다. 선호도의 차이에서 보면, 지금까지 농민들의 남아선호도는 주로 세 가지 상태로 표현된다. 첫째는 남자아이를 낳기만 하면 만족하는 것이고 둘째는 딸을 낳고 나서 재차 노력하는 것이며, 셋째는 남자아이를 낳을 때까지 출산행위를 멈추지 않는 것이다. 첫 번째 상태는 일부 농촌가정에서 첫 출산에서 아들을 낳은 후, 현행 계획출산 정책의 제한 때문에, 그 정도에서 만족하고 출산을 통제하고 다시 출산하지 않을 것을 받아들임을 반영하였다. 두 번째 상태의 특점은 적절하게 남자아이를 추구한다는 것인데, 즉 남자아이를 추구하는 과정에서 갈수록 곤란이 커지고 점점 많은 자본금이 필요할 때, 적당한 정도에서 멈추고, 추구하던 것을 포기하고 현실을 받아들인다는 것이다. 세 번째 상태는 일종의 강렬한 남아선호 현상인데, 이들은 보편적으로 그 어떤 저항과 대가 속에서든, 심지어 극단적인 대항 책략까지 써가면서 자신들의 소망을 실현할 것임을 반영한다.

일종의 출산심리로서 남아선호 관념은 사람들의 출산행위 결과에 대한 인식, 평가, 태도와 선호에 영향을 주는 동시에 농민가정의 출산 선택에도 영향을 줌으로서, 더 나아가 농촌사회의 출산 수준과 인구증가에 영향을 준다. 출산수준에 영향을 주는 직접적 요소는 바로 출산 주체가 많이 낳을지 적게 낳을지를 선택하는 행위이며, 만약 많이 낳기로 선택했다면 출산 수준이 높아지는 결과를 초래하고, 적게 낳기로 선택했다면 출산 수준의 저하 혹은 저출산 수준을 유지해야 하는 국면을 초래한다. 많이 낳든 적게 낳든, 출산 주체의 다음과 같은 행위선택과 관계 되는데, 바로 늦게 한 결혼, 피임, 산아제한 조치, 불임 수술 등이다. 그렇다면 사람들은 과연 이러한 행위를 선택하게 될까? 자발적인 선택일가 아니면 강박적인 선택일가? 이러한 문제들은 최종적으로 출산 주체의 기본심리와 관계되는데, 다시 말해 그들의 가치, 태도, 의향, 구동력과 관계된다.

출산 체제에 대한 분석에서, 농민들의 남아선호 관념이 농촌의 총 출생률 혹은 출산 수준에 영향을 준다는 것을 알 수 있다. 다시 말해 이러한 영향력은 가정 출산 주체의 출산수량에 영향을 주는 여러 선택 성향과 행위를 통해 실현됨을 알 수 있다.(그림 5-1)

그림 5-1의 모형에서 이끌어 낼 수 있는 결론은, 저출산을 실현하고 유지하려면, 관건적 요인은 출산주체의 자원적인 선택 혹인 강박에 의해 적게 낳는 사실을 받아들이는 것이고, 아이를 적게 낳기로 결정한 뒤 그에 영향을 주는 2차 요인은 주로 늦은 결혼 늦은 출산, 결혼 후 피임, 산아제한 조치를 하거나 불임수술을 받는 등의 상황이 포함 된다. 결혼 혹은 출산 뒤 불임 등 비 인위적인 요소는 보통 영향이 크지 않기에 생략해도 된다. 가정 혹은 개인이 그러한 2차적 요소의 요구를 받아들이는 지에 대한 여부는 남아선호 사상의 직접적 영향을 받는다.

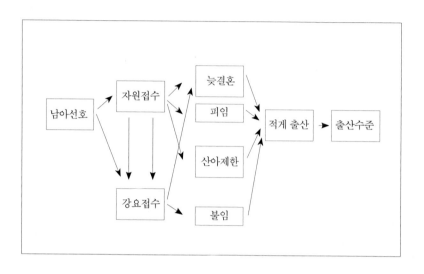

그림 5-1 남아선호 관념이 출산수준에 영향을 주는 모형

논리적으로 볼 때, 출산주체가 산아제한과 출산통제의 조치를 받아들이려는 태도는 크게 두 가지로 나뉜다. 첫째는 자발적으로 산아제한을 받아들여 주동적으로 산아제한 조치를 받아들이는 것이고, 둘째는 외부정책과 제도의 제약과 제한 상황에서 마지못해 혹은 강박에 의해 산아제한과 출산통제를 받아들이는 것이다. 또 한 가지는 받아들이지 못하거나 심지어 산아제한 정책에 저항하는 태도가 있다. 이들은 통제를 받아들이기 싫어하는 동시에 그 어떤 제한에도 불구하고 극히 많이 출산하기를 원한다.(일반적으로 3명 이상을 가리킴.)

첫 번째 태도는 늦은 결혼 늦은 출산, 적게 낳아 건실하게 기르는 행위, '소가정'의 관념이 이미 사람들 마음속 깊숙이 침투되어 사람들의 내재화된 가치적 추세가 되었음을 반영한다. 이런 심리태도는 출산수준의 변화를 촉진하고 저출산을 유지하며 인구의 안정적 증가에 관건적인 작용을 한다.

두 번째 태도는 외부적 힘의 강요에 의해 형성되었으며, 그 구조는 균형적이지 못한 특점을 가지고 있기에 불안정적이다. 외부의 강압적인 역량에 변화가 생기거나 기타 요소에 변동이 발생했을 때, 그 구조에도 변화가 발생할 것이다. 예를 들면, 산아제한 정책의 통제가 느슨해질 때면, 사람들은 출산 선택 태도를 변화시켜 많이 낳기로 결정 할 가능성이 있다.

세 번째 태도는 초과출산과 많이 출산하는 직접적 동력은 계획출산, 출산통제와 완전히 정 반대인데, 저출산을 안정화 시키는 제일 주요한 장애요인이다.

먼저 남아선호사상은 자발적으로 산아제한 조치를 취하는 태도에 부정적인 영향을 초래하였다. 농민들이 남자아이를 원하는 소망이 실현되지 못했을 때, 자연스레 산아제한 원칙을 받아들이지 않을 것이기 때문이다.

다음 남아선호사상은 산아제한 조치가 농민들의 행위선택에 대한 한계 효과에 영향을 준다. 남아선호 사상은 농민들이 출산 통제 조치에 대한 압력효응의 범위를 높였는데, 다시 말해 남아를 선호하는 사람들은 통제조치의 압력작용에 대한 반응이 비교적 느리다. 아들이 있는 상황에서, 그들은 출산통제를 받아들일 수 있으나 그들의 남아선호 소망과 통제조치가 일치 하지 않을 시에 어떤 방법을 대서든 초과 출산하여 남자아이를 낳기를 바란다.

마지막으로 남아선호 사상은 산아제한을 받아들이지 않고 심지어 정책을 반영하는 면에 있어 직접적인 영향을 끼쳤다. 현지를 고찰한 상황에서 보면, 아이를 많이 낳는 것은 더 이상 대부분 농민들의 출산 목표가 아니며, 대부분 농민들은 아이의 출산수량에 대한 요구가 사라진 반면, 남아선호 사상은 상대적으로 더욱 강렬해졌다. 많은 농민들 입장에서 말할 때, 제일 중요한 것은 "집에 반드시 남자아이 한 명은 있어야 한다"는 것이다.

결론적으로 말하자면, 현재 농민들의 남아선호 사상은 여전히 농촌의 저출산을 유지하고 안정화시키는 면에서 부정적인 영향을 주지만, 농민들이 아들을 바라는 소망은 그들이 여러 책략을 운용하여 정책의 제약을 회피하고 심지어 정책에 대항하는 제일 중요한 동기이다. 그리하여 농민과 정책, 농민과 기층간부 사이의 모순과 충돌은 전체적인 면에서 볼 때 농민들의 남아선호 사상으로부터 오는 것이라고 할 수 있다.

제5절

농민의 출산의 영향과 국가정책 수요의 균형

인구규모는 상당히 긴 기간 동안, 여전히 중국의 사회발전에 영향을 주는 중요한 변수중의 하나가 될 것이다. 그리하여 인구증가를 통제하고 계획출산을 추진시키는 기본국책은 인구안정과 사회경제의 조화발전에 대체할 수 없는 작용을 한다. 관건적인 문제는 어떻게 더욱 과학적이고 합리적으로 산아제한 정책을 추진시키는가 하는 것인데, 이는 좀 더 구체적인 문제에 대한 세밀한 연구가 필요하다.

출산수준의 전환규율에서 보면, 현재 중국 농촌지역은 인구자연 전환의 조건에 도달하지 못했는데, 다시 말해 저출산을 안정시키려면 정부의 간섭과 정책의 조정 요소가 여전히 결정적 작용을 한다. 농민이 산아제한에 대한 태도는 대부분 두 번째, 혹은 세 번째 태도에 속하는데, 즉 정책 혹은 제도의 제한과 통제의 상황에서, 출산통제, 산아제한 조치, 적게 출산 할 것을 받아들일 수 있으며, 일부 농민들은 남자아이가 없는 상황에서만 남자아이를 낳을 때까지 강력히 많이 낳을 것을 선택한다.

실제 상황에서 보면, 농민들은 적은 출산, 출산 통제 및 소가정 관념을 출산선택의 선호로 보지 않았으며, 남아선호 사상의 심리는 여전히 일부 사람들이 초과 출산 혹은 많이 출산하도록 부추겼다. 이로부터 일단 정책 혹은 정부의 통제력이 낮아지면, 농촌의 출산수준과 농촌인구는 비교적 큰 폭으로 상승하거나 높아질 것으로 보인다.

그리하여 농촌의 현재 저출산 수준을 유지하기 위해 전략적인 선택에서 여전히 산아제한을 추진하고 강화할 필요가 있다. 인구규모가 방대한 기본국정은 인구통제의 중요성을 결정하였다. 허술한 강제관리와 조정은 중국사회의 조화발전에 거대한 소극적 영향을 생산할 수 있다. 따라서 과학적이고 합리적이며 계획적으로 인구증가와 인구규모를 통제하는 기본방침을 변동하는 것은 불가하다. 일부 학자들은 경제가 발달한 지역에서 출산 통제를 완화시키자고 주장하였지만, 이러한 주장은 한 개 정책의 추진으로 생산될 사회에 미치는 부정적 심리적 효용을 경시한 것이다. 한 개 지역 혹은 도시에서 통제를 늦추면, 필연적으로 다른 지역과 농민출산 수요의 변동을 자극하고 촉진시킬 것이다.

농민의 남아선호 사상은 변증적이면서 전면적인 분석과 인식을 요한다. 한편으로 개별적인 의지의 누적은 집체, 공공이익, 합리성과 동일하지 않으며, 다른 방면으로 농민의 남아선호에 대한 수호 및 선호는 교환 가능성과 대체가능성이 있음을 인식하여야 한다. 예컨대, 일부 빈곤지역의 농민들이 남자아이를 요구하는 것은 그들의 사회경제와 문화 환경과 관계되는데, 만약 공공선택이 그들에게 적게 낳을 것을 요구한다면, 기타 이익 분배에서 상응하는 보상을 주어 그들의 상대적인 손실을 메우고 보충해 주어 상대적인 박탈감을 떨쳐버리게 해야 한다. 동시에 만약 그들을 도와 생활방식과 소비구조를 변화시키면 그들의 관념과 수요, 선호도 변화시키게 될 것이다.

만약 남아선호사상을 농민 생활의 구성부분으로 본다면, 농민들에게 집단흥미를 변화할 것을 요구할 때, 반드시 그들의 기타 생활흥미를 점차 배양하여 다른 방면에서도 바랐던 좋은 점을 얻을 수 있는 희망을 볼 수 있도록 해야 한다. 예를 들면, 정책 제정에서, 만약 여자아이 한 명만 낳은 농민가정에 교육, 취업과 보장 등 방면의 우대와 보살핌을 준다면, 농촌 여자아이의 성과기회와 가능성을 제고시키게 될 것이고, 농촌문화 건설의 투자를 증가하게 되며, 농민의 정신문화 생활을 풍부히 하고, 유동 제한을 느슨히 하게 되며, 농촌의 사회 유동성을 향상시키게 될 것이다. 이 모든 것은 모두 농민 생활방식과 출산흥미의 점차적인 변화에 도움이 될 가능성이 있다.

그리하여 새 시기의 인구전환은 현행 산아제한 정책을 변화시키는 것이 아니라 산아제한 작업 내용과 방식을 변화시켜야 하는 것이다. 의학화, 행정화의 계획출산 작업에서 이익 조정, 사회 서비스, 문화 건설을 중심으로 한 작업으로 전환시켜야 하며, 도시와 농촌의 현행 이익 분배구조를 개혁하고, 농촌 의료 서비스시스템, 사회보장과 사회보험제도를 구축하며 합리적인 특혜와 보상정책을 제정하여 농촌 여성 성과기회의 제고를 촉진시켜야 하며, 특히 농촌지역의 재학 여학생의 진학과 고등교육을 받는 기회 면에서 지지와 보상 등을 강화하여 농촌 부녀의 사회적 지위가 점차 높아질 수 있도록 촉진시켜야 한다.

이밖에 공민인구와 환경의식 양성을 촉진시키는 것은 인간과 자연, 인간과 사회의 조화로운 생활을 형성하는데 비교적 중요하다. 인구, 자원, 환경의식이 사람들 마음속에 침투되게 하여 공민들이 초과출산행위의 외부적 의식을 수립하고, 자발적으로 계획출산을 실시하고, 수준 이하의 출산으로 교체하는 것을 사회공공준칙으로 해야 한다.

종합적으로 볼때, 인구문제는 공공영역에 속하는 문제이고, 중국 농촌 저출산 수준을 유지하는데 있어서, 정부의 간섭과 장책 조정은 여전히 주도적 지위를 차지하며 사회경제요소의 자동조절 기능은 여전히 미약하다. 정부의 정책 조절은 양호한 제도와 생활환경 창건을 중시함으로서 사람들의 생활수준, 생활흥미, 정신구조의 변화를 촉진시켜 최종적으로 인구의 자연변환에 도달하도록 해야 한다.

제6절

요약

인류의 출산행위는 단순한 생물현상이 아니라 여러 사회문화 요인의 영향과 지배를 받게 되는데, 예컨대 제도, 풍속, 취향, 흥미 등은 사람들의 출산관념과 행위에 영향을 준다. 언제 출산하고, 남자아이를 낳을지 여자아이를 낳을지, 몇 명 출산할 것인지에 대한 선택은 늘 복잡한 사회, 문화, 경제와 정책 등 다양한 요소의 관성 작용을 받는다.

사례연구와 일반경험에서, 중국농민의 출산관념과 행위는 남아선호의 성향이 있다는 것을 표명하며, 이러한 특징은 농민이 특정 환경에서 형성된 같은 방향성적 압력과 생활흥미와 밀접한 관계가 있다. 모종의 의미에서 보면, 농민이 남자아이를 추구하는 것은 바로 그들의 생활 속의 출산에 대한 관념에서 나온 것이다. 이러한 흥미의 생산과 유지는 향토사회의 문화와 사회지지에 의지한다.

사회의 변천에 따라, "자식은 많을수록 좋다", "아들을 양육하여 노후를 대비한다"는 전통적 출산관념은 더 이상 현실에서 농민들이 추앙하지 않게 되었다. 그 원인은 자녀를 낳아 기르는 행위로 인해 현재 사회의 압력과 부담이 점점 가중되고 있기 때문이다. 비록 다수 농민들이 그다지 자발적으로 산아제한정책을 받아들이지 않을 수 있지만, 많이 출산하는 소망 또한 농민의 주류적인 출산 의향이 아니다. 농민의 현실생활에서 남자아이 한 명만 낳는 것이야말로 그들의 제일 핵심적이면서 중요한 염원이다. 이러한 염원은 일부 농촌지역에서는 심지어 궁극적 의미를 가진 필요로 상승될 가능성이 있다. 그렇다면 농민은 왜 남자아이를 얻게 되는 걸 가장 중요한 가치로 보고 있을까? 이는 농민의 현실 생활 속에서 이해해야 할 필요가 있다. 프리크(Tom Fricke)가 얘기 했던 '현실모형'과 "현실을 위한 모형"과 같이, 농민들의 현실생활에 들어가 향토문화를 체험해야만 진정으로 농민들이 어떠한 것을 더욱 중요하게 여기는가를 이해할 수 있다.[82]

국가수요를 놓고 볼 때, 국가가 계획출산을 한 가지 장기적인 기본 국책으로 정한 원인은 주로 다음과 같은 세 가지 사실에 의한 고려 임을 알 수 있다. 첫째는 중국의 인구규모와 기준치는 이미 매우 크고 자원과 환경에 주는 압력이 거대하다. 둘째는 중국인구의 전체 규모는 여전히 지속적으로 확대되고 있다. 셋째는 중국의 저출산 수준의 출현은 정부가 산아제한 정책을 추진시킨 결과이지, 전형적인 인구전환 이론에서 서술하던 것과 같은 자연전환이 아니다. 그리하여 국가층면에서 볼 때, 인구의 지나친 증가를 통제하고, 적당한 인구규모를 유지하고, 인구소질을 높이며, 인구 구조를 조정하는 것은 중국의 사회경제의 지속가능한 발전을 놓고 볼 때, 불가피한 것이다.[83] 인구의 규모는 반드시 한정된 자원과

---

82 See Fricke, Tom, "The Uses of Culture in Demographic Research, A continuing Place for Community Studies", in Population and Development Review, 1997, 24(4), 825~832쪽.

83 탠쇠왠, 『사회인구와 환경의 가지속성 발전』, 『중국사회과학』, 1995(1).

조화를 이루어야 하며, 인구증가 속도는 반드시 사회경제와 물질자료의 생산과 조화를 이루어야 하며, 또한 인구구조 역시 사회생산과 생활의 기본요구에 적응되어야 한다. 농촌인구는 중국의 전체 인구에서 큰 비례를 차지하므로 인구증가 속도와 인구규모를 통제하는 것은 농촌인구의 합리적인 계획 작업을 진행하는데 있어서 특히 중요하다.

농민의 출산 염원과 국가정책의 수요를 비교하면 양자 사이가 완전히 일치하지 않음을 알 수 있으며, 일부 상황에서는 심지어 서로 충돌됨을 알 수 있다. 첫째 출산에서 득남하거나 혹은 두 번째 출산에서 득남한 농촌가정은 산아제한 정책을 위반할 필요가 없고 또 한 정부와의 대항이 생산되지 않는다. 이런 상황에서 농민의 염원은 흡사 국가 수요와 일정한 정도의 일치성에 도달한 듯하다. 그러나 만약 이런 과정에서 인위적인 성별 선택이 존재한다면, 어느 틈엔가 출생 성별비율이 상승되는 문제를 조성하게 된다. 현재 농촌지역의 출산 성별이 높은 편인 현실은 이미 중국 인구의 비교적 돋보이는 문제 중의 하나가 되었다.

이런 문제의 출현 또한 국가가 바라지 않는 결과이기도 하다. 그러나 만약 농민가정의 2자녀 출산에서 여전히 아들을 얻지 못하게 된다면, 극히 강렬한 다출산 염원이 존재하게 될 것이고 이때, 국가 정책과 등지게 될 것이다. 그러나 현실의 사례에서 우리는 또한 국가 정책수요와 농민의 출산심리 사이가 완전히 모순되고 충돌적인 것이 아님을 혹은 다수 상황에서는 실은 모순되지 않음을 엿볼 수 있다. 사람들은 흔히 농민들은 항상 많이 낳기를 원하지만 산아제한 정책은 농민이 적게 낳기를 요구하기에 양자사이는 언제나 모순된다고 오해한다. 그러나 현실상황은,

이미 아들을 낳은 농민 가정에서는 자식을 더 낳고 싶은 강렬한 염원이 없게 되고 단지 아들이 없는 가정에서만, 아들을 추구하는 과정에서 계획정책의 요구와 충돌된다.

농민이 남자아이를 원하거나 혹은 남자아이를 더 선호하는 심리는 그 어떤 전통 문화가 결정한 것이 아니라, 현실 촌락생활 상황에서 형성된 일종의 생활 관심일 뿐이다. 이러한 흥미의 생산은 정책의 추진, 농민의 대응책략 및 집체 내 같은 방향성적 압력과 상호 작용하고 공동으로 이루어진 것이다. 그리하여 농민의 남아선호사상과 국가 산아제한 정책 사이의 균형을 이루려면 농촌 촌락문화 건설과 이익구조의 조정에 착안하여 광범한 농민들이 현실생활에서 점차 다양한 출산흥미를 양성할 수 있도록 해야 하지, 유일한 남아선호 관심에만 멈춰서서는 안 된다. 만약 딸만 가진 농가들이 더욱 많은 수익이나 더 높은 가치를 얻는 경우가 많아지게 된다면, 촌락문화도 사람들을 설득하여 남아선호의 관심을 변화시키게 될 것이다.

제2편

중국농민의 관념 및 행위

제 6 장 농민 유동과 군체 주변화

제6장

농민 유동과 군체 주변화

개혁개방이후, 대량의 농촌노동력은 도시에서 노동기회를 모색하기 시작했다. 그들의 존재와 활동은 중국특색을 갖고 있는 사회전환 혹은 구조변4화 과정을 구성했다고 말할 수 있다. 이와 동시에 그들은 또 당대 중국 농촌사회와 도시사회 사이에서 이동하는 하나의 특수한 계층에 속했다. 종합적으로 보면 여러 가지 요소의 작용으로 도시사회에서 이와 같은 단체의 분화와 주변화 추세가 가장 두드러지게 나타났다.

제10장에서 분석하는 대상이 바로 도시사회 중의 '농민계층'이다. 그들은 이미 농촌지역사회에서 농업생산을 위주로 하는 사람들이 아니라 도시에서 생활하고 있지만 농촌지역에서 왔거나 '농민' 혹은 '농업'신분을 갖고 있는 사람들이 도시 사회구역에서 생산, 경영 나아가서 장기적으로 거주하고 생활하는 사회계층을 가리킨다.

제1절

농민의 분화와 유동

농민계층은 일반적으로 농촌지역에 거주하고 농업생산에 종사하는 것을 위주로 하는 사회단체를 가리킨다. 생활방식과 단체 구조적인 의미에서 말하면 농민과 시민은 사회의 기본단체 두 개를 구성한다.

양자 간에는 선명한 차이가 존재한다. 농민은 농업생산에 종사하는 것을 위주로 농촌지역사회의 생활방식을 주요 생활방식으로 하지만 시민은 비농업생산에 종사하는 것을 위주로 도시 생활방식을 주요 생활방식으로 하고 있다. 따라서 농민은 종합적으로 농촌사회와 연결되어 있고 도시사회는 일반적으로 시민들이 구성한 사회적 실체로 인정받았다. 다시 말하면 도시사회를 구성하는 것이 시민으로서 도시 운행을 지배하고 도시에서 생활하면서 생산과 활동에 참여하는 사람들은 일반적인 의미에서 모두 시민으로 인정받았다.

중국 '농민공' 혹은 '노무자', '농민기업가' 및 '농촌 유동인구' 등은 사람들이 비교적 잘 알고 있는 호칭이다. 이와 같은 호칭 중에서 '농민'이란 단어는 이미 순수한 직업 명칭만이 아니라 확장된 수식어로 꾸며졌다. 이 수식어의 운용은 특정한 상황과 배경과 서로 연결된 것으로 모종의 의미에서 보면 중국 사회구조와 제도의 특징 및 그 변화와 이런 배경에서 사람들의 사회적인 공감대 경향을 반영하였다.

도시지역사회 중의 농민계층과 기타 계층의 구별 혹은 도시사회 중에서의 이 계층의 정체성 범위는 계층 성원들의 개인 신분으로 구성된 것으로서 한발 더 나아가 말하면 그들의 호적신분에 의해 결정되었다. 이른바 호적신분이란 사람들이 호적제도의 배경 속에서 부여된 인구유형 및 지역 등 부호의 명칭이다.[84] 도시사회 중 농민계층과 기타 계층의 구분은 먼저 그들이 '농업호구' 혹은 '농촌호구'의 호적신분을 갖고 있는데서 표현된다. 이러한 신분으로 그들과 일반 시민들의 차별을 결정하게 되는데 적어도 아래와 같은 3가지 기본 면에서 반영된다.

첫째는 사회정체성 면에서 '농민'과 '시민'의 구별이 표현되고, 둘째는 사회관계 재통합 면에서 지난날의 사회공감으로 인해 필연적으로 '외지인'과 '현지인'의 지연 구분이 야기되었으며, 셋째는 사회 분배 동력학 체계 면에서 또 '체제 밖'과 '체제 안'의 차별로 연장되었다.

중국과 같이 이처럼 유구한 농업전통을 갖고 있을 뿐만 아니라 적어도 농촌인구가 주도적 위치를 차지하는 사회에서 농민들은 절대 마르크스가 묘사한 것처럼 '한 자루의 감자'와 같지 않았다. 즉 농민들은 하나의 계급집단으로서 이미 자유로이 존재하고 있지만 결코 계급의식은 형성하지 못했다. 중국 농민계층의 사회적 지위의 인식에 대해 마오쩌둥은 『중국 사회 각 계급에 대한 분석』에서 전형적으로 분석했다. 1920년 마오쩌둥은 부농을 제외한 절대 다수의 농민들을 반프롤레타리아 속에 포함시키고 "반자작농과 빈농은 농촌인구의 대부분을 차지하는데, 이른바

---

84   루이롱 『호적제도-통제와 사회적 차별』, 1~9쪽

농민문제는 주로 그들의 문제이다"라고 했다.[85] 이로부터 마오쩌둥은 중국의 농민은 결코 "구조와 구성방식이 같은 성질을 띤 계급적 집단"이 아니라는 것을 보여주었다.

농촌사회에서 농업생산에 종사하는 것을 위주로 하는 단체의 내부는 토지 점유상황 및 생산경영 상태의 변화와 더불어 끊임없이 계층지위의 분화를 형성하고, 나아가 사회구조의 변화를 일으킨다. 때문에 농촌사회 중의 농민들은 끊임없이 분화하고 유동했을 뿐만 아니라, 농민이 다수를 차지하는 사회에서 농민들의 분화와 유동은 또 사회구조 변화에 대한 반영인 동시에 구조변화의 원인과 동력이기도 했다.

도시는 사회문화와 문명발전 혹은 진보의 상징으로서 도시사회의 생산과 생활방식은 농촌사회를 놓고 말할 때, 여러 면의 우월성을 갖고 있다. 도시의 발전과 도시의 중심역할은 모두 일정한 정도에서 농민들을 흡인하고 있다. 도시의 발전은 농민을 위해 예전과 다른 기회를 제공해주고 농민들의 유동을 이끌어주며 농민들의 분화를 촉진한다. 이와 동시에 농민들의 유동과 분화는 또 도시의 지속적인 발전을 촉진하고 있다.

세계 각국의 도시발전의 경험으로부터 보면 도시주민들의 성장은 여전히 농촌 주민들을 초월하고 있다. 그 주요 경로는 대량의 농민들이 도시로 이전하는 농민들의 분화에 의거한 것이다. 만약 같은 방식과 속도로 재생하고 있는 농촌인구가 도시로 이전하지 않는 상황에서

---

85 마오쩌둥, 『모택동선집』, 제1집, 6쪽

도시가 자체인구의 재생에만 의거한다면 사회 중의 도시와 향촌구조도 상대적으로 정지상태에 처해있는 것과 같아 별로 실질적인 변화가 없게 된다.

역사적인 차원으로부터 보면 스키너(Skinner)가 인정한 것처럼 "도시의 계단을 향해 솟아오르는" 관점에 대해 "농촌주민들은 외지로 나가는 것은 가정, 가문, 마을, 시장단체의 극단적인 형식"이라고 항상 주장했다. 일부 특수 지방에서는 '진출'에 더 많은 기회를 제공해주기 위해 도시의 특수직업 기술훈련을 진행했다.[86] 농민들이 애써 도시로 진입하고 도시로 유동하는 것은 결코 행정적인 홍보에서 말한 것처럼 그렇게 '맹목적인 유동'이 아니라, 이성적인 자연선택이며 또 사회구조 변화의 필연적 추세이자 필연적인 결과로서 "사람은 높은 곳을 향해 가고 물은 낮은 곳으로 흐른다"는 이 자연법칙의 재현이라는 것을 알 수 있다.

개혁개방 이후, 중국 도시사회에서 농촌계층의 출현은 농촌개혁이 농촌사회 구조변화를 촉진하는 것이 보편적 규칙의 반영이고, 또한 중국 사회구조의 특징과 중국특색이 있는 사회제도의 독특한 반영이기도 하다. 때문에 이 계층의 사회적 지위 상황 및 그 원인에 대한 연구는 반드시 중국사회의 실제상황과 결부해야 한다. 다른 한편으로 이 특수계층에 대한 분석과 연구는 또 사람들로 하여금 중국사회의 구조특징 및 그에 따르는 변화의 메커니즘을 깊이 이해하게 할 수 있는 것이다.

---

86 시견아, 『중국봉건사회말 도시 연구, 시견아 유형』 11쪽, 창춘, 지린교육출판사, 1991년

제2절

농민들의 도시 유동과정

새 중국 창건 이후, 농민들의 도시 진입에 대한 정부의 태도 및 도시와 향촌 간의 구조관계를 조절하는 거시적 제도는 역사배경과 사회경제발전 상황이 다른 것으로 인해 끊임없이 변화하고 있다. 개괄해보면 농민들의 도시 진입에 대한 거시적 제도의 변화는 대체로 4개 주요단계로 나눌 수 있다. 첫 번째 단계는 1949년부터 1953년까지 귀환과 통제단계이고, 두 번째 단계는 1953년부터 1960년까지 수요와 통제단계이며, 세 번째 단계는 1961년부터 1976년까지 귀환과 제한단계이고, 네 번째 단계는 1977년부터 지금까지 행동통제의 완화와 체제통제의 보류단계이다.

새 중국의 창건에 앞서, 중국공산당의 고위층 지도자들은 이미 새 정권이 수립된 이후, 사업 중심을 농촌으로부터 도시로 이전시키면 도시건설과 경제발전의 중대한 문제에 직면하게 된다는 점을 인식했을 뿐만 아니라, 또 "도시사업은 현재 비교적 어려운 과제이며 당면 학습의 가장 주요한 측면으로서 만약 우리 간부들이 도시 관리를 신속히 배우지 못한다면 우리가 큰 어려움을 겪게 될 것"이라고 예측했다.[87]

장기간 주로 농민과 군대들과 교제하고 또 농촌에서 사업하는 공산당 간부들 입장에서 말하면, 이와 같은 요구는 매우 엄격했지만 부득이

---

87   『모택동선집』, 제4집, 북경, 인민출판사, 1966.

집행해야 했다. 하지만 경험이 부족한 상황에서 도시의 이와 같은 복잡한 사회 관리를 잘하는 것은 결코 쉬운 일이 아니었다.

　새 중국 창건 이후, 정부는 실업, 빈곤, 범죄 특히 적대형세의 파괴활동 등 일련의 역사가 남겨놓은 많은 도시문제에 직면했다. 안정된 사회질서를 수립하고 조속히 생산을 회복하기 위해 반드시 이와 같은 문제를 해결해야 했다.

　도시 실업문제를 해소하기 위해 정부는 취업경로를 개척해 광범위한 실업자와 유동인구들을 동원하여 고향에 돌아가 농업생산에 종사하게 하는 사업부터 착수했다. (표 6-1, 표 6-2)

표 6-1　1950-1954년 귀향 생산자

연도	1950년 7~12월	1951년	1952년 1~9월	1953년	1954년	합계
인원수	98,408	23,851	16,345	4,505	2,605	145,714

출처, 둥즈카이(董志凱) 『1949-1952년 중국경제 분석』, 219~220쪽,
북경, 중국과학출판사, 1996.

　1949~1951년 기간, 정부는 대량의 도시 무직자와 가난한 사람들이 될수록 농촌에 가서 농업생산에 종사할 것을 요구한 동시에 농민들의 도시진입에 대해 자연적으로 제한조치를 취했다. 만약 이와 같은 조치를 취하지 않는다면 귀환사업이 의의를 잃게 되기 때문이었다. 긴 시간의 전쟁세례와 정권교체를 거친 도시사회는 어느 정도의 혼란 상태에 빠지게

될 것이다. 도시사회의 새 정권을 인수 관리함에 있어서 첫째가는 임무가
바로 무질서한 상태에서 벗어나 질서와 규칙이 있는 방향으로 나아가고
도시의 사회생활과 생산기능을 조속히 회복하는 것이다. 짧은 시간 내에
도시규모를 압축하고 통제하는 것은 문제 해결에 유리하고 도시 관리에도
유리하다.

표 6-2 1950~1954년 귀향 생산자의 구성

분류	실업 노동자	실업 지식인	소상공 업업주	노군 관노관리	도시 빈곤 인구	무직 청년과 구직 가정주부	기타 구직 인원	합계
인 원 수	143,020	443	418	123	802	553	355	145,714

출처, 둥즈카이, 『1949-1952년 중국경제 분석』, 219~220쪽.

당시 농민들의 도시 재진입을 통제한 주요 조치는 동원과 교육을
위주로 하는 동시에 농촌 토지개혁사업을 결부시켰는데, 이 사업은 여전히
농촌의 기층정권조직에 의거해 시행됐다. 그들은 한편으로 귀향 인원의
생산과 생활문제를 책임지고 해결했으며, 다른 한편으로는 또 정부와
배합해 농민들의 도시유동을 제지시켰다.

새 중국의 첫 '5개년 계획' 실시는 민족공업 체계 구축을 목표로 하는
공업화 행정이 정식으로 가동되었음을 의미한다. 하지만 문화와 교육이

낙후한 토대에서 공업화의 목표를 실현하려면 많은 문제와 어려움에 부딪치게 되었다. 그리하여 이와 같은 계획목표 자체가 갖고 있는 어려움처럼 이 시기의 기타 제도와 정책배치도 다소 이중성을 갖고 있었다. 도시공업 건설의 대규모적인 전개와 더불어 노동력 수요에 대한 확장이 필연적으로 야기되기 때문에 1953~1960년 사이, 해마다 모두 대량의 농촌노동력이 도시로 이주했다. 하지만 도시인구와 공업 노동력의 성장과 더불어 도시 식량 계획공급의 부담과 도시 관리의 원가가 필연적으로 늘어났다. 따라서 정부는 또 일부 행정적인 경제조치를 취해 과도한 농민들의 도시 이전을 힘써 통제했다. 정부 측 미디어의 홍보에서는 각지에서 농민들의 '맹목적'인 도시 이주 방지사업을 잘 할 것을 요구했다. 1958년 인대상무위원회는 『중화인민공화국 호구등기 조례(이하 『조례』로 약칭)』를 채택하였고, 법칙과 제도 면에서 농민들의 유동에 대해 제한했다. 『조례』제10조는 주민들이 농촌지역에서 도시로 이주하려면 학교입학 증명, 도시 노동부문의 등용 증명 혹은 도시 호구 주관부문의 전입허가 증명이 필요하다고 규정했다.

『조례』제10조의 규정으로부터 보면 당시 정부는 농촌 주민들의 도시 이주 의도를 제시한 것이 아니라 향촌에서 도시로 이주하는 정책을 규범화하여 농민들의 유동이 제도화, 계획화로 나아갈 수 있도록 추진하였고, 농민 유동의 규모, 수량, 방식, 방향, 직업범위, 인원구성 등을 보장할 수 있게 하였으며, 또 정부 계획 범위 내의 질서 있는 유동, 관리, 성장을 통제했다.

이 조례가 실시된 후, 1960년까지 여전히 적지 않은 농촌 주민 혹은 농민들이 도시로 유동했다.

3년 자연재해와 게다가 정부의 농촌경제 정책이 실제를 이탈하여 심각한 식량위기를 초래하였고, 농촌의 광범위한 지역에서 식량이 대폭 감산되는 심각한 흉작이 나타나 1959년 식량 생산량은 1958년의 2억 톤으로부터 1.7억 톤으로 감소되었고 1960년에는 다시 1.44억 톤으로 감소되었다.[1]

도시에서 정부의 계획식량 공급원은 기필코 식량위기의 심각한 영향을 받게 될 것이다. 도시의 식량 문제가 아무리 심각할지라도 제정한 계획 공급을 지속할 수 있었기에 이 시기 광범위한 농촌 주민과 농민들은 식량공급 보장을 얻기 위해 도시로 유동하려는 동기가 매우 강렬했다. 하지만 정부 차원에서는 도시의 안정을 유지하기 위해 도시의 식량공급을 확보하는 것이 매우 필요하다고 인정하여 대량의 농민들이 도시로의 진입을 허락하였는데, 이는 식량공급의 부담을 증가시켰을 뿐만 아니라 많은 농촌노동력의 이전으로 농촌의 식량생산이 직접적인 영향을 받게 되어 더욱 심각한 문제가 초래될 수 있었다.

1960년 초 정부는 1958년 이래의 '대약진운동'과 '인민공사화 운동'의 급진적 관념이 가져온 폐해를 인식하고 국민경제의 조정과 정돈사업을 착수하기 시작했다. 조정과 정돈사업에서 농업, 경공업, 중공업 산업구조 및 그 비례관계에 대해 점차 조정했다. 1961년부터, 정부는 도시의 노동자

---

1   국가통계국, 『중국통계 연감 1983』, 북경, 중국통계출판사, 1983 년

수를 삭감할 것을 요구하고, 또 3년 내로 도시인구를 2,000만 명 이상 줄이기로 계획했다. 1961년 귀환된 노동자가 1,000명 이상이었고, 1962년 향촌에서 도시로의 인구 순 전출율은 마이너스 11.58%였으며, 1961-1965년 사이 도시인구는 평균 매년 4.41% 감소됐다.[2]

귀환된 인원은 주로 농촌에서 새로 등용된 노동자들이었는데 그들을 동원해 농촌에 돌아가도록 했다. 목적은 그들을 고향에 돌아가 농업생산을 지원하고 도시 식량계획공급 면에서 정부의 부담을 줄여 도시의 안정을 확고하기 위하는데 있었다.

1966년부터 정부의 '통일배치' 도시취업 정책 및 자본 집약형에 편중된 투자책략은 도시 청년 노동력의 취업 문제를 더욱 두드러지게 했다. 정부는 도시취업 면에서의 부담을 해소하기 위해 부득이 광범위한 도시 청년학생들을 '하향'운동에 뛰어들도록 호소하여 제2차 '반도시화 운동'이 잇달아 일어났다. 이른바 '반도시화'는 '역 도시화'와는 달리 정부 혹은 권위기구가 인위적이고 행정적인 역량을 통해 강제적으로 도시인구를 감소시키는 현상을 가리킨다. '역 도시화'는 주로 도시화 수준이 비교적 높은 국가에서 대도시의 주민들이 임대, 도시오염 등 요소를 고려해 주동적으로 교외와 향촌을 선택해 거주하는 경향을 가리킨다.

이 시기 농민의 도시진입 혹은 도시에서 취업기회를 찾을 수 있는 가능성이 매우 낮다는 것을 알 수 있다. 정부는 여러 가지 상품공급의 배급표

---

2 국가통계국, 『중국통계 연감 1983』

제도와 외출증명 및 등록카드 제도를 결부시키는 것을 통해 권위적인 인정을 거치지 않은 이주 혹은 유동행위에 대해 엄격히 통제했다. 때문에 개인이 만약 집단 공무 혹은 합리적인 개인적 사유가 없이 도시에 체류하거나 거주하기가 매우 어려울 뿐만 아니라 또 도시에서 일자리를 구하기가 더욱 어려워졌다.

1961년부터 1976년까지 중국사회의 도시와 향촌구조는 기본적으로 분할 분리하고 있어 도시화의 행정은 기본적으로 체류상태에 처해 있었다. 소수의 농민 혹은 농촌 주민들이 도시에 진입하였고, 도시 주민들은 또 수시로 향촌으로 귀환되기도 했다.

1977년부터 정부는 지식청년 하향문제 해결에 착수했는데, 이는 농촌 생산대에 정착됐던 4,000만 명의 지식청년 도시인구들이 속속 도시로 돌아오고 있음을 의미했다. 정부가 도시인구의 식량평가공급과 도시인구의 통일 분배 보장을 책임지는 취업정책 중에서 4,000만 명의 하향 청년들이 도시로 돌아와 정부에 큰 부담을 증가시켰다. 때문에 식량공급과 일자리가 제한된 상황에서 정부는 필연적으로 도시인구의 지나친 성장으로 어려움에 직면할 수 있게 되었는데, 이와 같은 현상을 방지하기 위해 전적에 대한 통제와 제한이 매우 필요하다고 인정했다. 1977년 11월 국무원에서 심사 비준한 『전적을 처리하는데 관한 공안부의 규정』은 아래와 같이 지적했다.

"농촌으로부터 시 · 향 · 진(광산 삼림지구)으로 이주하고 농업인구로부터 비농업인구로 전환하며 기타 도시로부터 북경, 상해, 텐진 3개 도시로 이주하는 인구에 대해 엄하게 통제해야 한다. 향 · 진으로부터 시로 이주하고 작은 도시로부터 큰 도시로 이주하는데 대해서도 마땅히 적당하게 통제해야 한다." 동시에 매년 농업호구로부터 도시호구로 전환하는 인원수가 본 도시에 이미 있는 도시인구의 1.5%를 초과하지 못한다고 규정하였는데, 이 '농업호구로부터 도시호구로 전환'하는 통일계획 지표는 인구이동 관리의 기본표준이 되었다. 1980년대 후반에 이르러서야 이 계획지표를 1.5%로부터 2.0%로 상향 조정했다. '농업호구로부터 도시호구로 전환'하는 계획지표는 주로 빈곤 가정, 가족 상봉, 고급기술 직함이 있는 전문기술자 및 지식인의 가정에 사용되었기 때문에 일반 농민 혹은 농촌주민들은 도시에서 생활하면서 도시의 생산경영에 참여할지라도 여전히 체제 안 혹은 제도 안의 도시주민으로 되지 못해 도시호구로 전환될 수 없었다.

1980년 정부는 소도시에 들어가 경영에 참여하고 거주하는 농민들에 대해 일정한 지지와 장려정책을 내놓았는데, 이는 '대도시 규모를 통제하고 소도시를 크게 발전시켜야 한다'는 기본방침의 구체정책이 구현된 것이다. 조작 차원에서 다른 지역에 여러 가지 형식의 효과적인 도시호구 혹은 자부담 식량호구 등 제도를 속속 제정했다.

체제 차원으로부터 보면 이 유형의 호구는 준 도시호구에 속해 통계상에서 비농업호구에 포함시키지만, 대우 면에서는 도시호구가 향유하는 대우 혹은 권리를 완전히 향유할 수 없었다. 이를테면 식용유 공급 및 기타 형식의 소비 보조금을 향유할 수가 없었다. 종합적으로 무릇 제도배치에서든 아니면 현실생활에서든 농민 도시진입과 유동행위의 구속력은 이미 뚜렷하게 약화되었다.

도시 진출 농민 혹은 유동인원이 상주도시 호구를 갖고 있는 시민들과 비록 동등한 대우를 향유할 수는 없었지만 도시에서 일정한 소득을 얻을 수 있었고 또 도시에서 주거 및 생활을 할 수 있었다.

1990년에 이르러 식량 유통체제의 개혁과 도시 취업정책의 개혁과 더불어 농민들의 도시진입 환경이 갈수록 완화되었다. 정부는 도시 호구 청년들의 통일 배치에 대한 취업정책을 변화해 많은 기업과 사업단위는 노동력을 고용 선택하는 면에서 비교적 큰 자주권을 갖게 되었다. 이는 무형 중에 농촌노동력에 대해 더욱 많은 취업과 일자리 기회를 제공했다.

고용 단위를 놓고 보면 농촌노동력의 고용 원가는 도시 정식직원을 채용하는 것보다 훨씬 저렴했다. 기정된 농촌취업과 사회보장제도의 배경에서 국유기업 혹은 집체기업과 사업단위에서 만약 한명의 계획 내에 직원을 채용하려면 계획 내 편제지표가 있어야 할 뿐만 아니라 편제 내 직원이 일단 채용되기만 하면 여러 가지 보조금, 복리, 사회보장대우, 주택, 국비 의료 및 퇴직 연금 등을 내줘야 하지만, 만약 임시공 혹은 계약직의 형식으로 농민공을 모집 임용한다면 농민공에게 다만 일정한 고정급만 지불할 뿐 그 어떠한 복리나 보장적 책임을 짊어지지 않아도 되며 또 필요하지 않을 때에는 해고할 수도 있었다.

일부 국유기업과 사업단위에서는 농민공을 모집 임용할 수 있더라도 체제의 이유로 농민들은 도시사회에서 주로 국유 혹은 집체단위에 의거한 것이 아니라 사적인 경제분야에 더 많이 의거해 생활했다.

체제 면에서 보면 도시사회 중의 농촌계층은 계획 편제 외의 직업단체에 속하고 생활방식의 차원에서 보면 도시 중의 농촌계층은 다수가

'양서인'에 속했으며 계층적 지위의 차원에서 보면 비시민의 '주변인'에 속한다. 그들은 계절의 변화와 도시에서 일자리를 찾는 상황 및 전통적인 풍속에 근거해 도시와 향촌 사이를 분주히 뛰어다녔다.

제3절

도시농민계층의 주변화(边缘化) 표징

　현재 상황으로부터 보면 도시사회 중 농촌계층은 비록 농촌사회에서 생활하고 있는 농민들보다 더욱 많은 유동 기회와 가능성을 갖고 있지만 도시에서 계속 발전하려면 여전히 많은 장애와 장벽을 극복해야 했다. 주로 (1) 호구통제 체제의 장벽 (2) 농민계층 자체의 교육받은 수준과 재교육 체제의 장벽 (3) 노동력시장과 취업체제의 장벽 (4) 도시자원의 배치체제의 장벽에 포함된다.

　첫 번째 장벽은 농촌계층 신분지위의 변화를 제약하고, 두 번째 장벽은 도시사회에서 생활하고 있는 농촌계층의 적응성 발전을 제약하며, 세 번째 장벽은 직업지위 경쟁 속에서 농민계층의 공평기회의 발전을 제약하고, 네 번째 장벽은 농민계층의 도시생활 속의 원가와 지속 가능한 발전기회에 영향을 주고 있다.

　종합적으로 도시사회에서 농민계층의 지위와 기타 유동상황은 중국 사회 전환시기의 도시와 향촌 2원화 구조 및 2원화 체제 중에서 여전히 중요한 역할을 발휘하고 있음을 보여준다. 즉 사회경제구조가 점차 전환되고 있지만 이왕의 구조와 체제의 정체현상은 여전히 뚜렷한 것이다.

　만약 우리가 도시에 들어가 더욱 세심한 조사와 인터뷰를 진행한다면 현재 유동 농민들이 많은 어려움과 문제에 부딪쳤음을 발견할 수 있을 것이다.

첫째, 유동 농민들은 현행 호적관리 체제의 배경 아래, 합법적이거나 혹은 도시 주민들과 같은 신분을 소유하지 못했다. 이와 같은 신분은 그들로 하여금 신분의 모호성과 주변화 문제에 대해 대응케 했다. 이미 도시에서 주거하고 생활하면서 도시 경영에 참여해 기타 주민들과 별다른 차별이 없는 그들은 정상적인 생활과 사업에는 아무런 영향이 없었지만 자체신분의 합법화 문제에서 벗어나지 못했을 뿐만 아니라 언젠가는 구체적인 문제에 부딪쳐 어려움에 직면할 것임을 미리 짐작할 수 있었다. 그들은 이러한 불확실성으로 도시에서 생활하기가 매우 어렵게 되었고 또 기타 도시 주민들보다 더 많은 불안한 마음을 갖게 되었다.

둘째, 유동 농민들은 다수가 체력노동자들과 기술노동자들이었기에 그들은 완벽하지 못한 도시 노동력시장 제도가 갖다 준 여러 가지 문제에 직면하게 되었다. 먼저 노동력 고용 비 제도화의 배경 아래, 노동력은 정보의 비대칭과 더욱 큰 실업 위험에 직면하게 되고 고용주와의 거래 협상 과정에서 언제나 열세위치에 처하게 된다.

다음 비 제도화와 비 조직화의 고용은 고용주들에게 법률적 책임과 위험을 회피할 수 있는 기회를 제공한다. 예를 들면 현재 도시에 나가 일하는 농민들의 체불임금 보편화 현상을 해결하기 어려운 원인은 노동력시장 체제가 완벽하지 못하고 비 제도화 고용현상에 대해 묵인한데 있다. 끝으로 완벽하지 못한 노동력시장 체제가 유동인원들 사이의 악성 경쟁현상을 야기시킨다. 이를테면 취업기회 쟁취를 위해 서로 다른 지역이나 단체에서 온 노동력들은 폭력과 단체 싸움의 형식으로 경쟁을 벌이거나 혹은 뇌물을 주는 방식을 통해 경쟁한다.

셋째, 적지 않은 유동 농민들을 볼 때, 교육문제는 그들이 반드시 직면하게 될 문제이다. 도시의 교육기회는 체제 안의 공공자원으로서 다만 상주하는 도시 주민들에게만 개방되어 무릇 자녀의 의무교육 문제든 아니면 자신의 재교육 문제든 어느 것을 막론하고 농촌 주민들에게는 모두 단절된 상태에 놓여있었다. 많은 유동인구들은 제도상, 이런 공공물품의 권리와 기회에 접근할 수 없었기 때문에 모두 선택의 딜레마에 빠져 어린 자녀들을 고향에서 노인들이 돌보거나 아니면 높은 비용을 들여 임시로 도시에서 공부하게 했다.

그들은 낮은 소득으로 인해 하는 수 없이 자식과 생이별하는 아픔을 겪으면서 아이들을 고향에 남겨두고 도시로 떠난다. 이밖에 일부 유동인구들은 직장훈련을 받을 기회가 거의 없었기에 직업기능, 모종의 실용기술의 교양과 훈련 및 지식 업데이트와 재교육을 받으려 해도 오로지 교육시장에서 품질 보증이 없는 양성교육을 구매해야만 했다. 하지만 이와 같은 고가의 교육비용은 한창 일자리를 구하고 있거나 금방 도시에서 일자리를 찾은 유동인원들에게 있어서 감히 상상도 할 수 없는 금액이었다. 그리하여 많은 유동 농민들은 교육의 중요성을 알게 되었고 또 자녀들이 더 좋은 교육기회를 얻을 수 있도록 도시로 이주하고 싶었지만 소득이 비교적 낮은 상황에서 도시의 높은 교육원가로 인한 심리갈등으로 포기할 수밖에 없었다.

넷째, 유동 농민들은 도시 노동과 사회보장 체계에서 배제되는 현실에 직면하고 있다. 다수의 농촌노동력은 도시로 유동한다 해도 이주 도시 정부에서 제공한 노동과 사회보장 면에서의 공공봉사를 기대하지 않는다.

도시유동 과정에서 그들은 일자리를 찾지 못하거나 혹은 일시적인 실업 상황에 직면하게 되어 제때에 효과적인 취업정보를 필요로 하는 동시에 생활에 대한 보장을 필요로 하고 있지만 이와 같은 보장이 없기 때문에 다수의 유동인원은 계속 도시에 남아 취업기회를 모색해야 할지 아니면 기타 도시로 유동하거나 혹은 고향에 돌아가야 할지 판단이 잘 서지 않을 것이다. 만약 도시에 남는다면 어떻게 일자리를 찾아야 하고 어려운 생활을 어떻게 해결해야 할 것인지? 만약 고향에 돌아간다면 어떻게 부모님들을 대면할 것인지? 이와 같은 여러 가지 고민으로 인해 부분적인 사람들은 건전치 못한 심리를 갖게 되었고 나아가서 사회질서에 대해 불리한 영향을 일으키게 되었다.

다섯째, 유동 농민들이 부딪힌 가장 심각한 장애가 바로 사회적 인정의 격리와 사회적 교류의 격리이다. 이런 장애는 그들이 도시의 발전과 사회유동에 대한 불확실성을 갖게 하여 도시에서 지속 발전하는 큰 장애가 되었다.

사회교류 혹은 거래의 격리는 비록 공감과 차원의 격리와 긴밀히 연결되지만 거래 격리를 불러일으키는 가장 중요한 원인은 사회시스템의 교류 장애로서 이런 장애는 제도의 설치 및 사회와 문화의 관념에서 온다. 하버마스(Habermas)는 왕래수준을 도덕의식의 진보와 사회정치, 법률, 논리 진화의 통일적인 절차에 따라 행위와 행위 결과, 차원 및 규범시스템, 원칙 등 3개 기본단계로 나누고 왕래수준과 도덕발전 및 사회진화를 연결시키면 왕래의 확대와 발전이 사회의 진보와 발전을 촉진할 것이라 인정했다. 그는 또 왕래를 촉진함에 있어서 보편성 원칙 혹은 '보편적 언어

윤리'를 가장 좋은 경로로 인정했다.[3]

　1970년대와 1980년대, 중국은 도시 상주호구를 갖고 있는 사람들이 모두 자신을 '도시인'으로 인정했고, 농촌 사람 혹은 도시에서 본지 호구가 없는 사람을 '시골 사람'이라고 인정했다. 이와 같은 사회적 정체성에서 저도 모르게 '도시'와 '시골'의 등급차별 의식이 드러났다. 1990년 중반에 이르러 시장 메커니즘의 충격 아래, 상품식량 호구 특권이 점차 자취를 감추고 인민들이 '외래 인구', '농민공' 등과 유사한 정체성을 기준으로 해서 도시 중의 유동인원을 구분하기 시작했다. 이러한 정체성 기준 중의 '외부 사람' 및 '농민'과 같은 언어는 실제적으로 일종의 사회의 거리규칙을 내포하고 있다. 즉 사회적 거리를 설치하는 것을 통해 이와 같은 단체를 배척하고 '도시인'과 '시골 사람'의 경계선은 특권규칙을 통해 사회적 배척을 진행했다.

　유동 농민들이 순조롭게 도시사회에 융합될 수 있는가 없는가 하는 관건은 도시 교류의 이성적인 발전에 달렸다. 즉 도시가 다원적인 사회 단체와 문화를 포용하고 받아들일 수 있어야 하며, 또 여러 가지 단체 간의 원활한 교류와 내왕을 보장할 수 있어야 했다. 교류의 이성적 발전의 기본표징은 바로 제도건설로서 도시는 반드시 완벽한 법률과 제도를 구축해 다원적인 단체 간의 상호교류와 왕래를 보장하고 촉진해야 한다.

3　(독)하버마스, 『교제와 사회진화』, 81~97 쪽, 총칭, 총칭출판사, 1989 년

제4절

도시 농민계층의 주변화(边缘化) 발생원인

기존의 제도적 배경에서, 도시의 유동 농민들은 신분, 체제, 조직 면에서 모두 모호하고 주변화된 문제가 존재했다. 예를 들면 그들의 호구신분, 직업신분, 취업성질, 고용단위 등 여러 면에서 현행제도가 경계선을 명확히 하지 않는 문제가 존재했다. 이와 같은 주변화 상태는 그들을 계속 도시에서 유동하게 하였고 그들에게 미래에 대한 밝은 전망을 보여주지 못했다. 근본적으로 말해 이는 현행의 제도배치가 유동 농민들의 2차 유동과 진일보적인 발전을 제약하여 그들이 도시사회에서 주변화 된 주요원인을 초래했다고 할 수 있다.

2차 유동은 상대적으로 농민들의 도시진입 유동을 가리킨다. 현실 속에서 농민계층은 농촌으로부터 도시로 진입하였다. 이는 일반적인 의미에서 말하면 결코 간단한 위치의 이동이 아니라, 한 사람의 일생에 있어서 매우 중요한 한 차례의 사회 수직이동이며, 사회계층의 차원으로부터 보면 절대 다수의 사람들이 모두 한 차례의 향상이동을 경험했음을 상징한다. 우리나라의 도시와 향촌 분할체제는 먼저 공간과 지역계층을 강화하고 두드러지게 했다. 기존의 체제 중에서 도시는 무조건적이고 선천적인 우세적 지위를 갖고 있어 도시호구 신분을 소유한 사람들을 전에는 "국가의 녹을 먹는 사람"으로 계층지위가 선천적으로 농촌 사람보다 더욱 높았다.

예를 들면 도시 종업원 복지 분배는 주로 가정인구에 의거하였기에 도시에서 태어난 아이들은 실제상 국가의 주택복리와 기타 소비 보조금을 향유할 수 있었지만 농민가정에서 태어난 아이들은 절반 인구의 식량밖에 얻지 못했다. 농민계층이 도시로 진입하려면 적어도 아래와 같은 3가지 기본사실을 증명해야 했다.

첫째, 우리나라의 사회계층 체제에서 도시의 사회공간지위는 보편적으로 농촌사회보다 높아야 한다.

둘째, 도시발전은 농촌노동력의 보충을 필요로 한다.

셋째, 도시와 향촌의 분할 체제는 점차 도시사회의 개방성으로 전환한다. 두 가지 사회공간의 뚜렷한 분할로 양자 간에 보편적인 비교이익 지위 차별이 존재하여 도시는 농촌 사회보다 많은 면에서 우월한 조건을 갖고 있다.

이는 농민계층이 전력을 다해 도시로 이주하도록 추진해 도시에는 선진 공업국에서 나타나는 '역도시화' 현상이 나타나지 않았다. 따라서 농민들이 도시로 진입하는 가장 직접적인 동기는 도시와 향촌간의 구조적인 차별이었다.

농민들의 이주에 추진역할을 하고 있는 농촌의 과밀화 현상은 전에는 또 '불륭화'로도 번역되었는데, 황종즈는 이를 통해 중국 향촌사회는 인구의 지속 성장으로 인해 농업 총생산량이 끊임없이 성장할 지라도

1인당 평균 노동일의 소득은 도리어 점차 감소된다는 점을 설명했다.[4] 하지만 도시사회의 우월한 지위 조건은 농촌 청년들의 도시진입에 대해 견제역할을 발휘하고 있는데 이러한 견제역할이 있었기에 대량의 농민들이 도시로 밀집할 수 있었다.

1980년 후반기 이래, 중국 도시의 신속발전과 더불어 노동력에 대한 수요는 대폭적인 성장을 가져왔을 뿐만 아니라 갈수록 다원화되었다. 이왕의 도시와 향촌의 분할 체제 중에서 도시인구의 규모, 게다가 도시와 향촌인구의 지위상의 차별은 이와 같은 수요를 만족시키기 매우 어려웠다. 도시에서 정부 통일배치의 취업정책을 실시한 이래, 도시는 줄곧 선취적으로 취업권을 향유했다.

이런 체제는 도시 주민들의 취업의존 현상을 초래했다. 갈수록 많은 일자리, 예를 들면 환경위생, 건축, 서비스, 장례식장 등은 이미 도시 사람들이 선택하지 않는 업종으로 되어 차라리 취업을 기다리더라도 어지럽고 힘들며, 힘들다고 인정되는 업종에는 종사하려 하지 않았다. 하지만 농촌노동력 입장에서 보면 일자리를 구할 수 있는 것만으로도 매우 기쁜 일이었다. 어떤 민정학교에서는 사회적으로 장례 서비스 전공 자비생을 공개 모집할 때, 졸업 후 상해시의 각 장례식장에 분배한다고 승인했다. 그 후 많은 농촌 학생들이 너도나도 지원해 자비로 공부했다. 한 단체가 원하지 않으면 다른 한 단체가 앞 다투어 지원하는 사례로부터

---

4   황종즈, 『장강삼각주 소농가정과 향촌발전』, 305~317 쪽

우리는 취업 면에서 도시와 향촌 주민 간의 초기위치의 불평등이 존재하고 있음을 알 수 있다.

이 구조적인 불평등은 한편으로 도시사회 취업위치의 혼란을 조성하고 다른 한편으로는 성망이 비교적 낮은 직업위치의 공백을 생산한다. 그들은 이와 같은 공백을 메우기 위해 농민계층에게 도시진입의 기회를 제공하고 있지만 농민들은 체제상에서 여전히 시민 밖으로 배척받았을 뿐만 아니라 도시의 주변 군중에 처해있다. 이를테면 도시에서 농민을 지향해 일꾼을 모집하는 형식은 '계약직' 형식을 취했다. 모종의 의미에서 말하면 '계약직'은 표면상으로는 일종의 신형의 고용형식으로 계약 노동자들의 합법적 권익을 보호하는데 취지를 둔 것 같지만, 이 정책의 잠재적인 의미는 체제 안과 체제 밖, 계획 내와 계획 외, 도시호구와 농촌호구를 구별하는데 있었다. 이 정책은 말로는 제도혁신이라고 하지만 사실 계획 체제가 이미 쇠약해져 차별과 경계를 더욱 강화시킬 뿐 경계와 장벽을 약화시키지 못했다.

사회구조 면에서 보면, 도시와 향촌 차별, 본토박이와 외지인, 도시인구와 농촌인구의 구분 등 요소는 모두 도시사회에서의 유동 농민들의 2차 유동을 저해하였고, 그들이 도시사회 속에 통합되는 것을 제한하였다.

기능 분석의 차원에서 보면, 사회차별, 격리범위, 사회배척이 생산한 주요 기능에는 정체성 격리 기능, 차원 격리 기능, 교류 격리 기능이 있다.

일종의 제도로 확정하고 인위적인 경계로 기능이 끊임없이 강화되고 있을 때, 사회성원에 대해 생산된 심리효과가 갈수록 커지는 동시에 모종의 가치에 대해서도 확대역할을 발휘하게 된다.

경계의 심리기능으로 인해 정체성의 격리가 초래되었다. 이를테면 1970년대와 1980년대, '농업호구를 도시호구로 전환'하는 엄격한 통제와 도시와 향촌 간에 존재하는 비교이익 격차로 도시호구의 가치가 확대되었다. 도시호구를 갖고 있는 사람들은 '도시인'으로 인정받았고 농촌호구를 갖고 있는 사람들은 '시골 사람' 혹은 농민으로 인정받았으며 농촌 사람들도 마찬가지로 이와 같은 표준으로 도시인과 시골사람을 구분했다. 따라서 일종의 상호 격리되고 대치된 사회정체성이 생산되었다.

경계선이 두드러진 것으로 인해 사회적인 기대 역할의 격리가 초래되었다. 도시호구를 갖고 있는 사람들은 자연이 비농업 및 도시와 관련한 사회지위나 역할을 기대하고 있지만 농촌호구를 갖고 있는 사람들이 기대하는 기본직업은 농업으로서 비농업에 대한 기대는 일종의 사치로 여겨졌다. 직업유동이 경계선의 상한선에 도달하였을 경우, 역할 기대가 제한성을 형성해 사람들은 자신의 최종적인 역할의 위치를 알 수 있고, 더욱이 농촌인구 입장에서 말할 때 그들의 역할에 대한 기대 범위가 더욱 뚜렷하게 나타났다. 만약 농촌 아이들이 고등 학부에 들어가지 못해 진학 경로가 지속발전의 기회를 얻을 수 없다면 그의 평생 역할 기대치는 기본적으로 확정된 셈이다. 이왕의 농촌 사람들은 또 군대에 나가 간부로 발탁할 수 있는 이 과정에서 새로운 역할을 기대했었지만 현재 이 과정도 거의 폐쇄된 상태에 처해 있다.

이밖에 사회교류 혹은 거래 격리와 정체성 및 역할의 격리가 긴밀히 연결되었지만, 거래 격리를 초래한 가장 중요한 원인은 문화와 제도의 설치에서 온 사회시스템 중의 교류장애이다.

하버마스(Habermas)는 교류와 거래를 중요한 분석대상과 분석 표준으로 삼았다. 그는 교류수준과 도덕발전 및 사회진화를 연결 시켰는데 그 중에 함유된 의미는 왕래의 확대와 발전은 사회의 진보와 발전 을 촉진하게 된다는 점이다. 어떻게 왕래를 촉진할 것인가에 대해서는 보편적인 원칙 혹은 '보편적인 언어 논리'를 가장 중요한 경로로 삼았다. 하버마스는 왕래수준을 도덕의식의 진보 및 사회정치, 법률, 논리의 진화에 따라 통일적인 절차로 행위와 행위결과, 역할과 규범시스템, 원칙 등 3개 기본단계로 나누었다.[5]

실제상 소위 보편적인 원칙이나 논리는 일종의 광범위하게 교제할 수 있는 조건과 환경을 대표한다. 현실적인 사회 분야에서 우리가 세운 제도시스템, 부호시스템은 보편적인 교류나 왕래를 위해 정의로운 모습과 규범의 기반을 제공하는 것이지 시스템에 격리대나 교류장애를 유발시키는 것을 설치하는 것은 아니다. 오직 보편적인 교류가 통일되고 조율된 토대에서만이 사회교류가 넓어질 수 있다.

사회관계의 통합은 구조적인 개혁 이후, 2차 제도의 혁신과 변화를 거쳐 변화 구조와의 상호 조율을 유지하는 것을 말하는데 이것이 바로

---

5   (독)하버마스, 『교제와 사회진화』 , 81~97 쪽

통상적으로 말하는 '부대적인 개혁'이다. 농촌개혁이 일으킨 구조변화와 새로운 기능의 수요는 반드시 기타 제도의 설치로 조정, 조율, 통합해야 한다. 이를테면 농촌노동력 이전의 개방적인 노동력시장과 취업제도를 만족시키고 이익구도 조정의 사회배치 체제와 투자정책을 만족시키며, 사회관계 조정통합의 역할체계를 만족시켜야 한다. 구체적으로 말하면 바로 체제 안과 체제 밖의 자원배치의 차별과 격차를 줄이고 단체역할 정체성의 경계를 약화시키며 대립형의 사회정체성을 완화시키고 점차 해소시켜야 한다.

현재 적지 않은 농촌인구가 이미 도시에 나가 사업하고 주거 생활하고 있을 뿐만 아니라 장기간 도시의 경영에 참여하는 추세가 나타나고 있다. 하지만 기존의 호적통제 체계는 일정한 정도에서 그들과 기타 시민 간의 정체성 경계와 분배 경계를 확정해 그들을 도시 안에 있는 '성 밖'의 사람, 즉 리페이린, 류테밍이 말한 바와 같이 도시 중의 '주변 단체' 혹은 '주변 계급'으로 취급했다. 한 개 단체 혹은 계층의 주변화 경향은 사회관계의 통합정도가 높지 못하고 사회의 운행에 아직도 조율문제가 존재하고 있음을 의미한다.

제5절

요약, 사회배척의 해소와 사회 재통합

　도시화의 발전행정은 필연적으로 노동력 및 도시로의 이동과 더불어 최종적으로 도시 주변에 응집되게 된다. 때문에 도시규모의 확대와 도시인구의 성장은 일종의 자연적인 역사과정이다. 만약 인위적으로 강제적 조치를 취해 유동을 저지한다면 이는 일종의 자연법칙에 대한 도전이라 할 수 있다.

　현재 중국은 농촌노동력의 이동으로 인해 도시에 갈수록 많은 유동 인원이 나타나고 있다. 이런 상황에서 정부는 인구 이동과 유동현상을 정확히 인식하고 이동과정에서 나타날 수 있는 문제에 적극 대응해야 한다. 이왕의 관리 패턴이 이미 새 세기 유동인구의 관리수요에 적응하지 못했기에 정부에서는 반드시 낡은 관리체제를 개혁해 광범위한 유동인원에게 더 많은 서비스를 제공하고, 또 사회의 유기적인 통합과 조율발전을 촉진시켜야 한다. 구체적으로 말하면 향후 정부는 아래와 같은 몇 가지 면에서의 사업을 강화해야 한다.

　첫째, 현행 호적관리 체제를 철저히 개혁하고, 두 가지 유형 호구신분의 구분을 취소시키며, 전적 제한을 질서 있게 취소하고, 주민 신분제와 주민 호구등록 관리를 상호 결부하는 제도를 전면적으로 추진해야 한다. 호구신분의 구분은 일종의 불평등한 신분제도로서 농촌과 농민들의 발전을 제약하는 하나의 중요한 제도적 요소이다. 이와 같은 제도를 취소하지 않으면 근본적으로 농민들의 법률적 지위를 변화시킬 수 없어 도시에서의 농민과 유동인구의 사회발전에도 불리하다. 전적 제한은 지역사회 차별과 발전의 불평등을 조성하는 중요한 원인의 하나로서 조건이 성숙되지 않은 정황에서 마땅히 유동 제한을 취소해야 한다.

둘째, 도시 이전 유동인원 자녀들의 교육환경과 조건을 개선하고 도시 이전 유동인원에 대한 교육투자를 확대하며, 도시 유동인원에게 저렴하고 더욱 우수하며 편리한 공공교육 서비스를 제공해야 한다. 의무교육을 받는 것은 매 공민들이 마땅히 다해야 할 의무이고, 의무교육 추진은 매 정부에서 마땅히 짊어져야 할 책임이다. 모든 개인과 정부는 그 어떤 이유로 헌법과 법률이 부여한 책임과 의무를 회피할 수 없기 때문에, 각급 각지 정부에서는 모종의 이유로 유동인원 자녀들의 의무교육 권리를 거절할 수 없는데, 이는 의법행정의 기본요구이다. 유동인구의 소재지 정부는 마땅히 모든 어려움을 극복하고, 유동인원 자녀들을 위해 동등한 의무교육 기회를 마련해주어야지, 여러 가지 이유로 책임과 의무를 회피해서는 안 된다. 이밖에 각급 정부에서는 또 이주 노동력을 위해 공공의 재교육과 직업훈련 서비스를 적극 제공하여 유동인원의 인력자원 향상을 도와주어야 한다.

셋째, 모든 노동력을 망라한 도시 노동과 사회보장시스템을 구축하고 보완하여 이전 노동력으로 하여금 동등한 노동과 사회보장의 기회를 얻게 해야 한다. 도시 노동과 사회보장 부문은 상주 주민들과 이전 노동력을 지향해 필요한 노동취업 정보와 일자리 창출교육 서비스를 제공하고 도시의 모든 노동력을 실업 보험과 사회보장 체계에 포함시켜야 한다.

넷째, 도시 노동력시장 건설을 완벽히 하고 도시 노동력 사용의 조직화, 제도화, 법제화를 촉진해야 한다. 현재 도시 노동력시장에 많은 비 조직화, 불법적인 노동력 사용현상이 나타나 많은 유동 노동력과 근로자들의 합법적인 권익을 침해하고 있다. 이런 불량한 상태를 변화시키려면 반드시 제도화, 법제화 건설을 강화하고 각급 정부는 마땅히 법률규칙과 제도 서비스, 중개 기구 서비스 및 감독 서비스를 제공해야 한다. 정부의 역할은 경영자가 아니라 공공 서비스의 제공자이다.

조직화, 제도화와 법제화 건설은 마땅히 유동 노동자들의 거래비용과 모험을 줄이는 것을 목표로 해야지 고액의 비용을 받거나 비용을 증가 시켜서는 안 된다.

종합적으로 도시사회에서 유동 농민들의 전반적 상황은 중국사회의 개혁개방 이후부터 도시와 향촌 구조에 국부 변형이 일어나 이왕의 도시와 향촌 이원화 대치의 구조로부터 점차 도시와 향촌의 2대 서브시스템이 상대적으로 개방된 3원 구조로 전환했다. 즉 도시 체제 안의 시민, 도시 체제 밖의 주변 단체 혹은 과도 단체, 농촌 농민계층이다.

이와 동시에 조사 결과는 중국 사회구조가 변화 하고 전환하는 과정 에서 2급제도의 정체효과로 초래된 사회 통합도가 비교적 낮은 현상이 나타났음을 보여주었다. 예를 들면 실제 활동과 신분정체성의 분리,

충돌적 정체성 심리로 초래된 탈선행위 증가 등은 모두 사회관계의 낮은 통합 혹은 통일과 관련된다. 따라서 사회구조 전환과정에서 정부는 마땅히 조율기능을 충분히 발휘하고 효과적인 제도혁신을 적극 조직하며 사회구조의 재구성 과정에서 관계의 재통합과 재통일을 촉진하고 사회조율 발전과 양성운행을 추진해야 한다. 중국 사회구조와 기능에 모두 변화가 발생한 사회전환 과정에서 사회시스템은 구조의 재구성 문제에 직면하게 될 것이다.

이 문제는 새로운 구조가 효과적으로 새로운 기능수요를 만족시킬 수 있는가 없는가 하는 것과 관계되고 새로운 구조시스템의 조율정도와 운행효율과 관계된다. 소위 구조의 재구성은 이익분배 구도와 계층 메커니즘의 변화와 조정에도 유리하다. 시스템의 내부구조는 변화를 거친 후 재통합문제 즉 사회관계와 사람들 사이 이익관계의 통합과 조율문제에 직면했는데 오직 여러 가지 관계가 재통합 되어야만이 시스템이 균형을 이룰 수 있을 것이다. 이 시기 공공 부문인 정부는 마땅히 통합과 조율 기능을 충분히 발휘해 사회시스템의 양성운행과 조율발전을 촉진할 필요가 있는 것이다.

제3편

중국향촌사회의 정치와 경계

제 7 장 향촌정치와 권위구도의 변화

제7장

향촌정치와 권위구도의 변화

　　포스트향토사회는 이미 "자연에 순응하여 저절로 다스리는"[6] 치국이 넘에서 벗어났고, 향촌정치도 더는 "조직과 상징부호로 구성된 권력의 문화인터넷" [7] 이 아니었다. 현대화 행정은 향촌사회와 문화의 변화를 촉진시켰을 뿐만 아니라, 또 향촌정치의 현대화도 촉진시켰다. 향촌정치는 현대국가정권의 건설과 더불어 조직화, 법제화, 민주화 면에서 끊임없이 새로운 진척을 가져와 향촌의 권위구도와 정치가 구조적인 전환을 실현했다.

6　페이쇼우퉁, 『향토 중국 출산 제도』 , 59 쪽.
7　(미) 두아라, 『문화 권력과 국가-1990-1942 년의 화북 농촌』 , 233 쪽

제1절

향촌정치의 기본구조

정규적인 행정 체계 차원으로부터 보면 현대국가의 행정조직은 향촌을 향·진 1급으로 연장시켰으며, 촌 급 이하는 정규적인 국가행정 편제의 반열에 속하지 못했다. 하지만 전반 향촌사회의 정치생활로 말하면 향촌 이하의 합법적인 관리조직은 매우 중요한 기능을 발휘하고 있었다.

우리는 조직구성의 시각으로부터 향촌정치의 구성을 그림 7-1와 같이 그릴 수 있다.

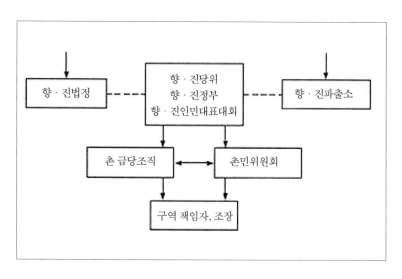

그림 7-1 향촌 정치생활의 조직구조 설명도

그림 7-1에서 향·진 당위원회와 향·진정부는 향촌 1급의 정규적인 당정기관으로서 향촌 정치권력의 중심에 속한다. 하지만 향촌 권력이 현 급 권력기관을 결정한다 할지라도 1급 권력의 영향력이 사람들의 생활과 직접 관련되고 사람들도 그 권위의 존재를 직접 느낄 수 있어 향촌의 구체적 정치생활과 농민들의 마음속에서 향·진 당정기관이 거의 중심으로 되었다. 예를 들면 촌 당 지부 서기를 누가 맡는가 하는 것은 비록 촌지부위원회 성원들의 민주적인 선거로 향·진당위원회에서 임명하고 있지만, 구체적인 실천 속에서 향·진당위원회의 의도와 임명권이 언제나 촌 당 조직 서기의 핵심역량이 좌지우지하고 있다. 이밖에 향·진 당정권력은 기타 권력의 생산에 대해 큰 영향을 갖고 있었다. 이를테면 향촌 학교의 교장 인선도 그들이 결정했다. 이로부터 향촌 당정권력은 아래 정규적인 편제를 갖고 있는 기구의 권력에 대해 결정권을 갖고 있어 향촌 당정권력이 향촌 정치권력의 중심을 구성했다고 말할 수 있다.

예컨대 사법과 집권 기관들에서 향·진에 파견한 향·진파출소, 향·진법정 등 파견기구들은 모두 상급기관에서 수직으로 지도했기에 향·진 당정권력은 그들과 직접적인 지도관계가 없고 수평적 협력관계가 더욱 많았다. 더욱이 향·진파출소가 향·진 당정기관과의 연계가 더욱 밀접했다. 한편으로 향·진정부는 향촌질서를 유지하고 정책을 집행하는 과정에서 파출소의 역량에 힘입었고, 다른 한편으로는 향·진파출소도 집법(법을 집행하는 것 - 역자 주)과정에서 향·진정부 및 그 소속 향촌조직과 배합해 사회치안을 공동으로 수호해야 했다. 파출소와 향촌조직 사이에는 불문 규정이 있었는데, 바로 인민경찰이 촌에 내려가 공무를 집행하면서 폭력 등 형사 사건을 처리하게 될 경우, 일반적으로 촌간부와 소통하고 협조를 구해야 했다.

향촌 정치생활에 실제적인 여러 역량의 비교가 존재한 것으로 인해 향·진파출소 및 법정은 비록 향·진1급권력기관의 구성부분은 아니지만, 국가집법과 사법기관의 경찰이자 법정으로서 비교적 큰 범위에서 향촌의 여러 역량의 상호 관련과 상호 역할에 영향을 주고 있고, 비록 사람들의 일상생활이 이런 기관들과 정상적으로 관련되지 않는 것 같지만, 그들의 존재는 중요한 상징적 의의를 갖고 있으며, 또 실제적으로 경시할 수 없는 역할을 발휘하고 있다. 예를 들면 파출소의 집권권력과의 관계가 일정한 정도에서 향촌에서의 개인 역량 혹은 권력에 영향을 줄 것이다. 향촌사회의 질서를 수호하는 중에서 여러 면의 역량이 아마 자신과 집법 권력과의 관계를 주목하고 있다. 마찬가지로 사람들도 자신과 이러한 집법 권력과의 관계를 충분히 이용해 자신의 역량에 더할 것이다. 농촌 조사 중에서 우리는 늘 향촌 주민들의 이와 같은 반영을 듣게 된다. 모모는 파출소의 어느 간부와 관계가 매우 좋기에 그가 이런 일을 빚어낸다든가, 혹은 "온돌 위의 재판부" [8] 와 같은 사례에서 신용합작사는 농민들의 대출금 상환을 독촉하기 위해 법정의 사법경찰을 데리고 촌 지부의 서기

---

8 강세공, 『"법률불입지지(法律不入之地)"의 민사조정, 민사조정 사건의 재분석』, 『비교법 연구』, 1998 (3)

에게 함께 채무자네 집에 가서 온돌에 앉아 대출금을 상환하지 않는 것은 위법적인 것으로서 기소당할 수도 있다고 설명한 후, 촌 지부 서기가 또 이해관계를 당사자에게 분석해주어 당사자가 즉시 대출금을 상환하도록 설득해 대출금 분쟁을 비공식적인 "온돌 위의 법정"으로 해결한다는 것 등이다. 이와 같은 사례에서 볼 수 있듯이 만약 파출소와 법정의 권력을 법률의 권위로 여긴다면 이와 같은 기구들은 각자가 특유한 방식으로 향촌사회의 권력구조 및 정치생활에 영향을 주게 될 것이다. 국가권력 기관이 향촌으로 연장된 이유 중의 하나가 바로 이와 같은 영향력을 갖고 있기 때문이다.

물론 수직관계인 파출소 기구의 권력과 향·진 방식은 자연히 현지의 향·진정부 및 촌 급 관리기구와 같지 않기에 그들 사이의 상호관계는 별로 뚜렷하지가 않다. 체제 차원으로부터 보면 이와 같은 수직관계로 된 파출기관은 조례 규제에 속하고 지방 정부기구는 덩어리 규제에 속하지만 그들이 관리하고 처리하는 문제 혹은 사무는 동일한 관할 구역 내에 있다. 그리하여 그들 사이에는 많든 적든 언제나 연계성을 갖고 있는 것이다.

향·진에서 향·진 당위원회와 향·진진 정부는 비록 당정의 두 개 계열에 속하지만 실제상 향·진 정치권력의 중심이고, 당위원회 지도하의 향·진 권력으로서 양자는 향·진의 정치생활 가운데서 고도로 통일된 것이지, 각기 두 개의 권력 중심은 아니다. 향·진의 당위원회 서기와 향장(乡长), 진장(镇长)은 비록 행정 급별 상에서의 동급이지만, 권력 지위 상에서 당위서기는 향·진진 권력기관의 제1책임자이고, 향장, 진장은 일반적으로 당위원회 상무위원과 부서기를 겸임한 제2책임자에 속한다.

향 · 진 당위원회와 정부는 권력 면에서는 통일되지만 직능 상에서는 구체적인 역할 분담이 있다. 일반적인 상황에서 향 · 진 당위원회의 직책은 주로 전반적인 지도와 정책 및 인사배치와 당무사업을 책임지는 등 면에서 건의하고 감독 관리하는 사업이다. 향 · 진정부는 조직, 배치를 책임지고 향 · 진의 경제생산과 사회생활 등 구체적 사무를 관리하며, 국가의 여러 가지 정책, 예를 들면 산아제한 정책 등을 책임지고 집행한다. 농업 세금을 전면적으로 취소하지 않기 전에는 향 · 진정부의 중요한 임무가 바로 세금징수 및 향 · 진 급의 재정수입이었다. 때문에 향 · 진정부의 직능이 더욱 경제사업에 치우치게 되었고, 향 · 진 당위원회의 직능이 주로 정책, 정치홍보, 인사임면 등 면의 사업에 치우쳤다.

일반 농민들에게 있어서 정부권력의 운행은 그들의 경제이익에 직접 영향을 주기에 향 · 진정부의 권력은 그들과 더욱 긴밀히 연결되었다. 향촌사회에서 농민들이 가장 관심을 두는 것이 바로 경제이익이다. 농민들은 몇 위안 혹은 몇 십 위안으로 정부와 의견이 맞지 않을 때도 있다. 예를 들면 농촌 의료보험을 납부할 경우, 어떤 농민들은 단기적인 직접이익이 보이지 않는 상황에서 한 가지 정책이라도 이익이 보이지 않으면 그들을 보험에 참가시키기가 매우 어렵다. 그렇기 때문에 향 · 진정부의 기층사업은 사실 매우 복잡하고 어려운 사업이다. 만약 정부가 권력의 차원에 입각해 자신의 사업을 수행한다면, 어떤 면에서는 순조롭게 정책의지를 관철시킬 수 있을 것이다. 하지만 이와 동시에 또 적지 않은 잠재적인 충돌과 모순도 존재할 것이다. 예를 들면, 향 · 진 재정책임제 기간, 향 · 진정부는 자신의 재정수입을 늘리기 위해 농민들의 이익요구를 경시하고 권력적인 태도로 농민들을 대해, 한때 간부와 군중들의 모순이 기층사회에서 보편적으로 존재하는 현상이 나타났다. 마찬가지로 산아제한 정책을 추진할 때, 향·진정부도 유사한 어려움에 직면했다. 한편으로 반드시 기본국책을 집행해야 했고, 다른 한편으로는 농민들이 국가정책을 이해하지 못했거나 혹은 정책 중에서 상응하는 이익을 직접 얻지 못해 향·진정부가 이익을 제공해줄 수가 없었다. 때문에 이와 같은 문제에 직면하면 향·진정부는 권력과 수단을 이용해 정책을 강제 집행하여 간부와 군중들의 모순을 조성했다.

향·진당위원회와 정부의 지도로 생산된 시스템에서 당위원회 지도부는 주로 민주 선거, 상급 조직부문 고찰, 상급 기관 임명 확정으로 형성되었다. 향·진정부 지도부의 형성도 기본적으로 이와 유사했다. 차이가 있다면 향·진장의 임면은 향·진인민대표대회를 거쳐 통과됐다. 현재 향·진정부의 사업일군은 이미 국가 공무원 조례에 따라 모집 채용하고 있다. 향·진 당정 지도의 생산시스템은 기본적으로 "당이 간부를 관리"하는 원칙에 따라 민주평의와 조직임명이 상호 결부된 절차이다. 하지만 어떤 지방에서는 개혁을 시도해 향·진 당조직과 정부 지도성원들이 공선제와 직선제를 취해 향·진 전체 당원과 선민들이 직접적인 투표와 선거를 통해 당정 지도를 생산했다.[9] 향·진 당정지도는 공선 혹은 직선 방법을 통해 생산되는데 사실 현행 간부 임면제도와

---

9 중공사천성위원회 조직부 프로젝트팀 『향진·지도간부의 공선, 직선과 당의 지도문제에 관한 조사와 고찰』 『마르크스주의와 현실』, 2003(7)

법규에 부합되지 않는다. 그런 공선과 직선 개혁을 실시한 지방은 모두 자원이 아니라 상급의 압력에 의해 진행한 것이다. 상급 부문은 언제나 대세에 영향을 주지 않는 상황에서 개혁을 시도해 효과를 보려하기 때문에 상급부문은 이와 같은 현행제도의 불일치한 개혁시도에 대해 묵인하고 있다. 하지만 어떠한 방식으로 향·진 지도부를 생산하든지간에 "당이 간부를 관리"하는 최저 기준은 반드시 지켜져야 한다.

향촌사회에서 향·진 권력의 운행은 주요 집행역량인 촌 급 기구에 의거한다. 촌 급 기구는 비록 정식 편제의 당정기관에 속하지 않더라도 실제 발휘하는 직능은 여전히 당정기관의 기능범주에 속한다. 향촌 주민 속에서 향·진 권력이 영향력을 발휘하려면 반드시 주민과 가장 가까운 촌 급관계의 전달 혹은 집행을 통해야 한다. 때문에 이와 같은 의의에서 말하면 촌 급조직은 실제상 향촌 권력시스템의 주요한 중개 혹은 교점이 된다.

촌 급조직은 촌 급당조직과 촌민위원회로 나눌 수 있다. 촌 급당조직은 일반적으로 촌 당 지부를 가리키는데 극소수의 촌에는 촌 당위원회를 건립하기도 한다. 예를 들면 안훼이(安徽)성 샤오캉(小崗)촌에서는 이미 촌 당위원회를 설립했는데 주로 밖에 적을 둔 간부들이 위원을 맡고 있다.[10] 촌 당 지부는 당의 기층조직으로서 일반적으로 한 개 행정촌의 전체 당원들이 조직 생활하는 기구이다. 촌 당 지부 서기는 예전에 모두

---

10 육익룡, 『삽입성 정치와 촌락 경제의 변천-안훼이 샤오캉촌의 조사』, 242~244 쪽.

본촌의 당원 중에서 선거해 임명했지만, 지금은 기층 당조직의 지도를 충실히 하기 위해 촌 당조직 간부, 예를 들면 촌 지부서기의 선임도 점차 변계를 넘어 촌 밖에서 선발한다.

"촌민위원회 조직법"에 따라 범위를 확정한 촌민위원회는 촌민 자아 관리, 자아 교양과 자아 봉사에 속하는 대중적인 자치조직이다. 촌민위원회는 정, 부 촌 위원회 주임 각 한 명, 촌 여성연합회 주임 1명, 촌 회계 1명 등 4명 이상의 성원들로 구성되었다. 인구가 비교적 많은 행정 촌에서 설치한 촌 위원회의 성원은 한 명 내지 3명 더 많을 것이다. 현재 기층 자치관리 조직인 촌민위원회 성원은 전 촌 선민들의 직접적인 선거로 생산된 것이다. 일반적인 상황에서 촌 위원회 선거는 먼저 직접 선거를 통해 촌 위원회 주임, 부주임 및 위원 입후보자를 선출한 후, 재차 투표 선거방식을 통해 법정 득표자에 따라 즉시 당선된다.

촌 당조직과 촌민위원회는 비록 법리적인 차원으로부터 보면 향촌사회의 1급 권력시스템이 아니라고 할 수 있지만 현실 속에서의 기능은 권력시스템과 서로 맞물린다. 그리하여 사람들은 늘 촌 급 조직의 성원들을 촌 간부라고 부르는데 이는 그들이 향촌사회에서 일정한 권력이나 일정한 권위를 갖고 있기 때문이다. 촌 급 권력시스템의 영향력은 주로 상급의 정책정신을 기층에 전달하고 기층의 민의를 상급에 전달하는 과정에서 실현된 것으로서 국가와 사회 사이에서 진정으로 중계 혹은 대리역을 맡아 정치 영향력을 행사한다.

많은 지방의 촌 급 조직은 자연마을과 완전히 통일된 것이 아니라 단지 하나의 행정촌이라 할 수 있다. 이른바 행정촌이란 행정에서 규정한 마을

범위를 가리키는데 보통 여러 개 인접한 자연마을을 한 개의 행정촌으로 규정한다. 이런 행정촌의 규정 권리는 물론 주로 향·진정부에 있다. 향·진정부는 관할 마을에 대한 정황을 이해하고 있을 뿐만 아니라, 또 직접 행정촌을 관리하고 있기 때문에 보통 관리의 수요에 근거해 행정촌의 범위를 규정하고 수정한다.

남방에서는 마을 규모가 비교적 작은 것으로 인해 일반적으로 여러 개 자연 마을이 모여 하나의 행정촌을 구성한다. 관리의 편리와 촌민들 간의 소통 및 협조를 위해 어떤 행정촌에서는 대인관계가 좋거나 위신이 있는 사람을 조장 등과 같은 관리인원을 담당하게 한다. 이런 사람들은 비록 촌 위원회의 정식 성원은 아니지만, 촌 간부에 해당되는 대우를 해주고 마을 사람들도 그들을 촌 간부로 여기고 있다. 그들의 직책은 하나 혹은 여러 개의 서로 인접한 마을의 세세한 사회 사무를 조정하고 관리하는 것이다.

향·진 당정기관으로부터 촌 급 관리조직에 이르기까지 향촌사회의 권력시스템은 하나의 기본 틀을 구성해 중국 기층사회 정치생활의 토대가 되고 있다. 한 개 향·진에서 우리는 한 개 마을의 구체적 형태를 알 수 있을 뿐만 아니라 그 마을이 어떻게 사회시스템 속에 조합되었는가를 알 수 있으며, 또 농민들의 형태 및 농민과 국가가 어떻게 연결되었는가를 알 수 있기 때문에, 아마 향·진의 기층 면에서 기층 향촌사회의 구조 특징을 더욱 전면적으로 반영할 수 있을 것이다.

향·진 권력시스템 구조 중에서 우리는 이와 같은 기본특징을 알 수 있다. 첫째, 기층 권력시스템은 국가가 향촌사회질서를 유지하고 통제하는 조직구조이다. 무릇 집법과 사법기구의 수직 파견기구로부터 보나 아니면 향·진 당정기관으로부터 보나 이런 권력기관의 주요한 직능은 실제상 향촌사회에서 질서를 수립하고 또 이런 질서를 힘써 수호하는 것이다. 때문에 향·진 권력시스템은 실제상 기층 사회질서 수호자의 역할을 맡고 있다. 둘째, 기층 권력시스템은 현대 관료제 원칙에 따라 설치한 것이다. 무릇 당 조직 계열이든 아니면 정부시스템이든 막론하고 향·진의 권력시스템마다 모두 일정한 등급을 나누게 되는데 매 등급은 모두 상응하는 관직을 맡고 있으며 서로 다른 직위 사이에 명확한 권한 구분과 직책 구분이 있다.

설령 촌 1급 기구라 해도 이와 유사한 관료 분공이 존재할 것이다. 셋째, 권력시스템은 비교적 짙은 지방성을 갖고 있다. 상대적으로 공공성에 대해 말하는 지방성은 공공관리의 기관으로서 관리일군들 선정 루트가 비교적 개방되었지만 기층 권력시스템, 더욱이 촌 급 관리 조직 중에서 그들은 상대적으로 현지 사회에 국한되어 권력시스템이 현지 사회와의 관계가 더욱 밀접해 보인다.

제2절

마을 정치와 권위 구도

마을은 향촌사회의 기본적인 생활 단위이고 자연생활상태에서 형성된 자연 단원이다. 마을의 정치가 촌 급의 정치와 동일시하지 않은 원인은 많은 지방의 행정촌은 자연 마을과 완전히 통일된 것이 아니라 자연 마을에 의해 구성되었기 때문이다.

우리가 마을의 정치를 고찰하는 것은 자연형태에서의 향촌 정치생활과 권력의 구조특징을 이해하고 촌 급 혹은 행정촌의 정치가 형성된 후, 마을의 정치와 권력구조에 어떤 변화가 발생하였는가를 고찰하기 위해서이다.

마을의 정치는 넓은 의미에서의 정치를 가리키는데 권력 혹은 권위, 질서와 관련한 분야가 망라된다. 설령 전통마을의 규모가 비교적 작고 구조가 간단하며 내왕 범위가 좁더라도 이는 하나의 사회생활공간으로서 언제나 일정한 질서에 따라 생활을 조직해야 하고 또 질서를 유지하려면 언제나 일정한 규칙과 역량을 떠날 수 없기에 모종의 의의에서 말하면 일정한 권력 혹은 권위에 의거해야 한다.

전통적 예의와 풍속 사회에서 사회절서는 일종의 예치질서에 속하므로 사람들은 주로 논리도덕과 전통습관에 따라 행동한다. 하지만 이런 예의와 풍속 규칙이 사람들의 행위를 규범화하고 인도하려면 권력의 단속을 필요로 하는데 이런 권력은 강제성 및 동의성 권력과 좀 다른 일종의 '교화

권리" [11] 에 속한다. 권력을 위해 영향력을 생산하고 발휘하는 과정이 있다면, 실제상 이 과정이 바로 넓은 의미에서의 정치를 말하는 것이다.

한 개 자연마을을 놓고 보면 권력 혹은 권위에는 대체적으로 법리 권력, 가족 혹은 종족 권력, 민간 종교 혹은 신성 권위, 재산과 권세 권력, 세력 권력, 습속 권위 등 기본 유형이 망라된다.

법리 권력 혹은 권위는 국가 정권건설과 더불어 마을 내부에까지 확장된 권력 혹은 권위를 말한다. 행정촌 당조직 혹은 촌민위원회에서 일정한 위치에 있는 사람들은 마을 내에서도 일정한 권력 혹은 권위를 향유한다. 그들과 같이 촌 내 주민들을 위하고 또 촌 간부들을 위해 일하는 사람들이 현재 마을에서 영향력이 비교적 큰 권력 엘리트가 되고 있다. 촌 간부들은 평소에 일반 촌민들과 한 공간에서 생활하면서 가까운 관계 혹은 친척 관계를 맺을 수 있었고 또 촌 간부들이 연령, 항렬, 가정세력 면에서 그다지 큰 우세를 차지하지 못했기에 일상생활 속에서 별로 권위를 나타내지 못했다. 하지만 그들은 촌민들이 인정하는 법리 권력을 갖고 있었기에 실제 문제를 해결할 때 권력의 역할을 발휘할 수 있었다. 한편으로 촌민들은 현실 생활 속에서 자신의 이익과 관계되는 구체적 사무를 처리하려면 반드시 촌 간부들의 손을 거쳐야만 했다.

예를 들면 아이가 호적을 올리거나 혹은 산아제한 관련 사실들은 실제상 모두 촌 간부 관리를 거쳐야 했다. 다른 한편으로 농촌 분쟁의

11　페이샤오퉁, 『향토 중국 출산 제도』, 59~68 쪽.

해결방식으로부터 보면 다수의 농촌 주민들은 억울함을 당했거나 갈등이 생겼을 경우, 가장 먼저 선택하는 해결방식이 촌간부들을 찾아 해결 보는 것이었다.[12] 촌민들은 문제에 직면하면 먼저 촌 간부들을 통해 해결할 것을 생각한다. 이는 첫째로 촌민들이 촌 간부들의 권력을 인정하고 촌 간부들을 마을에서 영향력이 있는 사람으로 여기며 둘째는 촌민들이 촌 간부들의 권력에 대해 신임한다는 점을 설명해준다. 촌민들이 자발적으로 촌 간부를 조정자로 선택하는 원인은 그들이 촌 간부들이 비교적 이상적이거나 효과적으로 질서를 수호하는 역량이라고 믿기 때문이다.

가족 혹은 종족 권력은 전통적인 사회 마을에서의 주요 권력이다. 가족 권력의 생산은 전통과 습관에 대한 사람들의 계승에 의거해 생산된다. 예를 들면 가족 중의 연장자 혹은 경력이 비교적 많은 사람들은 상응하는 권위 혹은 권력을 갖고 있기에 사람들은 전통적인 규칙에 따라 이런 권력을 인정하고 있다. 다른 한편으로 가족권력은 늘 의식에 의거해 권위를 인정받는다. 가족 혹은 종교 조직 가운데서 의식 거행은 가족제도 중에서 주요한 한 가지 내용이다. 가족 조직에서 가장 흔히 볼 수 있는 의식이 바로 조상들의 제사를 지내는 것이다.

의식에서 가족 중의 각 성원들은 모두 일정한 항렬과 연령에 따라 순서와 자리를 배치한다. 이런 순서와 자리의 제정은 모종의 의의에서 말하면 연장자의 권위가 가족 내부에서 합법적이고 신성화 되어 사람들이

12 유금국, 『농촌 분쟁 유형 및 기타 해결시스템 연구-장수성 H 진과 S 진을 사례로』, 중국인민대학 석사 논문, 2007.

점차 습관과 전통에 따르게 되었다. 가족과 종교권력은 가족 내부 사무를 처리하는 중에서 중심역할을 발휘하고 있을 뿐만 아니라 가족 간의 관계 문제에 대응할 때도 지도적 역할을 맡고 있다.

'문화대혁명'의 충격을 거쳐 전통가족 혹은 종교권력은 가족문화의 쇠락 및 가족 혹은 종교조직의 와해와 더불어 현재 마을 사회에서 중심지위를 상실했다. 개혁 개방이 후, 일부 가족 문화현상 예를 들면 가보를 다듬거나 사당을 보수하며 집체적으로 제사를 지내는 등 현상이 향촌사회에서 재차 나타났다. 하지만 가족 조직은 재건되지 않았다. 조직이 없는데다가 현대 법률을 받고 있는 이중 제약 아래, 가족제도와 가족 권리는 마을에서 권위를 재구성하기가 매우 어려웠다. 물론 향촌사회에서 가족 역량 및 가족 역량에 대한 정체성을 소홀히 해서는 안 된다. 가족문화 현상의 재현은 가족 역량이 향촌에서 일정한 사회적 토대를 갖고 있으며, 가족 조직 및 기타 역량의 형성은 향촌사회 나아가서는 변경지대의 향촌 자아구성 방식이라는 점을 보여준다.[13] 가족은 일종의 공동체로서 향촌 주민들이 이익을 모색하기 위해 자발적으로 맺은 조직 혹은 연맹이다. 가족의 유대는 비록 혈연관계와 친척관계를 토대로 하지만 실제목표는 이익 공동체를 구축하기 위한 것이다. 때문에 어떤 지역의 가족 역사로부터 보나 가족성원이라 해서 반드시 진정한 친척관계를 갖고 있는 것은 아니다. 사람들은 자체이익을 보호하기 위해 변통적인 방식으로

---

13 유왕명명, 『사회인류학과 중국연구』,65∼111 쪽, 북경, 싼롄서점,1997.

모 가정 공동체에 가입할 수도 있다. 예를 들면 중국 대만지역에서 푸젠(福建) 연해지역으로부터 이사 간 사람들은 실제상 친척관계를 갖고 있는 것이 아니지만, 자체조직의 이익 공동체를 위해 가족조직을 구축했다.[14] 현재 마을 중의 가족 역량 혹은 권력은 비 공식화, 비 조직화 추세로 나아가고 있는데, 주로 가족 관계 네트워크 형성이 주요기능을 발휘하고 있다. 이를테면 친척관계가 비교적 가까운 가족성원들 사이의 내왕이 상대적으로 많고, 사회적인 지지도 상대적으로 많아 서로 자체의 주요한 사회 네트워크 자원을 구성해 정식적인 족장 권력 및 가족 내 지위 등급 규칙이 더는 보편적인 효력을 발휘하지 못했다. 가족 내의 장로 권위는 이미 사람들의 경모하는 권위로 되었다. 즉 장로에 대한 존경으로 인해 생산된 권위는 더는 단속과 통제력을 갖고 있는 권위가 아니었다.

민간종교 및 신성권위는 민간 사이의 종교조직 및 사회생활 속에서 생산된 위신과 영향력을 가리킨다. 정신적 신앙은 인류 사회생활 구성부분의 하나로서 무릇 향토사회든 아니면 포스트향토사회든 어느 것을 막론하고 모두 여러 가지 민간 신앙과 신 숭배활동이 존재한다. 마을 사회에서 종교와 신앙 활동은 비록 형식이 다르긴 하지만, 성질과 기능이 비슷해 모두 촌민의 정신생활 분야를 구축해 마을 사회관계와 사회행위에 영향을 주고 있다. 현재 적지 않은 농촌지역에는 자연촌마다 모두 자신이 숭배하는 신과 신앙이 있다.

14　장영장, 『임이포, 한 대만 읍의 사회경제 발전사』, 179~196 쪽, 상해, 상해인민출판사, 2000.

마을에서도 자체의 사당을 구축해 이 신령을 봉안하고 있다. 예를 들면 '용문위패 숭배' 풍속습관이 있는 허베이(河北)성 판장(範莊)에서는 매년 음력 2월 2일 즉 민간에서 전해지는 용이 고개를 드는 날이면, 용문위패에 제사를 지내는 대형의식을 가진다. 조상의 신을 상징하는 용문위패는 촌민들의 정신세계에서 상징적인 권위를 갖고 있는데 이런 권위의 대리자는 주로 의식 진행자이다.

촌민들은 어려움이 있어 신령에게 도움을 청하거나 소원을 빌 때면 용문 위패 앞에서 향을 피우고 의식을 집행하는 자가 향불의 방향에 따라 신의 취지와 방향을 해석해준다. 촌민들의 관념 세계에는 신성한 권위가 존재한다고 인정하기 때문에 세속 생활 속에서 어려움에 부딪칠 때마다 신에게 길을 가리켜 줄 것을 요구한다.[15] 신성권위는 상징적인 것으로서 현실 속의 인물 혹은 사물로 표현하고 상징하므로 그런 신령과 통하는 사람과 신의 상징물은 현실 생활 속에서도 일정한 현실적 권위를 갖고 있으며, 또 촌민 사회 중에서 특수한 지위를 차지해 특수한 역할을 발휘하고 있다.

새로 건설한 마을 혹은 기타 종교장소나 모종 민간종교 활동을 거행하는 과정에서 촌민들이 상응하는 비용을 분담할 경우, 촌민들의 납부 자원 적극성이 농업 세금 납부 때보다 더욱 높아 민간 종교조직자들은 종교 비용을 쉽게 거둘 수 있다. 이는 향촌 종교 활동이 촌민들의 정신적인

---

15 조욱동, 『권력과 공정, 향토사회의 분쟁 해결과 권위의 다원화』,
     1~22쪽, 톈진, 톈진고적출판사, 2003.

생활영역을 구축해 이런 공공활동으로 마을에 대한 촌민들의 정체성을 보여주는 생활공동체 의식으로서 민간종교가 비교적 높은 권위와 영향력을 갖고 있을 뿐만 아니라, 또 향촌사회에 큰 영향력을 끼치고 있음을 설명해준다.

마을의 부력(富力)권력의 생산은 마을 사회가 분화된 일종의 산물이다. 개혁개방 이후, 마을 성원들은 단순히 농촌 생산과 생활에 참여한 것이 아니라 공통된 농업을 경영했다. 일부 마을 사람들은 혁신을 통해 먼저 치부의 길에 올라 부유층이 되었다. 부유층은 경제상에서 튼튼한 토대와 실력을 갖고 있기에 정치적 위상을 얻을 수 있다.

그들은 촌내 공공사무 중에서 늘 많은 의무와 부담을 짊어지고 촌 공익사업을 위해 기여하고 있다. 특히 촌민들은 그들의 치부 경험을 통해 자신도 치부의 길로 나아가길 바란다. 때문에 촌 공공사업을 위해 기여하는 부유층은 일반적으로 촌내에서 모두 그에 상응하는 권위와 영향력을 갖게 되고, 촌민들은 왕왕 그들의 정책과 계획을 받아들이고 지지하려 한다.

그것은 촌민들이 현실 속에서 이런 권위를 믿고 있으며 자신들에게 이익을 갖다 줄 것이라고 인정하기 때문이다. 예를 들면 안훼이(安徽)성 평양현(凤阳县) 자오좡촌(赵庄村)에서 집체경제 시대에 촌 생산대 대장을 맡은 적이 있는 농민기업가 자오스라이(赵世来)는 개혁개방 이후, 식량 장사를 경영하다가 나중에 보온병 공장을 꾸려 소문이 자자한 기업가로 거듭났다. 그는 자신이 부유해진 후, 촌의 환경과 낙후한 편모를 변화시키기 위해 선후로 수백만 위안의 자금을 꺼내 촌을 도와 수리시설을 건설하고 도로를 수리하며 녹화와 조림사업을 추진함으로서 많은 사람들의 존중을 받은 동시에 상응하는 권위도 향유했다. 촌 지부에서는 그의 말이면 촌민들이 모두 집행하려 한다는 것을 알았기 때문에 비록 그가 마을을 떠났다 해도 다시 돌아와 촌 지부서기 직을 맡아주길 바랐다.[16]

부력(富力)권력은 실제상 마을 정치권력의 형성 및 특징에 대한 촌민들의 관심사를 반영한다. 이런 관심사는 이성에 근거해 원가 최소화와 수익 최대화를 선호하고 있다. 촌민들은 강한 경제실력이 있는 사람만이 권력을 얻은 후 자신들에게 이익을 갖다 줄 수 있다고 인정하기에 그런 사람들이 정치권력을 향유하길 바란다. 즉 사리를 도모하지 않는 권력이 바로 촌민들이 바라는 마을 권력이다.

부력(富力)권력은 일종의 인류의 자연적이고 원 상태적인 권력으로서 인력, 신체, 폭력에 의거해 얻은 권위와 권력이다. 한 마을에서 인구가 많고 특히 형제가 많을수록 가정의 세력이 더욱 클 수 있으며, 신체가 건장하거나 혹은 폭력적인 사람이 왕왕 무형 중에 일정한 권력을 얻을 수 있다. 세력과 권력은 사람들의 공포감에서 온다. 촌민들이 이런 권력에 복종하는 것은 폭력적인 침해를 당하지 않고 자신을 보호하기 위해서이다. 현실사회에서 우리는 촌내 약한 세력의 가구들이 괴롭힘을 당하지 않게 하기 위해 늘 세력이 강한 가족과 밀접한 관계를 유지하고 있다는 것을 볼

---

16 육익룡 왕성룡, 『사회주의 새농촌 건설의 패턴비교-평양현 쇼우강촌과 자우좡촌의경험』 『강회포럼』 , 2007(4).

수 있다. 이 또한 촌내의 강세그룹에 대한 복종임을 말해준다.

비록 어떤 지역에서는 부력(富力)권력이 많은 법리권력의 단속을 받아 큰 영향력을 발휘하지 못할 수도 있지만, 어떤 지역의 세력과 권력은 폭력 및 기타 폭력집단의 결맹에 의해 촌내의 자체 세력과 영향력을 크게 증강하고 있다. 더욱이 치안상황이 그다지 이상적이 아닌 농촌지역에서는 세력과 권력이 늘 폭력 역량을 누적해 마을 사회의 흉악한 세력을 형성하는데 이는 촌민들의 이익에 손상 줄 뿐만 아니라 전반 마을의 권위 구도와 사회질서에도 영향을 주고 있다.

풍속 권위란 습관적으로 사회생활에서 사람들의 행위를 규범화하고 인도하며 통일시키는 역량을 가리킨다. 다시 말하면 사람들이 습관과 규범에 복종하고 습관과 규칙에 따라 행사하는 자원 수준을 가리킨다. 습관을 일종의 권위로 보고 있는 것은 습관은 일정한 환경에서 사람을 복종시킬 수 있거나 혹은 대중적인 행위에 대해 역량을 통일시키고 통제할 수 있기 때문이다.

습관이 일종의 권위가 되려면 일반적으로 상응하는 환경과 연결시켜야 한다. 사회시스템이 개방되고 다원화된 현대 도시사회에서 비록 도시도 많은 다양한 습관을 갖고 있지만, 이런 습관은 권위를 구성하는 조건을 구비하지 못하고 있다. 그것은 습관과 개인 사이는 여전히 선택적인 관계이지 규칙과 복종의 관계가 아니므로 습관은 개인행위에 대해 복종케 하는 영향력을 형성할 수 없기 때문이다. 하지만 상대적으로 전통적이고 폐쇄적이거나 반 폐쇄적인 마을 환경에서 어떤 습관은 일종의 권위적인 명령이 되어 촌민들을 모두 자발적으로 복종케 한다.

상대적 폐쇄 환경이 습관권위를 쉽게 생산할 수 있는 것은 습관은 대중들이 평소에 공동으로 행사하는 기본방식으로서 장기간 대중들의 공동적인 인정을 받았을 뿐만 아니라, 일정하게 확정된 역량을 형성했기에 이런 방식을 변화한다면 더 많은 공력을 들여야 했기 때문이다.

이로부터 사람들이 습관에 종사하는 힘은 사실 풍속을 어기는 힘보다 더 크다는 점을 알 수 있다.

마을 사회의 6가지 권력 혹은 권위는 현실에서 서로 고립된 것이 아니라 서로 다른 유형의 권력 혹은 권위와 일체를 이루거나 또는 서로 독립적이고 영향을 주지 않을 수도 있다. 마을생활에서 이런 권력 혹은 권위의 형성은 마을 정치의 기본 형태를 구성하고 있다.

현대화의 세례와 사회변화를 거쳐 현재 중국의 마을 정치와 권위구도는 전통 마을에 비해 큰 변화를 가져왔다. 향촌사회에서 교화된 권력 혹은 세례권력이 형성한 "천하가 자체로 다스려진다."는 구도는 당대 포스트향토사회의 마을에서 더 이상 존재하지 않았다. 오늘날, 마을 정치와 권위 구도는 이미 개방과 다원화 방향으로 나아가고 여러 가지 권력 혹은 권위는 마을 생활의 제반 분야에서 다양한 역할을 발휘하고 있다.

먼저, 권력 혹은 권위와 마을 생활의 제반 분야와의 관계로부터 보면 마을 권력 혹은 권위 구도의 기본 형태는 아래 11-2 그림과 같다.

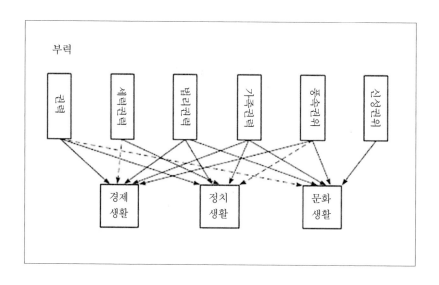

그림 7-2 권위와 마을 사회시스템 간의 관계

그림 7-2로부터 보면 현재 마을 사회의 권위중심이 이미 법리권위로 이전되었다. 촌 급 기구 및 촌 간부를 대표로 하는 법리권력 혹은 권위는 향촌사회의 각 시스템에 침투되었고 또 중심위치를 차지했다. 이밖에 마을에서의 가족역량 영향력도 비교적 뚜렷했다.

다음 만약 마을의 생활분야를 공공분야와 개인분야 2개 차원으로 나눈다면, 마을 권력 혹은 권위는 이 2개 분야에서의 영향력이 대체로 그림 7-3과 같다.

그림 7-3에서 우리는 법리권력이 마을 공공생활 분야에 대해 비교적 강한 영향력을 갖고 있을 뿐만 아니라 개인 생활분야에 대해서도 일정한 영향력을 갖고 있다는 것을 알 수 있다. 마을의 주요한 공공사무 정책과

관리에서 촌 간부들이 주도적 역할을 발휘하고 있다. 이와 동시에 개인들도 생활 속에서 문제에 봉착하면 늘 기층간부의 도움을 청한다.

현재 가족관계와 가족의 역량도 법리권력 기구의 진입을 통해 마을 공공 분야에 영향을 끼치고 있다.

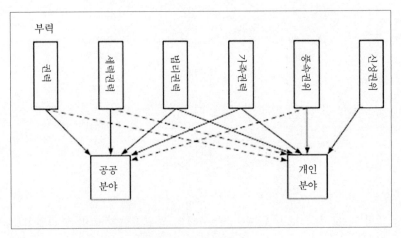

그림 7-3 권위와 마을 사회생활 분야의 관계

종합적으로 마을 권위구조는 이미 현대화 행정 속에서 빠른 속도로 변화되고 있으며 현대법률, 제도와 정책과 더불어 끊임없는 추진되고 있다. 현대적이고 법리적이며 제도적인 권력과 권위가 점차 마을 행사에 포함되어 마을에서의 영향력과 범위가 끊임없이 확장되고 있다. 그리하여 마을 정치에 대한 이해는 아마 전통적인 예의와 풍속 시야를 초월할 수 있기에 권위 다원화와 현대화의 차원으로부터 다시 잘 살펴보아야 한다.

제3절

농촌의 세제개혁과 향촌정치의 변화

 농촌 세제개혁은 실제상 향촌 재정 및 세수체제와 관련된다. 재정과 세수체제는 밀접히 관련되면서도 일정한 구별점이 있다. 재정과 세제체제는 공공관리와 정치생활의 토대로서 향촌사회 재정 세수체제 개혁은 향촌의 정치개혁을 집중적으로 구현할 수 있고, 또 향촌 정치와 권력구조의 변화를 추정할 수 있다.

 인민공사 시대에 농촌 재정과 세무는 재정 자주권이 없이 현 정부에서 통일적으로 관리했다. 가족 단위 농업생산 책임제 개혁을 추진한 후 1980년대 중기부터 인민공사를 철거하고 향촌을 건설하기 시작했다. 향·진정부의 설립에 따라 향·진1급의 재정기구도 점차 형성되었고, 현·향·진정부의 "한 가마의 밥을 먹지 않으며 등급을 나누어 관리" 하는 구도도 나타났다. 1994년에 이르러 세금 분배제도를 실행한 후, 현·향·진 재정의 "세수 종류를 구획하고 수지를 사정하며 증수를 나누고 적게 받으면 스스로 보충" 하는 2급 재정체제가 정식으로 형성되었다.[17] 실제상 이 체제가 바로 향·진의 재정책임제 체제이다.

 향·진 재정 책임제 체제는 서로 다른 지역에서 다른 효능과 영향을

---

17 국무원농촌세제개혁사업소조 판공실 편성, 『농촌세제개혁 회고와 종합』, 1~4 쪽, 중국재정경제출판사, 2006

생산했다. 경제가 비교적 발달한 지역에서는 향·진정부가 상대적인 독립 재정 지배권을 갖고 있을 뿐만 아니라 과세 유보 원칙의 장려를 받고 있기에 일부 향·진정부는 현지 경제를 발전시키는 면에서 적극성을 충분히 발휘해 많은 향·진기업이 돌연 새로운 세력을 보이고 향·진의 경제성장을 추진하는 주력이 되면서 진 경제와 사회의 신속 발전을 촉진하고 있다. 이와 동시에 경제가 낙후한 일부지역에서는 재정 수입원이 제한되어 향·진 정부가 지출의 평형을 위해 부득이 재정 부담을 농민들에게 돌리고 농업 세수 면에서 징수 강도를 늘리며 농업세와 특산세를 징수한 외에 또 "촌 급 3가지 저축, 5가지 총괄 비용" 즉 농민들이 말하는 농촌인구의 '인건비'를 증가했다. 이런 불법요금은 농민들의 부담을 크게 가중해 농촌 간부와 군중들 사이의 모순이 첨예화됐다. 향·진정부의 책임제도는 실제상향·진정부의 자유권을 확장한 것으로서 만약 상응하는 법규와 제도로 향·진정부의 재정 지배권을 단속하지 않는다면 반드시 향·진과 촌 급 조직 혹은 기구의 맹목적인 확장현상이 나타날 것이며 최종적으로 기층기구가 지나치게 방대해지고 효율이 떨어질 뿐만 아니라 무형 중에 농민 혹은 납세자들의 부담을 증가시킬 것이다.

현·향·진 정부의 급별 관리와 재정 도급책임제 체제의 결핍 및 이 체제가 농민들에게 준 부담 가중과 향촌 행정관리시스템의 규모확장 등 문제에 감안해 2000년 중공중앙 국무원에서는 "농촌 세제개혁 시점사업을 진행하는 것에 관한 통지"를 발부하였고 "세 가지 취소", "두 가지 조정" "한 가지 개혁" 등 개혁조치를 내놓았다. 개혁 실천 속에서 일부 시점지역에서는 주로 현·향·진정부 사이의 관계에 대해 개혁을 진행하고 향·진재정의 수입과 지출 범위를 엄격히 규정했으며 수입과 지출의 연결을 실행하고 재무관리 제도를 규범화하고 통일시켰다.

농촌 세제개혁 시점 중에서 한 가지 중요한 내용이 바로 중앙 재정에서 향·진의 재정 부족분의 지급 강도를 증강시킨 것이다. 2000년부터 농촌 세제개혁 시점을 전개한 이래 2007년에 이르기까지 중앙 재정에서는 농촌 세제개혁과 농촌 종합개혁 자금을 누계로 3,380억 위안 배치했다. 더욱이 2006년 농업세를 전면적으로 면제한 후 중앙재정에서는 재차 지급액수를 증가해 2007년 농촌 세제개혁과 농촌 종합개혁을 위한 자금을 782억 위안 배치했다.[18]

2006년 농업세 전면 면제개혁은 모종의 의의에서 말하면 시대적 의의를 갖고 있는 개혁이라 할 수 있다. 이 세제개혁의 의의는 세무 재정학 의의를 훨씬 초과해 심원한 역사와 사회적 의의를 갖고 있다.

하나의 신속 성장하는 경제권을 놓고 말할 때 단순한 농업세수 수입은 전반 국가의 재정수입 중에서 국가 재정에 대한 향·진 요소가 매우 작아 3.2%밖에 차지 않기 때문에 농업세를 취소했을 경우에도 국가재정 수입은 1,000위안을 초과할 수 있다. 반대로 만약 국가에서 이런 자금을 징수하지 않고 상응하는 부분을 국가재정에서 지불한다 해도 그 금액이 2,000억 위안도 되지 않아 재정수입에서 차지하는 비율이 10%를 초과하지 않는다.

---

18 재정부, 『2000-2007년 농촌세제개혁과 농촌종합개혁 투입 정황』,
    재무부 웹 사이트 http://www.mof.gov.cn/mof, 2008

즉 10%도 안 되는 재정수입으로 60%이상 농업 인구의 부담을 크게 줄인다는 것은 사실 매우 가치가 있는 일이다. 하지만 전에 이렇게 하지 못한 것은 의식문제 즉 제도혁신의 의식문제였다.

농업세를 전면적으로 취소함에 있어서 제일 중요한 사회적 의의는 국가와 농민관계의 근본적 전환을 실현하는데 있다. 이런 전환은 현대화 가정에서 반드시 실현해야 하는데 바로 요구로부터 보조로의 전환이다. 현대화, 시장화, 글로벌화의 큰 배경 아래, 전통농업의 발전을 지지하고 농업의 기반지위를 공고히 하려면 정부는 반드시 농업에 대한 요소 투자를 추가해야 한다. 볼 수 있듯이 만약 정부가 여전히 1985-2005년 때처럼 농업세 징수 금액을 끊임없이 추가해 농업세를 42억 위안으로부터 936억 위원으로 증가한다면 20년 사이에 농업세가 20배 이상 성장하고 연간 성장률도 10% 초과돼 [19] 필연적으로 농민들의 재생산능력에 심각한 영향을 끼칠 것이며 또 더욱 위험한 것은 농업생산자들의 신심과 향촌사회의 관계에 심각한 영향을 미칠 것이다. 1998년부터 2003년까지 가중한 농업세의 부담으로 인해 농민들의 식량 재배 면적이 대폭 줄어들고 식량 생산량이 연속 하락되었다. 이와 같은 세금 징수로 인해 농촌사회 모순이 갈수록 늘어나고 사회의 조화롭지 못한 요소가 날로 늘어났으며 더욱이 농촌 간부와 군중들의 관계가 더욱 긴장되었다. 농업세를 취소한 후, 향촌사회 관계에는 근본적인 변화가 일어나 간부들이

---

19 국가통계국, 『중국통계연감 2006』,북경, 중국통계출판사, 2006.

더는 농민들한테서 돈을 요구하지 않았을 뿐만아니라 국가의 돈으로 농민들에게 보조금을 내주었다.

농업세 전면 취소는 향촌사회 구조의 한 차례 큰 전환이었다.

농업세 전면 취소의 영향력은 경제면에서 나타난 것이 아니라 주로 정치시스템의 구조와 관계 면에서 더욱 뚜렷했다. 농업세제 개혁은 실제상 국가에서 농민들의 부담을 줄이기 위해 추진한 변법으로서 실제상 세법의 수정을 통해 지방과 기층정부를 핍박하여 농민들의 부담을 줄이려고 실시한 정책이다. 때문에 농업세 전면 취소 개혁은 중앙정부, 지방정부와 기층정부 혹은 기구간의 복잡한 상호 교류와 상호 게임을 초래했다. 한편으로 중앙정부는 농업세 전부면제 개혁을 통해 지방과 기층정부가 농민들한테서 징수하는 세제의 법률적 기반을 해소함으로서 지방 정부 더욱이 향·진 정부가 억지로 정부의 관리체제 개혁을 추진하게 했다.

다른 한편으로는 지방 및 향·진정부에서 농업세를 전부 면제한 후 재정수입이 크게 감소되어 부득이 관리상에서 개혁해야 하는 동시에 향·진정부와 촌 급 조직이 정상적으로 운영할 수 있도록 기층관리에 대한 중앙정부의 재정 지급을 확대했다. 이렇게 농촌 세제 개혁과정에서 정치시스템에 중앙과 지방 정부간의 '반부도'의 특수한 상호 관계가 나타났다.[20]

향촌 정치에 대한 농업세 취소의 영향력을 잘 이해하려면 반드시 국가,

---

20 리지란 오리재, 『"부도"아니면 "반부도",농촌세제개혁 전후 중앙과 지방의 상호
    관계』, 『사화학 연구』, 2005(4).

지방 및 현 정부, 향·진정부, 촌 급 조직과 농민들에 대한 농업세의 의의를 정확하게 이해해야 한다.

중앙정부 입장에 말하면, 농업세 수입은 전반적인 재정수입 가운데서 미미한 지위에 처해 있었다. 2005년 농업세 수입이 936억 위안으로 당년 국가재정 총 수입의 3.2%를 차지했다. 이로부터 현대사회 국가와 농민 사이의 관계는 이미 실제적으로 전환되어 전통적인 향촌사회의 과세형 관계로부터 안전한 전략적 관계로 전환되었음을 알 수 있다. 다시 말하면 국가의 주요 공공권리 기관은 더는 농민들이 납세하는 과세부역에 의거하지 못하고 농민들이 사회 및 기타 전략적인 안전 면에서 자발적으로 기여하길 바랐다. 예를 들면 농업 기반지위의 공고성, 향촌사회의 안정과 단결성, 국가의 식량 혹은 음식물의 안전성, 통화팽창 등 경제 리스크에 대한 통제는 모두 광범위한 농민들의 지지가 필요했다. 때문에 국가는 사실 농업세의 징수가 농민 대중들의 적극성을 크게 꺾지 말길 바랐다. 또한 이와 같은 수입은 중앙 재정을 놓고 보면 그렇게 긴요하지도 않았다. 이해득실 아래, 중앙 정부는 농업세를 철저히 취소하기로 결정했다. 이는 국가가 농민들과의 관계를 처리할 때 단기적인 재정수입보다 정치와 사회의 전략적이고 장원한 이익을 더 중시했음을 말해준다. 이 또한 일정한 정도에서 국가와 농민들 간의 관계에 이미 중대한 전환이 일어나고 국가, 기층정부, 농민 등 3자간의 관계에 큰 변화가 일어나고 있음을 보여주었다.

지방과 현 급 정부를 놓고 볼 때, 농업세의 취소는 재정수입에 하나의 큰 구멍이 생겼음을 의미했다. 더욱이 현 정부를 놓고 말할 때 농업세의 수입은 현 정부에서 중요한 지위를 차지했고, 한 개 현을 놓고 말할 때 농업은 여전히 현 경제의 주체이고 재정수입의 주요 원천이었기 때문이다. 하지만 지방 정부와 현 정부는 행정상에서의 자유 재량권을 농업세 면제 대처의 주요한 책략으로 간주했다. 행정의 자유 재량권이란 주로 1급 행정부문의 자유 결정 혹은 정책 권한 범위를 가리킨다. 전에 중앙과 지방정부의 관계는 "상급에서 주문하고 하급에서 계산"하는 관계로 중앙 혹은 상급정부에서 정책방침을 발표하면 지방과 기층정부에서 자체의 재정으로 실시했다. 재정 세무체제의 개혁과 보완에 따라 재정 소유권과 직권 상대 등은 다른 등급 정부 간의 모호한 책임 문제를 피했기 때문에 지방과 현 정부는 농업세 수입이 부족하자 현 정부가 농촌과 농업에 대한 공공물 투자를 줄이고, 또 농촌 기층 사무관리 및 정책 집행임무를 향·진정부에 넘겼다. 경제상황이 그다지 좋지 않은 그런 지역에서는 현 재정에서 주요 정력을 일군들의 월급과 사무비용 해결 즉 '재정 생존'에 집중시켰다. 의무교육, 공공위생의 지출은 중앙재정에서 지급하고 향촌 도로 등 일부 기반시설 건설은 이미 향·진정부에서 집행했다. 현재 중앙재정은 이 면에서 지급금액을 늘리고 중앙재정에서 지급하는 향촌 공공사업건설 비용을 향·진으로 넘겨 향·진정부에서 집행 시행하고 있다. 예를 들면 '촌촌통(村村通)공사'는 주로 향·진정부와 촌 급 기구에 서 책임지고 집행 관리하고 있다.

향·진정부는 농업세를 취소한 후 입장이 매우 어렵게 되었다. 한편 으로 적지 않은 향·진이 농업세 유보 소득 외에 제한된 자금 원천으로 기타 예산외 재정 수입을 얻을 수 없었지만 지속적으로 향·진정부기구의 운영 및 향촌사회사무 관리, 촌 급 기구의 관리 간부들의 월급 지급 등을 책임져야 했다. 이와 같이 향·진정부는 재정수입이 없음에도 불구하고 공공관리 책임을 짊어져야 하는 곤경에 빠지게 되었다. 이러한 상황에서 향·진정부는 성, 직할시 및 현 정부의 재정 지급에 대해 더욱 큰 의존성을 가지게 되는데 이는 향·진정부의 독립성이 크게 약화됐음을 의미했다. 그리하여 농업세를 취소한 후, 영향력이 가장 크고 두드러지게 나타난 것이 향·진정부의 역할 및 지위의 전환과 변화였다. 후 농업세 시대에 직면해 향·진정부 특히 독립재정이 없는 향·진은 점차 중앙으로부터 현급 정부가 향촌사회에 구축한 매개 대리점과 봉사소에 이르기까지 1급 정권 혹은 행정관리 기관으로서의 직능이 약화되는 추세가 나타나게 되었다. 또한 향·진 독립재정 소유권이 약화됨에 따라 공공권력의 특성도 점차 약화되었다.

다른 한편으로는 향·진정부가 기층 및 향촌사회 관리 면에서 여전히 주요한 역량이 되었다. 기층 혹은 향촌사회의 질서를 유지하고 국가정책과 제도를 기층에 관철시키는 구체적 관리사업과 조치의 시행은 여전히 향·진정부를 떠날 수 없었다. 오직 향·진정부만이 촌 급 조직 나아가서 농민들과 연계할 수 있었기 때문에 향·진정부는 국가 행정체계 혹은 국가 정권건설 중에서도 매우 중요한 고리가 되었다. 그리하여 농업세 취소 후, 중앙정부로부터 지방정부에 이르기까지 모두 상응하는 부대 개혁조치를 출범하는데 주의를 돌렸다.

농업세를 취소한 동시에 실제적으로 여러 가지 농촌 비용도 취소했다. 예를 들면 전에 농민들이 납부해야 할 "촌 급 3가지 저축 5가지 총괄"

비용 중에서 "촌 급 3가지 저축"은 촌민들이 이런 비용을 납부한 후 향·진정부가 촌에서 남겨 둔 부분을 촌 급 조직에 반환해 다시 촌 급 기구의 일상 지출로 했다. 이 비용을 취소하자 촌 급 기구는 향·진정부에 이 부분의 수입을 요구할 근거가 없게 되어 다만 향·진정부에서 촌 급 기구 간부들에게 보조금과 일상 사무비용만 제공할 것을 요구했다. 촌의 집체소득이 없는 상황에서 촌 급 기구 간부들은 실제상 향·진정부에서 고용하는 계약 노동자가 되었다. 그리하여 촌 간부들은 얼마도 안 되는 보조금을 얻으려고 경비가 있어야 만이 사무를 볼 수 있는 공공사무에 별로 관심이 없었다.

촌 급 기구가 이미 전반 향·진정부의 자금 지지에 의거하고 향·진정부가 더는 촌 급 기구로부터 농업세금을 받지 않았기에 촌 급 기구의 행동기능이 실제상 크게 약화되었다. 향·진정부를 놓고 볼 때 촌 급 기구의 존재는 제도 배치상의 관성수요가 아니라 하나의 큰 부담이 되었다. 현재 일부 향·진은 자체 재정 부담을 줄이기 위해 한편으로 관리체제 개혁 면에서 기구를 간소화하는 개혁을 다그쳐 추진하고 있지만 이 체제 누적 문제를 단기 내에 소화시키기가 매우 어렵다. 다른 한편으로는 향·진정부도 향·진기구의 일꾼들을 촌 급 기구에 파견해 촌 급 기구에 대한 지출 부담을 줄이고 있다. 이로부터 농업세를 취소한 후, 촌 급 조직은 자신만의 독립적인 재정소유권을 상실했을 뿐만 아니라 무형 중에 향·진과 농민들 간의 중요한 집행기능을 상실했으며 향·진정부도 더는 촌 급 기구에 의거해 농민들한테서 돈을 받지 않게 되었다. 이렇게 촌 급 기구의 주요 기능은 이미 공공 분야에서 퇴출해 각급 정부와 농민들 간의 연락원이 되었다. 더욱이 촌 급 기구의 운행비용이 전부 향·진정부에 의존한 후 촌 급 기구에 대한 향·진정부의 통제 수준도 일층 확대되었다. 촌민위원회 성원들은 비록 촌민들의 직접적인 선거로 생산되었지만 촌 위원회 운행은 비교적 큰 정도에서 향·진정부의 지지에 의거해야 했다.

농민들에게 있어서 농업세 취소는 농민들이 직접 수익을 얻을 수 있기에 농민들의 지지를 받았다. 간단한 예측에 따르면 농업세를 취소한 후, 농업 인구마다 100위안 이상의 부담을 감면할 수 있었다. 보통 백성들에게 있어서 이는 실질적인 이익으로서 비록 거액의 수자는 아니지만 직접적인 경제이익으로 될 수 있었다.

농촌 공공재산체계는 향촌 정치의 경제기반으로 농촌 세수개혁은 실제상 이왕 농촌의 공공재정체계를 크게 변화시켰기에 향촌정치 구조와 정치생활에 대한 영향력도 컸다. "농업세 취소는 낡은 농촌 재정소득체계가 기본적으로 해체되었음을 상징하지만 농촌 공공제품 수요의 끊임없는 확대 및 장기간 형성된 농촌 공공제품의 공급과 부족이 병존하는 현실은 우리들이 반드시 농촌 공공제품 공급체제를 조정하고 혁신하며 상응하는 농촌 공공재정 분배체계를 구축하고 농촌 재정지출 구조를 조정하며 관리형 공공제품 제공을 위주로 하는 공급유형으로부터 봉사형 공공제품을 제공하는 공급유형으로 전환하도록 촉진했다."[21] 모든 봉사형 공공물은 실제적으로 관리를 위주로 하던 것으로부터

21 국무원 "농촌세제개혁과 농촌의 공공재정시스템 건설" 프로젝트팀, 『농촌세제개혁과 농촌의 공공재정시스템 건설이 직면한 새로운 형세』, 『경제연구』 참고, 2007(20).

농민들에게 공공봉사를 제공하는 것으로 전환 되었다. 이는 향·진 정부 및 촌 급 기구의 직능전환을 의미하고 있다. 하지만 이 전환 과정은 또 다른 중요한 문제와 관련되는데 그것이 바로 공공봉사 제공과 재력보장의 연결문제이다.

모종의 의의에서 말하면 농촌 세제개혁은 기본적으로 기층 정부조직과 농민들의 관계를 개선하였고, 정부가 농민들에 대해 "적게 받는" 원칙을 실현한 것으로서 향촌정치가 농민 군중들에게 초래한 부담이 해소 되었음을 말해주었다. 그렇다면 향촌정부가 농민들의 부담을 해소함에 따라 기타 향촌사회의 사무성 기능도 해소될 수 있을 것인가? 이 면의 향·진에 대한 평가는 아마 한시기를 걸려야 만이 결론을 얻을 수 있을 것이다. 그것은 향·진정부의 실천에 대한 고찰을 통해 농업세 소득이 없는 상황에서 향·진정부 및 촌 기구의 직책범위에 어떤 변화가 나타났고, 향촌사회 생활과 질서에 영향을 미쳤는지 그 여부를 확정하기 때문이었다.

제4절

관리 혹은 건설, 향촌정치 발전의 경로 선택

1990년대 향촌에서 촌민들이 촌 위원회를 직접 선거하는 방식이 추진됨에 따라 촌민 자치와 향촌정치 민주화는 한시기 핫이슈가 되어 '3농' 연구 분야의 하나의 중요한 의제가 되었다. 촌민 자치문제를 둘러싸고 학계에서는 점차 현대서방 정치학의 '관리'개념을 인입하고, 또 향촌관리의 개념을 제출해 향촌사회의 정치화된 사회 관리구조와 패턴에 사용했다. 그리하여 향촌관리는 향촌정치와 기층관리체제 및 관리패턴 개혁을 토론하는 중요한 의제중의 하나가 된 동시에 '3농'연구의 첨단 문제가 되었다.

'관리'의 개념에서 현대 정치학 중의 관리이론은 실제상 현대경제학과 공상관리이론 중에서 인입하거나 인신한 것이다. 관리구조와 체제는 현대기업 제도의 핵심문제이고 회사관리는 상장회사 관리의 기본 제도이다. 회사 관리제도의 형성은 현대기업 발전의 환경과 갈라놓을 수 없다. 상장회사의 출현은 기업의 고도가 되는 시장화와 사회화를 의미하고 있다.

기업은 자본시장과 일반 투자자들을 긴밀히 연결시키는 또 하나의 전문적인 경영조직으로 기업의 전문화 경영관리를 반드시 민주화 관리와 고도로 통일시킬 것을 요구함으로서 회사관리의 현대기업 관리체제를 점차 형성했다. 때문에 경제학 의의에서의 관리는 실제상 기업

조직시장화와 사회화의 배경 아래, 기업관리가 민주화, 법제화, 전문화를 추구하는 경로이며 또한 효율과 공평 간의 평형을 모색하는 경로이기도 하다.

정치학에서 관리 개념이 내포한 의의는 공공관리 중에서 민주화 및 효율 제고를 추구하고 국가와 사회 혹은 정부와 사회의 분리를 추구해 지방 혹은 기층사회의 이상 자치상태에 도달시키는 것이다. 주로 공공물 공급 상황을 분석하는데 사용되는 관리 이론의 분석 기틀에는 일반적으로 9개 기본요소가 망라된다. (1) 합법성, 공공물 제공의 정책에 의해 자각적으로 인정하고 복종하는 것, (2) 투명성, 해당 정책과 집행 과정이 공개적인 것, (3) 책임성, 관련 관리인원들이 해당 행위에 대해 책임지는 정도, (4) 법치, 법률이 공공관리의 최고준칙으로 된 것, (5) 반응, 그 기본함의는 공공관리인원과 관리기구가 반드시 공민들의 요구에 대해 시기적절하고 책임을 지는 반응을 보여야 하는 것, (6) 유효, 공공물의 정책과 집행이 부유한 효율을 가리키고 (7) 참여, 정책과 집행 과정에 광범위한 인원들이 참여하는 것을 가리키며 (8) 청렴, 해당 정책인원들이 청렴하고 공무에 충실하며 법을 잘 지켜야 할 뿐만아니라 공직인원들이 자신의 직권으로 사욕을 도모하지 말아야 하고 (9) 공정, 각 계층, 민족 등 서로 다른 특점을 갖고 있는 공민들이 공공물과 공공봉사 평등 권리를 향유해야 한다.[22]

---

22 뢰해용, 『향촌관리의 국제비교-중국에 대한 독일, 헝가리와 인도경험의 게시』 ,
    『경제사회 체제 비교』 , 2006(1)

정치학 이상의 관리 유형에 따라 한 학자는 중국 향촌의 이상 관리 패턴은 마땅히 "향촌 자치-향촌 정부-향촌 소유" 패턴으로 되어야 한다고 제출했다. '향촌 자치'란 일종의 사회의 자치체인 향촌에서 지방 자치체가 법에 의해 설립되고 재정과 인사가 지방 자치체에 의해 통일 규정된 것을 가리킨다. 향촌 자치의 주요직능은 사회봉사이다. 공법인이 자주권을 향유하는 향·진자치제는 향장·진장 및 자치대표기구가 선민들의 직접선거에 의해 생산된다. '향촌정부'는 바로 행정촌을 일급 정부 파견기구로 하는 '촌공사(村公所)'로서 성원들은 향·진정부위원회에서 파견하거나 혹은 원 촌 위원회 주임이 겸임하며 편제는 공무원 시리즈에 포함시켜 향·진재정에서 임금을 지급한다. 행정촌의 의사기관은 촌민대표회의를 위해 직책을 정하지 않고 회의기간 적당한 보조금을 준다. "향촌 소유"는 바로 입법을 통해 향촌조직을 설립하는데, 이 향촌조직은 법에 의해 농촌 토지 및 수익을 점유, 관리, 처리하는 법인에 해당하다. 촌민위원회의 직접선거 방식으로 마을 사회조직 위원회를 설립하고 또 촌민위원들이 사회조직의 법인대표가 될 수 있으며 기타 성원은 직책을 정하지 않을 수도 있다.[23]

이론상에서 말하면 "향촌 자치-향촌 정권-향촌 소유"의 향촌 관리 패턴이 현재로서는 가장 이상형적이라 할 수 있지만, 전통적이고 체제적이며 구체적인 실천과는 모두 거리가 멀다. 하지만 이는 이상형의

---

23 심연생, 『향촌정치의 흥망성쇠와 재건』, 『전략과 관리』, 1998(6)

유형으로서 원리상에서 많은 우세를 갖고 있기에 기층사회 관리의 민주화를 촉진시키고 민중들의 부담을 줄이며 향촌자원의 효율을 향상시키는데 유리할 것이다. 이상적 유형의 설립은 실제상 많은 전제 조건을 갖출 것을 요구하고 있다. 그중 어떠한 조건은 일정한 기한 내에 실현될 가능성이 거의 없다. 예를 들면 2급 자치체 중의 지방 자치체는 지역 차이가 큰 중국에서 추진하기 어렵고 향·진1급의 사회자치체는 일부 빈곤지역에서 추진하기가 매우 어려운데 이는 향·진재정이 자치 수준에 도달하기 매우 어렵기 때문이다. 만약 반드시 정치상의 자치를 추구한다면 필연적으로 자치체 내의 국민 세무부담을 증가하게 될 것이다.

이상형의 향촌관리 패턴은 중국의 실천 속에서 필연적으로 법률, 체제, 정책 등 많은 어려운 상황에 직면하게 되는데, 일정한 기한 내에 곤경에 처한 여러 가지 제도적 문제와 구조적 문제를 변화시키려면 애로가 매우 많을 것이다. 때문에 서용은 중국의 실제에 관심을 돌리고, 또 촌민자치의 현실 토대에서 "현 정부-향촌 파견-촌민자치"의 향촌관리 패턴을 제기했다.[24] '현 정부'는 정권기관 혹은 행정기구가 현 급에 이르기까지 향·진에 다만 현 정부와 행정기관의 파출기구 혹은 사무기구만 설립하고, 1급 정부를 더는 단독 설립하지 않으며, 향·진기구를 현 재정에서 부담하는 것을 가리킨다. 향·진기구의 주요 직능은 바로 산아제한, 사회치안, 촌민자치를 책임지는 것이다. 향·진에 향·진 인민대표회의를

---

24 서용, 『중국 농촌 촌민 자치』 1~20 쪽, 북경, 중국사회과학출판사, 2003.

설립해 민의를 반영하고 정부를 감독하게 하는데, 이것이 바로 이른바 "향촌 파견"이다. "촌민 자치"는 현행의 촌민 자치 관리를 가리킨다. 촌민들의 직접선거로 생산된 촌민위원회는 본 마을에 대한 공공사무를 책임지고 정부사업을 협조하며 향 · 진은 향촌위원회를 위해 향촌위원회 주임 혹은 촌 간사를 파견하고 향 · 진에서 그 경비를 부담한다. 비록 '현 정부-향촌 파견-촌민 자치'패턴은 이미 중국정치의 역사적 전통과 기본현실을 고려했다. 하지만 이 패턴은 여전히 향촌 자치에 대한 지나친 이상화의 가설이 존재했다.

현재 촌민 자치가 이미 각지에서 보편적으로 추진되고 있지만, 이 체제는 결코 학계에서 구상했거나 이론상의 군중적인 자치가 아니라 국가정권 건설에 의해 촉진되었고, 기층사회 관리방식의 개혁이었다. 그렇다면 정치적이거나 행정적인 지도가 없었더라면 촌민들이 자발적으로 촌민위원회 선거를 진행할 수 있었을까? 또한 촌민위원회의 비용을 누가 부담했을까? 그리고 촌민들이 진정으로 어떠한 자치상태를 수용하고 있었을까?

이 모든 문제는 소위 진정한 촌민 자치 혹은 이상적인 촌민자치를 직접 지향하는 것으로서 진정한 촌민 자치 혹은 이상적인 촌민 자치는 사실 허위적인 명제였다. 그것은 촌민들에게 있어서 진정한 촌민 자치 혹은 이상적인 자치상태는 바로 향촌사회의 모든 공공사무를 모두 정부에서 책임지고 촌민들이 고도가 되는 자주권을 향유해 자신의 사무를 자신이 관할하길 바랐다. 하지만 어떠한 추가 조직이든 실제상 이와 같은 이상적인 자치 상태에 대해 모두 영향력을 일으킬 것이다. 때문에 만약 정부의 추진이 없었다면 많은 지방의 촌민들은 결코 촌민위원회와 같은 이러한 자치조직을 선거해 내지 않았을 것이다. 이를테면 도시지역에서 신형의 분양 주택 주거 단지에서는 비록 업주위원회를 설립해 단지 공공사무를 맡게 할 수 있지만 현실생활에서 자발적으로 설립된 업주위원회가 매우 적은 것과 마찬가지이다.

향촌 관리에 있어서 현재 '3농' 문제에 대한 정치학 연구분야는 이미 향촌사회에 대한 정부 혹은 정치의 관리에 의해 파생되었다. 그중에는 조직구조, 체제와 관리형식 등이 망라된다. 이로부터 향촌관리 개념은 향촌사회의 정치와 공공관리가 이어가고 있다. 어떤 학자들은 "향촌의 집체경제는 향촌 관리구조와 방식과 밀접한 관련이 있으며 상당한 정도에서 새 중국 창립 이래 향촌사회의 조직구조와 지배 형식을 창출했다"고 인정했다.[25] 향촌사회의 관리문제가 사람들의 주목을 받게 된 것은 모종의 의의에서 국가와 향촌사회, 국가와 농민, 도시와 향촌 간의 관계가 특수한 의의를 갖고 있다는 점을 설명해준다. 또한 향촌 정치는 이런 관계의 집중적인 구현이고 향촌 정치구조와 체제의 변화 및 발전 방향으로서 이런 관계의 변화추세를 반영하고 있다. 하지만 향촌 정치구조 및 변화에 대한 토론에서 만약 경제적이고 사회적이며 거시적인 정치체제를 논하지 않는다면 우리의 시야가 더욱 좁아지고 향촌 정치변화의 내적 논리 및 발전 방향에 대해 정확하게 전면적으로 인식할

---

25 샹지촨(项继权), 『집체경제 배경 하의 향촌관리-난제(南街), 샹가오(向高), 팡자촨(方家泉)촌 촌 관리 실증 연구』, 370 쪽, 우한, 화중사범대학출판사, 2001

수 없을 것이다.

향촌 관리의 이론 가설 중에서 향촌사회의 자치상태 혹은 정치의 민주화를 일종의 이상적인 발전 상태로 간주한다면 다만 정치학의 시야로 협의적인 이상형을 추구하는 폐단이 존재하게 된다. 여러 가지 촌민 자치의 이상적인 유형 중에는 경제적이고 사회적이며 문화적인 변량을 경시하는 경향이 존재할 수 있기에 이런 유형은 표면상으로는 민주적인 이상 상태에 대한 추구인 것 같지만 실제상 향촌경제와 사회발전 현황 등 종합요소에 대한 추측을 경시하는 경향이 존재할 수 있다. 이는 핵심문제를 정치구조 혹은 관리구조에 지나치게 치우쳤기 때문이다.

향촌 발전문제는 단순한 정치체제 혹은 관리구조상의 문제가 아니라 더욱 중요한 것은 경제와 사회발전의 문제이다. 향촌 관리 가설은 향촌발전의 책임을 전부 농민 자체의 위험에 떠넘기는 경향이 존재하고 있다. 즉 이른바 이상적인 향촌 자치 상태를 추구하는 동시에 향촌 발전의 책임을 촌민들 자체로 부담하게 한다. 볼 수 있듯이 현대화의 큰 배경 아래, 완전히 농민 자체에 의거해 향촌사회 발전을 촉진시킨 것은 이미 천일야화가 되었다. 때문에 향촌사회에서 발전은 여전히 확고한 도리로서 어떠한 관리 패턴을 막론하고 관건은 모두 현대 환경 중에서 경제와 사회의 발전을 촉진할 수 있는가 없는가에 달렸다. 이상적인 향촌 관리 패턴은 향촌경제와 사회의 신속발전 및 양성발전을 촉진하는 실천 속에서 형성된 것이지 주관적으로 상상하고 설계해 낸 것이 아니다. 그것은 어떠한 정치든 마땅히 경제와 사회발전을 위해 봉사해야 하기 때문이다.

향촌 관리 가설 중에서 촌민 자치 및 정치 민주화를 일방적으로 강조해

향촌발전 중에서의 국가적 책임을 경시한 정황에 대비해 '3농' 문제의
경제학 및 사회학 분야에서는 구체적 정책 문제에 대해 다만 평가하고
토론한 것이 아니라 향촌 건설 중의 국가책임과 향촌사회의 발전을
촉진시키는 제도 혁신을 더욱 강화했다.

　린이푸는 거시적 경제구조, 농업 및 농촌발전 현황과 제도변화의
시각으로부터 새마을 건설운동을 새 세기 농업과 향촌발전을 촉진시키는
중요한 제도적 조치로 간주할 것을 제기했다.[26] 새농촌 건설의 이념은
국가와 향촌사회, 국가와 농민, 국가와 농업 간의 관계를 일층 분명히
했다. 그것은 정치학 중의 국가와 사회 분석 기틀은 향촌 정치를 분석할
때 가치적 경향이 존재했기 때문이다. 즉 국가역량을 향촌사회에 개입
시켜 정치 민주화와 대립시켰기에 국가역량에 대한 배척경향이 존
재하고 있었다. 하지만 새농촌 건설이론은 국가가 농촌을 적극 건설할
것을 주장해 농촌의 발전을 가져오려면 반드시 국가의 건설역량이
참여되어야 한다고 강조했다. 비록 새농촌 건설 중에서 국가의 역할이
주로 농촌시장과 사회사업 면에서 구현되고 있지만 이는 결코 국가가
농촌의 기층정권 건설을 배척하는 것이 아니다. 만약 국가가 향촌사회의
정권건설을 일방적으로 향촌자치에 대한 국가정권의 간섭, 향촌
정치민주화에 대한 방해로 이해하고 향촌사회 건설역량의 종합성과 상호
조율성을 경시한다면 국가 역량이 향촌사회에서 퇴출하게 되어 상당히

26　린이푸, 『사회주의 새농촌 건설에 관한 몇 가지 사고』, 『중국 국정 국력』, 2006(6)

위험할 수도 있다.

한편으로 국가정권 혹은 법리권력의 퇴장은 결코 필연적으로 순수하고 이상적인 향촌 정치민주화를 실현하는 것만이 아니다. 설사 촌민들이 촌민자치 기구 성원의 직접 선거 권리를 충분히 향유한다 해도 촌민자치 과정에서 필연적으로 민주화로 나아간다고 보증할 수 없을 것이다. 그것은 작은 범위 내의 직접 선거는 종족 권력과 세력 권력 등 기타 역량과 권력의 통제를 받기 때문이다. 만약 국가권력이 이런 기구에 권력을 양보한다면 향촌 자치는 민주화로 나아가는 것이 아니라 집단 정치로 나아가 향촌의 특수한 이익 집단이 향촌의 정치를 통제하게 될 것이다.

다른 한편으로는 국가권력의 개입은 결코 향촌 정치 민주화 조건의 상실과 같지 않다. 국가 정권건설은 일반적으로 기층조직 혹은 기구건설을 통해 실현된 것이기에 기층조직과 기구건설 중에서 국가권력은 완전히 민주화 원칙에 따라 진행할 수 있다. 뿐만 아니라 기층에 대한 국가권력의 운행은 실제상 법률과 제도를 통해 규범화 되고 박해를 가할 수 있다. 이는 향촌사회의 비공식 권력과 같아 기층의 국가권력이 더욱 큰 통제 가능성을 구비하게 된다. 이밖에 국가권력의 기층사회 침투는 기층사회 질서에 대한 통제를 위한 것이고 또 공공이익을 실현하기 위한 것이다. 때문에 국가권력과 향촌사회, 국가와 농민 사이의 관계는 결코 대립적인 것이 아니라 적지 않은 공통분모를 갖고 있다.

후 농업세제 시대, 향촌사회에서 기층정권 조직은 이미 국가를 위해 재정 소득을 쟁취할 필요가 없고 경제이익 면에서 더는 농민들의 입장에 서지 않았기에 국가 역량 직능에는 본질적인 변화가 발생하게 되었다.

경제 관계의 전변은 필연적으로 국가권력이 향촌사회에서 존재하는 성질과 의의의 변화를 가져오게 되어 기층 권력의 직능이 더는 '다기능'을 발휘할 수 없더라도 적어도 공정과 질서를 유지하는 기능은 발휘하게 될 것이다. 만약 후 세제시대에서 국가건설 역량을 퇴출하는 것은 실제상 향촌경제와 사회발전 중에서의 국가적 책임을 줄이는 것과 같았다. 때문에 후 세제시대에서 향촌 정치발전은 국가건설 역량의 개업이나 참여가 없어서는 안 되고, 배척을 필요로 하지 않기에 향촌 정치구조와 공공사업관리는 반드시 새농촌 건설과 연합해 향촌사회 현대화 혹은 경제와 사회발전 중에서의 현대 국가 종합역량의 적극적인 역할을 충분히 발휘해야 한다.

물론 향촌사회에는 자체의 특수한 구조와 환경이 있다. 가구를 단위로 하는 상대적인 독립 소농 생산과 경영 상태는 서로 간에 분업이 형성되지 않는 토대에서 유기적으로 연결할 수 있기에 향촌 주민들의 개체성과 독립성이 상대적으로 더욱 강해질 수 있지만 상호 연결로 생산된 공공분야 혹은 공공사무는 상대적으로 비교적 적어질 수 있다. 일상생활 속에서 형성된 연계는 많이는 감성적이고 문화적으로 연결된 것으로 이런 연계는 전통, 습관, 관례를 통해 실현된다. 때문에 자연 상태의 향촌사회생활은 실제상 자치상태에 도달한 셈이다.

다시 말하면 향촌사회에서 일정한 정도의 자치를 유지하는 것은 향촌사회생활 자체의 일종의 내재적 요구로서 향촌사회의 정상적인 질서를 유지하고 향촌사회의 자아관리, 자아협조, 자아발전의 능력을 발휘함에 있어서 소홀히 할 수 없는 적극적인 의의를 갖고 있다.

때문에 포스트향토사회에서 향촌정치의 발전경로는 향촌관리와 농촌건설 사이에서 하나의 균형점을 찾아 볼 필요가 있다. 이 균형점은 결코 고정적인 것이 아니기에 통일된 비례 분할 관계가 없다면 각 지역의 구체적 실정에 맞게 적절한 대책을 세워야 하고 서로 다른 지역 향촌경제와 사회발전의 종합 상태에 근거해 균형점을 모색해야 한다. 이를테면 경제와 사회가 낙후한 변경지역은 향촌의 자치수준이 실제상 비교적 높은 수준에 도달해 그런 지역에서는 국가의 투입과 건설역량을 긴급히 필요할 것이다. 반대로 경제가 발달한 지역은 현대 농촌화, 도시화의 수준과 속도가 모두 비교적 빨라 향·진정치 및 향촌정치는 이미 자체의 독특한 체계를 형성했을 것이다. 이런 지역에서는 어떻게 지방 발전의 활력과 사회공정을 유지하는가 하는 것이 향촌정치의 먼저목표가 될 수 있다. 이런 목표를 실현하려면 지방자치와 향촌정치의 민주화를 추진해 향촌관리 구조의 추세가 합리적인 방향으로 나아가도록 끊임없이 촉진해야 한다.

종합적으로 말해서 향촌정치는 고립된 시스템이 아니므로 향촌 정치발전 경로도 일방적으로 정치만 추구하는 목표를 선택할 것이 아니라 향촌 발전의 대세에 관심을 두었는가에 대해 고려해야 한다. 특히 중국과 같이 지역 차별이 비교적 큰 국가에서는 향촌 정치발전 책략이 단일한 패턴만 갖고 있는 것이 아니기에 각 지역의 구체적 실정에 맞게 적절한 대책을 세워 다원화 발전 경로로 나아가야 한다.

제3편

중국향촌사회의 정치와 경계

제 8 장 시장변화 속 농업발전의 곤경

제8장

시장 변화 속 농업발전의 곤경

농업은 정착된 사회의 가장 오래된 생산 활동 중의 하나이다. 그러나 놀라운 것은 농민이 전통적인 농업의 구속을 받는 지방의 저축 및 투자의 자극에 대하여 사람들의 이해가 아주 적다는 것이다. "더욱 이상한 것은 가난한 나라 농민들의 저축, 투자 및 생산행위를 분석하는 방면의 경제학이 후퇴했다는 것이다." [27] 중국은 전통적인 농업대국으로서, 농업은 여전히 가구를 단위로 하는 소농생산의 전통적인 농업을 위주로 하고 있는데, 전통농업에 종사하거나 전통농업을 생계수단으로 하는 인구는 전체 인구의 반수 이상을 차지한다.

1970년대 말부터 시작되는 중국 농촌·농업개혁은 이미 "극히 드문 성과를 이룩하였는데, 현대역사에서 소수의 사건만이, (만약 존재한다면) 이와 겨룰만하다. 중국의 농촌은 아주 짧은 시간 내에 거대한 변화가

발생하였을 뿐만 아니라 개혁의 영향 역시 조금도 멈춤의 기미가 보이지
않는다." [28] 시장화, 세계화의 경제 환경 속에서 중국의 농업과 농촌의
발전은 새로운 문제, 새로운 곤경에 직면하고 있다. 새로운 형세에서의
농업발전 곤경을 극복하는 것은 농업과 농촌을 진일보적으로 개혁하고
제도적인 혁신을 진행함에 있어서 중점적으로 고려해야 할 문제이다.

　새로운 발전 추세와 환경에서, 중국 농업은 어떠한 발전 곤경에
직면하게 될 것인가? 이러한 곤경에서 어떠한 구조적인 관계가 존재할
것인가? 본 장에서는 중국 농업 및 농촌 발전의 현실로부터 토지문제,
양식생산문제, 농민수익증가문제, 농업노동력 이전문제 및 농업합작문제
등을 주요 고찰 및 분석대상으로 정하고, 이러한 몇몇 주요 문제에 대한
해석을 통해 현재 중국의 농업 발전이 직면하고 있는 곤경은 어떻게
형성된 것인지, 그리고 어떻게 이러한 곤경으로부터 탈출할 것인지 등에
대하여 제시할 것이다.

27　[미] 시어도어 슐츠(Theodore W. Schultz), 『전통 농업에 대한 개조』, 1 쪽.
28　[미] D.Gale Johnson, 『경제 발전중의 농업, 농촌, 농민의 문제』, 2 쪽.

제1절

토지문제

토지는 경제생산의 기본요소 중의 하나로서, 전통적인 농업에 있어서 토지는 가장 중요한 생산요소이다. 따라서 중국의 농업발전 문제를 거론할 때, 토지문제는 자연적으로 하나의 핵심적인 이슈가 되고 있다.

농업생산에서 토지문제는 실질적으로 토지제도문제를 말하는 것이다. 소위 말하는 제도란 경제학에서 일반적으로 제도적 안배를 말하는데, "특정 영역 내에서 사람들의 행위를 구속하는 행위규칙을 말하는 것이다". 이는 제도 구조와는 다른 것인데, "제도구조란 경제사회 중의 모든 제도적 안배의 종합을 말하는 것이고, 여기에는 조직, 법률, 풍속 및 의식형태를 포함한다".[29] 농촌 토지의 제도적 안배는 토지자원 배치방식에 대한 규정을 통하여 농업생산 및 농민의 수입에 영향을 미친다.

현재 중국의 농촌토지제도문제는 다음과 같은 2가지 측면에서 집중적으로 체현된다. 하나는 농촌 토지소유권 문제 또는 소유제 문제이고, 다른 하나는 농촌 토지의 사용권 및 수익권 문제이다.

『토지관리법』에서는 농촌 토지를 포함하는 토지 소유제 또는 소유권에 대하여 이미 정의를 내렸는데, 농촌 토지는 집단소유제를 실행한다. 다시

---

29 린이푸, 『제도, 기술과 중국농업발전에 대한 재론』, 2000년 북경, 북경대학출판사, 16쪽.

말해 농촌 토지 소유권은 농촌 집단에 귀속되는 것이다. 문제의 초점도 주로 이러한 소유제의 정의에 집중되어 있는데, 농촌 토지 집단소유제의 법률제도 안배에 의하면, 집단경제시대의 토지재산권 정의원칙을 승계한 것이 분명한 것으로, 집단이 경제활동에서의 기초적 지위를 강조하였고, 따라서 제도적 안배에서도 집단재산권의 안배를 진행한 것이다. 이러한 하나의 법률제도는 구체적인 실천에서 아주 많은 구체적인 문제에 봉착하고 있으며, 특히 집단경제체제가 폐지된 후 농촌집단의 개념 및 경계도 더욱더 모호해지고 있다. 농촌집단이란 무엇인가? 집단은 누가 확정하는 것인가? 집단은 또 그 소유권을 어떻게 행사하는 것인가? 누가 집단을 대표하여 농촌 토지소유권을 행사하는 것인가? 일단 농촌 토지자원배치에 토지 징수 등 변화가 발생할 때, 모든 이러한 문제가 두드러지게 나타나게 되고, 또 여러 가지 모순, 질서의 혼란 및 거래원가의 증가 등 문제를 초래할 수 있다.

도시건설이 신속하게 발전하는 과정에서 그리고 전통적인 농업경제가 현대화의 공업경제로 신속하게 변화하는 과정에서, 농촌 토지자원 배치구조 역시 거대한 변화를 겪고 있다. 그 중 많은 문제는 모두 건설용지가 농촌 토지에 대한 징수에 집중되어 있다. 도시주택 건설용지, 공공시설 건설과 공업생산용 공장건물 용지 및 기타 비농업 생산용지는 모두 농촌 토지로부터 징수해야 한다. 따라서 농촌 토지의 징수, 개발, 토지가치, 용도, 권속결구, 수익구조도 이에 상응하여 큰 변화를 겪게 되는 것이다. 일부 위치가 좋은 농촌 토지는 비농업 개발건설에서 가격이 신속하게 인상된다. 농업생산의 수익에 비하여 토지개발의 가치도 몇 배

증가될 것이다. 농촌 토지가 징수 개발되고 그 가치가 신속하게 인상되는 과정에서 새로운 문제, 즉 토지권속과 토지징수가격 및 수익분배 문제가 제기된다. 일부 급속도로 개발되고 있는 지역에서 토지를 잃어가는 농민들이 더욱더 많아지고 있는데, 농민의 도급지가 징수된 후의 보상문제는 분기와 모순을 야기하는 주요 문제로 대두되고 있다.

농촌토지 징수의 보상에서, 문제는 주로 다음과 같은 몇 가지 면에서 표현된다. (1) 토지 도급인이자 토지사용권을 가지고 있는 농민이 징수에서 그 어떠한 결정권도 없다. 다시 말해 토지 거래에서 도급인은 협상지위가 없다. 이러한 경우에 농민은 자신의 도급지가 징수되는 것에 동의하든 안하든 최종적으로 토지는 징수되는 것이다.

이러한 토지징수메커니즘은 자원의 원칙을 준수하지 않았고, 또 투명성이 결여되어 있다. 토지도급인은 자신이 경작하는 토지가 어떻게 징수되는지 그리고 징수가격이 얼마인지에 대하여 아는 게 아무것도 없을 수 있다. 토지징수의 비 민주화와 불투명성은 농민 토지 징수를 남발하는 현상을 야기하여 적지 않은 농민들이 영문도 모른 채 도급지를 상실하게 될 것이다. (2) 징수비 수지 분배의 공개성이 떨어져 상대적으로 비합리적인 국면이 존재한다. 징수금은 집체에서 조직하고 안배하고 지급하는 것이어서 일반적인 경우에 농민이 최종적으로 얻게 되는 징수금은 보편적으로 낮은 편이다. (3) 일부 공공사업 건설용지 또는 공공이익이라는 구호를 앞장세워 징수하는 경우에 농민의 보상가격이 낮은 편으로, 이로 인해 토지 도급인에 대하여 일정한 경제적 손실을 가져다줄 것이다.

농민토지 징수 보상문제의 발생과 농촌 토지의 집단소유제의 제도적 안배는 분리될 수 없는 것이다. 농촌은 1980년대부터 가정도급책임제를 전면적으로 추진시킨 후 인민공사, 생산대대 및 생산소대 등 집단경 제조직이 이미 해산되었는데, 이는 실제상 집단경제주체가 이미 존재하지 않음을 의미한다. 따라서 집단소유권의 주체도 모호해지게 된 것이다. 한편 인민공사를 대체한 향·진정부가 농촌토지의 징수에 대하여 일정한 행정심사권을 가지고 있으며, 촌 급 조직에 대하여 비교적 큰 행정 제어권 및 영향력을 가지고 있다. 다른 한편으로, 촌 급 조직이 대량의 토지징수 및 유통에서 토지소유자 및 발주자의 역할을 담당하고 있는데, 즉 집단의 대표이다.

그러나 향·진정부 및 촌 급 조직은 이미 하나의 경제적 주체가 아니므로, 소유권 주체를 행사할 때 대표하는 이익이 반드시 집단의 이익은 아니다. 왜냐하면 집단경제 계산을 적용하지 않는 경우에, 촌 급 조직의 경제적 수입은 모든 집단성원 중에서 분배할 필요가 없고, 조직 또는 그 성원에 의해 점유될 수 있기 때문이다. 비록 향촌관리체제개혁에서 사람들은 촌민위회에서 사무의 공개성, 투명성, 즉 촌무의 공개를 요구하고 있고, 각종 촌 급 수지장부의 투명성을 요구하고 있으나, 농민이 토지징수협상권을 가지고 있지 않는 상황에서 촌 급 조직이나 향·진정부가 토지징수 과정 및 토지징수비용에 대한 제어를 피할 수는 없다. 토지를 잃은 많은 농민들이 합리적인 징수보상을 얻지 못하는 이유는, 제도적 안배 중에 농민토지소유권에 대한 충분한 보호가 결여되었고, 또한 토지소유권 주체에 대하여서도 명확하고 규범적인 경계가 없으며 합리적으로 감독 및 구속하지 못하기 때문이다.

농촌 토지 집단소유권 주체와 토지사용권 주체인 농민 사이의 권리 집합의 극심한 비대칭은 진정한 경작인이 토지에 대하여 필요한 제어권을 상실케 한다. 이러한 제도적 안배의 영향을 받아, 농촌 토지자원의 사용에서, 징수 남발 및 토지 도급인의 이익을 침해하는 등 비교적 심각한 혼란 현상이 발생하게 된다. 이게 바로 농촌으로부터 토지를 '착취'하는 현상이다.[30]

농촌 토지가 착취되는 현상이 다발하는 중요한 원인 중의 하나는, 농촌 토지집단소유제와 새로운 경제체제 사이의 괴리이다. 토지소유권주체인 집체는 사실상 독립된 이익주체가 아니라 개체와 일부 집단이익이 혼합되어 구성된 것이고, 토지의 진정한 수익 주체인 농민의 토지소유권은 집단소유권구조에서 충분히 체현되지 못하고 보호를 받지 못하고 있다. 또한 소유권 주체와 이익 주체의 분리도 불가피하게 토지자원이 시장경제 중에서의 재배치를 초래하게 되어 발생되는 증가가치는 토지의 이익주체에 의해 획득되는 것이 아니라 모호화 된 집단소유권 주체와 복잡한 개인 및 집단에 의해 획득되는 것이다. 이와 동시에 소유권 주체는 직접적인 이익주체가 아니므로, 즉 농지는 집체 소유이지만 농지의 이전은 집체의 이익에 손해를 끼치지 않는다. 왜냐하면 집체이익은 새로운 형세에서 그 자체가 바로 가상의 이익이므로, 집체를 대표하여

---

30 저우치런(周其仁), 『농업재산권과 토지징수제도-중국 도시화에 직면한 중대한 선택』, 『경제학(계간)』, 2004(4).

토지소유권주체를 행사하는 개인 또는 집단은 비교적 낮은 가격으로 농촌 토지를 양도할 것을 원한다. 따라서 잡다한 건설과 개발을 빌미로 저렴한 가격으로 농민들의 수중으로부터 토지를 쉽게 착취하여 올 수 있고, 농민은 이 중에서 협상하기 어려워 합리적인 가격 보상을 받기 쉽지 않다.

하나의 법률로서, 농촌 토지 집단소유제가 일정기간 유지되는 것은 하나의 사실이다. 따라서 해당 법률제도의 안배로부터 기인되는 여러 가지 농촌 토지문제는 법률을 수정하는 경로로 철저하게 해결되는 것은 일시적으로 어려운 상황이다. 이는 어느 정도로 정책 조정의 난이도를 증가시키고 있다.

현재 국가에서는 농촌 토지징수의 혼란 및 경작지 면적이 신속하게 감소되는 현상에 대하여 상응하는 정책과 대책을 출범하였는데, 기본농전 보호조치, 토지징수의 행정심사에 따른 감독 강화, 공익성질의 토지징수와 개발성질의 토지징수의 구별 등을 포함한다. 이러한 정책적 조치는 어느 정도로 토지 착취 및 경작지 감소의 문제를 억제하고 있지만, 행정적 및 정책성적인 조치에 따른 효력은 상대적으로 한계가 있다. 왜냐하면, 하나의 정책, 조치가 출범되어 일정한 시간이 지난 후, 집행과정에서 대응되는 대책이 나오게 되고, 이는 정책의 효력을 대폭 감쇄시킨다. 예를 들면, 정책에 따라 농촌의 농업용지의 용도 변화에 대하여 엄격하게 제어하고 있지만, 민영기업의 건설용지에 대하여서는 예외로 한다. 이로 인해, 일부 지방에서는 촌의 농민의 명의로 기업을 설립하여 건설용지를 얻는 경우가 발생한다.

이 밖에 정책은 공익성 건설용지에 대하여 예외로 하는 것도 동일하게 일부 사람들에 의해 변통의 방식으로 공익성 프로젝트의 구호를 걸고 농지를 착취하는 문제에 봉착하게 된다.

농촌토지문제의 두 번째 측면은, 농민토지 사용권과 수익권 문제로서, 여기서 농민의 토지사용권은 법에 따라 도급 맡은 토지와 택지이다. 현재 농민의 수입 증가가 완화되고 도시와 농촌의 수입수준의 차이가 커지는 등 문제가 더더욱 부각되고 있을 때, 사람들은 관심의 초점을 농민의 토지권익에 두고 있다. 토지는 농민의 가장 중요한 수입 원천이기 때문이다.

농촌토지사용권 및 수익권에 관하여 『농촌토지도급법』 제10조 규정에 의하면, "국가는 도급자를 보호하여 법에 따라 자발적으로 유상으로 토지도급경영권을 유통시키도록 한다." 그러나 법률은 이와 동시에 또 토지도급인은 도급지의 농업용도를 변화해서는 안 된다고 규정한다. 따라서 농민이 소유하고 있는 토지사용권 및 수익권은 사실상 농업용지의 유통에만 한정되어 있는데, 예를 들면, 전대(토지를 대차해 주는 것 - 역자 주)와 호환(토지를 맞교환 하는 것- 역자 주)을 포함하지만 토지자원의 재배치 또는 개발이용을 포함하지 않는다. 사실상 또한 토지사용권의 가치증가 범위도 포함하지 않는 것이다.

해당 법률이 규정하는 취지는 여전히 농업경지에 대한 보호에서 비롯된 것으로, 도급인이 경작지 용도를 무단으로 변경하여 경작지 보호에 대한 제어를 상실하고 양식 안전에 위협을 미치는 것을 방지하기 위한 것이다. 그러나 해당 규칙은 사실상 농가가 법에 따라 획득한 토지도급 사용권으로부터 획득하는 토지가치 증가수익을 한정한 것이고, 그렇게 될 경우 토지를 주요 자원으로 하는 농가에 있어서, 토지자원은 그들을 위하여 투자성 가치증가 수입을 가져다줄 수 없고, 이로 인해 자연적으로 수입의 증가에 곤란이 더해진다.

경작지에 대한 보호와 농가의 권익성 수입의 증가 사이에 사실상 입법 또는 제도적 안배의 조정을 통하여 비교적 바람직한 균형에 도달할 수 있다. 장오상이 재산권 이전 및 자원 배치 문제를 토론할 때 제출한 바에 의하면, "입법기구에서는 사적재산으로부터 획득하는 수입의 권리를 약화시켜야 하는데, 이는 비례 또는 고정가격에 따라 달성할 수 있다. …… 라이센스 발행 또는 배급 등 이러한 기타 분배방식이 존재한다면 일종의 균형을 이룰 수 있다. 다른 한편으로 비례방식에 따른 수입의 약화는, 일반적으로 구체적으로 설명할 수 있는 구속을 발생시키는 바, 이러한 구속에 따라 이론적 해를 구할 수 있으며, 한정된 범위는 선택적 이론으로부터 예측할 수 있는 정책에서 선택을 변화시키도록 허용한다."[31]

현실에서 입법의 진정한 목표는 모든 농업용 토지를 비농업의 건설용지로 변화시키는 것을 철저하게 금시하자는 것이 아니다. 만약 이럴 경우, 공업화, 도시화 및 현대화는 발생할 가능성이 없는데, 이들은 모두 불가피하게 농업용지를 징수할 것이고 토지 용도를 변화시키기 때문이다. 이와 동시에 바로 이러한 자원의 재배치 및 토지에 대한 투입만이 경제적

---

31 장우창(張五常), 『소작인 이론-아시아에 응용되는 농업과 타이완의 토지개혁』,
    2002, 북경,상무인서관(商务印书馆), 167 쪽.

효익을 향상시킬 수 있다.

따라서 필요한 농지가 건설용지로 전환되는 것은 발전 및 효율 향상의 기본적인 전제이다. 물론 농지의 징수 과정에서 나타나게 되는 가치증가 및 효율 향상은 동시에 하나의 외부적 문제가 존재하는데, 그게 바로 공공의 양식안전문제이다. 그러므로 농촌 토지도급권 유통의 법률 목표는 사실상 양자 사이에서 일종의 균형을 이룩해야 한다. 균형이란 쉽게 말하자면 이전의 비례와 수입 분배 문제이다. 만약 경제적 수단을 운용하여 조정할 경우, 한편으로 획일적인 금지 수법으로 인한 권익주체의 수익권리에 대한 영향을 피할 수 있고, 다른 한편으로 토지도급인이 무제한으로 이전하고 토지용도를 변경하는 행위적 선택을 조절 및 제한할 수 있다. 경제적 수단에는 대체적으로 두 가지가 있다. 하나는 세수로서 토지권익의 양도로 인해 획득된 수입에 대하여 상응하는 비례의 부가세를 징수하는 것이다. 세수는 수입비례를 조절함으로서 사람들의 행위적 선택을 조절한다. 다른 하나는 가격으로서, 농지의 과도한 용도 변경을 방지하기 위하여 입법을 통하여 사용권 이전의 고정가격을 규정할 수 있다. 적당한 고정가격은 증수자와 권속자의 임의성 또는 과도한 이전 행위를 한정할 수 있다.

현재 농촌 토지유통제도가 농업발전에 대한 제약의 문제에 있어서, 주로 농가에서 도급경영권을 양도하고 도급경영권을 이전하는 장려메 커니즘이 충분하지 못하다는데 집중되어 있는데, 이러한 국면은 전통적인 소농경영이 현대농업으로 전변되는 수준 및 속도를 제약하고 있고, 토지 그리고 농업의 생산율이 하나의 평균수준에서 유지되어 질적인 향상이 발생되기가 어렵다. 현재 새롭게 출범한 『물권법』은 농가에서 소유하는 토지도급경영권에 대하여 일정한 공간을 부여하였고, 농가에서 토지도급경영권으로 농촌합작경영조직에 가입하는 것을 금지하지 않았으며, 이는 실제상 어느 정도나 농가도급경영권을 일종의 형식인 사적물권으로 할 수 있음을 인정하고 있다. 다음으로 만약 농업합작경영 또는 규모경영면에서 제도적인 혁신을 진행하고 생산효율이 높은 경영메커니즘에 대하여 투자 또는 장려와 보호를 부여한다면, 농촌 경작을 포기하고 땅을 묵이는 등의 문제가 완화될 것이며 토지 및 농업생산율도 더 향상될 것이다.

농촌주민 토지수익권과 관련하여 농촌 비경작지인, 예를 들면 택지와 산림 황무지 사용권의 이전 및 수익 획득문제를 또한 포함한다. 현재 국가 정책에 의하면 도시주민이 농촌에서 부동산을 구매하는 것을 금지 하고 있다. 해당 정책은 실제상 농가에서 택지 및 황무지의 권리를 이전하여 이로부터 수익을 얻는 권리를 금지한 것으로, 모종의 의미로 볼 때 해당 정책은 농지가 남용되는 것을 방지하는 동시에 농가에서 대량의 수익을 얻는 기회를 잃게 하여 발전 조건이 있는 농촌의 발전을 일정한 정도로 제약 및 완화시키고 있다. 이는 도시와 농촌 등 이차원적인 관념과 체제에 대한 하나의 중요한 표현이다.

도시주민이 분양주택을 자유롭게 거래하면서 이로부터 가치증가 수익을 얻을 수 있다면, 농가들이 자신의 택지에서 개발된 부동산 역시 처리권한 및 수익권을 향유해야 할 것이다. 이 밖에 농민이 황무지를 양도하는 것을 허용하고 조건이 있는 도시주민이 이를 매수하여 법에 따라 개발하는 것을 지지하는 것은, 농민의 수입 증가에 유리할 뿐만 아니라 또 무형 중에 농촌을 향한 투자원천을 확대 및 개척시킨 것이다. 경작지 및 환경기획에 대하여 심각한 손해를 미치지 않는 이상, 농촌 택지의 양도권을 개방하고 황무지 도급경영권을 유통시키는 것은 새농촌 건설의 추진에 있어서 아주 중요한 제도적 안배이다.

농촌토지 문제는 하나의 복잡한 문제로서, 그 중의 많은 문제는 현행의 법률제도 및 관련 체제와 밀접한 연관성이 있다. 따라서 그러한 문제를 해결함에 있어서 자연스럽게 법률제도의 수정 및 개선과 관련된다. 그러나 현실에서 하나의 법률제도를 수정하는 것은 쉬운 일이 아니다. 많은 경험과 사실을 기반으로 법률제도에 빈틈과 폐단이 있는 것이 설명되지만, 일부 법률의 실시세칙 또는 법률 해석으로만 보완할 수 있을 뿐, 하나의 기본적인 법률제도에 대하여 예를 들면 농촌 토지소유제에 대하여 수정하고자 할 때, 더욱 많은 실천경험의 누적과 하나의 과정이 필요할 것이다. 왜냐하면 우리는 법률제도가 수정된 후에 발생하게 되는 문제에 대하여 예측하기 어렵고, 이로 인해 법률제도의 수정은 일반적으로 신중한 사고 과정이 필요하기 때문이다. 이러한 기본적인 국정 및 제도적 배경을 감안하여 현재 농촌 토지자원배치 중에 출현하는 문제를 해결하자면, 구체적인 정책적 조치 및 실천 조작에서 그러한 돌출적인 문제만 해결할 수 있다. 예를 들면, 농민이 토지자원으로부터 더욱 많은, 그리고 더욱 합리적인 수익을 어떻게 획득할 것인지, 농촌 토지 생산율을 향상시키는 동시에 어떻게 비합리적인 농지착취현상을 억제하고 양식생산의 안전을 확보할 것인지 등이다.

제2절

양식생산과 구조조정

양식생산은 늘 사람들이 생각하는 농업에서의 주요 문제로서, 농업 기초의 안정여부와 관련되고, 이로서 농업정책에서 관심을 가지는 중요한 문제로도 되고 있다.

중국이 공업화, 도시화 및 세계화 과정에서 농업에서의 양식생산 상황은 대체 어떠한지? 이는 우리가 관심을 두는 문제이자 세계적으로도 주목하는 중요 문제 중의 하나이다. 중국은 세계에서 가장 큰 규모의 인구를 가지고 있고, 중국국민이 자급자족을 실현할 수 있는지는 경제의 글로벌화 시대에서 거대한 영향을 미치고 있는 문제이다. 2008년 세계적으로 폭발한 양식 가격의 폭등과 양식 위기에서, 바로 중국 양식의 생산량이 연속 몇 년간 증가됨으로서 세계적인 위치를 완화시켰고, 세계적으로 위기를 대응하는데 신심을 부여하였으며, 세계적 범위의 공황을 해소하였다. 중국 농촌개혁의 거대한 성과는 양식의 증산 및 양식생산의 기본적인 안전을 추진한 것으로 볼 수 있다. 따라서 존슨의 말처럼 "중국에서는 양식의 문제가 있는 것이 아니라, 양식 구매, 저장 및 거래와 관련된 일련의 정책적 문제가 있다." [32]

---

32 [미] D.Gale Johnson, 『경제 발전중의 농업, 농촌, 농민의 문제』, 41 쪽.

표8-1 중의 수치는 존슨의 관점을 지지하고 있다. 1990년부터 2006년 사이에, 중국의 양식 총생산량은 해당 기간 동안 일부 파동이 있지만 대체적으로 증가 추세를 이룬다. 2006년 양식 공급 총량은 5억 톤에 달하여 1990년에 비하여 5000만 톤이 증가되었다. 또한, 10여 년간의 양식 총생산량은 기본적으로 4.5억 톤 정도를 유지하였고, 단지 2003년에만 양식 생산량의 현저한 하락을 보이며 양식 파종 면적의 비중이 약 2% 가까이 감소되어 16년 동안의 가장 낮은 수치를 보였다.

그 후, 새로운 정부의 출범과 함께 농업정책이 현저하게 조정되었고 농민들이 양식 생산에 대한 적극성을 회복하였으며, 2004년부터 양식 파종 면적의 비중 및 총생산량 모두 하락의 추세를 중지하고 일정한 상승세를 보였다. 이로부터 알 수 있는 바와 같이, 정부의 농업 지지정책은 양식생산 방면에서도 현저하게 나타나고 있다.

표8-1 1990-2006 중국양식생산 주요지표[33]

연도	총파종 면적 (천헥타르)	양식 파종 면적 (천헥타르)	양식 재배비중 (%)	양식 총생산량 (만톤)	인당 양식 판매량 (키로)	곡물 단위당 생산량 (키로/ 헥타르)
1990	148,362	113,466	76.48	44,624.3	180.24	/
1991	149,586	112,314	75.08	43,529.3	179.44	4,206
1992	149,007	110,560	74.20	44,265.8	165.89	4,343
1993	147,741	110,509	74.80	45,648.8	159.35	4,557
1994	148,241	109,544	73.90	44,510.1	188.53	4,500
1995	149,879	110,060	73.43	46,661.8	179.20	4,659
1996	152,381	112,548	73.86	50,453.5	203.47	4,894
1997	153,969	112,912	73.33	49,417.1	228.01	4,822
1998	155,706	113,787	73.08	51,229.5	227.53	4,953
1999	156,373	113,161	72.37	50,838.6	243.34	4,945
2000	156,300	108,463	69.39	46,217.5	264.74	4,753
2001	155,708	106,080	68.13	45,263.7	268.04	4,800
2002	154,636	103,891	67.18	45,705.8	281.15	4,885
2003	152,415	99,410	65.22	43,069.5	294.35	4,873
2004	153,553	101,606	66.17	46,946.9	287.25	5,187
2005	155,488	104,278	67.07	48,402.2	375.79	5,225
2006	157,021	105,489	67.18	49,747.9	394.64	5,322

---

33 [미] D.Gale Johnson, 『경제 발전중의 농업, 농촌, 농민의 문제』, 41쪽.

거시적인 측면에서 볼 때, 만약 중국 양식 총 공급량이 4.5억 톤에서 5억 톤 정로도 유지한다면, 매년 양식 저장은 2,000만 톤에서 5,000만 톤이다. 그렇다면, 양식 문제가 존재하지 않을 것이고, 농업의 기초적 지위로 안정적이고 안전할 것이다. 그러나 미시적인 측면에서 볼 때, 거시적 정책과 관련된 문제는 존재하는 것이다. 이러한 문제는 주로 양식 거래 정책, 양식 시장 조절 조치, 농업생산자료 시장의 조절 및 안정정책 그리고 농업보조정책이 농민의 양식생산과 판매행위에 대한 영향이다.

현재 농촌 기층사회에서 양식생산과 관련된 돌출한 문제는 농민들의 수입증가에 대한 욕구와 양식 재배 사이의 모순이다. 현대화, 시장화의 흐름에서, 농가가 수입수준에 대한 특히 화폐성 수입 증가에 대한 수요가 날로 강해지고 있지만 양식 재배에 의해 농민의 이러한 욕구가 쉽게 만족되지 않는다. 다시 말해 농가에서 모든 노동력 및 자금을 모두 양식 생산 중에 투입하면 수입증가에 대한 수요의 실현에 대하여 추진작용이 없을 뿐만 아니라 부정적인 영향을 미칠 수도 있다.

문제의 관건은, 농가에서 양식을 재배하는 한계수익률이 적지 않은 지역에서 점차 적어지는 추세로 되어 가고 있고, 한계수익률이 감소되는 주요 원인은 양식을 생산하는 원가의 상승이다. 농업생산 자료의 가격이 신속하게 증가함에 따라, 예를 들면, 비료·농약 및 농업기계용 오일 등 매년 가격이 상장하는 폭은 소비품 가격지수보다 높다. 일부 농민들의 추산에 의하면, 농가에서 매년 진행하는 농업 증산에 따른 수입, 즉 한계수입에서 적어도 20% 이상의 부분은 농업생산자료 가격의 상승으로 인해 공제되고, 만약 물가의 인상요소까지 감안한다면, 농민이 농업에 의존하여 수입을 증가시키고자 하는 의욕이 대폭 절감된다.

2006년의 가격수준에 의거 및 양식 생산에 필요한 생산자료에 근거하여 추산할 때, 50kg 당 양식의 생산에 필요한 현금성 원가는 1996년 이전의 27위안에서 1996-2003사이에 50위안에 도달하였다. 그 중, 세금이 12.2%를 차지하고, 비료가 30.4%를 차지하며, 종자가 10.2%를 차지하고, 기계작업비가 10.4%를 차지하며, 배수관수비가 7%를 차지한다. 이러한 원가는 양식생산 총원가의 약 70% 이상을 차지한다. 양식 생산의 현금성 총원가의 상승 추세는 이러한 비용의 증가와 밀접하게 관련되고, 2003년은 1991년에 비하여 묘당 양식 생산 원가가 117% 증가하였다.[88]

양식생산의 한계수익률은 양식 생산의 기회비용의 영향을 받고, 농민의 인당평균수입의 수준이 향상됨에 따라 비 양식 생산의 수입도 제고되어, 농민이 양식을 재배하지 않고 기타 작물 또는 기타 경영에 종사하여 수입 증가를 실현하는 기회로 향상됨으로서 양식 생산의 기회비용이 대폭 증가되었다. 2006년을 예로 들면, 농촌주민 1인당 순수입은 3,587위안으로서, 양식 생산 농가의 순수입 60%가 양식의 재배로부터 창출되었다고 가정하면, 양식 생산 수입은 3,587×60%=2,152.2위안이고, 다시 매 가구의 1인당 양식 판매량인 394.6kg으로 추산하면, 양식 생산의 기회비용은 (2,152.2×394.6)×50=272.7위안/50kg(100근)이고, 또는 1인당 경작면적 1.87무(畝)에 따라 추산하면, 2006년 양식생산의 기회비용은

---

88   - 완진쑹(万劲松), 『〈생산자본금이 21세기 초 양식생산에 미친 향·진에 대한 분석』, 『거시경제연구』, 2004(9).

2,152.2×(1.87×2)=575.5위안/묘이다.[89] 만약 양식의 평균 가격을 50kg 당 70위안으로 계산하면, 농가에서 양식을 생산하는 기회비용과 실제 수입 사이의 차이는 200위안 이상에 달한다. 이러한 거대한 차이는 비교적 큰 정도에서 양식 생산의 적극성의 향상 및 양식 생산의 안정성에 압력을 가져온다. 여기에 양식 생산의 현금성 원가의 상장 요소가 가해지만, 이러한 압력은 더욱 커진다.

2000-2003년 사이에 중국의 양식 파종면적과 양식 총생산량의 신속한 하락에 영향을 미친 요소가 많기는 하지만, 그 중 양식 생산 원가의 제고, 양식 판매 가격의 불변으로 인해 양식 생산자들의 한계수익이 점차 감소되어 농민들 양식생산의 적극성이 대폭 하락되었다.

현재 정부는 양식 재배에 따라 직접적인 보조, 농자재 보조 및 농업세 취소 등 혜농(惠农)정책을 통하여 양식 생산에 따른 현금성 원가를 25% 이상 절감하였고 또 양식 가격이 15% 정도 인상되어 양식 재배 농민의 수익이 40% 정도 증가되고 있다. 따라서 2004년부터 양식 생산이 다시 증가추세를 회복하였다.

양식생산의 수익문제에 관하여 일부 관점에 의하면 농가 양식생산의 수익증가가 완만한 원인을 가정도급경영책임제로 돌리고 있는데, 농가를 단위로 하는 소농생산은 규모경영의 효율성이 결여되므로 경제적 효익에서 돌파구를 실현하기가 어렵다고 주장한다. 만약 농가의 합작경영을 추진시키고 규모생산을 발전시키면 양식생산의 효익이 바로

89　-국가통계국, 『중국통계년감2007』, 북경, 중국통계출판사, 2007.

체현될 것이라고 한다. 그러나 사실상 농민이 양식을 재배하는 수익률 문제와 생산적 규모 및 가정경영방식 사이의 연결은 복잡한 것이다. 상당히 많은 실증연구에서 나타난 바와 같이, 양식생산의 규모경영 계수는 상이한 지역, 상이한 조건에서 일치하지 않는다. 따라서 단순하게 규모생산과 합작경영을 가정도급책임제를 대체하는 이유로는 말할 수 없는 것이다.[90]

구릉, 산간지역 등 자연환경에서, 경작지의 집중도가 비교적 낮아, 가정의 1인당 양식 재배 면적이 1무 이상 도달한 후, 규모적 효익이 현저하지가 않다. 그 원인은 재배하는 면적이, 토지의 비옥도 및 재배에 적합한 수준이 떨어져 효익의 향상이 쉽지 않은 것일 수도 있다. 이 밖에도 주로 인력 및 가축에 의지하여 생산하는 경우에, 재배 면적이 한도를 초과하면 생산효율성도 떨어진다. 현재 중국의 대부분 지역의 농업생산은 여전히 전통적인 농업으로서 분공에 대한 요구가 높지 않고, 합작에 대해서도 특별한 요구가 없으므로, 협력화 수준의 제고는 생산 효율의 향상을 반드시 가져올 수 있는 것이 아니고, 가정을 단위로 할 경우 가정 내의 분공합작에 대하여 어느 정도 추진시킬 수 있으므로, 가정의 경제적 효익의 향상을 실현하고 나아가 농촌 경제발전에 유익한 것이다.

이러한 주장에 의하면, 외력으로 농가 사이의 합작 경영 또는 규모화 생산을 확대하는 행위를 추진시키고, 반드시 농가의 자원적 원칙을 존중하며, 특히 참가자의 자유로운 퇴출권을 보장해야 한다. 그렇지 않을

90 　- [미] D.Gale Johnson, 『경제 발전중의 농업, 농촌, 농민의 문제』 , 40쪽.

경우 합작화 운동의 전례를 다시 겪을 수 있는 것이다.

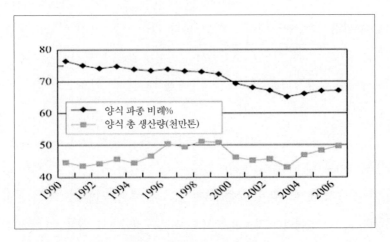

그림 8-1 1990-2006년 양식 재배 및 생산량 변화

이밖에 우리가 조사하면서 발견한 바로는, 농촌 기층사회에서 일부 기층간부와 정책 입안자들이 농촌경제의 발전 정체나 농민수입의 증가가 느린 원인을 농작물 재배구조의 고정불변 때문이라고 생각하고 있었다.

그들의 주장에 의하면 농촌경제와 농민수입이 향상되지 못하는 이유는 농민들이 수익률이 낮은 양식 재배를 위주로 하는 재배구조를 줄곧 유지해왔기 때문인데, 이러한 재배구조를 조정하지 않는 한 저소득의 상태를 변화할 수 없다는 것이다. 따라서 기층간부들은 흔히 농민들이 양식재배를 위주로 하는 구조를 변화하여 판매가격과 이윤이 높은 야채나 과일, 생화와 같은 경제작물로 대체하도록 장려함으로서 농민수입을 증가시키려 하고 있다. 또한 일부 기층간부는 농가에서 재배구조를 조정하도록 여러 가지 대책을 적극적으로 내세우고 있다.

단기간 내에 재배구조를 조정하는 것은 농가의 수입을 증가시킬 수 있지만, 만약 농가에서 필요한 시장정보나 기술을 파악하지 못하면, 일단 경제작물의 시장수요에 포화가 나타나게 되면 농가에서는 경제적 손실을 부담해야 하는 위험에 직면하게 된다. 왜냐하면 경제작물은 저장의 난점이 존재하고, 일단 시장에서 매상부진이 나타나게 되면 경제적 손실을 초래할 수 있기 때문이다. 이러한 문제는 일부지역에서 표출된 적이 있는데, 왜냐하면 농가에서 보편적으로 재배구조를 변화시킨 후 일시적으로 시장의 수요가 비교적 많은 농산품을 추구하게 되고, 그 결과 필연적으로 시장의 공급이 넘치는 상황을 형성하여 가격의 하락 및 매상부진으로 이어져 농가의 손실을 초래하게 된다. 따라서 기층 정부에 있어서, 농민을 인도하여 부를 창조하는 소망은 인정해야 하지만, 기층 정부에서 농가의 경영정책에 너무 많은 관여를 할 경우 농가의 자주적인 선택에 영향을 미치게 되고, 정부의 정책 실수로 인해 대량의 농가에서 경제적 손실을 입을 수 있다. 기층 정부의 주요 직책은 농가를 위하여 자금, 정보 및 기술에 대한 지원 및 서비스를 제공하는 것이고, 농가를 위하여 경영에 필요한 자금, 정보 및 기술제공플랫폼을 획득하는 것이다.

국가 및 농가에 있어서, 양식생산은 농업에서 모두 기초적인 위치를 점하고 있다. 양식생산 문제에 대한 인식도 거시적 및 미시적인 2개의 측면에서 출발해야 하는데, 거시적인 측면에서 양식생산은 하나의 상대적으로 안정적인 구조가 필요한 파종면적과 생산량 및 저장에서 상대적으로 안정적인 양을 유지해야 한다. 미시적인 측면에서, 농가는 양식생산에서 상대적으로 안정적이고 비교적 이상적인 수입을 획득해야 한다. 이 2개 방면에서 상호적 영향 및 상호적 추진의 관계를 구비해야 하고, 양식생산과 관련된 정책문제의 관건 역시 이러한 모순적 관계의 문제를 해결해야 하는데, 거시적 및 미시적 목표의 통일만이 양식 문제의 발생을 억제할 수 있다.

제3절

농민의 수입증가 및 정부 보조금

농민의 수입증가가 농촌 발전에서 하나의 문제로 간주되는 것은, 농민의 수입 증가와 관련된 다음과 같은 문제가 있기 때문이다. 첫째는 도시와 농촌의 수입차이가 끊임없이 늘어나는 것이고, 둘째는 농가 수입의 낮은 증가수준은 총체적인 수요수준을 제한하여 거시적 경제의 조화로운 발전에 영향을 미치는 것이며, 셋째는 농민수입의 낮은 증가는 사회발전의 총체적인 목표의 실현을 제약하는 것이다. 정부는 농민의 수입증가를 하나의 중요한 의제로 제기하였는데, 그 목적은 이와 관련된 발전 중에서 직면하게 되는 조화롭지 못한 문제를 완화시키기 위한 것이다.

만약 농민에 대한 이해를 농촌지역에서 거주하고 농업을 주요 수입원천으로 하는 집단으로 간주하고, 도시에서 장기적으로 거주하고 그곳에서 노동하는 농촌인을 농민 집단에 포함시키지 않는다면, 농민 집단의 수입 수준을 빠르게 증가시키기 위해서는, 아마도 슐츠의 말처럼 "농민에 대한 투자"를 증가시켜야 할 것이다.

농민에 대한 투자 방식은 주로 농민의 인력 자본을 증가시키는 것으로, "인력자본을 농업 발전의 주요 원천"으로 하는 것이다. "빈곤경제에서 발전이 낮은 경제적 기초는 일반적으로 전통적인 농업생산요소에 따른 배치방식의 현저한 저효율성에 있는 것이 아니고, 또한 이러한 전통적인 요소에 대한 저축 및 투자율이 가장 바람직한 수준보다 낮은 것으로 해석해서는 안 되며, 정상적인 편향 및 동기가 기정된 조건 하에서 한계수익률은 항상 낮아 추가적인 저축 및 투자를 확보할 수 없다. …… 증가의 관건은 일부 현대적인 생산요소를 획득 및 효과적으로 사용하는 것이다".[91)]

장기적 및 본질적인 측면에서 볼 때, 농민수입 증가의 관건은 농민 자체에 있는 것이다. 그들의 수입 증가를 제약하는 관건적 원인은, 그들이 농업에서 얻고 효과적으로 사용하는 것은 전통적인 농업요소로서 현대적인 고효율화 된 생산요소가 결여되어 있기 때문이다. 농민이 현대 농업생산요소의 수요자, 수용자 및 사용자로 전변시키기 위하여 먼저 그들로 하여금 이러한 현대적인 생산요소를 이해 및 인식하도록 하는데, 이를 위해서는 그들의 문화수준을 제고시켜야 하는 것이다.

일반적인 관념에 의하면, 전통적 농업노동은 체력노동을 위주로 하는데, 농민은 체력 및 경험을 기반으로 농업노동에 종사할 수 있고, 개인 인력자본의 높고 낮음은 이러한 생산의 효율에 영향을 미치지 않거나 이에 대한 공헌이 크지 않다. 그러나 현대화된 큰 배경에서의 농촌 및 농업은 이미 외부세계와 격리될 수 없는 상황이고 전통적인 농업생산 역시 현대적 요소와 전혀 어울리지 않고 있다. 현실사회에서 농민은 많은 장소에서 현대적인 생산요소와 접하게 된다. 예를 들면, 현재 농업생산 중 기계작업의 사용, 비료, 농약, 종자의 사용, 비닐하우스 재배기술 및 시장 정보 등, 농촌의 많은 곳에서 이미 광범위하게 이들이 도입되고 있다.

---

91   [미] 시어도어 슐츠(Theodore W. Schultz), 『전통 농업에 대한 개조』, 150~151쪽.

따라서 현재의 농촌지역에서 어느 농가의 신속한 수입증가 여부의 관건은 현대적인 생산요소를 충분하고 효과적으로 사용하는지 여부에 달려있다. 농가에서 현대적인 생산요소를 효과적으로 도입할 수 있는지 여부는 또 농가에서 소유하고 있는 인력자본의 현대지식교육 및 기술교육을 받은 수준에 의해 결정되는 것이다. 농촌에서 실시과정 중 농민들이 직감적인 경험에 따른 다음과 같은 종합적 견해를 들을 수 있다. "지금은 부지런히 열심히 한다고 재산을 모을 수 있는 것이 아니다. 마을의 가정경제상황을 보면 알겠지만, 문화수준이 높은 사람들이 생각이 빨라 다른 사람들보다 더 쉽게 부유해질 수 있다."

농민들이 결론지은 도리는 어떤 면에서는 사실상 슐츠의 이론과 아주 일치한 것이다. 겉으로 볼 때, 전통적인 농업은 그렇게 많은 전문적인 기술과 인력자본이 필요하지 않은 듯하지만, 전통적인 농업을 개조하는 데는 반드시 노동자의 인력자본을 향상시켜야 하는 것이다. 전통적인 농업에서 현대화한 농업으로 전변하는 것은 2개의 극단적인 이상형이 아니라 점진적인 과정일 수 있다.

다시 말해, 한 번에 소규모적인 가족 농장을 대규모적인 현대 농장으로 전변시키고자 하는 환상은 버려야 하는데, 전통적 농업에 대한 개조의 관건은, 현대화 생산 요소에 대한 사용을 끊임없이 증가시키는 것이다. 따라서 농가의 인력자본의 제고는 그들은 도와 현대화 생산요소를 획득 및 효과적으로 사용할 수 있도록 하고, 이로서 농가의 전통적인 농업이 부단히 개조되고 경제적 수입도 이에 따라 증가되도록 한다. 한 가정의 인력자본이 제고된 후, 가정 내에서 자체의 재배 및 생산구조를 자각적으로 조정하는데, 이는 기층 정부에서 농민들을 창도 및 유도하여 재배 또는 생산구조의 조정을 진행하는 것과는 상이한데, 개체적인 가정의 정책은 자유성 및 독립성을 구비하기 때문이다. 정부에서 해야 할 것은, 농민들이 자체로 경영 정책을 하는 능력을 키우는 것이지 농가를 대신해서 정책을 하는 것이 아니다.

농민 인력자본에 대한 투자의 주요 내용은 농촌교육 및 직업교육에 대한 투자를 증가하는 것이다. 현재 농민의 교육 수준이 상대적으로 낮은데, 대부분 농민이 받은 학교 교육은 단지 중학교 수준 이하로서, 그 중 문맹 및 반문맹은 15세 이상 인구의 10% 이상을 차지한다.

비록 교육을 받은 수준은 중요한 인력자본이지만, 현대화 생산요소를 획득하고 효과적으로 사용하는 기본 조건이기도 하다. 그러나 일반 농민은 생활환경 및 경제 형편으로 인해, 교육 및 인력자본의 향상에 대한 수요가 강하지 않다. 농민에 대한 투자는, 농민을 도와 교육 및 육성에 대한 수요를 형성시키는 것으로, 그들이 교육에 대하여 자각적인 수요가 발생하도록 해야 한다.

이를 위해서는, 농민을 상대로 비용이 낮은 심지어 무료의 교육 및 기술 육성을 제공해야 하고, 또한 현대화 생산요소를 효과적으로 사용하는데 필요한 기능교육에 대하여 정부에서 보조금의 형태로 농민들을 장려하여 적극적으로 획득할 수 있도록 추진시켜야 한다.

정책적인 측면에서 말하자면, 시장경제체제에서 농민에 대한 투자는 사실상 정부가 농업 및 농촌발전에 대한 보조금을 의미한다. 정부에서 농업 보조금을 제공하는 것은, 현대화, 시장화 및 세계화 배경 속에서 거의 모든 국가의 정부에서 모두 운용하는 일종의 정책적인 툴이다. 그 목적은 본국의 농업발전을 지지하고 농민의 이익을 보호하고자 하는 것이다. 정부의 농업 보조금에는 주로, 농산품 보호가격, 농업기초기설 건설 투입, 농업 보험 보조금, 농민 수입증가 보장, 농업자원 환경 보호 보조금(예를 들면, 경작지를 삼림으로 환원, 경작지의 휴작), 농산품 시장 및 정보 서비스, 농민교육양성계획, 농촌 극빈가정 보조금 등을 포함한다.

농산품 가격정책은 농업수입에 대하여 비교적 큰 영향을 미치고 있는데, 존슨의 주장에 의하면 가격정책 특히 농산품 가격의 평균수준을 향상시키는 것은 농업 내부의 수입 분배에 대한 조정 및 농업과 비농업의 수입 차이를 축소시키는 것에 대하여 비교적 큰 작용을 발휘하지 못한다. 가격정책은 단지 사람들을 도와 비교적 확정된 가격 기대를 형성하는 경우에만 농업자원 배치효율의 제고에 유리한 것이다.[92] 따라서 존슨은 정부에서 농산품 가격에 대한 보조금을 통하여 농민의 수입증가를 추진시키는 것을 제안하지 않는데, 이는 기대되는 작용이 현저하지 않을 뿐만 아니라 또한 정부의 관여에 의해 시장이 왜곡되기 때문이다.

존슨은 주로 완전한 시장경제 조건에서 농산품의 가격정책을 관찰한 것으로, 중국 농업발전의 현황은 아마 이러한 이상적인 전제조건에 도달하지 않았을 것이고, 또한 중국의 농업은 장기간의 계획경제를 겪었었다. 계획경제시기 정부의 지령성 계획에 따라 주도되는 농산품 가격체계에는 비합리적인 요소가 적지 않게 존재했고, 공·농산품의 '협상가격차'가

---

92   - [미] D.Gale Johnson, 『경제 발전중의 농업, 농촌, 농민의 문제』, 376~377쪽.

비교적 크며 이 또한 항상 유지되어 왔다. 현재 계획경제체제에서 완전히 시장에 따라 '협상가격차' 국면을 조정하는 데는 일정한 한계가 존재한다.

정부의 계획에 따라 조성된 '협상가격차' 국면인 이상, 이 또한 정부의 가격정책을 통하여 시정해야 한다. 현재 중국의 농산품 평균 가격 수준을 놓고 볼 때, 과거 비교적 낮은 가격이 일정한 정도에서 가격수준이 합리적인 범위로 회복되는 것은 제약하고 있는데, 식량가격의 특징은 그 원가가 향상되는 동시에 식량가격이 쉽게 오르지 않아, 식량재배의 낮은 효익성 심지어 손해를 보는 현상이 나타나 식량을 재배하는 농민의 이익을 손해하고 있다. 이러한 경우에, 정부의 보조금은 농민의 수입 향상, 농민에 대한 보호, 특히 식량을 재배하는 농민의 이익을 보호함에 있어서 아주 필요한 것이다.

물론 작용이 현저하지 않을 수 있지만, 이러한 정책의 한계효과가 아주 높을 수 있다. 1990년부터 2006년 사이 농촌주민의 순수입의 증가 상황으로 놓고 볼 때(그림8-2를), 농민의 연간 수입 수준은 686위안에서 3587위안으로 증가하여 522.9% 인상되는 동시에 국가 재정에 따른 농업지원 지출의 강도 역시 매년마다 대폭 증가되고 있는데, 1990년의 307억 위안으로부터 2006년의 3172억 위안으로 증가되어 10배 이상 증가세를 나타내고 있다. 따라서 거시적인 측면으로부터 볼 때, 정부의 재정 지원과 농민 수입의 증가 사이에 높은 정적 상관관계를 가지고 있다.

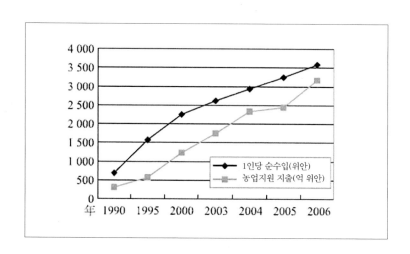

그림8-2 농가도급 및 경작지 현황

자료 출처, 〈중국통계연감 2007〉, 중국통계출판사 2007년.

물론 농산품 가격 보조정책은 단기간 내에 필요한 것이고 또한 농민의 수입증가에 대하여 비교적 중요한 작용을 발휘하고 있지만, 가격 간여 정책의 운용에 있어서 과거 가격 간여에 대한 평형 및 시장의 비이성적인 행위에 대한 시정의 원칙을 준수해야 한다. 농산품 시장이 완전히 개방되고 시장이 이성적 상태에 처할 때, 가격 보조를 감소시켜 시장에 대한 왜곡을 피해야 한다. 정부 보조금은 기타 방식을 통하여 농민의 수입증가를 추진시킬 수 있는 것이다.

그렇다면, 정부의 어떠한 보조가 농민의 수입 증가에 유리한지? 이 문제에 답하려면 먼저 어떠한 요소가 농민 수입의 저 수준 및 저 증가에 영향을 미치고 있는지 파악해야 한다. 이 점에 대하여 존슨은 다음과 같은 몇 가지를 제출했다.

농민 노동력 수입 및 보수가 낮은 원인에는 다음과 같은 세 가지 원인이 있다. 첫째, 농업에서 과잉의 노동력 자원이 존재하여 노동력의 한계 산출을 감소시킨다. 둘째, 농촌지역에서 인력자본(영양, 건강 및 교육)에 대한 투입수준이 비교적 낮다. 셋째, 농업자원이 비농업부문으로 흐르는 과정에서 과도한 원가 및 장벽이 존재하여 농업의 잔여 노동력 자원에 대한 필요한 조정을 방해하고 있다.[93]

상기 3가지 방면의 문제는 분명히 현재 중국 농촌지역에서 보편적으로 존재하고 있는 문제이다. 비록 농업노동력의 낮은 수입의 원인은 많은 요소가 존재하지만, 상기 3가지 문제가 잘 해결되면 농촌노동력 수입수준의 향상을 자연스럽게 유도할 수 있다. 상기 3가지 문제를 해결에는 정부의 작용이 중요할 뿐만 아니라 필요하다. 첫 번째 및 세 번 째 문제의 관건은, 정책 및 제도의 배치 문제에 있는 것으로 이 문제는 중국에서 특히 돌출되어, 현행의 취업정책, 호적제도 및 사회보장체제 등은 농촌 잔여 노동력의 이전을 제약하고 있다. 만약 이러한 정책, 제도를 개혁하지 않을 경우, 농촌의 잔여 노동력은 시장에서 효과적으로 배치될 수 없고, 농촌노동력의 수입도 빠른 성장을 가져올 수 없다.

두 번째 문제는 정부에서 농업에 대한 실질적 보조금 문제로서, 이러한 보조금은 정부에서 농촌, 농업에 대한 투입으로 정부의 농업지원자금은

---

93   - [미] D.Gale Johnson, 『경제 발전중의 농업, 농촌, 농민의 문제』 , 377쪽.

농촌 인력자본에 대한 투자에 집중되어야 한다. 즉 농촌교육, 의료 및 사회보장 등 공공사업에 중점적으로 투입되어야 하고, 농촌공공사업의 발전을 통하여 농촌노동력의 인력자본수준을 향상시켜야 한다. 농촌인력자본에 대하여 투자를 강화할 경우, 농촌 자체의 "조혈"기능이 강화될 것이고, 이는 농촌노동력의 발전 잠재력을 향상시켜 농촌 주체가 농업 발전에서의 능동성을 발휘할 수 있게 된다.

정부 보조금 또는 재정적인 농업 지원자금이 농업발전 및 농민수입 증가에 대하여 작용하는 효율성은 대부분 보조형식으로 실시된다. 다른 형식의 보조금은 그 보조 대상 및 과정이 다름으로서 표현되는 효율성 역시 변화가 없다. 일반적으로 농업생산자를 대상으로 하는 보조금이나 중간 과정이 적은 보조금은 농업생산에 대한 장려 작용이 더욱 현저하고 농업발전에 대한 효율성 역시 향상된다. 따라서 개발도상국가를 포함한 많은 국가에서 농업생산에 대한 직접적인 보조를 추진시키고 있다. 중국에서도 최근 들어 특정 생산자, 예를 들면 식량 재배자, 축목 사양자 등에 대하여 재정적인 보조금을 직접 제공하는 정책이 실행되기 시작하였다. 이러한 보조금은 농업생산자들의 수입 증가에 유리할 뿐만 아니라 또한 이들의 생산 적극성의 자극에 대하여서도 직접적인 장려 작용을 발휘함여 농업 발전에 대하여 상당한 추진 작용이 있다.

제4절
노동력 이전

농촌의 과도한 밀집 화 문제는 사실상 농촌노동의 한계수입이 낮은 문제이기도 하며, 이는 현재 중국 농촌 발전에서 존재하는 핵심적인 문제 중의 하나로 이러한 문제는 농촌이 성장하고 있지만 발전이 없는 애매한 경지에 처하게 만든다.[94] 농촌 과밀화 문제의 중요한 원인 중의 하나가 바로 농촌노동력 자원의 유휴로, 특히농업노동력의 유휴는 농업생산의 한계 산출 수준의 저하를 초래하고 심지어 점점 감소되는 추세를 조성한다. 따라서 농업 중의 여유 노동력을 비농업으로 이전시키는 것이 '삼농' 발전의 중점 중의 하나가 되고 있다.

존슨의 주장에 의하면, 중국 농촌 개혁 초기에 이미 위대한 성과를 이룩하였으나 발전의 임무는 여전히 어렵고 무거운데, 농업과 비농업 간의 수입차이가 축소되기는커녕 점점 더 커지고 있는 추세이다. 수입차이 문제를 해결함에 있어서, 가장 근본적인 경로는 농업 내의 노동력을 감소시키는 것으로 적어도 2/3 이상의 농업노동력을 이전시켜야 하고, 2030년까지 농업노동력의 비례를 10% 수준으로 감소시켜야 한다.[95]

농촌 여유노동력의 이전은 노동력 자원의 배치 효율성을 향상시킬

---

94   - 황종즈(黃宗智), 『창장삼각주 소농가정과 향촌의 발전』, 238~242쪽.
95   -[미] D.Gale Johnson, 『경제 발전중의 농업, 농촌, 농민의 문제』, 8쪽.

것이고, 이전 부분의 노동력이 농업생산의 효익보다 높은 수익을 얻을 수 있도록 한다. 다시 말해, 비농업 취업의 일부 노동력은 농업 취업보다 더욱 높은 수입을 얻을 것이며, 이로서 농촌 농가의 총 수입수준이 향상되도록 한다. 농업노동력이 외부로 이전됨으로서 실현될 수 있는 농업과 비농업 사이의 수입 차이의 감축에 대한 가늠은 하나의 복잡한 상황에 의해 결정될 수 있다.

토지자원이 드문 지역에서 농업노동력의 이전은 농업생산에 남겨진 1인당 자원 배치를 향상시키고 이로서 농업노동력의 1인당 수입 수준을 올릴 수 있다. 그러나 토지자원이 그리 드물지 않거나 또는 토지자원이 현존의 생상방식에서 기본적으로 단일 노동력의 노동 한계와 맞물리는 경우에 농업노동력의 이전 및 감소는 농업에 남겨진 노동력 한계 생산율을 현저하게 향상시키지 않는다.

다시 말해, 전통적인 농업생산방식은 단일 농업노동력으로 하여금 생산능력을 무한으로 확장시킬 수 없다. 설사 이렇게 이전된 농업노동력이 토지 자원을 비워둘지라도 남겨진 노동력으로 경작 면적을 확대할 수 없어 한계 수입의 증가에 현저한 작용을 발휘하지 못한다. 따라서 비농업으로 이전된 농촌의 여유 노동력은 비농업 취업으로부터 더욱 높은 수입을 얻을 수 있지만, 이들의 이전은 농업과 비농업 사이의 노동 수입 또는 보수의 차이를 직접적으로 축소시키지 못하고, 단지 전체적인 수입 수준을 향상 시킬 뿐이다.

농촌노동자원이 비교적 풍족한 것은 현실이고, 또한 적지 않은 농촌 노동력이 개혁개방 이후 대량 외부 고용되어 농촌노동력 이전의 대세를 형성하였다. 국가통계국의 조사에 의하면, 2006년 말 농촌노동력 자원의 총량은 53100만 명으로 그 중의 남성 노동력은 50.8%를 차지했다. 농촌 종업인원은 47852만 명으로 농촌노동력 자원 총량의 90.1%를 차지했다. 농촌 외부 종업 노동력은 13181만 명으로, 그 중 남성 노동력은 64%를 차지했다.[96] 농촌노동력 중에는 이미 1.3억명의 인구가 외부로 유동 중이고, 이는 농촌 종업인원의 27.5%를 차지하고, 농촌노동력 자원 총량의 24.8%를 차지했다. 해당 이전의 비례는 1/4 및 1/3 사이로 존슨이 예상한 2/3과 1/3 이상 차이가 있다. 이 밖에, 2006년 중국종합사회조사(2006CGSS)의 데이터 분석으로부터 볼 때(표8-2를), 비농업 방향으로의 이전 경력이 있는 인구는 37.5%를 차지하는데, 이는 1/3을 초과하는 농촌노동력이 외부로 이전되었음을 설명한다. 그러나 농촌노동력 이전에서 상당한 인구는 단지 단기간 내의 외부이동 및 유동으로서 노동력 취업부문의 진정한 이전을 실현한 것이 아니다.

표8-2 3개월 이상 지속적으로 비농직업에 종사한 활동 상황(2006CGSS)

	인수(명)	비례(%)	유효비례(%)
예	1,552	37.5	40.2
아니오	2,306	55.7	59.8
소계	3,858	93.2	100.0
파악하지 못한 값	280	6.8	
종계	4,138	100.0	

---

96   국가통계구, 『제2차 전국농업조사의 주요수치 공고』(제1호), 8쪽.

표8-3에서 볼 수 있는 바와 같이, 농촌에 71.8%의 노동력이 여전히 농업생산 활동에 종사 중인데, 해당 조사 결과는 농업 전면조사 데이터 중의 72.5%와 기본적으로 유사하다. 이로부터 농촌노동력의 이전은 30% 정도로 1/3에 미달임을 설명할 수 있다.

표 8-3 현재 농업생산 활동에 종사 여부(2006CGSS)

	인수(명)	비례(%)	유효비례(%)
예	2,971	71.8	87.1
아니오	437	10.6	12.8
소계	3,409	82.4	100.0
파악하지 못한 값	729	17.6	
총계	7,546	100.0	

현재 농촌지역 생산 및 생활방식의 상황으로 놓고 볼 때, 대부분 가정의 젊은 노동력은 출가(出稼)하고, 부모들은 일반적으로 집에 남아 농업생산에 종사하고 자녀들을 도와 미성년 자녀를 돌보고 있다. 일반적으로, 한 가정에 1/3의 노동력이 출가(出稼)상태로, 이러한 구조는 한 가정에 있어서 비교적 이상적인 것이다. 한편으로 가정에서는 기본적인 농업생산을 유지하여 가정의 의식주 문제를 해결할 수 있고, 다른 한편으로 출가(出稼) 중인 노동력은 가정의 농업생산에 있어서 한계산출이 비교적 낮아 외부로 이전되어 취업 기회를 얻을 수 있다면 가정수입 수준의 향상에 아주 중요한 의미를 가진다.

조사결과와 현실상황에 대한 분석으로부터 볼 때, 현재 농촌에 30%의 노동력이 외부로 이전되는 것은 실현 가능한 것이기도 하고 또 비교적 쉽게 실현 할 수 있는 것이다. 현재 농촌과 거시적 경제발전의 현황으로 놓고 볼 때, 농촌노동력의 외부 이전을 계속하여 추진하고 67%의 농촌노동력의 외부 이전 목표를 달성함에 있어서 큰 어려움이 존재한다. 이러한 이전은 노동력의 이전 문제뿐이 아니라 구조적인 변화이다. 즉, 노동력시장 구조의 근본적인 변화로서, 농업노동력이 대부분을 차지하는 구조로부터 비농업노동력이 주도하는 구조로 변화되는 것이다.

이론적인 측면에서 말하면, 더욱 많은 인구를 농업생산으로부터 이전시키기 위하여 반드시 현재의 기초에서 더욱 많은 비농업 취업 기회를 창조해야 하고, 또한 이러한 취업 직위의 한계 수입과 보수는 농업생산의 평균 수입 수준과 이전 유동 원가의 합을 초과해야 한다. 최근 들어, 광둥(广东), 저장(浙江) 등지역의 중소기업에서는 '민공황(民工荒)'에 직면하고 있는데, 즉 일시적인 노동력시장 공급의 부족 현상이 나타나고 있다. 이는 공업 발전은 농업노동력 이전을 위하여 제공한 일자리에 아직도 일정한 여지가 있음을 설명하지만, 농촌노동력이 이러한 공급이 결핍된 곳으로 이전하지 않는 것은 이러한 비농업 취업 직위의 급여수준이 비교적 낮고, 또한 장기적으로 정체상태에 처해있기 때문이다.

물가의 상승과 함께, 노동력의 이전 원가도 모르는 사이에 높아지고 있는데, 한편으로 농업수입수준이 높아짐에 따라 어느 정도로 이전의 기회비용도 높아지고 있다. 다시 말해, 출가(出稼)하는 것이 농촌에 남아 농업생산에 종사하는 것에 비해 수익이 별반 높지 않다면, 농촌노동력의 이전 의욕이 대폭 감소될 것이다. 따라서 비농업 직위의 제공이 농업 노동력의 이전을 흡수하기에 아직 부족하고, 비농업 직위는 반드시 비교적 높은 수입 또는 보수를 제공해야 한다.

값싼 노동력에 의지하여 생존하는 중소기업에 있어서, 노동자의 급여수준을 제고할 경우 상품 원가가 상승하고 상품가격도 이에 따라 상승하기 마련이며 이런 수단으로만이 대응되는 이윤을 확보할 수 있다. 그러나 상품가격의 인상은 상품의 경쟁력을 대폭 절감시킨다. 이로 인해 이윤도 감소된다. 이 때문에 중소기업주는 노동자의 급여를 인상하고자 할 때 진퇴양난의 처지에 빠지게 된다. 대부분의 중소기업들은 저가전략으로 시장에서 한자리를 차지하고 있기 때문이다. 기업에서 노동자의 급여 수준을 높이기 위해서 반드시 상품의 기술수준 및 노동의 부가가치를 향상시켜야 한다. 그러나 기술의 향상과 함께 노동력에 대한 수요도 적어지고 있다. 기업의 입장에서 볼 때, 급여 수준과 일자리 창출 사이에는 비교적 강한 역 상관관계를 가지고 있다.

농촌노동력의 인력자본 측면에서 볼 때, 그들은 노동밀집형 제조업과 서비스업에 더욱 적합하다. 문제는 노동밀집형의 제조업은 저렴한 노동력으로 수익을 창출하는데 최저임금을 높이는 것은 이런 노동밀집형 기업을 곤경에 처하게 한다. 높은 기술을 요구하는 제조기업에서 높은 임금을 제공할 수 있지만 노동력의 인력자본에 대한 요구도 높다. 때문에 지금 농촌노동력의 외부로의 이전은 실질적으로 진퇴양난의 곤경에 처하였다. 하나는 농촌노동력이 임금에 대한 요구가 날로 늘어나는 반면에 중소기업에서는 이런 높아지는 임금을 지불할 수 있는 여력이 없는 것이고 다른 하나는 이상적인 임금을 지불 할 수 있는 기업은 노동력의 높은 인력자본 즉 직업기능을 요구하는데 농촌노동력은 이런 기업의 요구를 만족시킬 수 없는 것이다. 이런 상황은 노동력시장이 국부적이고 단계적인 공급과 수요의 불균형을 초래하였다. 농촌노동력 자원은 충족하여 남아돌지만 도시는 숙련된 노동력이 부족하다. 때문에 미래를 멀리 내다볼 때 제3산업의 발전은 농촌의 잉여노동력 대 이전이 관건적인 원인이다. 상업, 서비스 등 산업의 신속한 발전은 대량의 농촌 잉여노동력의 이동에 적지 않은 일자리와 이상적인 임금을 지불할 수 있는 조건을 마련해 준다. 제3산업의 발전은 도시에만 국한 되어서는 안 된다. 만약 절대다수의 제3산업의 일자리가 도시에 국한 되면 농촌노동력이 도시에서의 높은 생활비용은 서비스업의 발전과 노동력의 이전에 불리한 영향을 준다.

농촌지구의 제3산업은 아직도 많은 발전 공간을 가지고 있다. 지난날 농촌 제3산업의 발전을 방해하는 요소는 농촌시장 발전의 정체이다. 농촌지구 사회자본의 투자가 상대적으로 적고 기초시설과 공공용품에 대한 투자가 적은 것은 농촌시장 발전이 침체된 주요원인이라 하겠다. 이 외에 체제와 제도의 분배는 농촌시장의 발전을 저해하고 있다. 예를 들면 이원집정부제는 도시와 농촌간의 자원, 인원의 자유로운 유동과 상호작용을 최적화 배분을 제한하였다.

새로운 농촌을 건설하는 과정에서 농촌시장의 잠재적 능력을 발굴하고 도시와 농촌시장을 모두 건설의 중심으로 하여 농촌경제와 사회구조 전환의 동력이 되어야 한다. 농촌 제3산업의 신속한 발전을 촉진시키고 대량의 농촌 잉여노동력을 이전시키는 데에 있어서 적극적인 역할을 해야 하며 동시에 도시의 과도한 집중적인 발전으로 인한 과중한 인구와 자원의 부담을 줄여야 한다.

최근 수년간 일부 도시 주변의 농촌에서 농촌여행업, 부동산 등 서비스업을 개발하고 발전시켜 당지 농민들에게 새로운 발전의 기회를 가져다주었다. 이런 지역의 주민들은 산업 전형에서 신속하게 부유해졌으며 도시와 농촌의 수입 차이를 크게 줄여 주었다. 이런 경험으로부터 농촌노동력의 이전은 농촌주민들을 농민들이 도시로 들어가야만 하는 것이 아니라 도시 사람들의 발걸음을 농촌으로 향하게 하는 것도 포함되는 것이다. 다시 말하면 더 많은 도시 주민들이 농촌에 가서 투자를 하고 부동산을 사고, 여행을 하고, 소비를 하면 농촌의 시장은 활성화되고 번영해져 농촌 주민들의 수입도 빠르게 증가하게 된다. 노동력의 이런 이전방식은 도시와 농촌의 양호한 상호작용의 결과로서 도시와 농촌의 관계를 조화롭게 하고 도시와 농촌의 차이를 줄이는 데에 중요한 의미가 있는 것이다.

더 많은 사람들을 농촌에 내려가 투자를 하게 하려면 상응하는 보장제도와 장려체제가 있어야 하는데 이것이 바로 앞에서 서술한 농촌 토지사용권 유통제도의 개혁과 창의성 문제이다. 만약 기본 경작지 면적에 영향을 주지 않는 원칙하에 농민들의 도급했던 황야, 산지 및 자가주택기지의 양도제한을 낮추어 도시 주민들이 농촌의 토지를 사고, 주택을 사고 투자를 할 수 있게 하는 것은 도시 자본을 농촌으로 가게 하는 것을 촉진할 수 있다. 이로부터 농촌 산업구조의 조절과 노동력의 순조로운 이전을 완성할 수 있다.

물론 새농촌 건설을 강화 할 때 도시화가 농촌의 발전과 농촌노동력의 이전에 주도적인 작용을 미치는 점을 경시해서는 안 된다. 현재 1.3억 명 정도의 농촌노동력이 도시로 흘러들어 가고 있는데 이들은 이미 이전을 완성하였다고 말할 수 있다. 하지만 체제의 구조적 원인으로 유동적인 노동력은 완전한 이전을 완성하지 못하였다. 그들은 여전히 빈번한 유동성을 보여주며 강한 불확실성을 지니고 도시와 농촌 사이에서 분주히 움직이고 사방으로 떠돌아다닌다. 그 원인은 그들이 진정한 비 농촌화와 도시화를 완성하지 못하였기 때문이다. 이런 형상의 주요한 원인은 이원 호적제도, 토지제도와 노동취업제도 및 사회보장제도를 포함한 현 시대 도시와 농촌의 이원집정부제도에 있다.

때문에 도시화 발전이 농촌노동력의 순조로운 이전에 이롭게 하려면 농촌노동력이 도시로의 이전을 가로 막고 있는 제도의 벽을 허물어야 한다. 즉 모든 이원집정부제도를 없애고 개혁을 통하여 도시와 농촌의 일체화제도를 완성해야 한다.

제5절

합작과 농민 조직화

농촌에서 가정 도급책임제를 실시한 후 경제활동의 단위는 가족이 되었다. 집체경제와 집체조직은 점차 존재의 기초를 잃었다. 향촌사회에서 매개 가정은 독립경영의 생활을 실현하였는데 이것은 가족단위의 독립자주성의 현저한 제고를 의미한다. 이와 동시에 집체조직의 작용은 상대적으로 모호해졌다. 많은 학자들은 이런 현상을 농촌 혹은 촌민의 '원자화' 추세라고 한다. 그들은 "분산된 농호들은 의지할 곳이 사라져 촌민들은 '원자화'되었다. 이런 단위조직이 사라진 농촌에 촌민위원회 혹은 당지부가 있다고 해도 그들은 촌민들을 위하여 공공서비스나 복지대우를 제공할 수 없다." [97]

만약 개혁이후의 향촌사회구조는 '원자화'의 구조라고 한다면 도시사회는 '핵자화(核子化)'사회라고 할 수 있다. 그것은 도시사회 역시 가정을 생활단위로 하지만 도시의 가정 간의 교제와 연계가 농촌사회처럼 엉켜져 있는 것이 아니기 때문이다. 도시사회의 매개 핵심가정은 독립적이고 서로 왕래가 없다. 하지만 도시사회는 에밀 뒤르켐(Emile Durkheim)의 말한 것처럼 여전히 유기적인 단결 체제하에 질서 있게

---

97 샤오리훼이(肖立辉), 『단위화 배경 하의 향촌 관계-양촌(杨村)조사』, 『북경행정학원학보』, 2002(1).

조직되었는데, 이런 단결체제의 기초는 사회 분공과 상호 의존성이다. 때문에 표면적으로 도시의 각 가정은 서로 아무런 관련이 없어 보이지만 그들은 서로 유기적으로 조합되어 도시 사회를 형성하였다. 현 시대의 농촌사회의 여러 가정들도 독립적으로 경영하고 생활하여 표면상으로는 분산된 농호들로 각자의 방식대로 생활하지만 사실상 그들 역시 단결체제조직으로 질서 있는 사회를 형성한다.

인민공사와 생산대대가 사라지고 집체가 없어졌다. 그리하여 농민들의 단위가 없어진 것은 아니다. 그들의 단위는 바로 가족이다. 농업사회는 복잡한 분공이 없다. 때문에 그들은 복잡한 단위조직이 불필요한데 가정이 바로 그들의 이상적인 조직이다. 그것은 가정이 농업생산에서의 분공과 합작을 효율적으로 조직할 수 있기 때문이다. 향촌사회관계에서 가정과 가정 사이에는 일정한 전통과 풍속의 원칙으로 개인 사이 혹은 공공적인 문제를 해결하고 처리한다.

지금 농민의 "원자화"의 관념에는 예전의 합작화 운동과 집체경제에 대한 향유도 있다고 볼 수 있다. 예전에 농촌합작화와 집단화 운동에서의 핵심적인 관념은 농민들은 분산되고, 무 조직적이고, 합작의식이 결핍한 단체로 관리하기 힘들어 생산효율을 높임에 있어서 불리하다고 여긴 것이다. 농민들이 분산되고 무 조직화의 특징은 수천 년의 발전을 거친 농촌사회가 발전에서 돌파하지 못한 원인이다. 때문에 전통적인 농촌사회를 개조하려면 이런 전통적인 구조를 변화하여 농민들을 조직하고 농민들의 합작을 촉진시켜 효율을 높여야 한다. 이런 이론의 가설은 논리적으로 별 문제가 없다. 하지만 이 가설은 역사의 경험으로 비합리적인 것으로 증명되었다. 중국 농촌의 합작화 운동과 집체경제는 농업과 농촌발전의 현실적인 비약을 가져다주지 못하였을 뿐만 아니라 농촌경제를 붕괴에 이르게 하였다.

현재 광범위하게 농민합작 조직을 건립하는 등 농민의 합작화 조직화를 주장하는 관점들이 있다. 그들은 현대화 시장경제와 정치체제에서 분산된 농민들이 시장담판과 정치이익의 표현에서 불리한 위치에 처하게 된다고 하여 농민들의 이런 방면에서의 지위를 높이려면 농민들을 도와 그들의 합작조직을 성립하게 하여 조직을 통하여 이익을 표현하고 시장담판을 진행하여야 한다고 주장한다.

농촌사회 합작조직의 형성과 발전은 일부 지방의 농촌에서 적극적인 작용을 발휘할 수도 있다. 농민들이 자발적으로 합작성 조직을 형성하는 것은 그들이 현실의 수요에 의하여 선택한 것으로 그들의 생산경영효율을 제고하고 그들의 수익을 증가시키는 면에서 적극적인 작용을 한다면 그들은 이런 합작조직이 참가하지 않을 수가 없다. 예를 들어 북경 시교 옌칭현(延庆县)의 일부 과일을 재배하는 농가들에서 합작사를 설립하였다. 이런 합작사는 집체경제조직이 아니고 민간합작 조직이다. 이런 합작 조직에 가입하려면 일정한 회비를 내야하며 합작조직은 회원들을 도와 과일 판매를 기획하여 과일의 판매 가격과 이윤을 높여 회원들이 높은 수익을 창출하게 한다.

이런 조직은 농촌 촌민위원회의 책임으로 성립되고 촌민들이 자발적으로 가입하는 것으로 합작경제조직이 아니다. 합작조직의 성립은 촌민들의 공동 논의 능력을 높이고 시장에 대한 대응 능력을 제고시킨다.

시장과 밀접한 관련이 있는 농촌지역에서 이런 조직의 발전은 적극적인 작용을 한다. 이런 조직은 전문적인 인원을 조직하여 시장의 흐름을 분석하고 시장 판매를 기획하여 농호들의 판매 자본을 크게 낮추어 주었다.

비록 다른 형식의 농촌합작형식이 일부지역에서 나타나고 있지만, 합작화가 지금의 중국에서 보편적으로 적극적인 영향을 가지고 있다고 볼 수 없다. 때문에 농민의 합작화와 조직화를 시도할 때 신중한 태도를 가져야 한다. 농민의 자원조직으로 합작한 것이 아니라 외부의 힘으로 실행한다면 많은 대가를 지불해야할 뿐만 아니라 농민의 독립자주성에 영향을 미칠 수 있다.

농민들이 독립적이고 자주적인 선택의 권리를 가지고 있고 외부의 간섭이 없는 상황에서 농민들의 자주선택은 이성적이어서 그들 자신의 효익을 최대화 할 수 있다. 매개 농호들이 자아 효익의 최대화를 실현하여야만 농촌 전체의 효익도 제일 좋은 효과를 이룰 수 있다. 때문에 농민 개체가정의 독립자주권은 이성적인 선택의 전제하에 얻어야 하는 것으로 농촌경제 발전의 제일 중요한 원인이다. 만약 합작화와 조직화가 가족의 자주권을 쇠약하게 하거나 가족의 결정권을 밀어낸다면 그런 합작과 조직은 경제를 촉진하고 효율을 제고할 수 없다. 이로부터 농민의 합작과 조직화는 농호의 독립자주권보다 중요하지도 않고 긴요한 것도 아니다. 농민들의 합작과 조직화를 '삼농' 발전의 중요한 문제로 간주하여 주된 것과 부차적인 것이 서로 뒤바뀌게 해서는 안 된다.

사실상 향촌사회는 이미 가족 간의 생산과 생활에서 여러 가지 합작을 형성하였다. 비록 이런 합작이 제도적이고 조직적인 것은 아니지만 이런 합작은 그들의 생산과 생활의 수요를 만족시켜준다. 이런 가족 단위의 농업경영이 독립 자주성을 띠고 있지만 합작의 범위는 제한되어 있다. 만약 억지로 그들의 합작을 추진 한다면 결과적으로 그들의 거래비용을 증가시킬 뿐만 아니라 효과도 미미하다.

조직화, 제도화의 합작은 세밀화 된 분공을 기초로 한다. 세밀화 된 분공은 사람과 사람 사이의 높은 상호 의존성을 갖게 하여 합작은 필요한 것이다. 분공은 전업화 된 노동을 가져오게 되어 생산효율을 제고시킨다. 하지만 가족단위로 경영되는 농업에서 매개 가족은 기본적으로 독립적인 농업생산 노동을 완성할 수 있는데 이런 생산노동은 세밀화 된 분공을 필요로 하지 않는다. 때문에 조직화 된 합작은 필요하지 않을 뿐만 아니라 이런 합작이 생산효율을 제고하는 효과를 가져다준다고 할 수도 없다. 만약 몇몇 가족들의 토지를 함께 사용하여 합작경영을 하라고 하면 농업생산효율에 적극적인 영향을 가져다주지 못할 뿐만 아니라 부정적인 효과를 일으킨다. 때문에 현재의 경제와 사회구조의 배경에서 농촌 합작화와 농민 조직화를 추진하는 것은 농업의 증가와 농민 수입의 증가에 적극적인 의미를 가지고 있지 않다. '삼농'발전의 관건적인 문제는 농촌이력 자본에 대한 투자를 늘리는 방법과 농촌노동력의 순조로운 이동을 촉진할 수 있는 방법인데 이 두 가지의 문제는 자금의 문제만 아니라 더 중요한 것은 제도배치의 문제이다. 참신한 제도의 배치가 있어야만 더욱 많은 자금, 기술, 정보들이 농촌으로 향할 수 있고 이래야만 농촌발전의 필요한 조건이 형성될 수 있다.

제3편

중국향촌사회의 정치와 경계

제 9 장 정치적 개입이 향촌경제에 미치는 영향

제9장

인간성 정치가 향촌경제에 미치는 영향

어떻게 전통농업을 변화시키고 소농경제의 경제적 수입을 제고 시키는가 하는 것은 1949년 이후 중국 농촌사회 경제변천의 역사적 발전 주제이고 농업경제학과 농촌사회학이 줄곧 주목하고 토론해왔던 문제이다. 토지개혁으로 부터 합작화 운동에 이르기까지, '대약진', 인민공사로부터 '전면 청부제', 가정연합생산도급제개혁까지 중국 농촌의 농업과 농민들은 굴곡적인 발전과정을 거쳤다. 이런 역사와 현실은 경제학과 사회학에서 농촌경제의 발전 변화의 요인을 연구하고 토론 하는데 많은 주제를 가져다주었다.

샤오캉촌(小岗村)은 안훼이성 평양현(凤阳县)의 작은 농촌 마을이다. 1978년 샤오캉촌 18호의 농민들은 사적으로 '전면 청부제'협의를 달성하고 '붉은 손도장'을 찍어 토지를 개인에게 도급해주는 개체경영을 시작하였다. 샤오캉촌 농민들의 정책의 울타리를 벗어난 행위는 괜찮은 경제적 효과를 이루고 정부의 승인을 얻었다. 이로부터 중국 농촌 개혁의 서막이 열렸다. 개혁 전 정부의 구제식량으로 겨우 생활해 나가던 샤오캉촌은 개혁이후 남는 양식이 있게 되었다. 이런 경제적 효과는 개혁의 결과인 것이다. 그렇다면 개혁이 성공할 수 있은 원인은 무엇일까? 혹은 개혁 이전의 실패의 원인은 또 무엇인가? 샤오캉촌 개혁 전후 역사의 사회학적 고찰과 반성 및 성공의 경험에 대한 총결을 통하여 집단화 운동이 어떻게 농촌경제를 몰락의 변두리까지 몰고 갔는지 돌이켜 볼 수 있을 뿐만 아니라 동시에 농촌개혁의 성공적 시스템은 무엇인가 하는 것을 알아볼 수 있다. 이번 장에서는 샤오캉촌의 정치, 경제와 사회 변화발전의 사회사 및 실질적인 현지 고찰을 통하여 인간성 이론 분석의 시각으로 샤오캉촌의 전형적 경험에서 반영된 정치경제의 변화 발전관계와 규칙을 토론하려 한다.

제1절

인간성, 정치와 경제활동 관계의 시각으로 분석

인간성 정치는 정치운동, 정치행위 및 정치권력이 사회, 경제생활에 침투되어 사람들의 생활방식과 경제 활동의 조성부분으로 되는 과정과 현상을 말한다. 정치가 사회, 경제시스템에 침입하게 되면 정치시스템과 정치행위는 더 이상 독립적인 것이 아니라 일반화 된 것이다. 이렇게 일반화 된 정치행위는 경제 활동과 사회행위가 정치성을 띠고 있게 만들어 경제행동의 성질과 행동자간의 관계를 변화시켰다.

인간성 정치의 개념을 분석의 새로운 각도로 사용하려 한다. 예전의 많은 농촌개혁의 연구에서 사람들은 경제조직, 장려체제와 미시적 생산적극성의 각도로 집체시대 경제쇠퇴의 원인과 농촌개혁의 성공을 해석하였다. 이처럼 서방의 미시적경제학을 토대로 한 분석은 중국역사의 현실에 입각하지 못한 것이다. 분석의 시야가 경제시스템 자체로 거시경제 문제를 고찰하는데 국한되었기 때문이다.

사실상 경제시스템은 독립적인 시스템이 아니다. 특히 집체시대의 특수한 정치, 즉 인간성 정치는 경제에 대한 영향이 먼저고 직접적이다. 이런 거시적 배경에서 이성적인 선택의 전제조건이 성립되지 않는다. 때문에 우리는 예전의 경제면에서의 실패원인을 분석하고 사고하는 데에는 시각의 변화가 필요하다.

인간성(embeddedness)문제는 정치인류학가 칼 폴라니(K. Polany)가

처음으로 제기하고 경제행위와 사회관계의 관계를 표현하고 분석하였다. 폴라니는 전통경제활동은 현대경제와 달리 사회관계에 침투되어 비경제적인 요인들과 일체를 이루는 것으로 독립적인 시스템이 아니라고 하였다.[98] 인간성 개념으로 경제활동과 사회구조의 관계를 분석하는 것은 폴라니 분석의 중요한 시각이다. 그의 분석으로 보면 경제시스템의 기능은 기타 비경제 사회제도의 부속적인 생산품으로 경제시스템의 통합은 사회시스템에서 독립적인 경제 실천과 관계가 존재하지 않는다. 이 외에 경제가 사회관계에 연계되어 경제생산의 여러 가지 구성요소인 생산자의 배치와 노동력 분공 및 생산품의 분배 등은 모두 사회구조와 관련되어 있다. 때문에 경제활동의 규칙과 특징을 토론할 때 비 경제구조 요소의 시각으로 고찰하는 것은 매우 필요한 것이다.

　　마크 크라노베터(M. Granovetter)는 경제학, 인류학과 사회학의 인간성 문제에 대하여 전문적인 토론과 논평을 하였다.[99] 크라노베터는 경제행위의 인간성 즉 경제행위가 어떤 정도에서 사회관계의 영향을 받는가에 관심을 가졌다. 크라노베터는 경제학, 인류학과 사회학은 현대경제를 사회의 독립적인 시스템이라고 여겨 경제행위는 행위자가 자아 이익의 최대화를 추구함에 있어서 이성적인 선택을 해야만 사회 관계와 구조의 영향을 적게 받는다고 여기는데, 이것은 현대 시장경제

98　See Polanyi, Karl, [1985(1944)], The Great Transformation, Boston, Beacon Press, pp. 6-35.
99　See Granovertter, Mark(1985), Economic Action and Social Structure, The Problem of Embeddedness, in American Journal of Sociology, Vol. 91, 481-510.

행위에 대하여 편파적인 관점을 가진다는 것이라고 하였다. 크라노베터는 전현대사회 경제행위의 인간성 수준은 실체논자들이 말하는 것처럼 높지 않을 뿐만 아니라 현대사회의 경제행위의 인간성 수준은 형식논자들의 생각처럼 낮지도 않다고 하였다.

경제행위의 인간성은 전통사회와 비 시장경제의 체제에 존재함과 동시에 현대사회와 시장경제 체제에도 존재한다. 때문에 인간성 문제는 사회구조와 변화의 문제뿐만 아니다. 크라노베터의 이러한 논점은 덴니스 롱(Dennis Wrong)의 사회학 관련의 '과도한 사회화(over Socialized)'라는 개념에서 나온 것이다. 덴니스 롱은 홉스의 '자연상태'의 가설로 부터 파슨스의 질서론에 이르기까지 모두 과도한 사회화의 경향을 강조하였는데 이것은 행동의 행위자가 사회 정서에서의 인간성 정도를 과대화한 반면에 고전과 신 고전의 경제학은 인유행위의 '원자화'와 낮은 수준의 사회화(under socialize)의 관념을 가지고 있다고 하였다.[100]

크라노베터는 인간성 문제에 대한 토론을 통하여 사회학과 경제학이 경제행위에 대한 극단적인 이해와 해석을 조절하는 데에 의미가 있다고 하였다. 그는 대부분의 인류의 행위는 인간관계에 연계되어 있음과 동시에 '원자화'의 공리주의 행위도 존재한다고 하였다. 때문에 경제행위를 분석할 때 '인간성'의 개념을 인용하는 것은 구조와 전형 분석 및 이성 선택 분석을 결합시키는 것이다.

크라노베터는 '인간성'분석의 시각은 본 연구에 대한 계발은 우리가

---

100   Ibid.

농촌경제의 변화 발전의 과정을 분석, 해석할 때 단순하게 경제행위의 논리적 작용을 고려해야할 뿐만 아니라 사회시스템에서의 기타 비경제적인 요소의 영향도 고려해야 한다는 것이다.

크라노베터 이후 인간성 시각은 경제사회학 연구에서 중시를 받기 시작하였고 본보기로 여기어 발전을 가져왔다. 류스딩(刘世定)은 '인간성'분석의 틀을 만들었다. 중국 향·진기업의 통치구조와 관계의 계약에 대한 연구를 할 때 인간성적 시각으로 계약이 인간관계에 침투된 후 나타나는 복잡한 문제들인 '이원집정부제', 1차계약과 2차계약 간의 관계 문제 및 기타 새로운 불확실성을 지닌 문제 등을 분석하였다.[101]

알레한드로 포르테스(Alejandro Portes)와 Julia Sensenbrenner는 크라노베터의 인간성 시각으로 이전행위에 대하여 연구하였다.[102] 포르테스와 Sensenbrenner는 칼만과 결합하여 사회자본을 인간성 시각의 입각점으로 해서 사회자본의 개념을 제기하였는데 이것은 전형적인 이전이론의 해석 패턴에 대한 도전인 것이다.

이전행위에 대한 경험연구와 그것을 종합한 기초 위에서 사회자본이 어떻게 사람들의 경제행위에 대하여 영향을 주는가를 해석하였다.

비록 그들이 이 방면에 대하여 구체적이고 체계적인 분석과 해석을 하지 않았지만, 그들이 인간성 분석에 대한 시도와 창의성은 본 장에서

---

101 류스딩(刘世定), 『인간성과 관계계약』, 『점유, 인지와 대인관계』, 70~90쪽, 북경, 화하출판사, 2003.

102 See Portes, Alejandro & Julia Sensenbrenner(1993), Embeddedness and Immigration, Notes on the Social Determinants of Economic Actions, in American Journal of Sociology. Vol. 98, 1320-1350.

연구해야 할 과제인 농민경제행위에 영향을 주는 요인에 대한 해석에 중요한 깨우침을 주었다.

정치와 사회, 정치와 농촌경제 및 사회에 대한 영향을 연구할 때 프래신 짓 트 두아라(Prasenjit Duara)는 클리포드 기어츠(Clifford Geertz)의 분석에 근거하여 인도네시아 농업경제에 사용한 '인볼루션(involution)'의 개념을 분석하였고 1900-1942년 화북농촌에서의 국가와 농촌, 정치와 경제의 관계를 '권력의 인볼루션'이라고 하였다.[103]

기어츠는 '인볼루션'으로 모종의 사회문화 발전이 일정한 단계에 이르거나 확고하게 되면 정지되어 발전하지 않거나 다른 더욱 높은 수준의 발전형식으로 변한다는 현상을 표시하였다. 두아라는 '국가정권의 인볼루션'이라는 파생적 개념을 제기하였는데 '국가정권의 인볼루션'은 국가기구가 기존 혹은 새로운 기구를 제고하여서 생산되는 것이 아니라 기존의 국가와 사회의 관계를 복제하거나 확대하는 것을 통하여 생산된다고 하였다. 예를 들면 예전의 중국에 존재하였던 영리성 경제체 제와 같이 행정기능을 확대하여 생산된다." [104]

두기아는 현급 재정에 대한 분석을 통하여 '정치 인볼루션'의 과정을 제시하였다. 이것은 국가정치가 향촌사회에 대한 침투 및 정치가 농촌사회생활에 연관되는 것과 같은 것이다. 정권의 인볼루션은 국가정치권력과 향촌사회 권력의 상호적인 과정과 사실을 반영하고

---

103 [미] 프래신짓트 두아라(Prasenjit Duara), 『문화, 권력과 국가-1900-1942년의 화북농촌』, 67쪽.
104 [미] 프래신짓트 두아라(Prasenjit Duara), 위의 책.

정치의 영향과 후과를 체현하지 못하였다. 인간성 시각은 경제행위에 영향을 주는 비경제 요소를 볼 수 있다. 때문에 본 문장에서는 정치와 농촌경제의 발전변화 관계를 분석할 때 인간성 시각을 사용하고 '인볼루션'을 사용하지 않은 원인이다.

제2절

집체경제의 쇠퇴, 이론해석 및 국한성

샤오캉촌 농민들은 먼저 자발적으로 '전면 청부제'를 시도하여 집체생산 형식하의 농촌경제상황을 철저하게 변화시키고 자신들을 빈곤에서 벗어나게 하였다. 이런 현저한 경제적 성과는 이후 농촌의 가정도급책임제를 전국에서 실행해 나가는 동력과 본보기가 되었으며 농촌경제도 개혁의 실행과 더불어 신속한 회복과 개선을 가져왔다. 이런 사회 경제 변천의 역사 사실은 많은 학계의 사고와 토론을 일으켰다. 예전에 우월성을 가지고 있다고 여겼던 인민공사제도는 저효율적이거나 효율적이지 못한 반면 가정책임제는 왜 높은 효율성을 가져올 수 있는가? 농촌경제의 업적과 성과에 영향을 주거나 결정적인 역할을 하는 요인은 무엇인가? 경제학계에서 이런 문제에 대한 해석함에 있어서 주요하게 두 가지 경향이 있다. 하나는 집체농업의 저효율론, 둘째는 가정조직의 우세론이다.

린이푸(林毅夫)는 이론의 각도에서 볼 때 대규모의 경제조직과 집체경영의 형식의 우세는 이론적으로 성립이 되지만 현실에서 이런 이상적인 체계는 중요한 전제조건을 필요로 하는데 현실의 농업생산에서 만족하기 어렵다고 하였다. 여기 말하는 중요한 전제조건은 농업노동에 대한 정확한 계량인데 현실의 농업노동은 정확하게 계량할 수 없기에 유효한 경제 장려제도를 건립할 수 없는 것이다. 공업의 체계적인 경영에 적합하지만 농업생산에서 실현하기 어렵다. 반대로 농업생산의 경제조직이 가정이 될 경우 노동 보수는 가정의 노동력의 생산적극성을 장려하는 효력을 발생할 수 있는 것이다.[105]

사실상 린이푸의 해석은 미시적 경제학의 기본원리로 사회에서 유행되는 일반적인 개념을 해석한 것이다. 즉 인민공사제도가 저효율 혹은 무효율적인 것은 농민들이 집체생활에서 적극적으로 노동을 하지 않고 게으름을 피우기 때문에 생산의 저효율성을 가져온 것이고 가정책임제는 인민들의 적극성을 불러일으켜 생산의 효율도 높아질 수 있는 것이다. 이 이론으로 미시적 경제효율의 요인을 해석하는 것은 제일 유효한 것일지도 모르지만 농촌 거시경제 변천의 과정을 해석함에 있어서는 전면적이지 못하고 심지어 실질적 변수를 해석하지 못하였다. 첫째, 미시적 효율과 거시적 업적, 성과 간의 관계를 분명하게 밝히지 못하였다. 둘째, 농업경제와 농촌경제를 분리하여 해석하지 못하였다. 셋째, 농촌경제의 인간성 문제를 경시하였다. 때문에 집체농업 저효율에 대한 해석이 미시적 경제행위의 논리에 부합된다고 하지만 사회통상적인 논리와 완전히 부합되는 것이 아니다.

예를 들면 샤오캉촌에서 농민들이 함께 굶어죽을 것을 감안하고 집단적으로 게으름을 피웠단 말인가? 만약 그들에게 자각적 합작의 의향이 없다면 그들이 어찌 자발적으로 합작하여 '전면 청부제'를 실시하였는가? 때문에 우리가 미시적 경제학의 논리로만 농촌개혁의

105　린이푸, 『제도, 기술과 중국농업발전』, 7쪽. .

의미를 해석한다면 여러 가지 해석하기 어려운 문제들에 봉착하게 된다. 인간성 시각이 어쩌면 더욱 전면적으로 이런 문제들을 해석해 줄지도 모른다.

저우치런(周其仁)의 연구는 두 번째 이론경향의 대표이다. 저우치런은 가정공동생산도급 책임제는 '가정경영의 재발견'이라고 하였다. 농촌생산책임제의 개혁은 책임제가 가정이라는 조직을 선택하였음을 의미하며 가정이라는 조직을 선택한 것은 이 조직이 작고 분산되어 있기 때문만이 아니라 농촌생산의 본질적 특성과 가정조직 간 자연적인 일치성을 가지고 있기 때문이라고 하였다. 그는,

농업활동의 제일 근본적인 특징은 구조적인 생명의 자연의 힘을 이용하여 기타 자연적 활동을 이용하는 것이다.[106]

동시에 저우치런은 가정공동생산도급제는 여전히 합작경제의 연속이라고 여기었는데 그 특징은 가정이 합작경제의 매개체가 된 것이라고 하였다. 이로부터 가정도급경영은 완전한 개체이고 분산된 경영이 아니며, 가정도급경영이 가져다 준 경제적 업적과 성과는 개체적이고, 분산적이며, 소규모의 농촌경영조직이 바로 자연적이고 우월성을 가진 조직이라는 것을 충분하게 증명하지 못하지만 가정이 농업활동에 제일 적합한 조직이라는 것은 설명할 수 있다.

---

106   저우치런 편, 『농촌변혁과 중국발전 1978-1989』 81쪽.

니즈웨이(Victor Nee)는 농민들의 애호로부터 다른 경제조직 하의 효율을 비교하였다. 그는 가정경제조직이 농업경제발전에 자극을 주는 면에서 중대한 작용을 할 수 있는 것은 농민들이 집체경영보다 가정경영을 더 좋아하는 데에 있다고 하였다.[107] 하지만 그는 농민들이 가정경영조직을 더 좋아하는 원인에 대한 답을 주지 못하였는데 어쩌면 이런 애호는 태어나면서 부터 가지고 있는 것이거나 그들의 생활방식 및 처하고 있는 생활환경이 결정한 것일 수도 있다.

마틴 화이트(Martin Whyte)의 연구도 중국의 가정경영방식이 경제 증장에 유리한 원인을 설명하려 하였다.[108] 화이트는 비록 20세기 80년대 이후 중국 가정구조의 변화가 있었지만 가정 내의 충성, 의무 및 친척, 친구와 종족관계 등은 경제 발전에 유리한 조건을 제공하였다. 특히 향촌공업의 시작과 발전에 중요한 작용을 한다.

먼저 향촌공업의 원시적인 축적은 가정과 친척, 친구들 간의 관계망을 형성하였고, 둘째로, 가정과 종족 내의 충성과 도덕은 관리와 교역의 원가를 낮추며, 마지막으로 가정은 가족집단이라는 환경에서 필요한 자원을 얻을 수 있다. 평위성(彭玉生) 등은 경험수치로 화이티의 관점을 지지하고 웨버의 이론에 도전하려 하였다. 그들은 "종족네트워크 세력은 향촌기업의 전체 개수에 적극적인 영향을 주고, 가족네트워크는

---

107 See Nee, Voctor and David Mozingo eds.(1983), State and Society in Contemporary China, Cornell Unversity Press.

108 See Whyte, Martin K. (1996), "The Chinese Family and Economic Development obstacle or Engine?", in Economic Development and Cultural Change, 45(1), 1-30.

사유기업에 대한 영향이 집체소유제기업에 대한 영향보다 뚜렷하다"[109] 는 것을 발견하였다. 이로부터 그들은 중국 가족주의와 종족네트워크가 향촌공업의 발전의 장애물이 아니라 적극적의 영향을 준다고 생각하였다.

Alexander V. Chayanov (러시아, Александр Васильевич Чаянов)는 농민의 소비성생산의 특점 으로부터 농민의 가정농장은 집체경영농장보다 더 높은 생산효율을 가지고 있다고 여겼다. 이는 농민들이 생산자이면서 자신들이 생산한 생산물의 소비자이기도 한데 그들의 생산목적의 중요한 원인은 자신들의 소비를 만족시키고 생계를 유지하려는 목적이기에 이윤이 예상한 목표 보다 적거나 이윤이 없는 정황에서 개체의 농민가정은 여전히 생산에 투자 를 하는 것이다.[110]

다시 말하면 투자에 비하여 한계수익이 적을 경우에도 농민들은 여전히 투자를 하며 한계수익은 생계형 농민들의 투자행위에 영향을 미치는 영향이 미미하다. 반면에 가정의 생계는 농민조직생산의 첫 째 목표인데 스콧(J. Scott)이 베트남 농민경제 경험에 대한 연구에서 검증되었다.[111]

하지만 황종즈(黃宗智)는 가정경영조직은 예전의 집체경영조직보다 선진적이지 않다고 하였다.

그는 "새로운 조직과 낡은 집체생산대, 대대와 거의 비슷하다."고 여기고 1950년대와 1960년대의 농업발전 성과와 1980년대 농업의 성과를

---

109 펑위성(彭玉生), 저샤오예(折曉叶), 천잉잉(陈嬰嬰), 『중국향촌의 종족조직, 공업화와 제도 선택』, 『중국향촌연구』, 제1집, 상무인서관, 2003.
110 -[러] Chayanovan, 『농민경제조직』, 220~238쪽.
111 See Scott, James C. (1976), The Moral Economy of the Peasant, Rebellion and Subsistence in Southeast Asia, Yale University Press.

비교할 때 인구의 영향을 배제한다면 실질적인 발전이 없다고 하였다.[112]

집체농업의 저효율론이나 가정조직의 우세론 모두 농업경제의 한 가지의 특징과 규칙을 해석한 것으로 모두 경제시스템의 각도로 농촌경제 변천의 원인을 찾으려 하였는데, 농촌경제는 중국에서 향촌사회에 연계된 사실을 소홀히 여겼다. 촌락경제와 농촌경제가 완전히 같은 것이 아니다.

비록 농업이 경제활동의 주체이지만 농촌경제는 비농업의 경제활동도 포함된 혼합적인 혼합경제이다. 때문에 우리가 농촌경제의 변천문제를 토론할 때 농업을 독립적인 체계로 고찰하여서는 안된다.

비록 농업경제체제와 조직의 변수가 농촌경제의 업적과 성과의 일부 원인을 해석할 수 있지만 모든 원인을 해석하지 못했는데 해석하지 못한 원인이 바로 중요한 변수일 수 있는데 그 변수가 바로 기타 사회, 정치 변수이다.

가정조직 우세론자들은 가정이 경제조직 혹은 단위일 때의 우세적인 경제기능을 더 많이 고려하고 농촌개혁과 농민경제 업적과 성과의 제고에 대한 공헌을 강조하고 농촌개혁 전의 경제가 쇠퇴된 원인에 대한 분석을 중시하지 않았다.

이 논리대로 하면 개혁 전 농촌경제의 저효율 혹은 무 효율의 원인은 가정경영형식을 선택한 데에 있고 농촌개혁이 성공할 수 있는 것은 가정을 농업생산의 기본조직으로 하였기 때문이라는 것인데 간략히 말하면 가정경영형식은 농업경제의 고효율의 전형적인 형식이라는 것이다.

---

112 - 황종즈(黃宗智), 『화북의 소농경제와 사회의 변천』, 249쪽.

만약 가정조직이 농업경영형식에서의 최선의 선택이라면 농민들은 왜 개혁 전에 이런 형식을 선택하지 않았는가? 만약 농민들 선택의 문제가 아니라면 문제의 근원은 무엇인가?

제3절

집단화, 정치적 인간들이 촌락경제에 미치는 영향

샤오캉촌은 화이허(淮河) 중류 동남부 펑양현 동부에 위치하고 있고 징후철로(京沪铁路 - 북경 상해 간 철도)와 약 5킬로미터 떨어져있고 화이허와 약 20킬로미터 떨어져있다. 지형과 지질로 볼 때 서쪽은 별로 높지 않은 언덕이고 동남쪽은 계단형으로 분포된 충적지(沖積地)이다. 충적지는 보통 수전으로 한다. 언덕은 알칼리성 토지인데 이런 토지는 충족한 비료를 주지 않고 정성스럽고 꼼꼼하게 경작하지 않으면 농작물이 자라지 않는다. 샤오캉촌에는 이런 말이 있다. "20개를 심으면 18개를 수확하는데 낫이 필요 없이 손으로 뽑는다." 이 말로부터 토지의 수익률이 낮고 자연에 의거하면 안 된다는 것을 알 수 있다.

샤오캉촌 1800무의 토지와 1600무의 경작지를 가지고 있는데 도급을 준 경작지는 1070무에 달하는데 인구 373명인 촌민 매인당 4.85무의 토지를 가지고 있는 셈이다.[113] 경작제도에는 한전작물과 수전작물을 번갈아 심게 하여 여름에는 밀을 심고 가을에는 벼를 심게 하였으며 유채, 땅콩 등 콩류 작물들의 경작도 아주 중요하였다.

1978년 샤오캉촌에는 모두 18호의 인가가 있고 2호의 독신호가 있는 인구가 120명인 마을이다. 농업합작화시대 샤오캉촌은 상대적으로

---

113 -장충안(张从安), 『샤오캉의 어제와 오늘』 (내부 보고서), 1998.

독립적인 자연 생산대대였다. 1998년 샤오캉촌은 행정촌으로 되었는데 샤오캉생산대와 샤오캉촌의 동쪽에 있는 다옌(大严)생산대대가 있었다. 기록된 주민은 90호에 달하였으며 373명 촌민 중 180명의 노동력을 가지고 있었다. 1958년부터 1978년까지의 샤오캉촌은 두 가지 성씨가 있는 작은 마을로 옌(严) 씨 성이 많았고 나머지는 관(关)씨 성이였다.

마을의 옌씨들은 가까운 친척관계였고 관 씨 집안들은 옌 씨 집안들과 일정한 혼인관계에 있었다.

표 9-1 샤오캉촌 인구의 변화 상황

	1955년전	1962년	1978년	1998년
총호수(호)	34	10	20	90
총인구(명)	175	39	115	373

자료 출처, 천화이런(陈怀仁), 샤위룬(夏玉润), 『기원-평양 전면 청부제 실록』, 황산수서(黄山书社), 1998.

샤오캉촌처럼 작은 촌락은 자신이 가지고 있는 힘이 취약하였기에 받은 영향도 제한적이었다. 때문에 경제활동의 업적과 성과는 자연과 사람의 제약을 뚜렷하게 받았다. 자연적 요인은 가뭄, 홍수 등 자연재해인데 샤오캉촌의 경작제도의 특성으로부터 농업의 수확은 자연의 날씨에 의존하여야 했다. 여름에 양식을 수확하기 전에 강수량과 기온이 적당할 때에는 좋은 수확을 걸을 수 있고 여름 양곡을 거둔 후 적절하고 충족한 강우량이 있어야 수전의 충족한 수량을 보장할 수 있다. 충족한 수량은 벼의 재배를 시작할 수 있게 하고 늦벼가 좋은 수확을 얻을 수 있게 한다. 만약 늦벼의 모내기가 제때에 이루어 지지 못하고 수전의 온도가 너무 높아도 수확이 훨씬 줄어들게 된다.

다른 방면으로 샤오캉촌은 충분한 노동과 기타 생산요소들을 필요로 하였는데 이것은 높은 농업생산량 필요한 조건이다. 샤오캉촌의 특수한 자연조건은 샤오캉촌의 농민이 보다 많은 노동의 투자를 요구하고 비료, 농약, 등 자료의 투자를 요구하였는데, 이런 기본적인 표준에 미치지 못하면 생산량의 급격한 하락을 초래하거나 쌀 한 톨도 수확하지 못할 수가 있었다. 때문에 샤오캉촌의 변천을 이해할 때에 샤오캉촌의 특수성을 먼저 이해할 필요가 있다.

임시적으로 서로 돕던 소조로부터 장기간 서로 돕는 소조에 이르기까지, 초급적인 합작사로부터 고급적인 합작사, 인민공사제도의 수립에 이르기까지 농업의 집단화 과정을 완성하였다.

이 과정에서 샤오캉촌은 전국각지의 농촌들과 마찬가지로 농업의 사회주의 개조를 겪었으며 샤오캉촌 농민들도 전국의 농민들과 함께 농업집단화의 물결 속에서 개체였던 가가호호들과 작은 독립적인 마을들은 사회주의 대집단에 합류하였다. 1950년부터 1957년에 이르기까지 평양현 현정부는 호조합작운동을 고조로 이끌었으며 마지막에는 전 현 농업의 고급합작화를 완성하여 97%에 달하는 농민들이 고급합작사에 들어갔다.

1954년부터 평양현에서는 고급농업생산합작사를 섭립하기 시작하였다. 처음의 고급합작사는 창화이웨이(长淮卫)구의 주쉐우(朱学悟) 초급

합작사의 기초에서 발전한 것인 '화이광고급사(怀光高级社)'이다. 전국적인 농업합작화 운동의 물결 속에서 평양현은 1954년부터 1957년에 이르기까지 부단히 고급농촌합작사를 실행하고 많은 농민들을 고급합작사에 가입하도록 대대적인 홍보와 선전을 하였다.

1957년과 1956년 사이에 고급합작사의 발전은 전례 없는 고조에 도달하였는데 고급합작사의 수량과 가입한 세대수는 급속하게 늘어났다. (표 9-2를) 1957년 년 말에 이르러 97.5%에 달하는 농호들이 가입하였으며 고급어업합작사에 참가한 어민들도 70%에 달하였다.

샤오캉 농민들은 단독으로 일하는 것에 습관이 되어 처음에는 호조합작을 거부하여 초급사(初级社)에 가입하지 않았는데 1955년에 가입하지 않은 세대들이 '전족한 여자'라고 비판을 받게 되었다. 그 후에 사람들은 부득이하게 고급합작사에 가입하였다. 그들이 참가하여 형성한 구먀오(顾庙)고급합작사의 규모는 11개의 생산대를 이루었다.[114]

---

114   -평양현 당안관, 『평양현 1950-1958년 농업호조합작 운동발전정황보고』, 1958.

표 9-2 펑양현 고급합작사의 발전 정황

년도	고급 합작사 수량 (개)	고급 합작사에 가입한 총 세대수(호)	매 합작사당 평균 호수(호)	고급 합작사에 가입한 인구수 (인)	매 합작사당 평균인수 (인)	고급 합작사에 가입된 경작지 면적(무)	매 합작사당 평균 경작지 면적(무)
1954년	1	522	522	2,744	2,744	11,736	11,736
1955년	1	554	554	2,744	2,744	11,736	11,736
1956년 (농업)	56	36,321	648	176,034	3,143	680,749	12,156
(어업)	1	168	168	922	922		
1957년 (농업)	156	72,933	467	55,488	2,278	1,565,122	10,032
(어업)	2	245	122	1,351	675	715	357

자료출처, 『펑양현 호조합작의 연간 발전 정황』, 1958년 10월, 펑양현 당안관.

　　1958년 '대약진(大跃进)운동' 중에서 펑양현은 48일간이라는 짧은 시간에 14개의 인민공사와 한 개의 국유농장을 건립하고 모든 농민들이

공사 사원이 되어 인민공사화를 완전하게 실현하였다. 당시 샤오캉촌은
샤오시허웨이싱(小溪河卫星)공사에 소속되어 있었다.

호조조의 합작체제는 정부가 제창하고 농민들이 자발적으로 참가하는
것이다. 정부가 호조합작을 제창한 원인은 빈곤한 농민들의 부족한
생산자료 상황을 변화시키고 합작을 촉진하여 생산능력을 제고하려는
데에 있었다. 합작의 형식은 농호 간의 인력을 인력으로 바꾸고, 인력을
가축의 노동력으로 바꾸고, 가축의 노동력을 가축의 노동력으로 바꾸는
것인데 농호들은 자신들의 수요에 따라 자발적으로 임시적인 서로
도와주는 팀을 만들거나 계절에 따라 서로 도와주는 팀을 묶거나 장기간
서로 도와주는 팀을 묶을 수 있었다.

합작사의 성질은 호조합작조와 본질적인 구별이 있었다. 합작사는
정부가 농촌에서 실행한 사회주의 개조의 한 부분으로 농호의 토지,
경작지, 가축과 대형의 농기구들을 합작사의 소유로 하여 집중적으로
관리하고 통일적으로 분배하는 것이었다. 초기의 분배의 원칙은 "토지
4할 노동 6할", 즉 합작사의 총수입의 40%는 가입한 농호의 토지의 비율에
따라 분배하고 60%는 노동의 분공을 노임으로 계산하여 분배하였다.
노동 분공의 계산방법은 '사분사기(死分死记)'와 '사분활평(死分活评)' 등이
있었다. 하지만 합작사의 관리에서 '도급제도', "농가 세대별 생산 책임제"
및 "세 가지 도급 한 가지 장례" 등 생산책임제가 있었다. 특히 고급합작사
형식인 평양현의 많은 지방에서 이런 생산책임제를 채택하였다.

"큰가마밥(大锅饭)을 먹고(능력이나 공헌에 관계없이 같은 대우와

보수를 받는다)", "쿵쾅소리가 우렁찬(기세가 높고 실효가 없는 것을 의미한다.)" 시절의 '대약진'시기 평양현의 각 지방에서도 집체식당을 꾸리고 배급 식량은 인원수에 따라 양을 정하고 분공 등급에 따라 진행한 노동은 현금으로 계산되어 분배가 되었다. 인민공사에서 일급 정산을 하였는데 후에 공사, 생산대대와 생산소대로 분리되면서 삼급 정산을 실행하였다. 샤오캉촌은 생산소대에 해당하였다.

합작화와 인민공사화의 과정에서 샤오캉촌 경제는 심각한 영향을 받았다. 1956년 샤오캉촌은 국가에 2만 kg에 달하는 양식을 바쳤는데 고급합작사에 가입한 후 샤오캉촌은 더 이상 양식을 국가에 바치지 못하고 해마다 나라의 구제를 받고 구제양식을 받는 형편이 되었다(표 9-3). 샤오캉 농민의 기억에 의하면 어느 한 해에는 여름 양곡을 수확한 후 생산대대에서는 매인당 3.5kg의 밀을 분배하였다고 하였다. 이런 수량의 양식은 일주일 정도 밖에 먹을 수 없는 양으로, 장기적으로 먹을 양식이 없어 굶어야 하는 형편이었다. 때문에 1956년 이후의 샤오캉촌은 농민들이 타지에 가서 동냥하는 농촌으로 이름이 자자하였다.

표 9-3 '문화대혁명'시기 샤오캉 생산대의 생산과 생활 상황

년도	인구 (인)	년총 생산량 (kg)	년평균 배급 식량 (kg)	년평균 분배 수입 (위안)	공급 양식 시간 (월)	수량 (kg)
1966	103	11,000	55.0	16.5	7	7,500
1967	103	15,000	90	20	7	7,500
1968	105	10,000	52.5	15	7	7,500
1969	107	20,000	165	40	3	4,000
1970	107	17,500	115	30	5	7,500
1971	101	17,000	120	31	5	7,500
1972	101	14,500	95	25	7	10,000
1973	109	17,000	105	30	5	7,500
1974	109	14,500	90	24	6	10,000
1975	111	14,500	75	20	10	12,500
1976	111	17,500	115	32	5	7,500

자료출처, 우팅메이(吳庭美) 『없어서는 안 되는 한 첩의 보약-펑양현 리위 안(梨園)공사 샤오캉생산대 '포간도호(包干到戶)'에 대한 조사』, 펑야현 당안관

그러면 합작화와 인민공사가 전에 자급자족하던 샤오캉촌에 왜 그러한 파괴적인 제안을 받아들였을까? 일반적인 개념으로 볼 때 집체의 평균적 분배제도가 농민들의 적극성을 없애고, 사람은 일하러 나가지만 힘을 써서

일하지 않고 게으름을 피우고 남들한테 그냥 묻어가려는 성향이 나타나게 한 것이 주요한 원인이다.

이런 해석은 그 시기 미시적 경제관의 저효율 혹은 무효율의 원인을 부분적으로 해석하고 있지만 샤오캉촌의 문제를 모두 해석하기에는 불충분하고 더욱 중요한 원인을 제시하지 못하였다. 첫째, 상식적으로 볼 때 샤오캉촌 농민들이 진심으로 타지에 가서 동냥을 하는 한이 있더라도 적극적인 노동과 합작을 거부했을까? 만약 그렇다면 샤오캉촌 농민들은 이성적이지 못한 사람들뿐이란 말인가? 헌데 어떻게 이성적으로 '무임승차'를 선택하였을까? 때문에 이 이론은 패러독스적 해석이라고 할 수 있다. 다른 한편으로 이런 해석은 합작화와 인민공사가 샤오캉촌에 대한 영향이 파괴성을 가지고 있다는 것을 간과했는데, 적극성의 저하는 효율에 영향을 미칠 뿐 파괴적인 결과만 경제의 붕괴를 일으킬 수 있는 것이다. 때문에 우리는 합작화와 인민공사화의 파괴원리를 고찰하고 분석해야만 집체화 운동이 촌락경제에 대한 붕괴의 원인을 파악할 수 있다.

합작화와 인민공사화운동은 그 목표로나 실행 방식, 마지막의 결과로나 정치적 인간들의 의미는 경제적 의미를 초과하였다. 정치의 삽입은 촌락경제의 경제기초를 파괴하였다. 샤오캉촌의 경제 변천의 역사로부터 이런 파괴성적인 영향은 주로 아래 세 가지로 표현된다.

첫째, 합작화와 집체화는 샤오캉촌의 생산자료와 생산능력을 파괴하였다. 합작화 이후 급감한 샤오캉촌의 밭갈이 소와 경작지로부터 알 수 있다. 1956년 가을 이전, 즉 고급합작사에 가입하기 전 샤오캉촌 경작지 면적은 1,100여 무에 달하고 밭갈이 소가 26마리가 있었다. 하지만 1956년 겨울 샤오캉촌의 17마리의 밭갈이 소가 '죽었다'. 1962년 샤오캉촌의 경작지는 100무 뿐이었고 밭갈이 소는 1.5마리 뿐이었다. 밭갈이소와 경작지가 급감한 원인은 합작화와 직접적인 관련이 있는데 합작화전의 샤오캉촌은 "30무의 토지에 소 한 마리"의 형식으로 자급자족의 농촌이었다. 매 호마다 30무 이상의 개척지를 포함한 토지와 소 한 마리가 있었으며 비록 단위생산량이 적지만 큰 면적의 토지에서 부지런히 노동을 하여 농호마다 계절에 따라 만근에 이르는 양식을 수확할 수 있었다. 합작화는 강압적으로 농민들의 밭갈이소와 토지를 헐값에 합작사에 귀속시켰다. 따라서 농민들은 밭갈이 소를 아끼기는커녕 오히려 파괴하였고, 결국 제일 중요한 생산도구가 파괴된 것이었다. 당시 평양현에서 유행하였던 타유시(打油诗)는 그 시기의 이런 현상의 보편성을 반영하였다.

칼을 들고 눈물을 닦고 이를 악물고 손을 떨며 한 마리에 80위안씩 하는 소를 5위안 60전의 값으로 합작사에 보내느니 마음을 독하게 먹고 소를 잡아 소가죽, 소고기를 남겨 시장에 가서 팔면 적어도 36위안이 나왔다.

합작사 가입은 경작지 면적이 급감하는 효과를 가져왔는데 그 원인은 농호들 토지의 대부분은 언덕의 황무지를 개간하여 만든 경작지이기 때문이다. 농호들은 합작사에 가입할 때 개황한 경작지를 집체에 귀속시키지 않은 것이다. 하지만 인민공사 특히 '문화대혁명'기간에 집체경제를 강조하였는데 정치적으로나 의식형태의 수단으로나 농호들이 집체경영활동외의 모든 경영활동을 금지하였다. 이리하여 농민들은 개척지에 가서 농사를 지을 수가 없었으며 개척지는 다시 황무지가 되었다. 그 외에 밭갈이 소의 수량이 대폭 줄어들어 경작지 면적이 제한을 받을 수밖에 없었다. 이런 특수한 자연 조건하에 농사를 계속 짓지 못한 토지는 점차 황무지가 되어갔다.

둘째, 합작화와 인민공사화는 샤오캉촌이 가지고 있던 생산관계를 파괴하였으며 정상적인 생산 활동이 조직되지 못하였다. 앞에서 서술한 바와 같이 샤오캉촌은 독특한 자연조건을 가진 농촌으로서 당시 농민들만이 자연 상황을 정확하게 이해하고 있었다. 그들은 사회와 문화의 선택을 통하여 자아조절을 완성하고 조화롭고 단결된 기능을 발휘하였다. 하지만 합작화와 집체화를 통하여 형성된 새로운 농촌정치와 권력구조는 샤오캉촌 내부균형의 관계와 구조를 철저하게 파괴하였다.

간과할 수 없는 사실은, 합작화와 집체화의 과정에 샤오캉촌은 '전족한 여자'로 치부되어 낙후한 집단이라고 비판을 받은 것이다. 정부에서는 샤오캉촌의 낙후한 문제를 해결하려고 수시로 공작조와 감시간부들을 파견하여 샤오캉촌 촌민들을 감독하고 지도하게 하였다. 1999년에 필자가 샤오캉촌에 내려가 조사할 수 있도록 주선한 간부는 샤오캉촌에서 막 임기를 마치고 현에 올라왔는데 그는 "펑양현의 모든 간부들이 펑양현에 내려갔었을 것이다"고 하였다. 샤오캉촌 농민들의 회억에 따르면 인민공사시기 작은 샤오캉대에는 18호를 넘지 않는 세대가 살았는데 위에서 파견해 내려온 간부만 7명에 달하였다. 거기에 생산대 대장, 회계,

생산대 간부 등을 더하면 10명이 되었는데 노동에 참가하는 인원의 절반이 되었다. 노동에 참가하지 않는 많은 간부들이 노동을 지휘할 경우 지휘가 효력을 잃게 되는데 이것은 더 엄중한 문제인 것이다. 공작조와 위에서 파견한 간부들이 대표한 것은 외재적인 정치역량이다. 이런 정치역량이 농촌에 삽입된 것은 소위 '낙후한' 생산관계를 변화시키려는 것인데 이런 삽입과정이 농촌사회관계의 균형구조를 변화 혹은 파괴하는 결과는 초래하는 것은 확실한 일인 것이다.(그림 9-1)

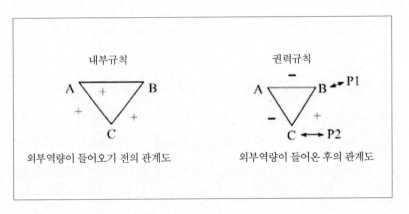

그림 9-1 정치적 인간들과 농촌내부관계의 구조 변화

그림 9-1로 부터 정치권력의 개입이 농촌 본연의 인간관계의 룰을 변화시켰음을 알 수 있다. 원래의 룰은 인민들이 자발적으로 만들어낸

'자아실시의 협의'이다.[115] 하지만 권력이 개입된 후 자발적으로 형성된 협의는 역량의 균형을 잃게 되는데 이는 개인들이 권력대표나 중개의 관계를 통하여 생산대에서의 자신의 지위를 변화하려 하기 때문이다. 비록 규모가 작은 샤오캉촌이라고 해도 세대 간에는 친밀한 혈연관계가 존재했는데, 정치개입의 영향을 받은 혈연관계는 파열되고 정상적인 생산 활동을 조직할 수 없게 되었다. 샤오캉촌 농민들의 기억으로 다들 생산을 발전시키려하고 모두 생산대 대장이 되어보았지만 모두 정치적인, 투쟁적인 방식으로 상황을 변화시키려 하였기에 결과는 더욱 악화되어 간 것이다.

셋째, 합작화와 집체화는 샤오캉촌 농민들의 생계의 수단을 파괴하였다. 특수한 자연환경과의 투쟁에서 점차 자아조절 기능을 축적하였는데 거의 모든 샤오캉촌 가정에서는 외지에 가서 생활을 할 수 있는 특수한 기술을 장악하고 있었다. 하지만 정치운동으로서 합작화와 집체화는 정치와 의식형태의 방식으로 그들이 이런 수단을 사용하지 못하게 하였다. 결국 그들이 생계를 유지할 수 있는 수단과 기능을 파괴한 것이다. 이 점에 관하여 우리는 인류학적 의미가 있는 재료를 통하여 증거를 찾을 수 있다.

평양화고(凤阳花鼓)는 평양현의 특색 있는 문화이며 민간지혜와 민간의 향토풍속의 표현이다.

---

115 린이푸, 『제도, 기술과 중국농업발전』, 7쪽.

평양화고의 『평양가』에서는 아래와 같은 노랫말이 있다.

"평양을 이야기하고 평양을 말하자면 평양은 고생스런
곳이라네
화구를 짊어지고 얼마나 오랜 세월 사방을 떠돌았던가
난데없는 '사인방(四人帮)'이 나타나 화구가 재앙을 입을
줄이야
북을 부수고 징을 깨트리며 공연을 못하도록 가로막네
사발을 화구로, 쟁반을 징으로 삼아 남모르게 남하했건만
『다지이(大寨)를 따르자』는 첫 소절부터 천 줄기 눈물이
묻어나네."[116]

만약 상징인류학의 각도로 이 평양화고 노랫말을 해석한다면 적어도
네 가지 의미를 발견할 수 있다. 자연조건, 생계책략, 정치인간들 및 그
후과와 농민들의 항쟁이다. 평양과 샤오캉은 확실히 빈곤한 지방이다.
자연조건이 열악하기에 농민들은 생존을 위하여 "화고를 등에 메고
사방에서 떠돌았는데" 이것은 생계를 이어나가기 위함이다. 하지만

---

116   천화이런(陈怀仁), 샤위룬(夏玉润), 『기원-평양 전면 청부제 실록』, 2쪽,
        황산, 황산서사. 1998.

'사인방'의 정책은 그들을 억지로 따르게" 하였으며 북을 부수고 징을 깨트려 그들의 생존수단을 파괴함으로서 그들의 생활을 비참한 처지에 몰아넣었다.

이 노래는 농민들이 대자연과 정치적 인간들에 대한 투쟁 상황을 잘 보여준다. 클리포드 기어츠 (Clifford James Geertz)가 묘사한 발리섬의 의식처럼 샤오캉 촌민들은 화구극 극장을 만들었는데 이 극장에서 그들이 표현한 것은 발리에서처럼 권력의 신격화를 위한 것이 아니라 그들의 투쟁을 묘사한 것으로 그들이 자연과의 투쟁, 권력자들에 대한 투쟁의 책략인 것이다.[117] "사발을 화구로, 쟁반을 징으로", '남모르게'는 그들이 정치적 인간들에 대한 투쟁의 책략으로, '피하고', '위장하는' 책략인바, 이는 권력이 더없이 강대한 상황에서의 투쟁방식이다. 저항주체는 '피하고', '위장하고', '뒤바꿈으로서' 권력이 미처 반응하지 못하게 하여 강대한 권력과의 정면충돌을 피하고 항쟁의 효과를 얻을 수 있는 것이다.

이 외에 집체시대의 정치홍보자료에는 농민들의 자각적인 생계책략 혹은 개체적인 경영활동을 자본주의 독버섯으로 간주하여 비판하고 간섭하고 금지하였으며, "대대적으로 힘을 내서 일을 하고 생산을 발전시키자"는 구호도 제기하였다. 예를 들면, 왕러우(王楼)의 마늘과 구타이(顾台)의 모래, 류동(柳东)의 무와 류시(柳西)의 오이, 십리 길을 가서 고기와 새우를 잡고, 모래톱을 지나 품팔이하러 가서는 돌아오지

---

117   [미] 클리포드 기어츠(Clifford James Geertz) 『느가라(Negara),
      19세기 발리극장국가(Theater State)』, 145~165쪽, 상해, 상해인민출판사, 1999년.

않는다.

땅콩을 고소하게 볶아 작은 저울을 등에 메고 사방으로 다니는가 하면, 더러는 버드나무로 광주리를 결어 한 가족 아홉 식구를 먹여 살리는데, 그러고도 술 넉넉 마실 수 있다.

정치적 인간들은 농민들의 개체경영활동의 권리를 침해하였으며 집체의 경작지와 경영범위는 협소하고 제한적이었다. 비록 모든 농민들이 집체에서 적극적으로 노동을 하더라도 생산 상황과 생활수준을 변화할 수가 없었다. 때문에 농민들이 생계를 유지할 수 있는 수단이 파괴된 후 샤오캉촌 경제의 붕괴는 돌이킬 수 없는 지경에 이르렀다.

제4절

요약

농촌경제가 몰락한 후 20년이 지난 1978년에 샤오캉촌 농민들은 제일 먼저 '전면 청부제'를 실행하여 집체 토지를 농호에 분배하여 각 가정에서 독립적으로경작하게 하였다. 18세대의 농민들은 경제적 위험보다 훨씬 더 무서운 정치의 위험을 무릅쓰고 '붉은 손도장'을 찍었다. 이로서 그들은 정치적 인간들에 도전장을 내밀고 정치적 인간들로부터 벗어나려는 결심을 내렸다. 때문에 '전면 청부제'의 의미는 경영체제의 변화를 의미할 뿐만 아니라 더욱 중요한 것은 그들을 정치적 압박의 곤경에서 벗어나게 한 것이다. 샤오캉 농민들은 아래와 같이 소박하게 결론지었다.

"전면 청부제, 전면 청부제, 직설적이며 굽힘이 없다. 국가의 것을 보장하고 집체의 것을 남기고 나머지는 우리들의 것이다."

"경제상으로 국가, 집체에 대한 의무는 우리 농민들이 모두 보장하고 국가가 여러 가지 정치수단으로 우리를 해하지 않으면 된다"는 그들의 위의 문장에 대한 해석이다.

샤오캉촌의 개체적인 사례로부터 우리는 합작화와 집체화가 농민들의 생산적극성에 영향을 줬을 뿐만 아니라, 정치적 방식으로 농촌경제생산의 기초를 파괴하였음을 알 수 있다. 정치적 개입은 경제기초와 생산능력의 뿌리를 흔들어 놓고 변화시켰다. 때문에 우리가 집체시대 농촌경제의 무효율성을 인식할 때에 집체경영체제와 가정책임제 간의 조직, 경영관리 및 분배체제 면에서의 차이와 영향만을 보아서는 안된다.

우리는 집체화과정의 다른 방면인 정치적 개입의 영향을 보아야 하는데, 정치 개입의 영향은 파괴적이며 뒤엎어버리는 작용을 하여 이성적 경제의 전제조건 혹은 기초를 파괴하고 뒤집어 놓아 개체의 이성적 선택이 불만족스럽게 만들었다. 이런 의미로부터 볼 때 집체화시대의 농민과 농업경제는 광분한 경제이고 정치 개입의 영향으로 경제는 이성을 잃게 되었고 경제의 붕괴를 가져오게 하였다. 따라서 집체화 운동의 진정한 실패원인은 경제활동이 정치화 운동방식으로 출현한 정치적 개입 혹은 확대화 및 이로 인하여 비이성적인 발전 추세가 나타났던 것이다.

샤오캉촌의 역사가 증명하는 것처럼 인간성 정치가 농촌경제에 대한 파괴성은 아래 세 가지 방면으로 표현된다. 1. 정치의 강력한 제도는 생산수단과 생산능력을 파괴하였는데 경작지와 농경에 사용하는 소의 수량의 현저한 감소에서 나타난다. 2. 정치 간섭은 정상적인 사회관계와 생산 질서를 파괴하였는데 부당한 지도와 투쟁형식의 사업방식이 정상적인 생산에 대한 파괴에서 나타났다. 3. 권력이 권리에 대한 억제가 개체의 자아 생계유지수단에 대한 파괴를 초래한 것이다.

비록 샤오캉촌은 특수한 전형이지만 이 전형의 교훈으로부터 나타나는 계시는 보편적인 의미가 가질 수 있는데, 아래와 같은 세 가지 방면에서 나타난다.

먼저 농촌을 개조하고 농업과 농민의 정책 혹은 제도를 간섭하려는 어떠한 외적인 이론적 형식에서 흠잡을 것이 없다고 해도 농민들의 권리를 소홀히 대하거나 더욱 나가서 그들의 재산권과 자주권을 무시한다면 농민들의 이익에 절대적인 손해를 가져다주게 되어 희망하던 발전을 가져올 수가 없다. 어떠한 사회, 정치와 경제의 발전목표로 볼 때 개체와 집단의 독립적 이성을 확실히 하는 것은 매우 필요한 것으로 이성 선택의 전제에 대한 보장은 개인의 행동자주권에 대한 보장인 것이다.

다음은 정치화의 방식 혹은 정치적 개입으로 경제의 문제를 해결한다면 문제를 해결하는 것이 아니라 되려 경제시스템의 독립성과 운행 메커니즘을 파괴하고 경제발전을 방해하게 된다. 때문에 농업과 농업 정책의 책략과 실행과정에서 이성적인 정책목표를 강조해야 하며 동시에 이성적인 정책의 실시와 실행방식에 주의를 기울여야 한다. 집체적인 동원과 형식에만 치우치고 개체의 능동성을 말살하는 운동방식은 비이성화의 위험이 크기에, 신중하게 실행하거나, 아예 실행하지 말아야 할 것이다.

마지막으로 모든 거시적인 역사배경을 배제하고 단순하게 집체조직과 가족조직, 합작경영과 개체경영의 우열을 가린다면 복잡한 역사를 너무 간단하게 해석하는 우를 범할 수 있다. 이런 왜곡된 인식은 우리들이 역사적 경험과 교훈에 대한 총결로 미래를 인도할 수 있는 규율을 찾는데 불리하다. '3농'발전규율 및 발전경로에 대한 토론과 인식은 구체적인 실천경험을 바탕으로 더 구체적이고 더 세밀하고 더 이성적인 발전양식에 대한 탐색이 필요한 것이지 만병통치약처럼 전면적으로 합당한 발전양식은 있을 수 없는 것이다. 통일적이고 전면적으로 부합되는 발전

양식의 유토피아적 이념에 대한 추구는 인민들을 실제에 부합되지 않는 공상적인 이상주의 양식에 환상을 가지게 한다. 농업, 농촌과 농민의 발전 과정에서 어떤 시기에 합작을 강조해야 하며 어떤 시기에는 개체 가정의 독립을 강조해야 하며, 어떤 상황에서 집체합작경영을 실행하여서는 안 되며 어떤 정황에서 개체경영권을 보장해주어야 하는지, 어떤 상황에서 농업경영조직의 규모를 확대하여야 하며, 어떤 상황에서 소규모의 경영을 유지해야 하는가 등 모든 선택은 통일적인 성향이 없다.

이런 선택들은 현실에 근거해야 하며 구체적인 경험과 조건으로 정확한 선택을 해야 하는 것이다. 만약 우리가 신조와 같은 표준으로 선택의 문제를 대한다면 이성적인 선택을 배척하게 되는 것이다. 때문에 '3농'발전방법과 발전경로의 문제에서 실천은 진리를 검증하는 유일한 표준이라는 원칙의 이미는 중대한 것이다. 우리는 어느 한 이론을 지지한다고 하여 다른 발전방법들을 배척하고 포기하여서는 안 되는데 이것은 우리들이 기타 발전기회를 포기하는 것과 마찬가지이다.

제4편

새농촌 건설의 방법 선택

제 10 장 농민들이 바라는 새농촌 건설

제10장
농민들이 바라는 새농촌 건설

발전관, 조화로운 사회구축과 초요사회 목표 실현 등 거시적 정책의 배경에서, 사회주의 새농촌 건설은 하나의 중요한 전략적 절차로서 2006년에 비교적 높은 정책 차원에서 제기되었고 또 이미 하향식 방식을 통해 전국 농촌지역에서 널리 추진되고 있다.

비록 새농촌 건설의 일반적 의의는 이해하기 쉽지만 정책 혹은 제도배치를 놓고 말할 때 위로부터 아래로 홍보하고 추진하는 과정은 여전히 추상적인 정신으로 구체적 정책과 구체적 제도배치가 실시된 것이 아니었다. 그리하여 사회주의 새농촌 건설을 어떻게 추진하는가 하는 것은 학계와 정책 집행자에게 개방적인 상상과 탐색공간을 제공했다. 다시 말하면 새농촌 건설의 정책실천은 비교적 넓은 범위에서 이 정신에 대한 사람들의 이해를 결정하게 된다.

새농촌 건설을 과학적으로 연구하고 인식하며 농촌 과학 발전관을 힘써 발전시키는 것은 새농촌 건설과정에서 제도혁신을 추진하고 과학적이고 합리적인 정책을 설계하는데 중요한 역할을 발휘할 수 있다.

현재 중국이 사회주의 새농촌 건설전략을 추진하는 주요 수익 집단 목표는 광범위한 농민계층이다. 즉 농업을 주요직업과 수익원으로 하는 계층 및 농촌지역에 거주하고 농촌지역에서 생활하는 기타 부분적 계층 집단이다. 농민은 농촌사회의 주체이며 또한 새농촌 건설의 주력 일꾼이기도 하다. 무릇 하향식 건설계획이든 아니면 기층의 구체적인 건설조치든 막론하고 반드시 그들의 요구를 고려해야 한다. 그렇지 않으면 기획이 실질적인 의의를 잃거나 혹은 건설 실천이 농민들의 참여와 지지를 받지 못하게 되어 새농촌 건설 전략목표의 실현에 불리할 것이다. 때문에 농민들의 현실적 요구를 과학적으로 인식하고 판단하며 농민들이 필요한 요소를 깊이 이해하고 농촌발전의 실제적 상황을 잘 파악하는 것이 합리적인 기획과 정책을 제정하는 현실적 의거이다.

2006년 중국 종합 사회조사는 사회성원에 대한 사회경제 배경, 관념 의식과 행위사실에 대한 전국적인 표본조사로서 그중에는 농촌 주민들에 대한 종합적인 조사가 망라되었다. 농촌 주민들의 기본상황, 가정생활, 경제활동, 정체성 태도 등 다방면의 내용과 관련되는 이 조사는 농민들의 요구 및 영향 요소를 보다 정확하게 파악하기 위해 계통적인 경험 데이터를 제공했다. 따라서 이 장에서는 2006년 중국 종합 사회조사의 데이터 분석에 근거해 농민들의 시각에서 새농촌 건설이 어떻게 추진되어야 하는가에 대해 검토하고자 한다.

제1절
새농촌 건설 이론 및 문제

　농촌건설과 농촌발전 연구 분야에서 사회학, 경제학, 정치학의 풍부한 연구는 이미 서로 다른 시각으로부터 많은 이론과 관점을 제기했다. 중국 농촌발전 문제에 관한 사회학의 연구 중에서 페이샤오통은 농촌사회의 향토 특징에 대해 분석하고 고도로 개괄한 기초 상에서 "부민을 목표로(誌在富民)"라는 주장에 입각해 경로를 탐색하고 농촌발전 유형에 관한 이론을 제기했다. 페이샤오통은 사례를 연구하는 기초 상에서 '수난 유형'과 '원저우 유형', '민권 유형' 등 인민이 부유해질 수 있는 농촌발전 유형 및 소도시 건설 과지역 협동발전 전략을 종합 해냈다.[118]

　이론상 농촌발전 유형은 향토사회에 자체의 문화역사 전통, 특정된 지리 환경과 사회 환경이 있다고 인정하기에 각지에서는 자신의 특점에 근거해 적당한 발전유형을 탐색해야 한다. 이 이론은 실제적으로 지역사회는 자체의 능동성과 창조성을 충분히 불러일으켜 치부할 수 있는 길을 개척할 것을 주장해 '수난 유형'처럼 거시적 정책이 구체적인 제도적 배치를 제공하지 않는 상황에서 자체로 향촌 공업화와 소도시를 발전시키는 치부의 길로 나아갔다.

118　페이샤오통, 『부민을 목표로(誌在富民)-연해지역으로부터 국경지역까지의 고찰』,1~54쪽. 상해, 상해 인민출판사, 2007

중국농촌발전에 관한 경제학의 이론은 주로 이원 구조논과 제도주의가 있다. 요한슨은 중국농업발전이 직면한 주요문제는 이원 경제구조의 불균형문제에 속한다고 말한 적이 있다. 즉 보호받고 있는 경제 부문에서 농업을 착취하고 있는데 우리는 마땅히 전통농업의 발전을 촉진하고 농업에 대한 차별을 해소하며 납세 부담을 줄이고 투자를 증가해야만이 현대화로 나아가도록 촉진할 수 있다.[119] 린이푸도 이원 구조의 시각으로부터 중국 '3농'문제의 난점을 분석했다. 그는 시장경제발전의 요구에 대비해 '새마을운동'을 통해 시장균형과 중국농촌의 새로운 발전을 촉진할 것을 제기했다.

그는 중국이 경제발전과정에서 직면한 내수 부족 문제는 주로 시장 구조의 불균형으로 인해 초래되었다고 인정했는데 바로 인구의 70% 가량이 농촌에 속했지만 시장수요 비율은 오히려 상당히 낮았다.

농촌시장수요가 심각하게 부족한 원인은 농업과 농민들의 소득수준이 비교적 낮고 농촌건설이 낙후했기 때문이다. 공공기반시설건설 면에서 농촌기반시설건설에 사용되는 재정지출이 1%도 안 되지만 도시기반시설 건설에 사용되는 재정지출은 2/3을 초과해 이원적 재정구조는 농촌시장의 발전을 크게 제약했다.[120]

즉 내수를 확대하려면 반드시 농촌시장의 발전을 촉진시켜야 하고, 농촌시장의 발전을 촉진시키려면 반드시 농민들의 소득을 증가시키고

---

119 요한슨, 『경제발전중의 농업, 농촌, 농민문제』 ,405쪽.
120 린이푸, 『사회주의 새농촌 건설에 관한 몇 가지 사고』 , 『중국 국정 국력』 ,2006(6).

농촌과 농업에 대한 투자를 늘려야 한다는 것이다.

제도주의는 '3농'문제에 대해 분석할 때 늘 토지소유권제도에 초점을 두고 있다. 이를테면 저우치런(周其仁)은 농민의 주요 자본 심지어 유일한 자본이 곧바로 토지로서 농민들의 낮은 소득과 사회보장문제는 결국 토지소유권의 배치문제라고 인정했다. 또한 어떻게 토지소유권제도의 변혁을 통해 농민들이 토지소유권에서 보다 많은 수익과 소득보장을 얻게 하는가 하는 것이 농촌의 많은 문제를 해결할 수 있는 관건이라고 말했다.[121]

농민들의 분산성과 비 조직화, 향촌사회의 관리 문제는 새농촌 건설에 관한 정치학의 주요 시각이다. 조기의 향촌건설 학파로부터 오늘날의 향촌건설 학파와 향촌관리 학파에 이르기까지 모두 농민들이 분산적인 것으로부터 협력적인 것으로, 개체 농호로부터 조직화로 나아갈 것을 창도하고 있다. 또한 이런 과정에서 자체의 시장판단 지위와 이익표현 지위를 향상시키고 자신을 위해 더욱 많은 이익과 수익을 쟁취해야 한다. 동시에 협동화와 조직화를 통해 효과적으로 시장정보를 얻고 시장 리스크에 대비하면서 경영효율과 소득을 향상시켜야 한다.[122] 향촌관리 학파는 향촌관리 구조를 개선하는 것을 통해 촌민자치 효율 향상과 '3농'의 운명을 변화해야 한다고 주장했다.

사회주의 새농촌 건설이 제시된 후, 학계에는 이 문제에 관한 많은

---

121   저우치런, 『농촌변혁과 중국발전 1978-1989』, 65~89쪽.
122   원톄쥔, 『우리는 아직 향촌건설을 수요하고 있어』, 『개방시대』, 2005(6).

이론적 연구와 다양한 해독법이 배출됐다. 이런 연구는 주로 일반적인 이론 추론 혹은 상식적인 경험으로 새농촌 건설을 해독하거나 전형적인 사례 가운데서 건설법칙을 탐색한 후 전국적인 표본조사 데이터로 일반적인 사실을 파악해 보편적 의의를 갖고 있는 법칙에 대한 탐색이 비교적 적었다.

기존의 이론 연구를 놓고 보면, 집행자와 학자들이 사회주의 새농촌 건설에 대한 이해가 대다수를 차지했다. 하지만 우리는 농촌사회의 주체인 농민들이 도대체 사회주의 새농촌 건설을 어떻게 이해하고 있을까 또한 농민들이 어떠한 새농촌 건설을 필요로 하고 있을까 하는 가장 기본적인 문제를 경시한 것 같다.

만약 새농촌 건설에 대한 농민들의 진정한 필요성 및 그들에게 이런 필요성을 형성하게 하는 원인을 잘 파악하지 못한다면 무릇 하향식 정책계획이든 아니면 하향식 동원이든 간을 막론하고 모두 농민들의 기대와 일치하기 어려울 것이다. 비록 정책배치와 제도설계 면에서 농민들의 뜻과 완전히 부합된다고 할 수 없지만 만약 농민들의 서로 다른 수요와 영향 요소를 정확히 파악하고 상응하는 조절 책략을 취한다면 이 양자사이에 최적화한 균형을 실현할 수 있을 것이다.

제15장에서는 종합 사회조사 데이터 분석을 통해 새농촌 건설에 대한 농민들의 요구와 이런 요구가 형성한 개인사회 경제요소를 더욱 정확하고 보다 전면적으로 인식하고 파악해야 한다. 이로부터 새농촌 건설에 대한 농민들의 수요에 대비해 메커니즘을 형성함으로서 이 수요를 충족시키는 책략과 경로를 계획하고 조정 촉진해야 한다.

새 농촌건설에 대한 농민들의 수요는 매우 광범위하다. 주로 소득증가에 대한 수요, 소비확대에 대한 수요, 정치참여에 대한 수요, 문화 레저에 대한 수요, 복리 보장에 대한 수요 등 다방면에 대한 수요일뿐만 아니라 각 방면의 수요도 비교적 복잡하다. 구조상으로부터 새농촌 건설에 대한 농민들의 수요를 보다 명확히 이해하기 위해 본 장에서는 그들의 수요에 대해 주로 2개 차원으로부터 측정했다. 첫째, 발전 가운데서 존재하는 문제와 부족한 점에 대한 농민들의 인식 및 평가에 근거해 농민들의 주관적 느낌상에서의 절박한 수요를 측정한다. 여기에서 우리는 이 수요를 상대적 박탈감에 따른 수요로 규정하게 된다. 주로 농민들이 관련 측면의 발전 현황에 대해 불만을 가지거나 혹은 마땅히 더 좋은 발전을 가져와야 한다고 인정하는 것을 가리킨다. 우리는 두드러진 문제에 대한 농민들의 선택비례에 근거해 상위 4위에 속하는 상대적 박탈감에 따른 수요를 확정한 후, 4개의 0-1형(아니면 0, 맞으면 1)의 두 가지 분류 변수를 형성해 종속변수로 하고 있다.

둘째는 농민들이 정부에서 제공해주길 바라는 자원 혹은 지지의 차원으로부터 새농촌 건설에 대한 농민들의 수요를 측정한다. 여기서 우리는 기대성 수요를 규정하게 된다. 마찬가지로 농민들이 선택한 기대성 수요의 정황에 근거해 상위 4위에 속하는 수요 유형을 종합하고 열거한 후, 4개 0-1형의 두 가지 분류 종속 변수를 형성한다.

새 농촌건설에 대한 농민들의 가장 절박한 수요를 파악하고 농민들이 왜 이런 수요를 하게 되느냐는 것도 마찬가지로 중요함을 인식해야 한다. 왜냐하면 이는 우리가 농민 수요의 내적 의의와 규칙 형성을 더 깊이 이해하는데 유리하기 때문이다. 농민들로 하여금 서로 다른 수요를 생산케 하는 요소를 분석하기 위해 우리는 농민들의 인력자본, 경제활동 특징, 소득, 계층, 정체성 태도 및 지역요소 등을 선택해 독립변수로 하고 있다. 분석 가운데서 우리는 다원적 기호 논리학 회귀방법을 운용해 여러 가지 요소의 역할 및 영향 수준에 대해 추측하게 된다.

제2절

농민들의 상대적 박탈감에 따른 수요와 영향 요소

농민들의 상대적 박탈감에 따른 수요에 대한 측정과 분석은 당면 농촌 사회발전 가운데서 가장 두드러진 문제에 대한 농민 자체의 평가에 근거해 내린 것이다. 만약 농민들이 모종 문제가 가장 두드러지고 심각하다고 인정한다면 이는 농민들이 문제 관련 측의 발전에 대해 비교적 만족하지 않거나 혹은 이러한 편에서 마땅히 발전을 가져와야 하는데 발전을 이룩하지 못하였음을 설명한다. 조사 결과에서 보면 6위 안에 있는 농민들의 상대적 박탈감에 따른 수요는 차례로, 수입원 확대, 부담 감소, 기반시설건설 강화, 의료 및 양로보험 증가, 공공관리 보완과 문화교육 사업을 발전시키는 것이다. 구체적 데이터는 표 10-1을 통해 알 수 있다.

표 10-1 새농촌 건설에 대한 농민들의 상대적 박탈감에 따른 수요 상황

	수요 유형	인수 (인)	비율 (%)
1	수입원 확대 수요	3,101	74.9
2	부담 경감 수요	2,514	60.8
3	기반시설건설 강화 수요	2,494	60.3
4	의료 및 양로보험 증가 수요	2,217	53.6
5	농촌 공공관리 보강 수요	2,152	52.0
6	농촌 문화교육사업 발전 강화 수요	2,103	50.8

$N = 4138$

자료출처, 2006 CGSS

표 10-1의 정황으로부터 보면 농민들의 가장 보편적인 수요는 소득이 비교적 낮은 문제를 해결하는 것이다. 많은 농민들은 수입원이 적은데다가 농산물 판매가 어려운 것이 그들이 직면한 가장 두드러진 문제라고 인정했다.

또한 60%이상의 농민들이 농업부담 문제를 해결해주기를 바랐다. 이 부담에는 일반 부담과 농업생산수단 비용의 성장으로 인한 부담이 망라되었다. 현재 정부에서 농업세금을 취소한 후, 농업생산수단 가격의 상승은 농민과 농업의 비교적 두드러진 부담으로 되었다. 이를테면 샤오캉촌의 매년 생산수단의 가격 상승은 농민들에게 20%이상의 부담을 증가했고 농업생산수단 부문은 매년 농민들의 농업소득을 20%이상

빼앗아갔다.[123] 60.7%의 농민들은 농촌교통 등 기반시설 건설에 대한 투자가 현재 가장 두드러진 문제를 만족시키지 못한다고 인정했는데 이는 농촌기반시설건설에 대한 농민들의 불만을 자아냄으로서 이 상황을 개선해줄 데 관한 의지가 제일 강렬했다. 4위에 놓여 있는 상대적 박탈감에 따른 수요는 의료 및 양로보장 수요이다. 그것은 농민과 도시 종업원을 비교할 때 이런 면에서 도시와 향촌의 뚜렷한 차이점을 느껴 상대적인 박탈감이 생기게 될 것이다. 이밖에 또 절반을 초과하는 사람들은 농촌 기층 공공관리를 강화하고 농촌문화교육 사업을 발전시킬 것을 요구하고 있다.

농민의 6가지 상대적 박탈감에 따른 수요는 전체적으로 현재 농촌 사회발전 가운데서 존재하는 문제에 대한 농민 군중들의 주관적 판단과 인식을 반영하고 있지만 이런 주관적 평가는 그들이 객관적인 경험에 의해 내린 것으로서 객관적 존재에 대한 주관적 의식의 반영이라 할 수 있다. 그렇다면 농민들 사이에 왜 서로 다른 주관적 평가가 생길 수 있을까? 이 문제에 대한 분석은 우리가 농민들의 여러 가지 의식을 일층 인식하고 필요한 메커니즘을 형성하는데 유리할 것이다.

4위 안에 있는 상대적 박탈감에 따른 수요에 영향을 주는 요소에 대한 다원 '선형회귀' 분석(표 10-2)을 통해 우리는 4개 변수가 보편적으로 뚜렷한 영향력이 있다는 것을 알 수 있다.

123　육익룡 『삽입성 정치와 촌락 경제의 변촌-안훼이 샤오캉촌의 조사』, 265쪽.

표 10-2 농민들의 상대적 박탈감에 따른 수요의 Logistic 회귀 결과

독립변수 종속변수	증가 소득	부담 경감	기반 시설건설	의료 양로보험
절편 절편	−0.798[n])	−1.153)	−14.681[c])	−0.224)
	(1.209)	(1.161)	(0.318)	(1.157)
성별, 남 성별, 남	0.020	0.039	−0.026)	0.052
	(0.077)	(0.068)	(0.068)	(0.066)
교육수준, 초중 이상 교육수준, 초중 이상	0.038	0.153	−0.112)	0.073
	(0.124)	(0.111)	(0.109)	(0.108)
전문대학 이상 전문대학 이상	−0.731)[d]	−0.167)	−0.393)	−0.229)
	(0.254)	(0.249)	(0.247)	(0.248)
정치신분, 군중 정치신분, 군중	−0.064)	0.084	−0.075)	−0.021)
	(0.127)	(0.112)	(0.113)	(0.110)
구역, 고원산악지대 구역, 고원산악지대	1.120	1.002	14.820[c]	0.462
	(0.156)	(1.114)	(0.066)	(1.111)
평원지역 평원지역	1.007	1.278	14.763	0.585
	(1.157)	(1.115)	(0.000)	(1.111)
도시에서의 취업난 도시에서의 취업난	0.890[c]	0.607[c]	0.148[f]	0.196[d]
	(0.076)	(0.066)	(0.065)	(0.063)
집안 경작지 재배 집안 경작지 재배	0.132[g]	0.159[f]	0.423[c]	0.377[c]
	(0.081)	(0.071)	(0.071)	(0.068)
보장 대우 향유 보장 대우 향유	−0.044)	−0.052)	−0.122[g])	−0.175[e])
	(0.076)	(0.067)	(0.066)	(0.065)

복리 보조금 향유	−0.035)	−0.261)	0.074	0.001
복리 보조금 향유	(0.132)	(0.115)	(0.116)	(0.113)
농업에 종사	−0.039)	0.115	0.426ᶜ	0.101
농업에 종사	(0.116)	(0.104)	(0.103)	(0.102)
직무, 농민	0.311	0.198	−0.052)	−0.052)
직무, 농민	(0.101)	(0.091)	(0.092)	(0.089)
비농 경영	−0.128)	−0.155ᶠ)	0.140ᶠ	−0.018)
비농 경영	(0.082)	(0.073)	(0.073)	(0.071)
가정성원 외지 노무자 상업 종사	0.156ᶠ	−0.020)	0.301ᶜ	0.068
가정성원 외지 노무자 상업 종사	(0.080)	(0.069)	(0.070)	(0.067)
자신의 보수가 불합리하다고 인정	0.287ᶜ	0.144ᶠ	0.129ᶜ	0.120ᵍ
자신의 보수가 불합리하다고 인정	(0.075)	(0.066)	(0.066)	(0.067)
2005년 가정소득이 3,000위안 이하	0.316	−0.048)	0.308ᵍ	−0.030)
2005년 가정소득이 3,000위안 이하	(0.224)	(0.180)	(0.189)	(0.175)
	$R^2=0.053$	$R^2=0.036$	$R^2=0.029$	$R^2=0.015$
	$X^2=226.5$	$X^2=152.7$	$X^2=122.3$	$X^2=62.1$
ᵃ는 회귀계수, ᵇ는 표준편차임	ᶜ$p<0.001$, ᵈ$p<0.005$, ᵉ$p<0.01$, ᶠ$p<0.05$, ᵍ$p<0.1$.			

자료출처, 2066 CGSS

그들은 (1) 도시에서 일자리를 찾기가 어렵다고 인정한다. (2) 집안의 논밭을 반드시 경작해야 한다고 인정한다. (3) 일반 농업생산자라고 인정한다. (4) 자신의 보수가 상대적으로 자신의 조건에 합리하지 않다고 인정한다. 우리는 이런 회귀 결과에 대해 현재의 농촌발전 현황에 대해 농민들이 만족하지 않는다고 이해할 수 있는데 그것은 한편으로 부득불 순 농업생산에 종사해야 하고 다른 한편으로 보다 많은 비 농업외의 소득기회를 바라고 있지만 이런 기회는 갈수록 얻기 힘든데다가 또 농업의 수익률이 상대적으로 낮아 많은 농민들은 자신이 받는 보수가 합리하지 않다고 생각한다.

이밖에 구체적으로, 상대적 박탈감에 따른 수요로부터 볼 때 수입원 증가에 대한 농민들의 수요에 영향을 주는 요소에는 주로 교육받은 수준, 비농업 취업기회, 농업생산 종사와 보수에 대한 만족도가 포함된다. 교육받은 수준의 영향력은 주로 고등교육 차원에서 구현된다. 즉 고등교육은 농촌노동력의 소득 불만족도 확률을 뚜렷하게 낮추고 있는데 이로부터 만약 농촌노동력의 교육수준을 향상시킨다면 그들의 소득 향상을 촉진하고 소득에 대한 불 만족감을 덜게 할 것이다.

집에서 농사짓고 있는 일반 농민, 외지에 돈벌이 나간 사람이 있는 집안, 도시에서 일자리를 구하기 어렵고 소득이 불합리하다고 인정하는 사람들이 소득증가 요구를 제기한 확률이 뚜렷하게 높아졌다. 부담을 경감하는 요구에 대해 영향을 주는 요소는 주로 재배업 종사와 비농업 취업이 어려운 두 가지 면으로 귀납할 수 있다.

재식농업을 위주로 하는 농민들에게 있어서 농업 원가의 대폭적인 향상은 그들이 수익을 올리는 중요한 장애가 된 동시에 도시에서 일자리를 찾기 어렵고 임금이 비교적 낮은 등 상황은 무형 중에 그들의 경제 부담을 가중시켰다. 하지만 비농업경영활동과 부담 경감 수요는 마이너스 상관관계를 보였는데 이는 비농업소득이 농민들의 경제 부담을 경감하는데 유리했다.

고원 산악지대에서 생활하면서 집에서 농사를 짓거나 농업생산에 종사하는 사람, 농업생산에 종사하거나 외지에 돈벌이 나간 노동력이 있는 집안 그리고 소득이 불합리하다고 인정하는 농민들은 농촌기반시설건설 현황에 대해 더욱 불만을 느꼈다. 이 결과가 보여주듯이 고원, 산악지대, 농촌, 도로 등 기반시설 건설 실제상황이 상대적으로 낙후해 재배업을 위주로 하던 농민들은 장기간 농촌에서 생활하면서 단지 외지로 돈벌이 나간 가족들을 통해 바깥세계의 발전정황을 이해할 수 있었기에 낙후한 농촌기반시설건설이 자신의 생산과 생활을 제약하고 있음을 더욱 깊이 깨닫고 심지어 자신의 소득이 낮은 것도 농촌기반시설건설이 낙후한 것과 관련된다고 인정했다.

농촌사회보장문제에 대한 농민들의 평가는 주로 농민들의 직업과 보장의 공급 현황 등 두 가지 요소와 관련된다. 재배업을 위주로 하는 농민들은 소득이 상대적으로 적고 받는 보장이 비교적 적기 때문에 보장 문제에 대해 더욱 민감할 수 있다. 이미 보장과 대우를 받은 사람들의 농촌사회보장문제에 대한 불만이 뚜렷이 적어진 것도 많은 농민 특히 농사에 의존하는 농업생산자들이 보험과 보장 대우를 더욱 수요하고 있다는 것을 의미한다.

제3절

새농촌 건설에 대한 농민들의 기대성 수요 및 영향 요소

농민들의 기대수요는 "사회주의 새농촌 건설 중에서 정부가 농촌을 위해 무엇을 제공하길 바라는가?" 하는 문제에 근거해 예측한 것이다. 이 문제에 대한 농민들의 선택은 그들이 정부로부터 가장 바라는 지원이 어떤 것인가를 반영해준다. 선택 사항에 대한 분류와 합병을 통해 우리는 농민들이 선택한 비례에 따라 차례로 보험 보장 수요, 농업 보조금 수요, 기반시설건설 수요와 교육양성 투입 수요 등 4가지 기본수요를 종합 해냈다.

표 10-3 새농촌 건설에 대한 농민들의 기대성 수요 상황

	수요 유형	인수 (인)	비율 (%)
1	보험 보장 수요	3601	87.0
2	농업 보조금 수요	2812	68.0
3	기반시설건설 수요	2638	63.8
4	교육양성 투입 수요	2461	59.5
	$N = 4138$		

자료출처, 2006 CGSS.

표 10-3으로부터 보면 새농촌 건설 과정에서 농민들이 보험 보장에

대한 수요가 가장 강렬했다. 필요한 영향 요소의 회귀 분석 결과(표 10-4)에 따라 첫째, 보험 보장 대우에 대한 수요는 보편적인 것으로 지역 차이가 크지 않고, 둘째, 현재 농촌에서 복리와 보장 대우를 원하는 사람이 비교적 적어 다수의 농민들은 보험 보장을 받지 못하며, 셋째, 농민들이 비농업경영과 소득기회를 얻기 어려워 이에 대한 기대성 수요가 매우 뚜렷하다는 것을 발견할 수 있다.

표 10-4　농민 기대성 수요의 선형 회귀 결과

독립변수 종속변수	증가 소득	부담 경감	기반 시설건설	의료 양로보험
절편	−0.643)	−0.226)	−0.791)	13.864[c]
절편	(1.201)	(1.343)	(1.206)	(0.317)
성별, 남	0.113	0.039	−0.031)	−0.044)
성별, 남	(0.098)	(0.072)	(0.069)	(0.067)
교육수준, 초중 이상	0.150	−0.164)	0.000	0.190[g]
교육수준, 초중 이상	(0.166)	(0.113)	(0.112)	(0.112)
전문대학 이상	−0.230)	−0.301)	−0.109)	0.287
전문대학 이상	(0.334)	(0.250)	(0.251)	(0.267)
정치신분, 군중	0.024	0.148	−0.060)	−0.261[i])
정치신분, 군중	(0.163)	(0.115	(0.114)	(0.115)
구역, 고원산악지대	2.228[i]	2.228[g]	1.327	−13.778[e])
구역, 고원산악지대	(1.116)	(1.301)	(1.115)	(0.066)
평원지역	2.604[i]	2.397[g]	1.220	−13.682)
평원지역	(1.117)	(1.301)	(1.155)	(0.000)
도시에서의 취업난	0.264[d]	0.649[c]	0.104	0.159[i]
도시에서의 취업난	(0.094)	(0.069)	(0.066)	(0.065)

집안 경작지 재배	0.154	0.235^d	0.359^c	0.240^c
집안 경작지 재배	(0.104)	(0.075)	(0.072)	(0.070)
보장 대우 향유	−0.187	−0.174^f)	−0.144^f)	0.183^e
보장 대우 향유	(0.095)	(0.070)	(0.067)	(0.066)
복리 보조금 향유	−0.256^g)	−0.192^g)	0.028	−0.048)
복리 보조금 향유	(0.153)	(0.119)	(0.118)	(0.115)
농업 종사	0.038	0.045	0.439^c	0.299^d
농업 종사	(0.131)	(0.094)	(0.093)	(0.092)
직무, 농민	−0.108)	0.194^g	−0.049)	−0.105)
직무, 농민	(0.131)	(0.094)	(0.093)	(0.092)
비농 경영	−0.316^d)	−0.328^c)	0.171^f	0.232^e
비농 경영	(0.102))	(0.076)	(0.074)	(0.072)
가정성원 외지 노무자 상업 종사	−0.023)	0.022	0.254^c	0.091
가정성원 외지 노무자 상업 종사	(0.099)	(0.073)	(0.071)	(0.069)
자신의 보수가 불합리하다고 인정	0.004	0.145^f	−0.118)	0.240^e
자신의 보수가 불합리하다고 인정	(0.095)	(0.070)	(0.067)	(0.065)
2005년 가정소득이 3,000위안 이하	−0.016)	0.140	0.203	0.2860
2005년 가정소득이 3,000위안 이하	(0.251)	(0.192)	(0.191)	(0.187)
	R^2=0.012	R^2=0.045	R^2=0.023	R^2=0.021
	X^2=48.7^e	X^2=190.7^c	X^2=97.9^c	X^2=86.3^c
^{a}는 회귀계수, ^{b}는 표준편차임	^{c}p<0.001, ^{d}p<0.005, ^{e}p<0.01, ^{f}p<0.05, ^{g}p<0.1.			

자료출처, 2006 CGSS

농민들이 정부에서 내주는 농업 보조금에 대한 기대도 비교적 강렬했다. 분석 결과로부터 보면 농업 보조금에 대한 농민들의 수요는 비교적 보편적인 것으로 무릇 산악지대든 아니면 평원지역이든 어디를 막론하고 농민들은 모두 이런 기대감을 갖고 있다. 특히 재배업에 의존하고 농업 외에 수익기회를 얻기 어렵다고 생각하는 농민들을 보면 이러한 기대감이 더욱 뚜렷하다. 이밖에 농민들은 자신의 보수가 불합리하고 복리와 보장을 적게 받는 것도 농업 보조금을 기대하는 중요한 원인이라고 인정했다.

농촌기반시설 건설 수요를 강화하는 면에서 농업에 의존하고 농업 생산에 종사하는 농민들의 기대감이 더욱 강렬한,데 이는 농촌에서 진정으로 농업생산에 종사하는 사람들은 이미 현재의 기반시설 건설이 매우 낙후하다는 것을 느꼈을 뿐만 아니라, 정부가 이 책임을 지길 바라고 있음을 설명한다. 이밖에 비농업경영 및 외지로 돈벌이 나간 사업자들도 정부가 농촌기반시설 건설에 대한 투자를 증가하고 농촌 교통 등 공공봉사를 개선해 농촌 사람들의 농업 외 혹은 농촌 외의 경영활동에 편리를 도모해주길 바라고 있다.

광범위한 농민들에게 있어 정부에 농촌교육과 양성투자를 증가할 때 기대가 비교적 두드러진다. 분석결과로 보면 이 수요가 생산된 주요 원인은 아래와 같다. (1) 농민들이 교육받은 수준이 비교적 낮아 중학교 이하의 수준을 차지하는 사람이 많은데 그런 사람들이 정부에서 이 현황을 변화해주길 기대하고 있다. (2) 직업 수요이다. 무릇 농업생산에 종사하든 아니면 비농업경영에 종사하든 막론하고 농민들은 이미 교육과 기능양성의 중요성을 인식하고 있다. 이를테면 도시에서 일자리 찾기가 어렵고 또 자신의 소득보수가 불합리하다고 느끼는 사람들은 이 문제가 자신의 교육받은 수준과 관련된다는 것을 발견하였기에 정부에 농촌교육과 직업양성을 강화해주길 기대하고 있다. (3) 정치적 신분과지역요소는 교육양성 투입증가의 수요에 대해 관련 책임이 있다. 일반 대중과 고원 산악지대의 농민들은 교육양성에 대한 수요가 뚜렷이 낮아졌다. 이 결과는 빈곤하고 낙후한 산간지역 및 일반 대중들이 교육에 대해 중시하는 수준이 비교적 낮고 교육양성의 중요성을 느끼지 못했기에 교육에 대한 기대가 높지 못하고 수요가 강렬하지 못함을 반영할 수 있다.

농민 기대성 수요의 전반 정황으로부터 보면 현재 농촌 주민들이 농업생산 특히 재배업에 대한 의존으로 인해 비농업 수익기회가 적고 소득이 낮아진 어려움에 직면했다. 이밖에 정부에서 받는 복리 보조금 및 사회보장 대우가 상대적으로 적을 뿐만 아니라 불합리적인 소득분배에 대한 인식 등 여러 면의 요소들은 농민들로 하여금 정부가 마땅히 새농촌 건설 가운데서 농민사회 보험 보장 대우를 증가하고 농업 보조금을 확대하며 농촌기반시설건설을 강화하고 농촌교육 양성투자를 증가해야 한다고 인정케 했다.

새 농촌건설 과정에서 농민들은 정부에서 의료, 양로 및 최저생활 등 면의 보험과 보장을 제공해주기를 바랐다. 이와 같은 동기와 원인은 주로 농민들의 생계패턴 즉 농업에 대한 의존 및 비농업 소득 기회의 불확실성에서 온다.

농민수요에 영향을 주는 요소로부터 보면 적지 않은 농촌 사람들은 비농업소득을 얻을 수 있는 기회가 크게 높아지길 기대하고 있는데, 이러한 기대는 농업소득의 불확실성과 밀접한 관계가 있다는 것을 알 수 있다. 하지만 농민 인력자본과 농촌교육 및 낙후한 기반시설 건설 등 사회자본의 제한은 이미 그들이 도시에서 취업할 수 있는 기회와 수입원을 확대할 수 있는 기회를 제약하고 있었다.

부득불 농촌에서 농사를 지어야만 하는 농민들에게 있어서 정부에 농업 보조금을 내주고 농촌기반시설 건설과 교육 발전을 강화하는 면에서 적지 않은 기대를 걸고 있다. 이는 농민 특히 순 농업생산자들의 마음속에서 소득성장의 길은 주로 정부에서 제공하는 보조금과 사회자본의 성장에 달렸기에 정부에서 농민들을 도와 구조적인 어려움에서 벗어나야 한다고 인정함을 보여준다.

제4절 요약:

농민의 기대에 부응하는 새농촌 건설

전국적인 표본조사 결과로부터 보면, 50% 이상의 농민들이 선택한 상위 6위의 '상대적 박탈감에 따른 수요'는 각각 수입원 확대, 농업부담 경감, 농촌 기반시설건설 강화, 농민 의료 양로보험 체제 보완, 농촌 공광관리를 충실히 하고 농촌문화교육 사업을 발전시키는 것 등이다. 이 결과는 현재 농촌사회 경제발전 가운데서 존재하는 두드러진 문제를 반영했는데, 이 문제 또한 사회주의 새농촌 건설에서 중점적으로 관심을 돌리고 힘써 해결해야 할 문제이다.

농민들의 상대적 박탈감에 따른 필요에 영향을 주는 요소는 주로 농업경영소득에 대한 의존, 얻기 어려운 비농업 수익기회 및 불합리적인 수익분배에 대한 인지관념이다. 농민들의 경제소득은 주로 농업생산에서 오기에 생산원가의 성장속도가 지나치게 빠르고 소득성장이 완만하면 농민들이 농업을 제외한 다른 업종에 대한 수익기회 도모에 대한 소망이 강화될 수 있다. 하지만 현실적 조건은 그들의 비농업 수익기회의 획득을 제약하고 있어 그들로 하여금 불합리한 소득 분배에 대한 관념을 생산하게 했다.

새 농촌건설 과정에서 정부에 대한 농민들의 기대는 주로 보험보장, 농업 보조금, 기반시설건설, 교육양성 등 4개면에서 구현된다. 농민들의 4가지 기대성 수요에 영향을 주는 주요 요소는 여전히 농민들이 농업 특히 재배업에 대한 의존, 사회보장자원과 농촌사회자본의 상대적인 결핍에 있다. 농업생산 및 그에 따르는 순소득이 낮고 불확실성이 크며 비농업 취업기회를 얻기 어려운 문제는 농민들의 불안전감을 점증해 정부에 대한 보장자원제공의 수요가 특히 강렬했다.

복잡한 시장요소에 도전하는 전통적인 소농들에게 있어서 자신의 힘으로 농업 증수를 추진할 수 없지만 또 부득불 농업에 의존할 수밖에 없는 상황에서 그들은 정부가 농업에 대한 보조금을 증가해 수입원을 확대해주길 기대하고 있다.

경험조사와 실증분석의 결과는 우리에게 새농촌의 주체인 농민들이 수요 하는 기본 형태와 특징을 보다 객관적이고 정확하게 인식할 수 있게 한 동시에 또 사회주의 새농촌 건설에 대한 농민들의 기본 마음가짐도 보여주었다. 새농촌 건설 과정에서 농민수요에 대한 이해를 가장 기본적인 이익 관계자로 분석한다면 즉 구체적으로 제도를 설계하고 정책을 배치한다면 형식주의 위험을 회피하고 실천주의를 건설하는데 유리할 것이다.

정책 혹은 제도배치를 놓고 말하면 새농촌 건설은 주요 모순을 파악해 농촌에서 가장 두드러지고 농민들이 가장 관심 갖는 문제를 해결할 수 있다. 조사결과에 따라 보면 먼저 농민들의 사회보험, 보장체제를 점차 보완하고 구축해 농민들의 걱정을 해결하였는데 이는 하나의 복잡하고 간고한 공사로서 새농촌 건설은 거시적 정책기획 중에서 노선도를 제정하고 경제발전법칙에 따라 체제를 구축하는데 몇 개 목표단계와 정책조치로 나눠야 하는 가를 명확히 하며 중앙재정, 지방재정과 개인이 짊어져야 할 책임과 임무를 명확히 해야 한다.

다음 현대화 과정에서 농업의 구조성 문제와 전환 문제를 해결했다. 농민들의 농업소득이 낮고 성장이 느린 문제는 간단한 경영문제가 아니라 사회전환 과정중의 구조성 문제이다. 미시적 조정에만 의거한다면 효과를 보기가 어렵기에 반드시 거시적 정책의 지지가 있어야 만이 역할을 발휘할 수 있다. 거시적 제도배치 중에서 식량생산 안전의 농업 보조금정책을 보완하고 확보해야 한다. 그중에는 재배업 농가와 양식업 농가에 대한 직접 보조금, 생산과 판매 기업에 대한 농자재 가격 안정을 위한 보조금, 농산물 구입 판매 저장 운반에 대한 특혜대우가 망라된다. 이밖에 경작지 산출율을 향상시키기 위해 농촌 도급경작지를 질서 있게 효과적으로 양도하며 경작지 소유권 제도배치를 세분화해야 한다. 농민들의 수입원을 확대하려면 농민들이 농업을 제외한 다른 업종에 취업하는 제도 장애를 개혁하고 해소하며 농민들의 비농업 취업의 공공봉사를 증가시켜야 한다.

마지막으로 농촌기반시설건설과 교육사업 발전에 대한 투자를 확대하고 교통, 통신, 교육을 먼저 발전 위치에 놓아야 한다. 왜냐하면 이런 투입의 의의는 농촌 면모와 환경 개선 특히 농민들에게 소득을 확대할 수 있는 사회자본과 인력자본을 제공할 수 있기 때문이다. 현재 다수 농민들의 교육수준은 중학교 이하에 처해있다. 이는 농촌교육투자가 여전히 매우 큰 공간을 갖고 있으며 '3농'발전수준이 일층 향상되어야 하는데 이는 농촌교육 투입의 효율이 적극적인 역할을 발휘해야 함을 의미한다. 그리하여 새농촌 건설은 마땅히 농촌교육에 대한 투자를 증가하는데 특별히 중시를 돌려야 한다.

제4편

새농촌 건설의 방법 선택

제 11 장 새농촌 건설이 직면한 도전

제11장
새농촌 건설이 직면한 도전

사회주의 새농촌 건설은 중국 사회경제의 빠른 전환기로서 농업, 농촌과 농민 즉 '3농'발전의 방향과 임무로 인해 제기된 것이다. 때문에 새농촌 건설의 문제는 곧바로 근본적으로 어떻게 해야 만이 향촌발전을 촉진할 수 있는가 하는 문제이다.

황종즈는 장강삼각주 소농 경제의 사회사와 경험에 대해 고찰한 후, 소농 가정은 토지사유화 시대, 사회주의 집단화 시대 및 가정 도급 책임제를 거쳤지만 모두 실질적인 변화를 가져오지 못했고 발전의 성장이 없는 역설 현상이 나타났다. 이러한 역설의 구조성은 향촌사회의 '과밀화' 현상으로 직장 근무일 한계보수가 점차 줄어든 문제로 인해 생산되었다.[124] 그럼 '3농' 발전문제를 해결하려면 바로 '과밀화'의 이

---

124 황종즈, 『주강삼각주 소농가정과 향촌발전』, 11쪽.

구조적인 문제로부터 착수해야 한다. 즉 사회주의 새농촌 건설을 추진함에 있어서 직면한 근본적인 도전은 '과밀화'의 구조적 어려움을 해결하는 것이다.

본 장에서는 안훼이성 펑양현 새농촌 건설의 실천과 결부해 새농촌 건설 중에서 취한 행동책략과 정책조치로 이런 행동책략과 정책이 지향하는 문제 및 이런 책략을 시행함에 있어서 직면한 문제들을 분석하게 된다. 이런 문제의 분석을 통해 최종적으로 농촌노동력의 직장 근무일 한계소득이 낮은 것은 이 구조적인 어려움과 관련된다는 것을 밝혀주었다. 만약 펑양현의 실천경험이 향촌 '과밀화'의 구조적인 어려움이 존재한다고 밝혔다면 새농촌 건설은 또 어떤 책략이나 경로를 통해 이런 어려움에서 벗어나야 할까?

제1절

새농촌 건설의 실천과 시도

새 농촌건설의 전면적인 추진과 더불어 펑양현이란 이 농업 대현(大县)도 다양한 새농촌 건설의 조치와 정책을 적극 시도하고 추진했다. 안훼이성 동북부에 위치한 펑양현은 추저우(滁州)시에 속하는데 아래에 26개의 향·진, 390개 행정촌을 관할하고 총면적이 1949.5㎢에 달하며 총인구 73만 명 중 농업인구가 58만 명을 차지했다. 2005년 재정소득이 처음으로 2억 위안을 돌파해 2.11억 위안을 기록했다. 그중 농민들의 1인당 순소득이 지난 해 동기대비 8.7% 성장한 2658위안으로 추저우시에서 2위를 차지했다. 펑양현은 농촌개혁의 고향으로서 기타 관할구역 내에 있는 샤오캉촌은 솔선해 '전면 도급제'를 시행해 '중국농촌개혁 제1촌'이란 칭호를 받았다. 석영 고장인 펑양현도 석영자원이 풍부하고 매장량과 질이 모두 화동에서 첫 자리를 차지했으며 판매량이 전국의 50%이상을 차지했다.

화이허(淮河) 중류 남안에 위치한 펑양현은 기후와 생태가 남북 천이기후(遷移氣候) 색채가 뚜렷해 벼와 밀을 겸해 재배했으며 논밭 작물 종류도 비교적 많았다. 하지만 공업문명의 홍기와 더불어 농업 경제를 위주로 하던 지역성 생산이 날로 낙후해졌다. 펑양현은 비록 1970년대 말, "전면 도급제"를 실행하고 중국농촌개혁의 시작을 열어놓았지만 전통농업의 경제특징이 질적인 변화를 가져오지 못했다.

2005년 제1산업과 제2산업의 비례가 32,35였는데 전 성(省)적인 비례는 17,41이였다. 73만 명 인구 중, 80%가 농촌에 있어 여전히 "농작물을 수확하지 않으면 그 해 가난에 허덕이게 되는" 구도가 지속됐다. 현재 평양현 농촌과 농민들은 이미 먹고 입는 문제를 기본적으로 해결하고 중요한 식량생산지가 되어 식량 생산 기여가 비교적 컸다. 하지만 농업을 위주로 하는 구조는 또 농촌과 농민들의 발전을 제약해 농민들의 소득성장과 초요사회로 나아가는 속도가 상대적으로 늦어지고 있었다.

중앙정부에서 사회주의 새농촌 건설을 향후 한시기를 '3농'사업의 방향으로 제기한 후, 평양현 지방정부는 중앙정부의 정책제안을 어떻게 전달할 것인가를 적극 탐색하고, 사회주의 새농촌의 구체적 정책과 조치를 모색했으며, 농민들은 새농촌 건설로 그들이 원하는 변화를 가져오길 바랐다.

지방정부의 정책실시 차원에서 보면 평양현 사회주의 새농촌 건설의 실천에는 아래와 같은 구체적 내용이 망라된다.

첫째, 선전 동원사업이다. 정부는 라디오, 텔레비전, 신문, 브리핑 및 현대 정보 수단 네트워크를 통해 새농촌 건설의 정책정신을 홍보하고 군중들을 널리 동원해 광범위한 인민군중과 기층간부들의 사회주의 새농촌 건설의 적극성을 불러일으켜야 한다.

지방정부를 놓고 말할 때 선전 동원은 한 가지 기본적인 사업방법이자 경제 효과가 있는 수단이기도 하다. 왜냐하면 경제가 낙후한지역의 지방정부는 중앙정부의 정책목표를 최대화로 시행해야 하는 동시에 자체 원가를 낮춰 지방정부의 부담을 덜어주어야 한다. 선전 동원을 통해 사회 여러 측의 역량 특히 농촌주체 즉 농민들의 자주성과 적극성을 동원해 지방정부의 책임을 분담해야 한다. 만약 농민들이 자주적이고 독립적으로 발전한다면 지방정부에 대한 의존성이 낮아지고 정부의 책임도 따라서 줄어들 수 있다.

둘째, 농촌은 큰 조사를 필요로 했다. 새농촌 건설을 추진하는 실천 속에서 평양현 정부는 "민의를 존중하고 민의에 순응하며 백성들의 재력을 양성"하는 원칙을 제기하고, 2006년에 농가 수요 대형 조사를 조직한 후 26개 향·진에 만여 명의 농가들에 대한 가정생활, 생산 취업, 문화 활동, 치안, 부담, 교육, 의료, 투자 의사, 기층 관리, 정신문명 등 9 가지 유형의 백여 개 문제와 관련해 설문조사를 진행함으로서, 현재 농민가정이 생산, 생활 속에서 존재하는 어려움을 이해하고 농가들의 실제수요를 이해해 향·진·촌의 새농촌 발전 기획제정을 위해 계통적인 자료와 기초 자료를 제공했다.

셋째, 중심 마을을 시범적으로 추진하기로 계획했다. 향촌사회의 구조전환을 촉진시키기 위해 평양현 정부는 인문특색, 지리위치, 자연조건, 인구집결 등 면의 특징에 근거해 중심 촌을 편성하기로 계획하고 자원형, 생태형, 보호형 중심 촌을 건설하며 교통편리, 인파물류 추세, 수원조건 등 환경과 자연요소로 중심 경제구역을 계획했다. 현재 1개의 중심 향, 12개의 시급 시범 마을이 이미 기본적으로 초보적인 계획을 완수했고 한창 적극적인 수정 중에 있다. 전 현의 26개 현·시급 시범 마을과 1개 시급 시범 향·진에서 지도소조가 시범마을에 입주해 현지 지도를 진행함으로서 새농촌 건설 실천이 대폭 추진되었다.

넷째, 산업발전 전략을 조정했다. 평양현은 자원 대현이자 농업 대현이기도 하다. 현재 유리 공업, 관광업과 농업이 기둥산업으로 되고 있지만 농업생산은 여전히 전통적인 재배업을 위주로 하며 구조조정이 매우 완만하다. 평양현 농촌 양식업은 주로 가정 부업중의 하나로 되고 있지만 규모가 작고 분산적이며 기술함량이 낮고 위험이 크며 효율이 낮은 상황에 처해있다. 농촌 생산 수익률이 낮은 이 현황을 변화시키려고 정부에서는 농업 산업화, 농산물 브랜드화 전략을 제기했다. 물론 이런 전략은 주로 정부의 이상 혹은 정부의 이론 관점으로서 이 관점에 대해 학술계에서도 쟁의가 있을 뿐만 아니라 실천 속에서도 실질적으로 시행될 수가 없으며, 또 각지의 발전조건에 따라 좌우된다. 하지만 한 가지는 인정할 수 있는데 그것이 바로 모든 소농을 전부 대규모적인 농장조직 혹은 회사에 포함시킨다는 것은 절대 불가능하다는 것이다.

다섯째, 자본 환류를 장려했다. 슐츠(Schultz)는 소농의 소득수준이 낮은 원인은 그들의 보수와 분산과 관련되는 것이 아니라 농촌의 '소득 흐름'이 비교적 적거나 혹은 소득 흐름 가격이 비교적 높은데 있다고 인정했다. 이른바 '소득 흐름'이란 실제상, 인력자본, 자금자본, 정보, 기술자본 등 소득의 다양한 자본에 의거해 획득한 것을 말한다.[125]

평향현 정부는 이 문제의 존재는 농촌발전 자본의 유실과 점진이 새농촌 건설의 최대 장애가 되었기에 그들이 다양한 장려정책을 취해 자본이 '3농'으로 회귀하도록 장려하고 있음을 발견했다.

---

125   슐츠, 『전통농업 개조』, 6~19쪽.

이를테면 대학생과 기술인재들이 농촌에 가서 사업하고 창업하며 농촌건설에 참여하고 농촌경제 엘리트가 새농촌을 지도 건설하도록 장려하며 "정치상에서 영예를 주고 정책상에서 지지를 주며 세금 상에서 혜택을 주는" 등 조치를 통해 민영 기업가들이 '3농'에 자금을 투입하도록 장려함으로서 현재 이미 35개 기업과 30개 행정 마을이 지도건설관계를 구축했다.

현 정부에서 대대적으로 동원하고 여러 가지 정책조치를 내놓아 새농촌 건설을 적극 추진했을 뿐만 아니라 향 · 진정부 나아가서 촌 자치조직도 적극 계획하고 상급 정부의 정신에 호응해 관련 정책을 실시했다. 때문에 평양현 농촌의 실제 상황으로 보면 새농촌 건설은 그야말로 하나의 노력이자 주요 임무가 되었다.

제2절

새농촌 건설 실천 가운데 직면한 어려움

평양현에서는 사회주의 새농촌 건설운동이 이미 기세 높이 전개되고 있지만, 실천 과정에서 무릇 정부든 아니면 농민이든 모두 직면한 많은 문제로 어려움을 겪고 있다.

정부 측면에서 말하면, 그들이 받고 있는 가장 큰 어려움은 광범위한 농민들이 정부에 극도로 의존해 자체의 독립성, 창조성, 적극성이 높지 못한데 있었다. 현지 방문 취재를 통해 우리는 많은 농민들이 새농촌 건설이란 정부에서 자금을 투입해 농촌 도로를 보수하고 농민들을 도와 새 집을 지어줄 것을 기대하고 있음을 이해했다. 이는 한편으로는 새농촌 건설에 대한 농민들의 기대치가 매우 높다고 하지만 다른 한편으로는 농민들이 정부에 더 많은 기대를 걸고 있음을 알 수 있다. 물론 새농촌 건설 속에서 정부가 주도적 지위에 처해있지만 지나친 개입으로 인해 뒤처지는 현상이 초래될까봐 우려하고 있다. 비록 정부가 주요 역할을 짊어졌다 하더라도 정부의 제한된 재정으로 많은 프로젝트의 건설을 지지하기가 어렵기 때문이다.

이와 같은 어려움 속에서 무릇 정부든 아니면 농민이든 막론하고 최종적으로 농업의 '과밀화'문제로 인해 그들은 새농촌 건설에 의존성 태도를 주도하고 있다. 농업 수익률이 낮을 뿐만 아니라 성장속도가 완만해 정부의 재정수입이 제한받게 되고 지방재정 소득성장도 늦어져 지방정부가 농촌 공공건설에 대한 투자를 증가하기 어렵다. 따라서 지방정부는 국가재정과 농민자체의 투자가 새농촌 건설에 대해 기여할 수 있길 더욱 기대한다.

농민들에게 있어서 농업과 부업의 한계소득 수준의 체감문제가 그들의 난제가 되고 있다. 다시 말하면 무릇 식량이든 아니면 기타 경제작물이든 혹은 외지 노무자든 간에 누구를 막론하고 직장 근무일의 한계소득 수준의 성장이 늦어지거나 심지어 체감되고 있다. 농민들은 비록 식량가격이 최근 몇 년래 다소 향상되었지만 식량가격의 향상으로 인한 물가지수 인상 특히 농자물품과 생활용품의 가격이 인상되어 식량가격의 향상이 이끈 소득성장을 상쇄했거나 초과했다고 보편적으로 반영했다. 이를테면 벼 가격이 60위안/50kg으로부터 지금의 70위안/50kg 이상으로, 16%이상 인상하였고 화학비료 가격은 20% 인상했으며 디젤유 가격은 인상폭이 50%이상이다. 이 사실은 황종즈가 말한 농촌 '과밀화'문제는 현재 여전히 존재하고 있을 뿐만 아니라 [126] 현재의 '과밀화' 현상은 청대 말엽 시대의 과밀형 상품화와 사회주의 집단화 시대의 '과밀화'와 달리 시장과 정부 공동역할의 '과밀화' 현상임을 말해준다.

농촌 '과밀화'문제는 결코 인구성장의 결과가 아니고 더욱이 인구와 노동력의 밀집화가 아니다. 그 문제의 근본은 발전상의 '과밀화' 현상 즉 농촌노동력 한계보수의 체감문제이다. 비록 인구 성장이 일정한 의의에서

---

126   황종즈, 『주강삼각주 소농가정과 향촌발전』, 14쪽.

소득수준에 영향을 미칠 수 있지만 만약 증가된 인구가 창조한 지식과 소득이 체증된다면 한계보수의 체감현상을 직접 초래하지 않을 것이다. "수많은 증거가 보여주듯이 인구성장으로 인해 1인당 소득 성장률이 떨어진 것이 아니다." [127]

현재 평양현 농민들이 직면한 어려움은 그들이 비록 많은 토지와 농업생산 및 농업관련 부업을 갖고 있지만 보수와 자금누적의 성장은 도리어 상당히 완만한데 있다. 이런 상황에서 그들은 완전히 농촌에서 벗어날 수 없고 또 농촌에서 더 큰 발전을 가져올 수 없다.

때문에 사회주의 새농촌 건설의 실천 속에서 평양현 정부는 비록 농민들을 동원해 적극성을 크게 불러일으켰지만 만약 현실조건의 제약으로 정부 혹은 사회자본의 진입이 부족하다면 농민들은 여전히 자체 자본에 의거해 여러 가지 건설기획에 호응해야 한다. 예를 들면 마을을 미화하고 향촌 생활환경과 생활 질을 개선하는 것은 비록 농민들이 지향하는 목표이긴 하지만 그들은 기존의 소득수준으로는 이런 이상을 최근 목표로 선정할 수 없을 것이다. 이렇게 농가들이 새농촌 건설 목표에 대한 실현은 자연이 정부에 의존하게 된다.

평양현은 새농촌 건설의 기획설계와 시범 추진사업 중에서 중심 향과 중심 촌의 기획과 발전유형을 제기했다. 이론적으로 말하면 향촌사회에서 중심 향과 중심 촌을 발전시키는 것은 일종의 사회와 인구구조의 조정

---

127 요한슨, 『경제발전중의 농업, 농촌, 농민문제』, 267쪽.

이다. 이 조정과 통합을 통해 향촌 자원이 재조합과 최적화 배치를 이루어 향촌 자원의 이용 효율을 촉진하는 동시에 공공재 공급 원가의 인하와 사용 효율의 향상을 이끌고 있다. 하지만 실제조작 과정에서 여전히 많은 어려움과 장애에 직면하고 있다.

먼저, 어느 부문에서 이런 기획의 실시를 위해 '결제'하는가? 중앙 재정 아니면 현 재정? 아니면 사회 자금조달 메커니즘의 도입? 농민에게 있어 그들은 현실 속에서 직접적인 수익성장 기회를 조금이라도 알아내지 못하면 자신들의 현재 생존환경을 쉽게 변화시키지 못할 것이다. 현재 체제 밖에 유리된 농민들은 가장 기본적인 행동 논리 '안전제일', 위험을 회피하는 원칙을 따르고 있다. 바로 스콧이 "가정의 경제활동은 생존을 목적으로 하는 '생존경제'이다" [128] 라는 동남아 소농경제특점에 대해 종합한 바와 같다. 기존의 농민가정 발전수준에 있어서 만약 이미 떠난 지 오래된 마을에 돌아가 중심 향 혹은 중심 촌을 새로 건설하고 그곳에서 주거 생활하는 것은 큰 모험을 무릅써야 함을 의미한다. 때문에 그들에게 투자는커녕 무료로 이주시키는 것도 비교적 어려울 수 있다. 그들이 직면한 생존모험이 최소화로 낮아질 때에야 만이 그들은 기꺼이 변화를 받아들일 것이다.

다음 적지 않은 농가들이 정부에 대한 기획과 설계에 주동적으로 받아들이고 배합하지 않고 있으며 심지어 집행 과정에서 저항하기도 한다. 정부가 직면한 어려움은 새농촌 건설이 민의를 존중하고 민의에 순응하는

---

128   스콧, 『농민의 도의 경제학, 동남아의 반란과 생존』 , 16~18쪽.

원칙을 견지해야 만이 농민들의 기대가 정부의 정책목표와 다소 일치를 이뤄 어려움이 해결될 것이다. 그렇다면 정부는 도대체 새농촌 건설 중에서 자신의 역할을 어떻게 발휘해야 할까?

농업생산총액이 여전히 비교적 높은 비율을 차지하는 지방에서 지방정부와 기층 공공소득의 지지강도는 한계가 있다. 비록 지방정부가 새농촌 건설운동 중에서 주도적 역할을 적극 발휘한다 해도 정부가 만능이 아닐 뿐만 아니라 지방정부의 능력도 제한되어 있다. 농촌발전을 제약하는 힘은 다방면적이다. 그중 농촌 '과밀화'의 구조성 문제는 사회구조의 전환과 밀접한 관계를 갖고 있다. 예를 들면 농산물 가격의 파동은 농가들의 소득과 '과밀화' 문제에 직접 영향을 미치고 집단화 시대, 농산물 가격은 주로 정부의 지배를 받아 시장화 수준의 향상과 더불어 농산물 가격의 요소가 보다 많고 복잡하게 변해 국내뿐만 아니라 세계에까지 영향을 미치고 있다. 때문에 정부가 농민 증수를 촉진하는 면에서의 능력은 제한된 것이다.

정부 계획 중의 이상 목표는 늘 기타 복잡한 요소의 역할을 경시해 실제 기대하고 있는 결과를 얻기 어렵기 때문에 농민들은 예견할 수 있는 목표 를 더욱 중시하고 긴 시기동안 결과를 예상하기 어려운 기획 목표 에 대해 신중한 태도를 취한다. 1930년대, 중국 향촌건설운동 창도자 중의 한 사람인 양수밍(梁漱溟)은 농민들의 이런 관념은 '어리석고 이기적인' 범주에 속하기에 그는 평민교육을 적극 창도하고 어리석은 생각을 깨우쳐주며 이기적인 마음을 바로잡아주는 것으로 단결협력을 촉진했다.[129] 하지만 초기의 중국 향촌건설운동은 향촌문제를 단일한 요소로 추론해 구조성 장애를 경시하고 실천 속에서 단일 정책과 행동에 높은 기대감을 갖고 있었기에 향촌사회의 실질적인 발전을 가져오지 못했다.

평양현도 기타 많은 지방처럼 사회주의 새농촌 건설의 실천 속에서 구조조정, 현대농업 발전, 산업화와 규모화 경영을 추진하는 것을 이상 목표로 삼고 회사+농가, 농업협회 종합 등 구체적 패턴을 구상했다. 이런 구상이 공동으로 반영한 문제는 '3농'문제는 일종의 구조성 문제로서 '3농' 문제의 수요를 근본적으로 해결하려면 구조로부터 착수해야 한다는 것이다. 하지만 이런 목표를 지향하는 면에서도 마찬가지로 어려움에 직면하게 된다.

현재 평양현 농촌 '과밀화'현상의 어려움은 2개면에서 뚜렷하게 나타난다. 한편으로는 농가들이 재배 혹은 순 농업에 의거하는 상대적인 소득수준이 체감추세를 보이고 있을 뿐만 아니라 소득의 불확실성이 체증추세를 보인데 있다. 다른 한편으로는 농민들이 농업 외로 이동하는 가능성과 농업에 대한 의존성이 뚜렷한 변화를 가져오지 못한데 있다. 정책과 전통의 관성역할로 인해 농산물 가격 특히 식량가격이 상대적으로 비교적 낮고 원가 가격 성장이 비교적 빨라 농업 노동 한계보수의 체감현상이 비교적 뚜렷하다. 뿐만 아니라 농산물 가격과 농자재 가격의 형성과 더불어 메커니즘 속에 시장 역량을 도입해 농업소득의 불확실성이

---

129   이수경, 『농촌 사회학』, 19쪽, 북경, 고등교육출판사, 2000.

가일층 증강됐다. 이밖에 농민들이 농업 외로 이전하는 방식도 여전히 개체의 비 제도화적인 행위에 속해 불확실성이 비교적 높았을 뿐만 아니라, 외지 노무자들의 소득이 기본적으로 비교적 낮은 수준을 유지하고 있었다.

새 농촌건설은 농민들을 창도해 재배구조와 경영패턴을 조정하고 구조조정과 현대화의 생산경영방식을 통해 농민들의 증수를 촉진했다. 하지만 이런 조치는 미시적 측면에서 효과적일 수 있지만 거시적 측면에서는 효과가 뚜렷하지 못해 여전히 구조성 어려움을 해결하기 어려웠다. 이를테면 펑양현 샤오캉촌 농민들은 전에 검은콩을 많이 심고 곡물을 적게 심는 구조성 조정방식을 통해 짧은 시간 내에 아주 좋은 미시적 효과를 거두었지만 갈수록 많은 농가들이 검은콩을 재배함에 따라 검은콩 시장가격이 떨어지면서 성과도 없어졌다. 이 사례는 농민들이 진행하는 구조조정은 모험이 비교적 크지만 위험감당 능력과 재투입 자본은 제한되어 있다는 것을 말해준다.

이런 시련 속에서 농가들은 현재 농업에 대한 자신감이 크게 줄어든 동시에 외지 노무자에 대한 기대도 다소 떨어졌다. 그리하여 갈수록 많은 사람들이 가정의 먹고 입는 수준을 보장하는 기초 상에서 농업을 경영하고, 또 가정 부업과 별도의 수익기회를 모색하는데 경향이 역력했다.

제3절

곤경에서 벗어나기 위한 책략

평양현 농촌의 현황으로부터 보면 사회주의 새농촌 건설이 직면한 핵심문제는 농가들의 한계소득이 체감된 '과밀화(过密化)'문제의 어려움이다. 농촌 '과밀화' 문제는 간단한 사람과 땅 사이의 갈등으로 인한 문제가 아니고, 또 농가들의 시장지위가 비교적 낮은 것으로 인한 문제도 아니라, 여러 가지 복잡한 요소의 종합역할로 인한 구조성 문제거나 구조성 어려움이다. 그렇다면 새농촌 건설이 농촌을 도와 이런 구조성 어려움에서 벗어날 수 있을까? 또 어떻게 이런 구조성 어려움에서 벗어날 것인가?

구조성 어려움은 여러 가지 요소 특히 여러 가지 거시적인 구조 요소의 제약으로 인해 형성된 것이다. 때문에 구조적 곤경에서 벗어날 경로를 탐색하려면 거시적 구조 중에서 경로를 탐색해야 한다. 물론 이는 미시적 측면에서 상응하는 조치를 운용해 어려움을 완화하는 중요성도 배제할 수 없다.

모종의 의의에서 말하면 구조성 어려움은 회피할 수 없는 어려움이다. 이는 사회전환과 현대화 과정에서 구조변화로 인해 초래된 충격과 진동현상으로서 구조전환의 한 단계에 속한다. 때문에 구조성 어려움에서 벗어나려면 일부 구체적 문제를 단순히 해결하는 것이 아니라 실제상 비교적 평온하게 이 단계를 넘어야 한다.

평양현 새농촌 건설의 실천으로부터 보면 비록 현 정부와 기층 정부 및 자치 기구는 많은 책략을 기획하고 설계해 농촌발전을 추진하고 있지만, 거시적 차원에서 보면 이런 정책과 조치는 다만 일부 문제의 해결에 유리할 뿐 농민들을 진정으로 구조성 어려움에서 벗어나도록 도와줄 수 없다. 이렇게 평양현의 실천이 증명하듯이 새농촌 건설의 관건은 여전히 거시적 면에서 가일층 개혁 개방하는 것이다.

1980년대 후반의 농촌개혁에는 "몇 세기 이래 중국 향촌에 처음으로 진정한 발전이 나타나 중국의 일부지역에서 처음으로 재배업 생산 과정에 지나치게 붐비는 노동력을 이전시킬 수 있는 반 과밀화 현상이 나타났다."[130] 이번 '반 과밀화'개혁의 성공 점은 향촌 공업화와 가정 책임제를 통해 농촌노동력을 성공적으로 농업 외로 이전시킨 동시에 농업 효율과 농가 한계소득의 신속성장을 이끈데 있다.

어떻게 중국 향촌발전의 제2차 도약을 실현할 것인가? 새로운 '반 과밀화'책략은 또 무엇일까? 향촌발전의 제1차 도약의 경험으로부터 우리는 성공적인 경험은 농업노동력의 해방문제로 농업 외로 이전한 자유 권력이라고 종합 해낼 수 있다. 다시 말하면 농민들이 토지의 속박에서 벗어나 자유롭게 취업할 수 있는 것으로 전변하였는데 이는 '과밀화' 현상을 완화할 수 있는 기회를 얻었음을 의미한다. 그럼 새로운 시기, 향촌에 '반 과밀화' 현상이 재차 나타나게 하려면 기회만 제공해서 되는

---

130   황종즈, 『주장 삼각주 소농가정과 향촌발전』 , 442~443쪽.

것이 아니라 이전할 수 있는 동력이나 자원을 제공해야 한다. 즉 향촌에 자원과 발전의 동력을 증가해 더욱 많은 향촌 인구 특히 농업노동력이 외지로 이전할 수 있는 능력을 갖추게 해야 한다. 때문에 자본, 기술, 정보를 어떻게 농촌에 도입하고 농촌노동력을 어떻게 농업 외로 이전하는가 하는 것이 농촌 제2차 개혁의 목표이다. 이 목표를 실현하려면 반드시 아래의 거시적 정책 개혁이 매우 필요하다.

첫째, 농촌 기반시설을 건설하고 보완하기 위해 공공재정 투자를 증가해야 한다. 양호한 기반시설은 자본투자를 유치하는 중요한 조건으로 되고 있지만 정부는 전에 도시지역의 기반시설 건설에만 관심을 돌리고 농촌지역의 기반시설 특히 도로, 전력 및 통신시설 건설을 경시해 농촌지역 건설은 지방세금을 통해 촉진하길 바랐다. 하지만 정부는 '촌촌통공정(村村通工程)'을 추진하는 과정에서 농촌 도로망을 과학적으로 기획하고 끊임없이 투자를 추가해 농촌 도로건설을 점차 보완해야 한다.

둘째, 제도혁신과 제도변화를 추진해야 한다. 중국 향촌사회 발전의 제2차 도약을 실현하려면 일부 거시적 제도에 대한 개혁이 없어서는 안 된다. 예를 들면 자유 평등한 공민 신분제는 농촌노동력 제도화 이전을 실현하는 법률적 토대이고 도시와 농촌 일체화의 취업체제는 농촌노동력이 농업 외로 이전하는 제도적 보장이며 공평한 사회복리와 사회보장 제도는 농촌 주민 발전을 촉진하는 위험 방비 메커니즘이다. 이밖에 농촌 토지소유권 제도개혁을 심화하고 농촌 토지사용권과 수익권을 보다 뚜렷하게 하면 농촌 토지를 질서 있게 양도하고 토지 수익률을 향상하는데 유리해 농민소득의 성장과 농업 외로 이전하는 자금의 성장을 이끌어 줄 것이다.

셋째, 농촌에 대한 인력자본 투자를 증가해야 한다. 오늘날의 시장경제사회에서 인력자본은 개인발전의 중요한 조건이 되었다.

향촌사회발전의 실질은 인간의 발전으로서 경제성장 문제를 해결하는데만 국한된다면 향촌발전의 '과밀화' 현상에서 벗어나기 어려울 뿐만 아니라 불평등 문제를 완화하는데도 도움이 되지 않을 것이다. 만약 농촌교육에 대한 투자를 확대하고 9년 의무교육을 보급하는 기초에서 고중교육을 가일층 보급하며 직업교육과 고등교육의 기회를 확대하고 향촌교육의 부담을 줄인다면 이는 경제성장에 대한 큰 기여일 뿐만 아니라 향촌 사람들의 발전도 촉진할 수 있을 것이다. 현재 농촌의 9년 의무교육이 기본적으로 보급되었지만 보다 높은 수준의 교육은 일정한 수준에서 약화되었다. 특히 지방재정 상황이 그다지 좋지 않은 농촌지역에서 고중이상의 교육은 농촌 주민들의 일종의 사치 소비가 되었다. 많은 농가들은 비싼 교육원가로 인해 자녀에 대한 인력자본 투자를 포기할 수밖에 없다. 고중 및 직업교육 공공투입의 약화는 농촌 인력자본 투자의 하락을 의미함으로서 농촌발전을 제약하는 병목 중의 하나가 되었다.

넷째, 소도시 건설은 향촌발전 중에서 중심역할을 발휘해야 한다. 향촌사회발전 중에서 소도시 발전의 의의는 매우 중대한데 페이샤오퉁이 말한 것처럼 바로 "작은 도시, 큰 문제"와 같다.[131]

---

131   『페이샤오퉁의 소도시 건설론』, 1쪽, 북경, 췬옌출판사, 2000.

1980년대 후반, 동남부 연해지역에서는 집단 자금, 외래 자본 및 개인 자본에 의거해 향·진기업과 민영기업이 신속히 발전하였고 소도시도 상응하는 신속발전을 이룩해 동남 연해의 농촌지역이 '과밀화' 곤경에서 벗어났다. 또한 중서부지역 농촌 잉여노동력의 이전을 위해 많은 기회를 제공하였고, 대량의 노무자들이 먼저 발달한지역과 큰 도시에서 일정한 자본을 쟁취하고 누적했지만, 그들은 이런 지역에 융합하기 어려웠기 때문에 자신의 누적자금을 고향 부근의 도시나 소도시 혹은 작은 향·진에 투자하게 되었다. 이러한 경험과 추세는 소도시 발전은 향촌 주민발전의 실제수요에 부합된다는 점을 말해준다. 소도시 발전은 향촌시장을 육성하는 가장 경제적인 경로이며 또한 향촌인구와 자원 재통합 및 효율 향상을 실현하는 경로이기도 하다. 그리하여 소도시 건설을 가일층 추진하려면 정부에서 보다 많은 공공재, 공공관리와 공공봉사를 제공해야 한다.

종합적으로 '3농'문제는 본질적으로 향촌사회발전이 직면한 구조성 어려움으로서 복잡한 요소의 영향을 받고 있다. 이런 곤경에서 벗어나려면 일부 구체적 조치와 방법에만 의거할 것이 아니라 거시적 측면으로부터 농촌개혁을 가일층 심화해야 한다.

제4절

요약

　농업을 위주로 하는 지역인 평양현은 사회주의 새농촌 건설의 실천 속에서 군중을 동원하는 방식으로 농민들의 새농촌 건설의 능동성과 창조성을 불러일으켰고 중심 향과 중심 촌을 기획했는데, 그 취지는 농촌면모를 변화시키고 경제구조를 조정하며 생산경영방식의 현대화 전환을 추진하고, 자본의 향촌 환류 등 정책조치를 장려하기 위하는데 있다. 이런 정책조치의 내용은 평양현 농촌발전의 현황과 문제 및 발전수요를 반영했다.

　이런 정책조치를 추진하고 실행하는 과정에서 실천경험은 농촌발전이 직면한 문제가 간단한 단일성 문제가 아니라 복잡한 요소역할의 구조성 어려움 즉 향촌 '과밀화' 현상으로서 바로 향촌 노동력 한계소득의 하락 문제라는 것을 보여줬다. 평양현 농민들은 건설에 투자할 충족한 자금이 없었기에 정부에 투자를 증가해주길 기대할 뿐 새농촌 건설에 적극적인 태도를 보이지 않고 자신의 투자를 증가하려 하지 않았다. 마찬가지로 새농촌 건설 중에서 지방 및 기층 정부의 능동성이 받는 제한은 실제상 일종의 구조성 장애에 속한다. 농업을 위주로 하는 지역에서 공공재정이 사회 사업발전을 지지하는 능력은 제한되었기 때문이다.

　'과밀화'의 어려움은 단일한 원인으로 초래된 것이 아니라 구조전환 과정 중의 일종의 모순상태이다. 농민 한계보수의 성장이 완만하고 심지어 체감된 문제는 농산물 가격 영향을 비교적 많이 받았기 때문이다. 하지만 농산물 가격에 영향을 주는 요소에는 정책요소와 시장요소 및 기타 사회요소가 망라되기에 '3농'문제의 핵심이자 향촌발전을 제약하는 요소는 사실상 구조성 어려움에 속한다는 것을 알 수 있다. 때문에 새농촌 건설의 방향은 마땅히 농촌과 농민들을 도와 점차 이런 발전의 어려움에서 벗어나야 하는 것이다.

구조성 어려움은 여러 요소의 종합역할을 받고 있기 때문에 이런 어려움에서 벗어나려면 새농촌 건설 과정에서 지방성과 미시적인 조치만 취할 것이 아니라 거시적 측면에서 개혁을 가일층 심화해야 한다. 다시 말하면 거시적 제도와 정책의 개혁혁신으로 향촌의 제2차 '반 과밀화' 실현을 위해 제도적 보장을 제공하는 동시에 농촌의 제2차 도약발전을 추진시키기 위해 새로운 동력을 창조해야 한다는 것이다.

사회주의 새농촌 건설 과정에서 농업노동력을 안정되고 질서 있게 농업 외로 이전시키는 동시에 자본, 기술, 정보의 향촌 이전을 증가하는 것은 향촌발전의 '과밀화' 곤경에서 벗어나는 기본책략이다. 농업노동력의 효과적인 이전 및 자본기술의 농촌에 대한 투자를 실현하려면, 한편으로 경제와 사회의 구조조정을 통해 제2산업과 제3산업을 크게 발전시키고, 도시화 건설을 광범위하게 추진해 농업노동력의 비 농화 이전을 위해 보다 많은 기회를 창조해야 한다. 다른 한편으로는 개혁과 제도혁신도 매우 중요하므로 개혁과 제도배치의 혁신을 통해 새로운 장려 메커니즘을 형성하고 광범위한 농민들의 적극성과 창조성을 불러일으킬 수 있도록 양호한 환경과 동력을 창조해야 한다.

제4편

새농촌 건설의 방법 선택

제 12 장 다원 도시화 경로와 새농촌 건설

제12장
다원 도시화 경로와 새농촌 건설

새 농촌 건설의 실질은 바로 농촌의 새로운 발전을 추진하는 것이며 이 양자는 서로 통일된 것이다. 중국농촌 사회의 발전을 추진하려면 반드시 발전의 대세와 핵심문제를 파악해야 한다. 사회발전의 추세로부터 보면 도시화는 하나의 공통된 추세로서 도시화와 현대화가 밀접한 연계를 갖고 있다. 현재 중국 농촌발전이 어려운 핵심문제를 놓고 말할 때 농촌노동력을 어떻게 비농업으로 이전하고 전통농업 개조를 위해 어떤 조건을 제공해주는가 하는 것이 핵심문제의 하나가 되고 있다. 이 두 개 면을 결부시켜 보면 무릇 새농촌 건설이든 아니면 향촌사회 발전이든 어느 것을 막론하고 모두 농촌과 도시의 이원대립(二元対立) 중에서 경로를 모색할 수가 없다. 즉 농촌발전 도로의 선택은 농촌에만 극한 될 것이 아니라 도시화의 시야로 농촌발전 혹은 농촌건설을 인식해야 한다.

제1절

도시화와 농촌발전의 관계

도시화(urbanization)는 근대이래, 사회발전의 기본과정이자 기본 추세이다. 근대 공업의 신속발전과 더불어 공업 기업이지역적으로 집중됨에 따라 인구집중 현상이 초래되었고 또 점차 인구밀집 도시가 형성되었다. 도시의 발전이 개인의 발전을 위해 새로운 공간을 제공해줌으로 말미암아 그 속에서 갈수록 많은 농촌 사람들이 도시에 진입해 생산, 경영, 생활에 참여함으로서 도시 생활방식이 사회의 주요 생활방식으로 되었다.

공업화 초기의 도시화 과정은 주로 향촌의 도시화에 있는데 신흥공업 기업의 건설과 더불어 많은 농업노동력을 끌어들였다. 농업노동력의 이전 과정에서 도시의 끊임없는 확장으로 많은 농촌인구들이 도시에서 발전기회를 얻을 수 있었고 또 점차 도시 시민으로 전화될 수 있었기에 초기의 도시화는 형식상에서 인구의 도시화로 표현되었다.

하지만 도시화의 내포는 인구 의의 상에서의 도시화를 내포했을 뿐만 아니라 특히 풍부한 사회적 의의도 내포했다. 먼저 도시화는 생산방식과 직업구조의 전형과정으로서 많은 농촌노동력이 도시로 진입해 농업으로부터 상공업으로의 전환을 실현한 동시에 전반 사회 직업구조의 전환도 이끌었다.

다음으로 도시화는 사회 생활방식의 전환과정이기도 하다. 전통적인 향촌생활은 일종의 자급자족의 생활방식이지만 도시 생활방식은 시장의 진일보적인 발전을 이끌어 갈수록 많은 사람들이 내왕 중에서 보다 많은 발전기회를 창조할 수 있었다. 이와 동시에 생활방식의 전환도 사회관계, 질서와 관리체제의 변화를 이끌었고 도시생활 속에서 공공분야가 등장함에 따라 현대 도시 관리체제의 형성이 점차 촉진되었다.

끝으로 도시화는 사회구조의 전환을 의미한다. 전통농업에 종사하는 대다수의 인구가 비농업으로 이전됨에 따라 대다수 사람들의 생활방식도 도시 생활방식으로 전환되었고 전반 사회도 구조상에서 변화를 일으켜 전통적인 것으로부터 현대적인 것으로 전환되었으며 향촌사회도 근본적으로 질적인 비약을 실현했다.

도시화의 외연과 내포를 놓고 말할 때 모두 향촌사회발전의 과정을 포함하고 있다. 모종의 의의에서 말하면 도시화는 향촌사회 발전의 일종의 결과로서 향촌이 도시로 전환한 것을 가리킨다. 그중에는 향촌 인구의 도시화, 향촌 경제생산과 생활방식의 도시화가 망라된다.

때문에 농촌발전의 길을 탐색할 때 만약 농촌공간에만 국한 된다면 농촌발전을 촉진시키는 것이 아니라 실제상 농촌발전을 저해하는 것이 된다. 농촌발전 자체는 농촌을 초월해 사회구조의 전환과 현대화를 실현하는 것이다. 즉 도시화와 현대화를 실현하는 것이다.

도시화와 농촌발전 사이에는 불가분한 관계가 존재한다고 할 수 있는데 양자의 통일성은 주로 아래와 같은 몇 가지 점에서 구현된다.

첫째, 인류 사회발전의 총체적 추세로부터 보면 도시화는 인류문명의 새로운 진전을 대표해 인류사회의 일종의 질적인 발전과 비약을 보여준다.

도시발전과 도시화는 사회발전의 추세를 대표하기에 농촌을 망라한 사회 각 부분 발전의 중요한 목표도 포함하고 있다. 다시 말하면 농촌발전은 방향과 목표가 있어야 한다. 만약 여전히 기존의 농촌처럼 아파트 몇 채 혹은 새 길을 몇 갈래 증가했거나 혹은 농민들의 소득이 몇 백 위안 많아졌을 경우, 이와 같은 발전은 모두 양적 변화에 속하지 질적 변화에 속하지 않는다. 오직 질적 변화를 언급할 수 있어야 만이 진정한 발전을 실현했다고 말할 수 있다. 그렇지 않으면 황종즈가 말한 것처럼 '발전의 성장'이 없거나 혹은 '과밀형 성장'에 지나칠 뿐이다.[132]

성장은 다만 경제적 의의에서의 변화이지 사회발전은 아니다. 농촌사회의 발전은 반드시 구조상에서의 질적인 돌파를 가져와야 한다. 구조상의 발전은 전반 사회구조를 대비해 말한 것으로서 경제와 산업구조, 직업구조, 도시와 향촌 구조, 문화구조, 농촌 사회발전의 중요한 지표를 내포하고 있다. 즉 경제구조가 농업을 위주로 하던 것으로부터 제2산업과 제3산업을 위주로 하는 것으로, 노동 밀집형의 전통농업으로부터 자본, 기술, 정보에 의탁하는 현대농업으로 변화하고, 노동력의 직업구조 및 사람들의 문화 관념도 농업을 위주로 하는 구조유형으로부터 도시화 유형의 방향으로 전화되었다. 이를테면 농업생산 노동에 종사하는 사람들의 비율이 갈수록 적어지고 현대적인 농업기술, 자본과 조직 및 제도를 통해 농업생산 효율을 크게 향상시켰다. 이와 동시에 농촌

---

132   황종즈, 『주강삼각주 소농가정과 향촌발전』, 12쪽.

시장화와 도시화 수준의 끊임없는 향상과 더불어 비농업 중에서 보다 많은 기회를 창조하기 위해 갈수록 많은 사람들이 제2산업과 제3산업으로 전환하기 시작하여 소득 수준도 향상될 수 있었다. 직업구조의 변화, 생활수준의 향상 및 향촌 생활방식에도 변화가 발생함에 따라 사람들의 문화 관념과 구조도 따라서 전변을 일으키고 농촌문화와 인력자본도 보다 많은 발전기회와 공간을 얻을 수 있도록 추진하게 되었다.

둘째, 농촌의 발전은 발전이 있는 자원을 필요로 하고 도시화 발전은 농촌요소 자원의 개발을 위해 자본, 기술, 정보를 증가할 수 있다. 도시화 과정에서 농촌의 노동력 자원, 토지 자원 및 기타 자연자원은 충분한 개발과 이용을 얻을 수 있고 또 개발과 이용 중에서 가치 상승과 발전을 얻을 수 있다. 만약 도시화의 추진이 없다면 농촌의 여러 가지 자원은 여전히 전통농업 가운데서의 위치를 유지하고 농촌경제와 사회도 양적인 변화만 유지할 뿐 질적인 비약을 형성하기 매우 어려울 것이다.

저장성 연해지역의 농촌발전 패턴으로부터 보면 향촌 상공업의 흥기는 소도시의 발전을 이끌었는데 소도시의 고속발전은 실제상 도시발전의 한 가지 방식이었다. 비록 저장성의 향촌 공업화와 소도시화 발전 패턴이 기타지역에서 복제가능성을 갖고 있다고 확정할 수는 없지만 발전 역정 및 추세로부터 볼 때 농촌의 발전방향과 발전의 길이 도시화라는 것을 엿볼 수 있다.

도시화 발전은 향촌자원의 재배치와 조정을 이끌어 배치구조를 최적화 하는 과정에서 효율 향상을 실현해 가치 성장을 얻는다. 농촌자원의 가치 성장은 농촌 주민들의 수입원이 확대되면서 소득성장에 촉진역할을 일으킨 동시에 향촌 주민들의 발전을 위해 물질적이거나 혹은 경제기초를 닦아놓았음을 의미한다.

셋째, 도시화는 농촌 사람들의 발전을 위해 보다 넓은 공간을 제공한다. 인구의 발전은 농촌 발전의 핵심적 내용의 하나로서 농촌 사람들이 경제, 사회와 문화상에서 전환과 발전을 이룩할 경우, 향촌사회의 발전에 유리하거나 향촌사회 발전을 촉진하게 될 것이다.

현재 중국 농촌발전 현황을 놓고 말할 때 농촌노동력의 외지로의 이전과 발전은 하나의 관건적인 문제이다. 갈수록 많은 농촌 잉여 노동력을 어떻게 순조롭게 농업에서 이전시킬 것인가 하는 문제에 대비해 농업경제학자 요한슨(约翰逊)의 관점에 따르면 적어도 2/3의 농업노동력을 이전시켜야 했다.[133] 몇 억 명의 농업노동력을 이전시키려면 반드시 끊임없는 도시화 과정에서 농업노동력의 이전을 실현해야지 농촌 혹은 현재의 도시에만 의거한다면 실현하기가 매우 어렵다. 한편으로 현재의 도시는 한꺼번에 과다한 농촌노동력을 수용하기 어렵고 다른 한편으로는 많은 농촌노동력도 짧은 시간 내에 직접 농촌에서 도시로 이동하기가 매우 어렵기에 도시화 과정에서 점차 농업 중의 과잉 노동력을 해소해야 한다.

도시화 과정은 일종의 동태적인 구조변화 과정에 속한다. 즉 기존 도시의 끊임없는 확장, 농촌사회가 도시사회로 전변하는 과정, 도시와

---

133 요한슨, 『경제발전중의 농업, 농촌, 농민문제』, 8쪽.

농촌 간의 상호 역할 과정 등이 망라된다. 도시와 향촌의 공동발전, 상호 촉진의 도시화 과정에서 거대한 발전 동력과 발전 공간이 형성되어 농촌노동력의 이전과 사람들의 발전을 위해 플랫폼 혹은 기회를 제공해 줄 것이다.

농촌 발전의 도시화 목표는 농촌인구를 도시인구로 전환시키거나 혹은 농촌 사람들을 도시로 진입시키는 것이 아니라 사람들의 발전을 추구하는 것이다. 즉 농촌인구는 인력자본이 끊임없이 향상되는 전제하에서 전통 농업과 향촌사회 구조를 개조하고 현대구조의 전환을 실현한다. 때문에 농촌 사람들의 도시화 발전은 도시로 이전하는 방식을 통해 실현되는 동시에 또 전통 농업과 향촌사회 구조를 개조하는 방식을 통해 실현되기도 한다. 농촌 발전의 도시화의 길은 우리가 상상하는 것처럼 그런 도시의 혼잡을 초래하거나 많은 도시 문제를 가져오지 않을 것이다.

농촌발전의 도시화 실질은 농촌과 도시의 상호 연동의 발전 과정이지 간단한 정적 변화가 아니다. 넷째, 도시화는 농촌문화와 사회 생활방식의 변화와 발전을 촉진시킬 것이다. 농촌발전에는 경제적이고 사회적인 발전이 포함될 뿐만 아니라 문화적이고 관념적이며 또한 생활방식의 변화와 발전도 포함된다. 농촌 생활방식 및 문화 관념은 전통적인 데로부터 현대적인 데로 전환하고 있다. 농촌 생활방식의 도시화는 농촌발전의 중요한 성과일 뿐만 아니라 농촌 발전의 잠재적 동력이기도 하다. 농촌 문화 관념 및 생활방식이 도시화로 변화 발전함에 따라 사람들의 행동구조도 변화될 것이며 나아가서 사회시스템에 대한 변화와 발전에 대해 심대한 영향을 끼칠 것이다.

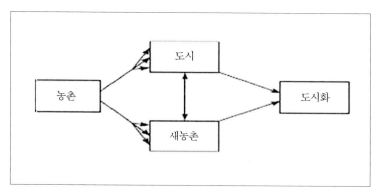

그림 12-1 농촌발전과 도시화의 다원화 경로

도시화의 생활방식은 현대적인 관념으로 지배하고 현대적인 직업을 기초로 하며 현대적인 사회관리 체제로 조직하고 유지하는 사회 생활 방식으로서 현대사회의 발전추세를 대표하고 있다. 다시 말하면 우리가 농촌사회의 생활수준을 발전시키려면 도시화로의 매진을 지향 해야 하는데 이는 도시화를 목표로 향촌사회의 생활방식을 끊임없이 변화해야 한다. 뿐만 아니라 현대화 시대에서 전반 사회시스템의 발전도 향촌사회 생활방식의 개조와 발전을 떠날 수 없다. 그렇지 않으면 전통적 인 농촌과 현대화된 도시 사이에 균형적인 발전을 실현하기가 매우 어렵다.

종합적으로 도시화는 농촌발전이 회피할 수 없는 기본문제로서 만약 도시화를 경시한다면 농촌발전의 목표 혹은 방향을 진정으로 파악할 수 없을 것이다. 또한 정확한 목표와 방향이 없다면 실제 상황과 동떨어질 수 있을 뿐만 아니라 많은 굽은 길을 걷게 될 것이다. 때문에 농촌발전 면에서 정지된 안목으로 농촌과 도시의 관계를 보지 말아야 하고 이원대립의 태도로 농촌과 도시의 발전을 대하지 말아야 하며 농촌발전과 도시발전을 일종의 연동과 상호 역할의 동태적인 과정으로 삼고 도시와 향촌의 상호 교류와 통일 가운데서 농촌발전을 끊임없이 실현해야 한다.

제2절

다원 도시화 경로

역사와 현실경험 속에서 사회발전의 기본방향으로 되어 있는 도시화는 결코 농촌인구가 도시로 진입하는 단일한 경로가 아니다. 중국 도시화 문제를 언급할 때 사람들은 농촌인구가 그렇게 많은 중국에서 만약 도시화를 추진하려면 7, 8억 명 인구가 도시로 진입해야 하는데 도시에서 이처럼 많은 사람을 수용할 수 있을까하는 문제를 연상하게 될 것이다. 이는 일방적인 정지된 시점으로 사회발전 과정 및 추세의 도시화를 이해한 것이다.

농촌발전 및 도시화의 과정에서 농촌과 도시 사이는 일종의 동태적인 변화과정으로서 한편으로 농촌은 도시화를 향해 변화 발전하고 다른 한편으로 도시는 끊임없이 농촌으로 확장되어 농촌을 도시화로 나아가도록 이끌고 있다. 이 과정에서 서로 다른 지역의 농촌은 자신의 배경과 조건에 따라 다른 발전 경로를 걸을 수 있다. 만약 향촌이 도시 혹은 새농촌 건설 등 다원화 경로(그림 12-1)로 변화된다면 최종적으로 도시화의 발전목표를 실현하게 될 것이다.

도시화는 인구의 이전과 유동과 다르다. 도시화의 실질 혹은 핵심은 구조의 전환으로서 직업구조, 사회구조, 문화관념 구조와 생활방식 구조의 전변이다. 농촌발전과 도시화는 농촌인구의 도시 이전이 아니고, 또 간단하게 농촌이 형식상 혹은 행정 편제상에서 도시로 바뀌어진 것이 아니라 농촌과 도시사회의 높은 효율적인 상호작용을 촉진시키고 사회의 높은 효율, 신속발전을 촉진하는 것으로 구조전환의 넓이와 깊이 즉 사회의 도시화 종합적 수준을 끊임없이 향상시키는 것이다.

농촌발전의 목표는 비록 도시화밖에 없지만 도시화로 나아가는 이 목표의 경로는 다원적이다. 역사적 경험으로부터 보면 여러 나라 농촌발전과 도시화의 길은 모두 다르다. 중국은 국토면적이 넓고 각 지역의 자연조건, 역사적 문화전통 및 경제와 사회발전수준이 모두 큰 차이가 존재하기에 지역 농촌마다 기존의 다원 도시화 패턴을 하고 자체의 현실정황과 결부해 점차 각자의 도시화 발전의 길을 탐색해야 한다.

만약 지리적 위치와 자연조건으로부터 구획한다면 중국 농촌지역은 (1) 동북지역, (2) 서북지역, (3) 화북지역, (4) 동부지역, (5) 중부지역, (6) 서부지역, (7) 동남 연해지역, (8) 화남지역, (9) 서남지역 등 9개 지역으로 나눌 수 있다. 이 9개 지역 중, 각자 모두 자체적인 특색과 지역기반을 갖고 있기에 각자의 조건에 따라 자체 도시화의 합리적인 것을 탐색해내야 한다. 이를테면, 동북지역에는 튼튼한 산업기반과 광활하고 비옥한 경작지가 있기에 농촌 도시화 도로는 양호한 공농업 기반조건을 충분히 발휘하고 현대 농장과 농업의 발전 및 공농업 시장 경로를 확장하는 것을 통해 공농업 효율을 가일층 향상시키고 산업 구조조정을 촉진하며 농촌과 농업의 현대적 전환을 실현해야 한다.

유구한 농업전통을 자랑하고 있는 화북지역은 땅이 넓고 교통이 편리하며 인구가 집중되고 농업발전의 기초적 지위가 특히 중요해 식량 안보 보장 면에서 관건적인 역할을 갖고 있다. 화북지역 농촌발전과 도시화의 길은 자체의 역사적 전통과 지리적 조건에 의거해 농업과 농촌 중에서 현대자원의 요소를 충분히 인입해 향촌 도시화의 길로 나아갈 수 있다. 하지만 이 발전패턴은 농촌 생활방식의 도시화를 실현하는 것으로서 농촌의 사회발전 내포에 더욱 중시를 돌려야 한다.

공업발전이 비교적 빠르고 도시화 수준이 상대적으로 비교적 높은 동북지역의 농촌발전은 제도혁신과 정책개혁을 통해 공업 신속발전이 노동력에 대한 대량의 수요를 계기로 하는 것을 충분히 이용하고 인구 및 노동력의 도시화와 향촌사회의 도시화를 적극 추진하는 동시에 공업화와 도시화의 분리를 피해야 한다. 동북지역은 실제상 이미 선진국 공업화 과정의 도시화 조건을 구비하고 있지만 관건적인 장애가 바로 제도배치에 있다. 때문에 반드시 도시와 향촌의 이원체제와 호적제도를 제거하고 농촌노동력의 도시화를 적극 추진해야 한다.

동남 연해지역은 인구가 많고 땅이 적으며 상공업이 신속히 발전했다. 특히 향·진 중소형기업이 갑자기 나타나 농업의 노동 이전을 위해 많은 기회를 제공했다. 1980년대 중기이래, 동남 연해지역의 농촌은 이미 비교적 빠른 발전을 가져와 작은 도시도 급부상했다. 그들은 이미 페이샤오퉁이 종합 한 "흙토를 떠날지언정 고향은 떠나지 않는다"는 '수난 유형'과 '원저우 유형'의 길을 걸었다.[134] 소위 '흙토를 떠날지언정 고향은 떠나지 않는다.'는 것은 바로 향촌 사람들이 도시로 진입하지 않더라도

---

134   페이샤오퉁, 『총실구지록(从实求知录)』, 174~196쪽.

농업 외의 다른 업종에 이전할 수 있고 향촌이 작은 도시의 큰 발전을 통해 비농업과 향촌시장을 확장함으로서 향촌의 작은 도시화를 실현하는 것을 말한다.

화남지역은 동부지역과 비슷한 조건과 발전수준을 갖고 있다. 농촌 발전의 도시 도로는 동부지역과 비슷해 신속 공업화 과정에서 제도배치를 조정하고 농촌 도시화를 가속화하며 도시화의 넓이와 깊이를 향상시킬 수 있다.

중부지역의 농업생산은 지방경제 중에서 여전히 중요한 위치를 차지한다. 중부지역은 인구밀도가 상대적으로 비교적 크고 1인당 경작지 면적이 화북과 동북지역보다 적어 농촌 잉여 노동력이 상대적으로 많은 편이며 상공업 발전은 상대적으로 동부, 동남 연해 및 화남지역보다 비교적 낙후하다. 중부지역의 농촌 도시화는 중간 도로를 걷는 것을 필요로 하는데, 한편으로 새농촌 건설을 통해 향촌사회의 도시화 수준을 촉진하고, 다른 한편으로 중등 도시의 중심역할을 발휘하며 중심 도시의 발전을 통해 중심 도시망과 도농 일체화 발전을 추진함으로서 농촌과 도시가 공동발전 및 상호촉진을 가져오게 해야 한다. 중부지역의 농촌 도시화 의 길은 반드시 농촌노동력 자원의 충족한 특점을 이용해 자체 특점을 우세로 전환시켜야 한다.

서북지역과 서남지역은 비록 지역적인 차이가 존재하지만 농촌발전의 기반조건과 환경이 비슷한 점이 있다. 첫째는 자연자원이 풍부하고 둘째는 모두 변경지대에 처해있으며 셋째는 모두 민족 거주지역이고 넷째는 특색농업과 특색산업이 있다. 때문에 서남과 서북지역은 자체의 지리적 위치와 독특한 자원조건 및 인문 역사의 전통을 충분히 발휘해 변경 무역, 특색제품 시장과 관광업을 기초로 하는 농촌 도시화의 길을 탐색할 수 있다. 즉 농촌 중심시장 및 무역 인터넷과 향촌 관광업의 발전을 통해 인구를 중심 도시로 집중시켜 농촌 도시화를 실현하는 것이다.

대부분 고원 산악 지대에 위치해 있는 서부지역의 농촌은 농업생산 사슬이 비교적 차하고 생산력 수준과 농촌 생활수준이 상대적으로 낮은 편이어서 서부 농촌지역의 발전을 촉진하려면 내부의 힘에만 의존해서는 안 된다. 그리하여 서부 대 개발 과정에서 한편으로는 국가개발 기회를 이용해 서부 농촌인구의 인력자본 투자를 크게 확대하여 서부지역 사람들의 대외 발전 혹은 도시화를 실현해야 하며 다른 한편으로는 또 정책지지에 의거하고 농촌 토지제도 개혁과 이민화 전략을 통해 점차 농촌인구의 이전과 작은 도시화를 실현해야 한다. 이를테면 일부 고원 산악 지대에서 국가는 생태환경 보호와 경작지를 삼림으로 환원하는 정책조치와 결부해 농촌 도급제의 이전과 이민 배치를 효과적으로 추진하고 서부 작은 도시 및 중심촌의 건설을 크게 지지해 자원, 인구, 사회구조의 재통합을 실현할 수 있다. 지역 차이는 비록 농촌발전의 길을 선택할 때 고려해야 할 중요한 요소이긴 하지만 유일한 요소가 아닐뿐만아니라 같은 지역의 유형 중에서도 경제와 사회발전의 역사 및 현황에 차별이 있기 때문에 각지 농촌은 자체 도시화 발전의 길을 탐색할 때 자연, 경제, 역사와 사회 각 측면의 요소 및 특점을 종합할 필요가 있다. 이렇게 하면 농촌발전을 효과적으로 추진할 수 있는 여러 가지 도시화 경로를 찾아낼 수 있기 때문이다.

제3절

새농촌 건설과 향촌 생활방식의 도시화

향촌 생활방식의 도시화는 향촌 인구의 거주와 생활공간 구조가 변화되지 않는 상황에서 생활방식이 현대화와 도시화로 전변된 것을 가리킨다. 생활방식의 변화는 실제상 도시화의 정신적 실질로서 인구가 도시에서 집중적으로 생활해야 만이 도시화인 것이 아니라 사람들의 문화 관념, 생활방식이 현대화로 전변되었을 때 실제상 도시화를 실현한 것이다. 이를테면 현대 서방사회에서 나타난 역도시화는 사람들이 교외나 향촌사회로 이동하고 있지만 생활방식은 여전히 도시화를 보존하고 있다. 이로부터 향촌 인구가 매우 많은 중국을 놓고 말할 때 향촌 생활방식의 도시화의 길을 걷는 것은 경제적이고 효과적인 발전 경로로 될 수 있다. 한편으로 향촌 생활방식의 도시화는 실질적으로 향촌 사람과 사회의 발전문제를 해결하였고 향촌사회 현대화와 도시화를 실현했으며 다른 한편으로 향촌 생활방식의 도시화 패턴은 지리와 공간적 위치에서 인구의 대폭적인 이동을 필요로 하지 않는데 이는 많은 인구가 발전에 갖다 준 압력을 해소해 발전 원가를 대폭 줄였다.

새 농촌건설 과정에서 향촌 생활방식을 촉진하는 도시화를 하나의 패턴 혹은 노력하는 방향으로 볼 수 있다. 우리는 새농촌 건설의 구체적 실천 속에서 생활방식 도시화의 내포와 요구에 따라 점차 계통적으로 이 행정을 추진해야 한다.

향촌 생활방식 도시화의 내포와 실질을 놓고 말할 때 주로 아래와 같은 몇 개 면이 망라된다.

(1) 물질적 기초 면에서 생활방식의 도시화는 현대 사회와 밀접히 연결된 공공 기반시설을 필요로 한다. 이를테면 도로, 통신, 생활시설 및 현대 생활수준에 도달한 기본적인 물질조건 예를 들면 주민소비수준과 소비지출구조의 변화 즉 주민소비 중에서의 음식물 소비 비율이 하락되고 현대생활 내구 소비재 구매 비율이 상승한 것이다.

(2) 생활방식의 도시화는 사람의 현대화를 내포하고 있다. 즉 향촌 주민들의 정신, 문화, 관념이 전통적인 것으로부터 현대적인 것으로 변화했다. 물질적 조건의 현대화는 향촌 생활방식 도시화를 위해 기초적인 것만 제공하기에 향촌에서 도시화의 생활방식을 수립하려면 향촌 주민들이 반드시 현대적인 정신과 문화 관념을 구비해야 한다. 왜냐하면 사람들의 관념 구조에 변화가 발생했을 때야 만이 사회행동 구조에 변화가 일어날 것이다. 도시화의 생활방식은 실제상 일련의 현대 행동방식과 상호 연결된 것으로 주로 생산, 소비, 교제 등이 망라된다. 향촌 주민들이 생활의 제반 분야에서 자신의 전통적 관념을 끊임없이 변화해 그것을 현대적인 관념으로 대신하였을 때 그들의 행위 및 향촌사회 행동구조에도 전변이 일어난다. 이런 전변은 또한 생활방식의 변화를 일으키고 있다.

사람의 현대화는 비교적 큰 범위에서 2개 측면의 요소를 결정한다. 첫째는 현실적 환경이고 둘째는 문화적 교육이다. 현실 환경에는 주로 건설과 발전의 현실상황이 망라된다. 만약 새농촌 건설의 실천과정에서 새로운 사회수요와 발전기회를 창조해낸다면 사람들이 새로운 수요에 적응하고 개인의 새로운 발전을 모색해 자신의 정신적 관념과 행위방식을 전변하고 새롭고 현대적인 방향으로 나아가도록 촉진할 것이다. 향촌 문화교육의 발전은 향촌사회 사람들의 현대적인 중요한 조건으로서 향촌 주민들의 문화수준이 보편적인 향상을 가져오는 정황에서 만이 사람들의 정신 및 관념 구조의 현대적인 전변이 순조롭게 진행되고 생활방식의 도시화도 튼튼한 토대를 갖게 된다. 만약 상응하는 정신적 자질의 지탱이 없이 생활형식을 추구하고 모방하기만 한다면 다만 형식상의 도시화를 실현할 뿐 실질적인 도시화를 실현하지 못할 것이다.

(3) 향촌 생활방식의 도시화는 향촌사회 관리와 질서의 현대화이며 법치화이다. 사회관계와 사회구조의 변화와 더불어 향촌사회관계와 구조는 이미 '서로 이웃하고 살면서도 전혀 왕래하지 않는' 전통적인 상태를 유지하기가 어려웠다. 가구마다 모두 자급자족의 삶을 살고 있는 전통적인 마을에서 상호 교제는 서로 인정하는 전통적 습관과 도덕규범을 준수하고 사회질서도 주로 이런 습관과 논리규칙 및 가장, 족장 등 전통적인 권위로 수호하고 있다. 향촌사회 생활방식의 도시화는 현대화의 조류에 순응해 향촌사회관계의 규칙과 사회질서의 관리구조를 조절한다. 한편으로 향촌 주민들은 가구의 독립생산경영과 생활을 유지하는 동시에 사회관계의 범위를 끊임없이 확장하고 공공 분야의 사무에 적극 참여했으며 다른 한편으로는 향촌사회질서의 관리 과정에서 현대

법치규칙과 제도를 끊임없이 도입했다.

향촌사회 생활방식의 도시화 발전패턴은 농업이 상대적으로 발달하고 인구가 상대적으로 집중 거주하고 있는 평원지역이 적합하다. 이런지역은 농업기반 지위를 유지하는 임무를 짊어져야 하는 동시에 또 이런 기초에서 사회생활의 새로운 발전을 추구해야 했지만 생활방식의 도시화를 추진하려면 이 두 개 측면의 요구를 만족시킬 수 있어야 했기에 새농촌 건설의 하나의 전형적인 패턴이 될 수 있었다.

현재 적합한지역에서 향촌사회 생활방식의 도시화 행정을 추진하려면 주로 아래와 같은 3가지 문제를 잘 해결해야 한다.

첫째는 농촌 공공물품의 투입과 공공시설건설 문제이다. 공공투자가 적고 교통, 통신 등 기반시설이 낙후한 문제는 향촌경제의 발전과 농민 소득수준의 향상을 제약하고 있을 뿐만 아니라 또 향촌사회생활의 질에 직접적으로 영향을 주고 있다. 향촌 생활방식의 현대화와 도시화를 실현하려면 반드시 기존의 향촌 공공시설 정황을 변화하고 향촌사회 생활수준의 향상을 위해 물질적 조건을 제공해야 한다.

인구가 비교적 집중된 향촌지역의 기반시설을 개선하려면 공공 재정의 건설투자를 확대하고 향촌 기반건설의 확대를 통해 향촌시장을 발전시키고 인민들의 생활수준을 향상시키도록 촉진해야 한다. 그중 향촌의 도로건설, 생활시설 건설은 향촌 생활방식의 도시화를 실현하는 과정에서 중요한 역할을 발휘하고 있다.

둘째는 농촌 문화교육 발전 문제이다. 교육받은 수준이 높고 낮음은 사람들의 관념 및 행위구조에 영향을 주고 있기에 농촌 주민들의 낮은 교육수준은 생활방식 도시화를 제약하는 하나의 관건적인 요소가 되고 있다. 현대적 정신을 내포한 문화교육을 받지 못한 사람들의 관념은 현대화로 변화할 수 없으며 현대지식과 기술교육을 받지 못한 사람들의 생활방식도 현대적으로 전환할 수 없다.

향촌 문화교육을 발전시키는 것은 향촌 주민들의 문화 관념을 변화하고 주민들의 교육받은 수준과 문화적 소양을 향상시키는 것이다. 현재의 현실을 놓고 보면 의무교육의 보급을 확보하는 것이 첫째가는 임무이다. 하지만 향촌 문화교육은 의무교육을 보급하는 차원에만 머물러 있기에 향촌 생활방식의 도시화 요구를 만족시킬 수 없다. 향촌사회는 반드시 풍부한 문화생활, 현대적인 문화관념, 사람들의 생활방식을 갖고 있어야만이 변화가 일어날 수 있다. 또한 향촌사회의 문화생활을 풍부히 하고 향촌 주민들의 낡은 관념이 변화하려면 향촌 문화교육 사업을 풍부히 하고 크게 발전시켜야 한다.

현재 향촌 문화교육 사업발전이 상대적으로 정체된 현황을 변화하려면 농촌 발전의 다원화, 다차원적인 교육이 필요하다. 국가는 마땅히 농촌 문화교육 사업에 대한 투자를 일층 확대하고 농촌에 완벽한 문화교육시스템을 구축해야 한다. 즉 9년 의무교육을 보급하는 기초에서 고급 중등교육을 가일층 보급해야 한다. 그중에는 중등직업교육과 직업기능양성이 망라되는데 성인교육과 전문적 기술 양성을 점차 확장하고 농촌에서 문맹퇴치 운동을 견지하면서 농촌 성인 문맹률을 끊임없이 낮춰야 한다.

농촌 문화교육이 진일보적인 발전을 추진함에 있어 투입만이 아니라 또 상응하는 메커니즘으로 보장해야 한다. 그것은 어떤 정황에서는 정부에서 교육기회를 제공한다 해도 개인이 달갑게 받아들이지 않고 끝내 거부도 했기 때문에 무릇 9년 의무교육 보급이든 다원화 혹은 다차원적인 문화교육 봉사든 모두 일정한 책략이 필요했다. 이것이 바로 상응하는 법률규칙, 시장 장려 메커니즘 및 우대정책의 장려 메커니즘과 홍보 동원 메커니즘을 구축해 극대화한 투자가 극대화한 소득을 얻을 수 있고 농촌 주민들의 문화 수준이 보편적으로 향상될 수 있도록 쟁취하는 것이다.

셋째는 향촌사회의 공공관리 문제이다. 도시화의 생활방식은 일련의 계통적인 공공 사회 관리의 체계를 망라하고 있는데 개인은 이 시스템을 통해 질서 있는 시민사회를 구성한다. 하지만 상대적으로 시민 사회의 관리 메커니즘과 전통적인 향촌사회는 주로 서로 익숙한 사회관계에 의거해 서로 인정하는 도덕규범, 관습규칙을 형성하고 또 이런 기초에서 향토사회의 질서를 구성한다.

향촌 생활방식이 도시화 방향으로 발전하려면 향촌사회의 관계구조 및 질서구조에 변화가 발생해야 한다. 그중 향촌사회 공공관리와 공공봉사를 증강하는 면에서 질적인 변화가 필요하다. 향촌사회 대인 관계의 범위가 확대됨에 따라 향촌과 외부세계의 관계가 더욱 밀접해졌기 때문이다. 만약 시종 과거의 지방적인 특수규칙으로 현지 질서를 수호한다면 향촌 주민들의 생활방식과 현대사회의 보편적인 원칙이 상호 통일되기 매우 어렵다. 때문에 향촌사회의 관리 메커니즘은 통일된 공공관리와 공공봉사의 시스템과 결부되어야 만이 향촌사회 주민들이 생활 속에서 시민 사회의 대우를 받도록 보장할 수 있는 동시에 향촌사회 생활도 통일적이고 질서 있는 관리를 통해 현대화와 도시화의 수준에 도달할 수 있다.

물론, 향촌사회의 도시화 과정에서 민간 사회의 일부 전통문화와 전통습관이 사라질 수도 있다. 도시화 과정은 표준화, 균일화한 내용을 내포하고 있기에 현대적인 문화와 생활방식이 일부 전통적인 습관과 규칙을 불가피하게 교체하게 된다. 옛 추억을 회상하는 사람들을 놓고 말하면 향촌사회생활의 도시화는 향촌문화에 대해 극대한 영향을 끼쳤다고 할 수 있다. 하지만 현대화된 배경에서 우리는 향촌사회가 전통을 고수하고 발전을 추구하지 않도록 요구할 이유가 없다.

제4절

새농촌 건설과 향촌의 읍내화(集镇化)

현재 농촌 사회발전 중에서 나타난 향촌 읍내화 현상은 향촌사회 발전의 일종의 추세 혹은 발전패턴을 예시하고 있다.

농촌개혁이래, 일부지역의 농민들은 비농업생산경영, 이를테면 외지에 나가 상공업 혹은 봉사업에 종사하거나 아르바이트를 하는 등 경로를 통해 가구 소득수준을 크게 향상시키고 적지 않은 가구의 저축이 크게 증가됐다. 이렇게 부유해진 농촌 가구들은 읍내 부근에서 주택과 가게를 샀다. 읍내의 부동산 시장이 활발해진 것으로 인해 향촌인구가 읍내로 신속히 집중하도록 촉진시켰다. 이밖에 향·진기업의 신속한 발전 과정에서 소도시와 작은 읍도 대대적으로 발전하기 시작해 향촌인구가 적은 도시로 집중할 수 있도록 조건을 만들어주었다.

새 농촌건설은 소도시 발전의 경험에서 종합 해낸 향촌사회의 읍내화 패턴 즉 일종의 향촌 도시화의 발전패턴이라 할 수 있다. 이 도시화 패턴의 의의는 주로 아래와 같은 몇 개 면에서 구현된다.

(1) 소도시와 읍내 건설은 농촌 중심시장과 시장 인터넷의 형성을 위해 기초를 닦아놓는다. 농촌시장의 발전과 업그레이드는 농촌경제 및 사회의 발전과 직접적으로 관계된다. 만약 농촌시장 체계가 끊임없이 완벽해지고 강대해지면 농업과 농촌 기타 산업이 진일보적인 발전을 이끌 수 있으며,

나아가 농촌경제의 발전도 촉진하게 된다.

시장 체계의 확장은 중심 재래시장의 발전을 떠날 수 없기에 소도시를 크게 발전시키는 것은 실제상 농촌시장중심의 역할을 증강하는 것이다. 중심 소도시가 갈수록 번영해지면 시장 체계 중의 중심역할도 갈수록 커질 것이며 시장의 발전을 촉진시키는 역할도 갈수록 강대해질 것이다. 다시 말하면 읍내는 실제상 농촌시장의 주요 담체로서 활약적인 읍내 경제는 자연적으로 주변 농촌지역 경제의 발전을 이끌고 있다.

향촌사회의 중심시장인 소도시와 읍내는 농촌 주민들의 광범위한 교류와 상호작용을 위해 더욱 넓은 플랫폼을 제공해준다. 이와 같은 광범위한 교류와 상호역할을 통해 향촌발전의 사회자본도 성장을 이룩하게 된다. 빈번한 읍내 교환과 거래 행위 중에서 형성된 향촌 주민들 사이의 정보전파 메커니즘은 협력과 자원 최적화 배치를 촉진하는데 대해 적극적인 의의를 갖고 있다.

(2) 향촌 읍내화는 농촌인구 및 노동력의 외지 이전을 위해 완화와 조절 메커니즘을 제공해준다. 모종의 의의에서 말하면 농촌발전과 도시화를 실현하려면 반드시 대량의 인구와 노동력이 외지로 이전해야 하지만 도시가 이와 같은 막대한 이전 노동력을 수용하지 못할 경우, 신흥 소도시와 읍내는 그중에서 완화와 조절역할을 발휘하게 된다. 농촌지역의 중심 읍내의 신속발전은 주변 농촌의 많은 인구와 노동력을 흡입하고 있다. 하지만 향촌 인구는 직접 도시로 진입하는 것이 아니라 먼저 향촌 읍내에 집중하기 때문에 도시화 과정에서 읍내는 도시에 대한 농촌노동력

이전의 압력을 크게 완화하고 있다. 이와 동시에 읍내의 발전도 마찬가지로 대량의 비농업 취업기회와 시장기회를 제공해주고 여전히 농업노동력의 외지 이전을 위해 조건을 제공해준다.

이밖에 향촌 읍내는 농촌인구와 노동력의 외지 이전을 위해 장소와 기회를 제공해주는 동시에 또 농촌노동력 이전 과정에서 나타나는 위험과 원가를 크게 낮춰준다. 농촌노동력 이전 위험에는 개인위험과 사회위험이 망라된다. 개인위험은 주로 외지 이전, 유동 중에서 존재하는 많은 불확실성에서 온다. 예를 들면 취업기회의 불확실성, 투입과 소득의 불확실성, 생활의 불확실성 등이다. 다른 한편으로 농민들이 여전히 고영향을 떠나지 않았기에 불확실한 요소에 직면했을 경우에도 후퇴할 여지가 있으므로 도시의 빈곤한 상황에까지 빠지지 않게 된다.

노동력 이전의 사회위험은 주로 대량의 노동력이 외지로 집중된 후, 도시생활, 노동력시장, 사회질서에 갖다 준 압력 및 이로 인해 초래될 수 있는 도시 사회문제에서 온다. 하지만 노동력이 읍내로 이전하고 집중하는 과정에는 규모적인 제한이 있을 뿐만 아니라, 또 향촌에는 여전히 후퇴할 여지가 있기 때문에 규모화의 압력과 시스템 문제가 쉽게 형성되지 않는다. 농촌인구와 노동력의 읍내 이전은 넓은 범위의 이전과 유동이 필요 없고 또 대규모의 투자가 필요 없지만 농촌 토지자원과 노동력자원의 재배치를 통해 구조전환을 실현해야 하기에 이 자연적인 집중과 전변과정은 농촌노동력 이전의 원가를 크게 낮췄다.

(3) 향촌 읍내화는 향촌사회의 구조전환을 촉진한다. 소도시와 읍내의

경제구성 및 사회 생활방식은 모두 마을 사회와 다른 점을 갖고 있기에 소도시와 읍내의 홍기는 향촌사회에 새로운 구조가 나타났음을 대표하고 있다. 이는 인구와 노동력이 읍내로 집결하는 동시에 향촌 인구와 노동력 시장구조에 변화가 일어나며 향촌사회 사회구조와 생활방식에도 많은 변화를 갖다 줄 것이다.

읍내의 끊임없는 확장 과정에서 읍과 마을, 중심과 외각 사이의 관계 구조도 따라서 변화를 가져오는 동시에 향촌사회의 생활방식에도 변화가 발생하게 된다. 그것은 마을 인구가 읍내에서 집단 주거할 때면 그들이 농업에서 상공업으로 전환할 수 있고 생활방식도 도시화로 과도할 수 있기 때문이다. 그리고 한지역의 전반 구조를 놓고 말할 때 중요한 변화는 읍내의 중심 지위가 갈수록 두드러진데 있었다.

새 농촌건설에서 향촌 읍내화의 길을 걷는 것은 적지 않은 지역의 실제적 요구에 부합되고 또 일정한 실행 가능성을 갖고 있다. 향촌 읍내화를 추진하는 과정에서 관건은 아래 몇 가지 관계 문제를 잘 파악하고 해결해야 한다.

첫째, 농촌건설과 읍내 혹은 소도시 건설의 관계 문제이다. 새농촌 건설의 전반 기획과 투입계획은 반드시 농촌의 장원한 발전의 차원으로부터 출발해 각지 농촌발전의 방향과 목표를 파악해야 한다. 만약 한지역의 농촌발전 혹은 도시화 목표를 도시화로 정한다면 읍내 혹은 소도시 건설을 첫 자리에 놓고 읍내 건설과 향촌 시장중심 건설을 통해 농촌건설과 발전을 이끌어야 한다.

혹은 농촌건설이 읍내중심을 둘러싸고 건설을 전개함으로서 향촌경제와 사회생활이 읍내중심의 추진력을 받게 해야 한다.

둘째, 기반시설건설과 제도건설의 관계 문제이다. 소도시와 읍내의 발전은 읍내 기반시설건설을 떠날 수 없는 동시에 읍내건설과 확장도 상응하는 제도건설을 필요로 한다.

읍내의 건설과 발전은 향촌 토지 자원을 재배치하고 개발 이용할 수 있기에 만약 상응하는 제도로 규범, 인도, 제약하지 않는다면 새로운 배치가 효율성을 향상하기 어려울 뿐만아니라 도리어 새로운 문제가 잠복할 수 있다. 그리하여 읍내건설과 발전은 반드시 계통적이고 합리적인 제도건설과 상호 배합해 향촌 읍내화의 길이 합리적인 목표에 따라 발전하도록 확보해야 한다.

셋째, 내향성 변화형 건설과 외향성 변화형 건설의 관계 문제이다. 소도시와 읍내의 건설 발전은 경제가 발달한 일부지역에서 내생적이고 자발적으로 형성된 것으로서 소득과 누적수준의 향상과 더불어 농민들이 대외로 지향하는 발전기회와 염원이 강해지게 했지만 그들이 누적한 자본은 도시에서의 투자를 만족할 수 없었기에 적지 않은 사람들은 고향 부근의 소도시나 읍내에서 집을 사기로 하고 가구의 경제패턴을 변화하기로 했다.

이렇게 향촌 중의 소읍은 갈수록 많은 향촌 인구들을 흡인해 읍내 건설도 가속화되었다. 이런 읍내 건설은 주로 향촌사회내부의 자체 힘에 의거해 확장된 것으로서 내진성 변화형 건설에 속한다. 경제가 상대적으로 발달하지 못한 지역에서는 농촌 주민들의 소득수준이 비교적 낮아 다수의 주민들이 가까스로 기본생활을 유지하고 있었을 뿐만 아니라 가정 누적이 비교적 적어 대외 투자와 발전을 지향할 수 없었다.

그런 빈곤지역 농촌의 생활조건은 농민 자체의 힘에 의거해 변화할 수 없었으며 또 공공재의 공급과 이용 효율을 향상시키고 낙후한 지역 농민들의 생활을 도모하기 위해 읍내를 건설함으로서 농촌 사람들을 분산으로부터 집중으로 나아가도록 인도하는데 대해 중대한 의의를 갖고 있었다. 이런 정황에서 농촌 이외의 힘에 의거해 이런 지역의 읍내 건설을 추진해야 했다. 그중 정부의 공공재정이 주요 역량인 동시에 정부도 우대정책을 통해 기타 사회역량을 동원해 낙후한지역의 읍내건설에 참여하도록 장려할 수 있다. 예를 들면 토지사용세 및 공상세 우대정책 등이다. 이밖에 또 빈곤부축 정책과 이민정책을 통해 빈곤 농민들을 읍내로 이전하도록 추진해야 한다.

넷째, 산업발전과 읍내건설의 관계 문제이다. 향촌 읍내화는 실제상 향촌 도시화의 한 개 단계 혹은 일종의 방식에 속한다. 읍내화 과정에서 부분적 향촌 사람들을 읍내로 집중시켜야 할뿐만 아니라, 더욱 중요한 것은 그들을 농업에서 비농업으로 변화시켜 직업 변화를 실현해야 하기 때문에 읍내건설과 발전은 반드시 상응하는 산업발전 및 산업 구조조정과 결부해 읍내에서 살고 있는 농촌인구와 노동력이 상대적으로 충족한 비농업 취업기회를 갖게 해야 한다.

만약 읍내 범위를 확장하는 데만 중시를 돌린다면 충족한 비 농산업이 결핍돼 읍내 노동력의 과잉현상이 나타나게 되는 동시에 또 농업생산력에 큰 영향을 끼쳐 농촌발전과 도시화가 역효과를 초래할 수 있다. 때문에 읍내 기획과 건설과정에서 합리적인 산업구조 조정계획을 설계해야 하는 동시에 또 적극적인 조치를 취해 비 농산업의 발전을 촉진해야 한다.

중국 농촌의 도시화의 길을 두고 말할 때, 향촌 읍내화의 발전패턴은 광범위한 적응성을 갖고 있으며 많은 지역의 농촌발전 수요에 부합된다.

경제가 비교적 발달한 동남 연해지역의 소도시와 읍내는 유구한 역사를 자랑하는 전통을 갖고 있을 뿐만 아니라 향촌 공업화 과정에서 진일보적인 발전을 가져왔다. 만약 새농촌 건설을 재결합해 제도건설과 공공건설 면에서 소도시와 읍내발전이 일층 업그레이드될 수 있다면 향촌 도시화 수준이 새로운 차원으로 매진하도록 힘써 촉진할 것이다.

서부의 낙후한 빈곤지역에서 농촌발전 수준을 향상시키고 향촌 읍내화의 길로 나아가는 것은 한 갈래 절약의 길이기도 하다. 새농촌 건설 과정에서 서부 대개발의 전략적 자원을 충분히 통합하고 국가 빈곤부축 개발정책 및 생태환경 건설과 결부해 국가의 건설역할을 주도로 융통성이 있고 효과적인 농촌 토지 양도제도를 실행하여 서부 향촌의 읍내건설을 적극 추진하고 서부 향촌인구의 집중과 향촌의 읍내화를 촉진해 향촌 주민들의 생활수준을 향상시켜야 한다.

중국의 농촌지역은 비록 땅이 넓고지역 차이가 비교적 크지만 발전추세의 차원으로부터 보면 도시화와 현대화의 수준을 끊임없이 향상시키는 것이 공통된 목표가 되고 있다. 이 목표를 실현하는 과정에서 향촌 읍내화의 길이 특히 광범위한 보편성을 갖고 있다는데 다만 향촌 읍내화를 실현하는 방식과 방법 면에서 현지 실정에 맞게 자체의 실제조건에 근거해 정부, 시장과 사회의 서로 다른 역할을 발휘하여 자체의 읍내화 발전패턴을 형성할 것이다.

제5절

새농촌 건설과 도농(城乡)의 일체화

도시와 농촌의 일체화를 위한 길은 도시와 농촌의 차별을 줄이고, 농촌발전을 촉진하기 위해 제기한 것이다. 소위 도농 일체화는 경제, 사회, 문화 교육 및 행정 체제상에서 도시와 향촌의 통일을 실현하는 것을 가리키는데 이는 중국 도시와 농촌의 이원체제와 서로 대응된다. 도농 일체화의 근본목표는 농촌의 사회발전을 촉진하고 농촌과 도시의 조율발전 및 동등한 발전을 실현해 농촌의 발전수준을 도시의 발전수준과 비슷하거나 혹은 서로 조화를 이루는 상태를 유지하는 것이다. 이런 의의에서 말하면 일종의 향촌 도시화의 발전경로가 되는 도농 일체화는 주로 도시에 의거해 주변 향촌의 발전을 이끌고 있다.

상대적으로 도시발전 수준을 놓고 말할 때 농촌의 사회발전 수준이 심각하게 낙후돼 도시와 향촌은 큰 대조를 이룬다. 그 이유는 그중 체제적이고 구조적인 요소가 관건적인 역할을 발휘하고 있다.

도시발전 과정에서 농촌 주민들이 상응하는 발전을 얻지 못하기 때문에 도시발전 과정에서 농촌 주민들이 발전기회를 얻기 힘들다. 먼저, 농촌 주민들이 도시 주민들과 동등한 사회복리, 사회보장 대우를 받지 못하고 공공재정에서 제공한 공공재와 복리도 도시와 뚜렷한 차별이 존재하는데 농촌이 도시보다 훨씬 적다. 다음 도시의 발전은 농촌 주민 발전을 배척하고 있다.

계획경제 체제하에서 도시 취업기회는 기본적으로 농촌 호구를 배척하고 있다. 지금도 낡은 체제는 여전히 농촌 주민을 배척하는 관성 역할을 갖고 있다. 비록 농촌 주민들이 도시로 유동해 도시경영에 참여하고 도시에서 생활하고 있지만 그들의 사회적 지위와 법률적 지위는 여전히 체제 밖에 있어 외래 인구 혹은 유동인구에 속한다. 끝으로 가장 중요한 국가의 공공투자가 주로 도시건설과 발전에 집중되어 농촌건설과 농촌발전에 대한 투자가 비교적 적다. 현재 농촌발전 문제가 매우 뚜렷해 도시와 농촌의 차별 문제가 갈수록 커지고 있다. 또한 체제상의 폐단이 이미 많은 사람들의 주목을 끌어 그들의 사색을 불러 일으켰기 때문에 도농 일체화 발전의 길은 사실 상대적으로 낡은 체제에 의해 진행된 체제개혁과 혁신의 길이라 할 수 있다.

현재 사회주의 새농촌 건설을 추진하는 것이 일종의 책략이 되었으며 도농 일체화의 체제혁신은 스촨성 청두시와 충칭직할시에서 시범적으로 추진되기 시작했다. 청두시의 시범 정황으로부터 보면 그들의 주요 혁신내용에는(그림 12-2) 아래와 같은 몇 가지가 포함된다.

(1) 도시의 재정 관념을 변화하고 도시 재정예산 및 지출구조를 변화한다. 재정구조와 지출은 사실 도시와 농촌 관계의 핵심문제로서 과거, 도시 재정지출이 주로 본 행정 관할구역에 국한되었지만 새로운 도시 재정지출 패턴은 큰 도시 재정에까지 확장되었다.

즉 한 개 중심도시의 재정은 반드시 도농 사이의 공공재 공급의 균형을 모색하는 것으로 관할 현의 공공재 공급을 이전 지급해야 한다.

특히 의무교육, 공공의료 위생시설, 기반시설, 양로원 등 사회복리시설과 기본생활보장 등 면에서 공공재정 투입의 균형을 위해 노력해야 한다.

(2) 도시의 지역 위치 기능을 발휘하고지역위치 조화를 통해 향촌발전을 점차 추진한다. 시 구역을 중심으로 하는 기초에서 거리의 멀고 가까움에 따라 주변 현, 시를 몇 개 지역 위치로 나누고 지역 위치의 특징에 따라 집중발전의 패턴을 취해 각지역위치의 우세기능을 발휘하게 해야 한다. 그리고 주변 및 잠시 도시화 조건을 구비하지 못한 지역에 대해서는 공사건설을 통해 개발강도를 확대하고 발전토대를 증강해야 한다.

(3) 농촌 도시화를 도시기획, 건설과 전반 발전 과정에 포함시킨다. 도시지역위치의 재조정과 포치기획 중에서 공업구, 도시 및 환경 등 개발공사의 건설을 통해 농촌인구와 노동력이 질서 있게 도시로 이전하고 점차 향촌의 도시화 수준을 향상시켜야 한다.

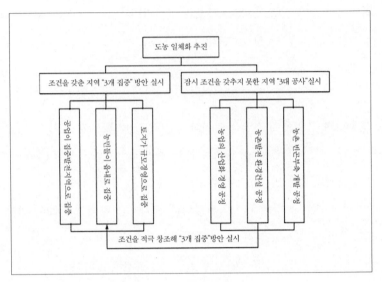

그림 12-2 청두시 도농 일체화 추진 전반 구조[135]

청두시는 도농 일체화의 시점을 통해 적극적인 경제와 사회적 효과를 가져왔다. 먼저, 총생산액과 재정소득 성장속도가 뚜렷하게 가속화됐다. 2006년 전시 총생산액은 2002년보다 65.4% 성장하였고 지방 재정소득은 212.7% 성장했다.

다음 농민 증수를 촉진하고 도시와 농촌의 소득 격차를 줄였다. 양안진 (羊安镇) 의 2006년 총생산액은 2003년보다 72.9% 성장하였고

---

135 중공성도시위정책연구실 편성, 『성도시 도농 일체화 추진 실천모색』 ,14쪽, 성도, 사천출판사, 2007

농민들의 1인당 소득은 58.6% 성장했으며 청두시 도농 주민 가처분소득 격차가 2002년의 2.63배로부터 2.51배로 축소되었다. 마지막으로 농촌 공공재의 공급이 신속 성장하였고 농촌 기반시설과 생활환경이 크게 개선되었다.[136]

도농 일체화의 시점 개혁 추진은 이 발전 책략이 일종의 지도적인 책략으로 변해 점차 전국적으로 상응하는 도시에서 시행될 수 있음을 의미했다. 그럼 도농 일체화 발전 전략은 새농촌 건설과 농촌발전에 어떤 역할을 일으키게 될 것인가?

(1) 이론상에서 말하면 도농 일체화를 추진하는 것은 도농 체제개혁을 심화하는 중요한 구성이다. 낡은 도농 체제는 도시와 농촌의 조율발전을 제약할 뿐만 아니라 농촌의 발전을 저해하기에 낡은 체제를 개혁하고 새로운 체제를 구축하면 필연적으로 농촌건설과 발전에 대한 체제의 영향이 변화되어 농촌이 새로운 발전기회를 얻게 될 것이다. 무릇 새농촌 건설의 차원으로부터 보나 아니면 농촌 도시화 차원으로부터 보나 도농 체제개혁은 모두 필연적인 길이다. 설령 도농 일체화의 길이 단기 내에 도시와 농촌사이의 격차를 해소할 수 없다 해도 이는 어디까지나 농촌발전이 정확한 방향으로 나아감에 있어서 중요한 한 걸음을 내디딘 것이다.

---

136   중공성도시위정책연구실 편성, 『성도시 도농 일체화 추진 실천모색』,14 쪽, 성도, 사천출판사, 2007

(2) 현재 중국의 도시 행정구역 체계를 놓고 말할 때 많은 대도시와 중등 도시에서는 이미 '시가 현을 관리'하는 행정구역 체계를 실행하고 있다. 즉 중심 도시로 과거의지역행정 전속을 대체했다. 중심 도시는 하나의 독립적인 행정구인 동시에 현 급 단위를 관리하는 기능도 짊어지고 있다. 이렇게 중심 도시와 주변의 현은 일정한 연계가 있는 행정구역 체계를 구성한다. 하지만 현재 중심 도시가 자신이 관할하고 있는 행정구역 발전에 대해 발휘하는 역할이 중심적이고 지도적인 위치에 도달하지 못해 행정구역 내의 구역 간 분할, 현 시 분할과 도농 분할이 여전히 뚜렷하다. 도농 일체화 행정을 추진하려면 이런 문제를 해결하고 중심도시의 중심역할을 잘 발휘해 시와 현, 도시와 농촌의 공동발전, 조율발전을 실현해야 한다. 이런 과정에서 중심도시는 반드시 통일, 조율, 지도적 역할을 짊어져야 하는 동시에 합리적인 큰 도시 재정체계를 구축해야 한다. 때문에 현실적인 문제도 시가 현을 관리하는 행정체계의 진일보적인 개혁을 요구해 구역 내의 관계가 더욱 합리하고 원활하며 지역 내 및 도농 사이가 더욱 조화롭게 발전할 수 있다.

(3) 도농 일체화 발전전략을 널리 시행하는 것은 도시가 농촌을 위하는 최적의 방식이며 또한 향촌 도시화와 향촌발전을 다그치는 효과적인 경로이기도 하다. 시와 현의 행정체계 중, 만약 체제개혁을 일층 심화하고 각급 재정의 권한과 책임범위를 명확하고 합리적으로 규정하며 도농 발전기획을 총괄하고 지역 내의 투자구조와 산업포치를 최적화하고 잘 배치한다면 도시 주변의 현 및 농촌지역의 자원이 효과적으로 개발되고

이용될 것이며 농촌도 도시 발전과정에서 자원의 가치 성장 및 직업전환을 통해 더욱 많은 발전기회를 얻게 될 것이다. 각 시, 현 구역체계중의 중심도시가 중심역할과 반포역할을 발휘할 때 광범위한 농촌지역 및 광범위한 농민들이 그 혜택을 보게 될 것이며 또 이런 추진으로 농촌의 도시화 수준도 끊임없이 향상될 것이다.

제4편
새농촌 건설의 방법 선택

제 13 장 도시와 농촌의 이원체제 개혁과 새농촌 건설

제13장

도시와 농촌의 이원체제 개혁과 새농촌 건설

새 농촌건설은 물질상의 투자와 건설이 필요할 뿐만 아니라 제도상의 건설도 급히 필요하다. 현재 가장 중요한 것이 곧바로 농촌발전을 위해 제도장애를 깨끗이 제거할 수 있는 체제상의 개혁일 것이다. 본 장에서는 주로 도시와 농촌의 이원체제 개혁 문제 및 새농촌 건설에 대한 개혁의 의의를 검토하게 된다. 현재의 현대화, 도시화, 글로벌화 시대의 큰 배경에서 우리는 농촌건설을 독립적이고 도시와 관련이 없는 사업이라 할 수 없기에 새농촌 건설을 도농 체제개혁과 연계시켜 농촌의 발전을 분석해야 만이 농촌이 진정한 발전의 길을 모색할 수 있다. 마치 우리가 지구의 밖에 서있어야 만이 지구를 움직일 수 있는 것과 같은 도리이다.

개혁개방 방침정책의 전면적인 시행과 끊임없는 심화는 중국의 경제, 정치와 사회구조를 변화하고 제반 분야의 전환을 모색하고 있다. 상대적으로 경제체제 개혁을 놓고 말할 때 사회체제의 개혁이 상대적으로 뒤처져있다. 소위 사회체제는 종합경제와 정치체제를 가리키는데 사회생활 속의 공공이익과 관계된다. 예를 들면 기반시설, 교육, 공공위생, 사회복리, 보장, 인구와 취업 및 문화 등 면의 자원에 대해 조정하고 배치하는 체제이다. 중국의 사회체제는 기본적으로 1958년 후에 점차 형성되었고 또 공고한 도시와 농촌 이원체제를 형성했다. 이 체제는 30여 년의 개혁 중에서 추진되지 못했을 뿐만아니라 오늘날까지 지속되고 있으며 또 시장경제 및 조화로운 사회건설을 구성하는데 하나의 장애가 되고 있다. 특히 이런 체제는 시종 농촌발전의 중요한 장애가 되어 만약 더 이상 개혁하지 않는다면 새농촌 건설은 중대한 체제혁신의 결핍으로 인해 이상목표를 실현하기 매우 어려울 것이다.

제1절

중국개혁 30년, 농촌으로부터 도시에 이르기까지

1978년 중공11기 3차 전체회의는 두 가지 중요한 방침을 확립했는데 첫째는 발란반정(撥亂反正)이고 둘째는 개혁개방이다. 발란반정이란 바로 지난날의 일부 잘못된 노선과 작법을 바로잡고 계급투쟁을 기본 고리로 경제발전에서 정치가 먼저이던 향·진에서 벗어나 사업 중심을 경제건설로 옮긴 것을 가리킨다. 만약 발란반정이 주로 극좌의 사상과 노선을 수정하고 전변한다면 개혁개방의 방침이 바로 실천 속에서 그런 극좌 사상관념으로 인해 세워진 정책, 제도, 체제를 개혁하는 것이다. 구체적으로 말하면 바로 경제효율의 향상을 저해하는 계획경제체제이다.

농업은 극좌노선 및 계획경제체제의 파손과 영향을 비교적 심각하게 받았을 뿐만 아니라 또 국민경제의 토대가 되어 인민생활수준의 향상과 직접 관련되었기에 농업생산을 회복하고 크게 발전시키며 농업경제 효율을 향상시키는 것은 당시의 첫째로 가는 임무가 되었다. 그리하여 11기 3차 전체회의에서는 농업문제를 중점적으로 토론하고 농업경제와 농촌개혁 행정의 가동을 위해 튼튼한 기초를 닦아놓았다.

정치에 대한 예민한 감각으로 1978년 말, 안훼이성 펑양현 샤오캉촌 농민들은 이면 합의를 거쳐 빨간 손도장을 찍고 암암리에 생산대의 토지를 가가호호에 분배해 솔선하여 전면 도급제를 실행했다. 샤오캉촌이 바로 극좌 정치와 계획체제의 심각한 영향을 받은 전형적인 사례이다.

원래 풍족한 생활을 누리고 있던 샤오캉촌은 '대약진', 인민공사화, '문화대혁명'의 시달림으로 "농사는 대출금에 의지하고 식량은 환매에 의존하며 생활은 구제에 의지하는" 급박한 상황으로 변했다. 그 주요 원인이 바로 농업경제에 대한 삽입식 정치로 인해 파괴된 것이다.

삽입식 정치 즉 정치운동이 지나치게 경제생활에 침투되어 경제활동의 본질이 변화되었고 정치 먼저 혹은 정치 운동의 생활방식화가 나타나 사람들의 경제와 사회생활의 자주적 권리가 극단적인 정치사상과 운동의 제약을 받게 되었다.[137] 샤오캉촌 농민들의 개혁창조는 즉시 효과를 보았다. 전면 도급제를 실시한 1년래, 농민들은 대풍작을 거두어 자신의 먹고 입는 문제를 해결하였을 뿐만 아니라 또 남은 양식을 국가에 수매했다. 중앙은 실천의 진리를 검증하는 유일한 표준이라는 원칙에 근거해 샤오캉촌 농민들의 개혁 시도를 조속히 긍정하고 인정했으며 또 1982년 농촌에서 가정도급책임제 개혁을 위주로 하는 농업경제체제 개혁을 추진하기로 결정했다.

농촌경제체제 개혁에 맞춰 경제에 대한 정부의 지나친 개입을 줄이기 위해 1983년부터 농촌에서는 정부와 사회의 분리 및 인민공사 취소와 향·진정부 수립 등 개혁을 시작했는데 이로부터 농촌 인민공사제가 결속을 선고했다. 1984년 중앙농촌사업회의에서는 농촌 집체 토지 도급기한을 15년 이상으로 규정하였고 1993년에 또 토지 도급제 기한을

---

137 육익룡, 『삽입성 정치와 촌락 경제의 변천-안훼이 샤오캉촌의 조사』, 75~159 쪽.

30년 더 연장할 것을 제기했다. 1980년대 중기, 중앙정부에서는 인민공사 시대의 농촌 기업소를 향·진기업으로 전환시킬 것을 비준하였고 일부분 농민들이 전문 농가로 되거나 혹은 향·진기업을 발전시켜 먼저 부유해지도록 장려했다. 1990년대, 농촌의 주요 개혁은 식량 구입과 판매 체제의 개혁을 포함해 식량 2급 시장이 개방되었다. 다음으로 농촌 기층조직 건설개혁은 '촌민위원회 조직법'의 실시와 더불어 촌민들이 직접 촌 위원회 위원을 선거하는 작법이 전국적으로 널리 시행되었다.

2000년에 들어서 '3농'문제가 두드러지기 시작했다. 이 문제를 완화하기 위해 2006년 중앙정부에서는 농업세 전면 면제 및 새농촌 건설, 식량재배 농가들에게 재정 보조금을 제공하는 여러 가지 개혁조치를 출범했다.

상대적으로 농촌개혁을 놓고 말할 때 도시개혁은 농촌개혁이 일정한 성과를 이루고 농업 기반지위가 회복된 동시에 인민들의 먹고 입는 문제가 기본적으로 해결된 후에야 점차 보급되었다.

도시개혁의 중점은 경제체제 개혁을 점차 사회체제 개혁으로 전환하는 것이다. 경제체제 개혁은 주로 첫째는 국유기업 개혁, 둘째는 비공유제 경제의 합법적인 존재 허용, 셋째는 시장경제체제의 확립에서 집중적으로 표현된다.

1980년대 중기, 도시 경제체제 개혁은 주로 국유 중대형 기업 경영의 자주권 및 정부와 기업의 분리 개혁을 강조한 후 전 국민과 집체 소유제 중소형 기업에 대해 임대, 도급, 주식제 등 개혁방식을 실행하는 것으로 경영 메커니즘을 전변했다. 1993년 중공 14기 3차 전체회의는 사회주의 시장 경제체제 구축에 관한 결정을 채택하고 국유기업의 경영체제 개혁을 전면적으로 추진하고 심화했다. 이때로부터 국유기업은 시장경제의 요구에 적응하고 소유권을 명확히 하며 정부와 기업이 분리되고 과학적으로 관리하는 현대기업으로 거듭났다.

이밖에 시장경제체계의 확립은 국유기업의 개혁을 의미하는 동시에 시장이 이미 여러 가지 비공유제 경제로 개방되었음을 의미했을 뿐만 아니라 도시가 농촌 나아가서 전 세계의 경제로 개방되었음을 의미했는데 이는 도시 경제구조로 하여금 큰 변화를 일으키게 했다.

그리하여 개혁행정 중의 한차례 중대한 비약인 시장경제 개혁은 전반 경제구조 및 사회 기타 분야의 구조전환을 추진하고 이끌었다. 시장전환은 마치 하나의 보이지 않는 손과 같이 개혁개방의 행정 및 중국경제와 사회의 발전을 재배하고 있었다.

도시는 시장화와 국유기업 개혁의 끊임없는 추진과 심화 과정에서 가장 두드러진 사회문제인 정리 실업자의 증가, 도시 저소득 혹은 빈곤 계층의 출현을 직면하게 된다. 이런 사회문제를 해결하기 위해 도시개혁은 경제체제개혁을 진행한 동시에 또 상응하는 사회체제개혁을 배합했으며 또 현재의 개혁 중점을 이미 경제체제로부터 사회체제로 전환시켰다. 도시 사회체제개혁은 단위제 개혁에 집중되었다.

단위제는 계획경제체제와 연결된 사회관리 체제로서 각 기업과 사업단위에서 종업원들의 사회복리, 양로보험, 자녀입학 나아가서 취업 등 사회성 사무를 감당하게 되는데 바로 사람들이 늘 말하는 '기업이 사회역할을 맡는' 현상을 가리킨다. 동북 노 공업기지는 국유기업이 비교적 집중된 초대형 산업 커뮤니티이며 또한 단위제가 비교적 전형적인 지방이기도 하다.[138] 단위제 개혁 내용은 주로 정치, 사회복리, 사회보장, 의료, 양로보험 등을 망라한 사회사무가 기업관리에서 분리되어 거시적 조정 시스템과 사회관리체제로 대체된 후 기업이 정력을 집중해 경제 효과를 향상시키는 것을 말한다. 국유기업과 집체기업, 사업단위가 단위제로부터 현대기업 혹은 현대기구로 전변되어 과거에 단위에서 감당하고 있던 사회관리 사무를 무형 중에 사회에 맡기게 되었다. 이를테면 취업, 주택, 의료, 양로, 실업, 빈곤 등 사회문제가 속속 나타나 사회체제의 개혁을 요구할 수밖에 없었기 때문에 도시경제체제 개혁의 순조로운 진행을 위해서 반드시 알맞은 도시사회체제 개혁을 추진해야 했다.

도시사회체제 개혁에는 주로 도시 종업원 주택의 상품화, 의료, 실업과 양로보험의 사회화, 도시 최저생활보장체제, 취업 시장화 등이 망라된다. 이와 같은 모든 개혁의 공동원칙은 사회성과 공공사무에 대해 개인, 기업과 사업단위, 정부에서 모두 합리적으로 상응하는 책임을 분담하고 사회사업의 발전을 공동으로 추진하는 것이다.

중국 30여 년간의 개혁개방 역정을 돌이켜보면 아래와 같은 몇 가지 결론을 얻어낼 수 있다.

첫째, 개혁은 '농촌 먼저 도시 다음'의 차례에 따라 점차 추진되었다.

둘째, 농촌개혁과 도시개혁을 분리해 진행했다.

138   전의봉, 『"전형 단위제"의 기원과 형성』, 『지린대학신문』, 2007(4).

셋째, 농촌개혁은 주로 경제와 행정체제개혁으로서 사회체제와 비교적 적게 접촉했으며 도시개혁은 '경제 먼저 사회 다음'차례로 질서 있게 추진되었다.

넷째, 무릇 농촌이든 도시든 막론하고 개혁개방은 모두 경제효과와 인민들의 생활수준의 향상을 효과적으로 척진시켰다.

다섯째, 농촌개혁 중의 사회체제는 개혁의 결핍으로 공공사무 및 사회관리 진공의 확대를 초래해 농촌에서 '발전 성장이 없는' 현상 즉 농촌 '과밀화' 현상이 나타났다.[136] 즉 경제총량은 성장됐지만 농촌사회발전의 종합수준이 향상되지 못했다.

여섯째, 30여 년간의 개혁은 아직 도시와 농촌의 이원경제와 사회 체제를 구축하지 못해 시장과 체제의 이중 역할 속에서 도시와 농촌 발전의 격차는 갈수록 커갔다.

상술한 몇 가지를 종합해 보면 개혁개방은 여전히 중국경제와 사회 발전의 중요한 역량이다. 우리는 개혁개방 중에서 나타났거나 혹은 개혁개방이 갖다 준 문제를 개혁개방의 심화를 통해 해결해야 한다. 개혁심화가 직면한 도전은 경제체제개혁과 사회 및 정치체제개혁을 어떻게 더욱 효과적으로 조화시키며 도시개혁과 농촌개혁을 어떻게 통일시키고 조화시키는가 하는 것이다. 이 두 가지 개혁심화의 요구는 현재 중국의 도시와 농촌 이원체제 문제를 보여주고 있다.

---

136 황종즈, 『주강삼각주 소농가정과 향촌발전』, 11쪽.

제2절

도시와 농촌의 이원체제 및 기타 주요 영향력

도시와 농촌 이원체제는 경제, 행정, 사회 관리의 제도 혹은 정책배치에서 도시와 향촌의 행정구획에 대해 분할하고 또 서로 다른 요소자원 배치방식과 관리방식을 취하는 것을 가리킨다. 리이닝(厲以寧)은 "계획경제체제는 실제상 첫째로 정부와 기업이 분리되지 않고 소유권이 불분명한 국유기업체제와 둘째로 도시와 농촌 분할, 도시와 농촌의 생산요소 유동을 제한하는 도농 이원체제 등 두 가지 중요한 버팀목이 있다"고 인정했다.[137]

사실 도시와 농촌 이원체제는 다만 경제상의 이원구조만 가리키는 것이 아니다. 그것은 모든 경제권에는 현대화 과정에서 루이스가 말한 것처럼 높은 효율의 현대 부문과 낮은 효율의 전통 부문이 병존하는 이원경제 구조가 나타날 수 있기 때문이다.[138] 시장경제 조건하에서 노동력과 자본 등 요소들은 낮은 효율 부문으로부터 높은 효율 부문으로 단 방향으로 불균형하게 유동할 수 있지만 도농 이원체제는 제도의 배치 혹은 인위적인 요소로 인해 도시와 향촌사회경제의 불평등하고 불균형적인 발전구도가 형성될 수 있다.

---

137   리이닝, 『도농 이원체제 개혁 논함』, 『북경대학신문』, 2008(2).
138   루이스, 『이원 경제론』, 149~170쪽, 북경, 북경경제학원출판사. 1989.

이밖에 도시와 향촌 이원체제는 비록 계획경제체제의 중요한 버팀목이지만 계획경제체제의 필연적 요구가 아니며 또한 계획경제의 필연적 산물도 아니다. 그것은 도시와 농촌 이원체제는 모든 계획경제권의 공동한 특징이 아닐 뿐만 아니라 계획경제가 시장경제로 전환함에 따라 소실되는 것이 아니라 그 특징이 더욱 두드러지고 뚜렷해지기 때문이다. 다시 말하면 시장경제체제 개혁이라 해서 반드시 도시와 농촌 이원체제 개혁을 포함하는 것이 아니다. 즉 다른 한 차원으로 설명한다면 도농 이원체제는 경제와 정치를 포괄한 중국특색이 있는 종합성 사회체제이다.

구체적으로 말하면 현재 중국의 도시와 농촌 이원체제가 포함한 실질적인 체제 내용은 아래와 같다.

(1) 도시와 농촌 분할의 이원 호적제도이다. 1958년에 제정한 "호구등록조례"는 도시와 농촌의 이원 호적제도를 위해 법률적 토대를 다졌다. 호구는 도시와 농업호구에 따라 등록하고 "농업 호구에서 비농업 호구로 전환"하거나 혹은 호구이전 행위에 대해 행정 통제했으며 자원배치와 호구를 연계시켜 실제상 도시와 향촌 주민들의 불평등한 법률적 지위를 부여해 무형 중에 도시와 향촌 간에 삼엄한 제도적 장벽을 세웠다.[139] 도시와 농촌 이원 호적제도는 표면상으로는 호구등록과 관리상의 문제를 엿볼 수 없지만 실질적으로 도농 이원체제의 조작시스템으로서 이는

139　육익룡, 『호적제도-통제와 사회적 차별』, 111~159 쪽.

도시와 농촌 사이의 불평등한 자원 배치를 위해 하나의 조작 플랫폼을 제공한 동시에, 또 도시와 농촌이 향유하는 서로 다른 사회적 대우의 법률적 의거가 되었다.

소위 '적'이란 권리의 의거를 가리킨다. 호적상의 차별이 존재하기에 같은 권리를 향유하지 못하는 것도 자연스러운 일이었다. 공민을 두 가지 다른 성질을 띤 도시호구와 농업호구로 나눈 것은 도시주민과 농촌주민들이 서로 다른 법률적 권리를 향유하고 또 이로 인해 도시와 농촌 분할의 이원 사회체제가 생산되는 것도 피하기 어렵다는 점을 의미하고 있다.

(2) 도시와 농촌은 서로 다른 토지자원 배치 체제를 갖고 있다. 토지 공유제 제도의 배경에서 도시가 실제상 집행하고 있는 것은 토지 국유제이다. 비록 시민들을 경작지에 분배하지 않았지만 실질상 여전히 국가 배치의 토지자원을 향유하고 있다. 예를 들면 공장, 주택 등이다. 하지만 농촌에서 실행하고 있는 것은 토지 집체소유제이다. 농민들이 토지자원의 권리를 향유하는 것은 주로 집단에서 오는데 바로 집단이 공유제 주체를 행사하고 있다. 상대적으로 도시주민들은 직접 국가에서 배치한 토지자원을 향유해 농촌주민들이 획득한 토지자원 권익은 간접적일 뿐만 아니라 권한범위도 매우 작다. 이런 도시와 농촌의 서로 다른 토지자원 배치체제 중에서 도시와 농촌 주민들의 주체적 지위에는 실제상 비교적 큰 차별이 존재한다.

이밖에, 도시와 농촌 토지자원배치의 제도상의 분리는 실제상 도시와 농촌 사이의 요소자원의 합리적인 유동을 제한했다. 특히 이 체제하에서 농민들은 토지자원의 권익적인 지위 면에서 약세 위치에 처해있기에 토지의 권익적인 수익을 획득할 때 여전히 집단의 제약을 받게 된다. 왜냐하면 농민들은 토지의 권리를 도급하고 사용할 뿐 토지사용권과 수익권을 직접적으로 양도하는 권리가 없기 때문이다.

(3) 도시와 농촌의 격리된 노동력시장체제이다. 계획경제체제하에서 도시와 향촌의 노동취업 체제는 거의 완전히 격리된 것으로서 농촌 주민들은 응시 또는 입대했다가 간부편제로 전환하거나 혹은 농민에서 노동자로 변신하지 않으면 대신 취직하는 등 여러 가지 경로를 통해야만이 도시취업시스템에 들어갈 수 있었다. 그리하여 대다수의 농촌 노동력은 모두 농촌에 남아 농사업에 종사하거나 농촌에서 취업했다. 개혁개방 이후, 집단속에서 표출 된 농촌 잉여 노동력은 비록 도시에서 일하고 있었지만 결코 도농 노동 취업체제의 일체화를 실현한 것이 아니었다. 도농 분할의 취업체제는 주로 체제 안과 체제 밖의 이원 취업 체제에서 표현되었다. 이를테면 '농민공'현상이 바로 전형적인 사례인데 농촌노동력이 이미 도시에서 비농업 일자리를 구했다 해도 도시 취업체제가 인정해주지 않아 여전히 '농민'으로 인정받고 있었다.

시장경제체제 개혁과정에서 비록 많은 도시취업 기회가 농촌에 개방되고 또 일부 노동취업에 관한 법률적 제도도 끊임없이 보완 수정되고 있었지만 낡은 도농 이원체제는 통일적인 노동력시장 메커니즘의 형성을 저해하고 있었기에 대량의 농촌노동력은 여전히 불확실한 도시진입

노동자로 되어 도시 종업원으로 전환하기 매우 어려웠다.

　(4) 도농 분리의 재정 및 공공관리체제이다. 중국 도농 이원 경제구조의 중요한 체제 버팀목은 이원적인 재정 및 공공관리체제이다. 장기간 도시 재정과 향촌 재정이 분리되고 국가재정이 도시의 투입에 편중되어 향촌건설은 국가재정의 지지를 상대적으로 많이 받지 못했다. 일부 전국적인 대형 기반시설건설 프로젝트를 제외하고 국가재정이 향촌에 대한 직접적인 지출이 비교적 적었다.

　도농 분리의 재정시스템 중에서 도시 재정투입은 도시교외 농촌을 제외한 외에 농촌건설에 근본적으로 혜택을 줄 수 없었다. 향촌재정 실력이 국가와 도시 재정보다 박약한 것으로 인해 많은 농촌의 사회사업과 공공건설이 도시보다 크게 낙후해져 도시와 농촌발전에 이원성 분화가 나타났다.

　(5) 도농 분할의 사회복리와 보장체제이다. 도농 이원구도는 또 사회복리와 사회보장 면의 서로 다른 정책과 제도배치를 포함한다. 무릇 계획경제 시대든 아니면 현재의 시장경제체제든 막론하고 사회복리와 사회보장의 권익배치는 줄곧 도농 주민들을 구별해 대하는 제도배치를 유지하고 있었다. 도시 주민들은 국가에서 제공하는 의료, 주택, 교육, 생활보조, 실업, 양로보험, 최저생활보장 등 복리대우와 사회보장을 향유할 수 있었지만 농촌 주민들은 사회구조 외에 향유할 수 있는 국가복리와 사회보장이 매우 적었다.

이원 체제하에서 국가복리와 사회보장 정책은 농촌지역에 매우 적게 보급되어 농촌 주민들은 일반적으로 국가복리와 사회보장 범위 내에 포함되지 않았거나 혹은 "도시 먼저 농촌 다음" 경향이 존재했다. 농촌 주민들이 공공복리와 사회보장을 매우 적게 향유하고 있었기에 도농 격차가 더욱 두드러져 보였다. 또한 도농 주민들의 이런 대우 혹은 권리상의 차별로 인해 도농 사이의 격리가 더욱 심각해졌다. 일부분 사람들만 우월한 공공복리와 사회보장을 향유하는 것을 방지하기 위해 관리상에서 반드시 농촌 주민들의 시민 전환을 엄격히 통제해야 했다.

물론, 도농 이원 체제에는 또 보수적인 이원 이념과 문화 등 기타 내용도 포함됐다. 이 이념은 도시가 곧바로 도시이고 농촌이 곧바로 농촌이라는 관점을 인정하고 있어 농촌과 도시 사이에 인위적이고 제도적인 구분과 통제가 필요했다. 그렇지 않으면 관리와 질서의 안정에 영향을 주게 되며 줄곧 오늘날에 이르기까지 정책과 대중들의 태도에 영향을 미치게 될 것이다.

도농 이원체제는 스스로 형성되어서부터 오늘날에 이르기까지 이미 반세기가 지나갔다. 중국경제와 사회발전에 대한 도농 이원체제의 영향력은 주로 아래와 같은 몇 가지 면에서 표현된다.

먼저, 이원체제는 도농 사이의 불균형적 발전과 조화롭지 못한 사회구조를 구축했다. 이원체제의 핵심적 내용은 중요한 자원이 인위적이거나 혹은 계획적인 역량을 통해 도시와 향촌사이에서 불균형적으로 배치하는 것을 말한다. 자원배치가 균형을 잃음에 따라 도농 발전도 균형을 잃었으며 전반 사회구조에도 도시와 향촌의 부조화가 나타났다. 즉 현대화 과정에서 도시의 번영과 더불어 농민 및 향촌사회의 낙후한 발전이 나타났다.

다음 이원체제는 도시와 농촌의 격차가 더욱 커지게 했다. 도시와 농촌 사이에서 중요한 생산과 생활자원의 불공평한 배치는 도농 주민들이 소유한 소득유역 혹은 소득기회가 불균등하다는 점을 의미하고 있다. (그림 13-1) 기회의 불균등과 향촌의 취약한 지위는 시장 경쟁 속에서 도농 소득의 격차와 사회 불평등을 더욱 격화시켰다.

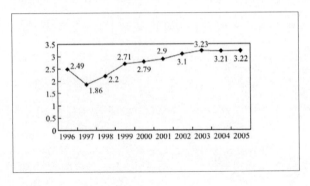

그림 13-1 도농 소득 비율

자료 출처, 『중국통계연감 2006』, 중국통계출판사, 2006.

그림 13-1에서 볼 수 있듯이 도농 주민 1인당 소득 격차는 끊임없이 커지고 있을 뿐만 아니라 소득 격차가 비교적 커서 도시 주민 소득수준은 농촌 주민의 3배 이상에 달한다. 시장전환 과정에서 도농 격차가 벌어지고

있는데 이는 시장 메커니즘이 도농 이원체제의 차별화 기능을 확대하여 양자의 중첩역할로 인해 사회의 불공평이 격화되고 있음을 반영한다.

마지막으로 이원체제는 농민 및 향촌사회의 발전을 심각하게 제약했다. 개혁개방 이후, 농민과 향촌사회 면모에는 거대한 변화가 발생해 농촌 경제와 농민들의 소득이 모두 비교적 크게 향상되었다. 하지만 구조적으로 볼 때 농촌과 농민은 여전히 성장만 있고 발전이 없는 상태에 처해 있어 농촌사회 발전수준이 상대적으로 비교적 낮았다. (그림 13-2)

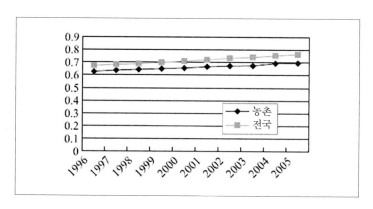

그림 13-2 중국 농촌 인류 발전 지수 [140]

그림 13-2에서 볼 수 있듯이 중국농촌 종합발전 수준은 해마다 향상 되었지만 수이 상대적으로 비교적 낮아 간신히 합격 수준으로 기본적으로

---

140 1996-2002 년의 데이터 송홍원, 마영양, 『중국 도농 격차에 대한 인류 발전지수의 추측』 에서 인용, 『경제연구』 , 2004(11).2003-2005 년의 지수는 『중국통계연감 2006』 , 『중국인구 통계연감 2006』 ,교육부 2006 년 공보계산에 근거해 획득.

0.6~0.7사이를 유지했을 뿐만 아니라 농촌발전수준이 전국 수준을 제약하고 있다. 농촌발전이 낙후한 것은 이원체제의 분할 혹은 격리역할과 일정한 관계가 있다. 장기간 향촌사회의 주민들은 체제의 속박으로 인해 제한된 토지와 공간에서 생활하면서 유동성과 활력이 제한을 받았기에 이로 인해 기타 발전도 크게 제약을 받았다.

도농 이원체제는 모종 구체적인 제도 혹은 정책이 아니라 복잡한 역사배경과 발전과정에서 여러 가지 복잡한 메커니즘 및 체제조합으로 형성된 하나의 복잡한 체제이다. 뿐만 아니라 이런 이원체제의 영향력도 다방면에서 구현되는데 가장 본질적인 것이 도농 이원 분열의 사회구조를 구축한 것이다.

제3절

왜 도농 이원체제를 개혁해야 하는가

30여 년간의 개혁개방을 거쳐 중국의 도시와 농촌 관계는 비록 국부적인 변화를 가져왔지만 갈수록 커가는 격차 및 도시번영과 농촌 쇠락이 공존하는 현상은 도농 관계가 경제의 성장과 더불어 관계가 원활해진 것이 아니라 갈등이 오히려 더욱 첨예해졌다.

오늘날 도시와 향촌사이는 비록 다양한 교류가 많이 늘고 있는 것 같지만 유동하는 부분은 체제 밖에서만 볼 수 있다. 많은 농촌노동력은 번화한 도시건설과 공업발전을 위해 기여하는 가운데서 비록 농업소득보다 더욱 높은 보수를 받았지만 그들은 시종 체제 밖에서 유동하고 있었다.

그럼 어떤 역량이 도시와 향촌사이의 대립관계를 유지하고 있는 것일까? 또한 어떤 요소가 도시와 향촌의 격차를 더욱 심해지게 했을까? 볼 수 있듯이 많은 현실적인 경험들이 모두 도농 이원체제를 직시하고 있다. 그리하여 이런 체제에 대한 개혁의 목소리가 갈수록 높아지고 있다. 그럼 무엇 때문에 도농 이원체제를 개혁해야 하는 것일까? 우리는 아래의 세 가지로 개혁의 필요성과 중요성을 이해할 수 있다.

(1) 개혁을 심화하려면 도농 이원체제의 개혁이 필요하다. 개혁개방 30여 년간의 경험에서 알 수 있듯이 오직 끊임없이 개혁 혁신해야 만이

발전의 잠재력과 동력을 얻을 수 있다. 낡은 체제는 과거에 적극적인 역할을 갖고 있었거나 혹은 사람들이 그의 존재에 습관 되었기에 시종 개혁과 발전의 장애가 되었다. 개혁개방 30여 년래, 중국경제사회는 괄목할만한 성과를 이룩했다. 이 실천결과는 개혁개방이 발전의 기본방향이고 대세라는 것을 유력하게 설명해준다. 시종 개혁개방 원칙을 견지하고 또 기존의 기초 위에 끊임없이 개혁을 심화해 중국 사회경제의 양성 발전을 한층 추진할 것이다.

개혁의 근본목표는 발전을 촉진하기 위한 것이기에 개혁을 심화하려면 사회의 진일보적인 발전을 저해하는 시스템과 체제를 개혁해야 한다. 현재 중국사회의 신속전환 과정에서 비록 성숙치 못하고 조화롭지 못한 메커니즘과 체제가 매우 많아 여러 가지 사회문제를 일으키고 있지만 그중 어떤 문제는 전환 속에 있거나 혹은 발전 중의 문제에 속해 이런 문제는 전환과 발전행정의 추진과 더불어 해결될 수 있다. 하지만 구조성 체제 문제는 발전과 더불어 자동적으로 해소되지 않을 뿐만 아니라 오히려 발전 속에서 더욱 가속화돼 발전의 큰 장애로 될 것이다. 도농 이원체제 문제가 바로 그중의 하나로서 현실이 증명하듯이 도농 이원격리와 발전 격차 문제는 시장전환과 경제의 신속발전과 더불어 완만해진 것이 아니라 더욱 가속화 되어, 체제개혁의 차원으로부터 문제의 해결경로를 찾지 않는다면 이 문제를 해결하기 매우 어려울 것이다.

시각을 바꾸어 보며 경제체제 개혁은 비록 이미 단계적인 성공을 이룩하고 경제효과의 향상을 촉진시켰지만 사회발전 속의 문제해결은 여전히 개혁을 가일층 심화해야 한다. 개혁을 지속적으로 앞으로 추진하려면 이 문제를 야기 시킨 사회체제에 대한 개혁 강도를 더해야 한다. 모종의 의의에서 말하면 현재 중국 사회발전에 영향을 주고 발전을 제약하는 가장 두드러진 문제가 바로 도시와 향촌의 모순이다. 그 이유는 장기간 줄곧 차별적 기능을 발휘하는 도농 이원체제가 존재했기 때문에 향후 한시기, 계속해 개혁을 심화하려면 반드시 이 체제장벽을 해소하고 도시와 향촌사이의 양성 교류를 강화하는 것으로 평화발전을 촉진해야 하기 때문이다.

(2) 조화로운 사회를 구축하려면 도농 이원체제의 개혁이 필요하다. 조화로운 사회를 구축하고 사회의 조화로운 발전을 촉진하는 것은 현재와 향후 한시기 중국 사회발전의 전략적인 목표이다. 여러 가지 사회관계의 조화를 유지해야 만이 비로소 사회의 조화로운 발전을 보장할 수 있고 또 사회의 조화로운 발전이 있어야 만이 사회의 안정하고 지속적인 발전을 보장할 수 있다.

소위 조화로운 사회란 개인과 개인, 개인과 집단조직, 집단과 집단, 개인과 사회, 개인과 자연 등 여러 가지 구조요소 사이의 일종의 균형적이고 합리적이며 양성 상호작용 관계를 유지하는 것을 가리킨다. 조화로운 도시와 향촌 관계는 실제상 사회의 두 개 부문, 두 개 집단 사이의 조화로운 발전관계를 포함한다. 두 개 부문이란 농업과 비농업을 가리키고 두 개 집단이란 도시와 향촌 주민을 가리키기에 도시와 향촌관계의 조화 여부는 조화로운 사회건설과 직접 관계된다.

중국의 현실 국정에서 보면 조화로운 사회건설에 있어서 중점 중의 중점이 바로 도시와 농촌 간의 관계를 합리적으로 처리하는 것이다. 도시와 향촌의 관계가 합리적으로 조절되고 잘 어울려져야 만이 기타 조화롭지 못한 사회관계를 조화로운 방향으로 촉진하고 이끌게 될 것이다. 예를 들면 빈곤, 빈부 격차, 간부와 군중간의 모순 등 사회발전의 조화롭지 못한 요소들은 많든지 적든지 간에 도시와 향촌의 조화롭지 못한 발전과 일정한 관계가 있을 것이다.

그럼 어떻게 해야 만이 도시와 향촌 관계의 조화로운 발전을 실현할 수 있을까? 볼 수 있듯이 우리는 도시와 향촌의 분할 및 대립을 초래한 이원체제를 반드시 개조해야 한다. 이런 체제의 역할로 인해 원래 일체성을 갖고 있던 사회가 인위적으로 분리되고 또 그 사이에 의사소통의 장벽이 세워져 도농 격리와 도농 격차가 초래됐다. 오늘날, 도시와 향촌의 조화로운 관계를 수립하려면 반드시 이 체제의 영향을 바로잡고 이런 도시와 향촌의 이원체제를 힘써 개혁해야 한다.

(3) 사회주의 새농촌을 건설하려면 도농 이원체제의 개혁이 필요하다. 2006년 중앙정부는 사회주의 새농촌 건설을 중국 '3농'문제 해결의 전략적 선택으로 확립했다. 사실 '3농'문제는 근본적으로 농촌사회의 발전문제에 속하기에 '3농'문제를 해결하려면 또 '3농'문제에서 벗어나 '3농'문제 밖에서 새로운 발전경로를 모색해야 한다. 소위 '3농'문제 밖이란 '3농'발전에 영향을 주는 외적 요소 특히 그런 체제상의 장애를 가리킨다.

도농 이원체제의 존재는 농촌사회 발전을 제약하는 외부 메커니즘이다. 농촌은 지속가능하고 장원한 발전을 필요로 하기에 반드시 농업노동력이 질서 있게 비농업 부문으로 전환되도록 확보해야 하지만 도농 이원체제는 제도상에서 이 전변의 행정을 단속하고 제약하고 있다. 때문에 사회주의 새농촌 건설은 농촌건설에만 국한될 것이 아니라 반드시 도농 이원체제를 개혁하고 도시와 향촌의 장벽을 타파하며 도시와 향촌 간의 자유, 효율적인 유동과 합리적인 자원배치를 촉진해야 만이 구조상에서 농촌의 면모를 실질적으로 변화시켜 진정으로 새농촌을 건설할 수 있는 것이다.

제4절

어떻게 도시와 향촌의 이원체제를 개혁할 것인가?

도농 이원체제가 도시와 향촌의 부조화, 불평등 발전 및 농촌사회 발전의 낙후한 체제성과 구조성 원인을 구성했다면, 개혁이란 이 체제도 발전을 촉진하는 필연적인 길이 될 것이다.

도농 이원체제는 일종의 간단한 제도나 정책이 아니라, 다양한 제도성과 구조성 요소가 서로 엇갈려 구성된 복잡한 체제이다. 제도적인 요소에는 주로 여러 가지 정책이나 제도배치가 망라되고 구조적인 요소에는 사람들의 습관적인 관념이나 행위방식이 망라된다. 때문에 도농 이원체제 개혁은 결코 간단한 일이 아니라 간고하고 계통적인 임무라 할 수 있다. 하지만 거시적 차원으로부터 보면 도농 이원체제의 개혁은 아래와 같은 두 가지 면을 경시하고 있다.

(1) 사상 해방, 관념 갱신이다. 도농 이원체제의 구조적 요소는 근본적으로 사람들의 관념문제에 속하는데 그중에는 정책 결정자, 관리자와 대중들의 관념 즉 "도시를 중시하고 농촌을 경시하는" 관념 및 '초안정성'의 관리이념이 망라된다.

"도시를 중시하고 농촌을 경시하는" 관념의 지배를 받아 사람들은 정책, 정책집행, 제도배치 중에서 습관적으로 도시와 농촌을 분리하는데 치우치고 차별적으로 대해 고정적인 도농 분할의 구도 및 자원, 이익분배

유형을 형성했다. 사람들은 이 유형에 따라 의사결정하고 관리할 때 이미 도농 분할과 도농 격차를 당연한 일로 여겼다. 이런 구조성 향·진은 도농 이원구도의 변화를 직접 제한했을 뿐만 아니라 관념상에서 이러한 현황을 변화하려는 사람들의 동기를 제약했다.

"초안정성"의 관리이념은 바로 관리 중에서 사회 안정을 추구할 경우, 행정 강제조치로 관리대상이 한 개 지방에서의 사상을 고집하게 함으로서 사람에 대한 고정이 안정을 실현하는데 유리하다고 인정했다. 도농 이원체제 배후의 관리이념은 바로 이런 생각으로 도시 사람과 농촌 사람을 각기 한 개 지방의 관념으로 고정하게 되었다.

도농 이원체제의 개혁은 사실 제도변화를 실현하는 것으로 제도변화를 실현하려면 먼저 제도변화의 동력을 얻어야 했다. 그럼 제도변화의 동력은 어디에서 오는가? 노스(諾思)는 공평성 관념에 관한 개인과 집체에 대한 의식형태의 영향력을 제도변화의 동태 고찰 속에 포함시켜야 한다고 했다.[141] 이 원리에 근거하면 오직 도농 이원체제에 관한 사람들의 불공평적인 관념이 증강될 때에야 만이 이런 체제개혁에 대한 동력이 증강될 수 있다는 것이다. 이로부터 도농 이원체제 개혁을 추진하려면 이왕의 "도시를 중시하고 농촌을 경시"하는 관념과 "안정을 중시하고 유동을 경시"하는 관념을 변화시키고 업그레이드하는데 대해 중요한 의의를 갖고 있다.

우리는 도농 격리관념의 불합리성, 불공평성 및 기타 소극적인 영향을

---

141 노스, 『경제사의 구조와 변천』, 64쪽.

인식해야 하는 동시에 도농 평등발전, 조화발전의 관념을 수립하고 도농 자유소통, 양성 상호작용의 관념을 확립하며 도시와 향촌의 통일된 계획을 세우고 일체화의 관념을 실현시켜야 한다. 도농 평등발전과 도농 일체화 등 새로운 관념이 사람들의 마음속에 깊이 침투되었을 때만이 도농 이원체제 개혁은 강력한 동력을 갖게 된다.

(2) 제도혁신을 적극 추진한다. 도농 이원체제 개혁의 관건은 제도 혁신에 있기에 도농 분할을 초래한 그런 제도배치에 대해 개혁하고 혁신해야 한다. 구체적으로 말하면 제도혁신의 임무에는 주로 아래와 같은 내용이 포함된다. 첫째, 호적제도의 혁신이다. 호구와 호적제도는 지금까지도 여전히 이원 호구기획이 생산한 도농 격차나 불평등 등 사회적 불평등의 역할을 발휘하고 있다.[142] 모종의 의의에서 말하면 호적제도는 도농 이원체제의 가장 기초이며, 또한 가장 확고한 제도적 기반이기도 하다. 때문에 도농 이원체제의 장벽을 해소하려면 먼저 현행의 호적제도를 개혁하고 호구의 일원화와 자유이전을 실현해 법률적 지위로부터 도시와 향촌의 평등관계를 실현해야 한다. 둘째, 농촌 토지제도의 혁신이다.

현재의 농촌 토지 사용권 제도는 도농 사이에서 자원이 효과적이고 합리적으로 순환하는데 불리할 뿐만 아니라 농촌과 농민들의 발전에도 불리하다. 다만 농촌 경작지 도급, 부지의 유통과 사용제도의 혁신을

---

142   육익룡, 『호구가 아직도 역할을 발휘하는가?-호적제도와 사회계층 및 유동』, 『중국 사회과학』, 2008(1).

통해 도농사이의 소통과 자원이용 효율의 향상은 촉진될 것이다. 셋째, 노동취업 제도의 혁신이다. 입법과 법 집행에 대한 강화를 통해 도시와 향촌의 통일된 노동력시장 메커니즘을 구축하고 완벽히 하며 도농 노동력의 평등기회와 취업자의 평등한 대우를 보호하고 취업의 체제적인 멸시를 해소해야 한다. 넷째, 사회보험보장 제도의 혁신이다. 많은 농촌 주민들이 사회보험, 사회보장의 체제 밖에 처해 있는 것은 도농 분할과 도농 격차를 구성하는 중요한 부분이다. 다섯째, 공공재정과 공공관리체제의 혁신이다. 이원 재정과 공공관리체제는 도농 분할과 발전 격차를 형성하는 근원 중의 하나로서 공공재정과 공공관리체제를 혁신하고 도농의 총괄적인 재정체계를 구축하며 통일된 공공봉사와 관리체계를 구축하고 도시와 향촌 주민들을 위해 균등한 공중위생, 문화교육, 기반시설 등 공공재를 제공함으로서 도농 이원발전 구도 변화에 대해 적극적인 역할을 발휘할 것이다.

종합적으로, 도농 이원체제 사업은 비록 해야 할 일이 매우 많지만 가장 기본적인 임무가 바로 첫째, 도시와 향촌발전의 불평등한 관념을 변화하고 둘째, 도시와 향촌의 불공평한 발전을 초래한 제도배치를 변화하는 것이다.

제5절 요약 :

도농 이원체제의 개혁을 새농촌
건설의 돌파구로 삼아야 한다

도농 이원구도 및 그에 따르는 불균형적인 발전은 중국 현대 행정의 기본국정으로 되었고, 도농 분할, 도농 격차는 사회발전 중의 조화롭지 못한 요소로 되었으며, 또 조화로운 사회건설을 위해 반드시 뛰어넘어야 할 중요한 구조적 장애, 제도적 장애가 되었다. 역사와 사실 경험이 표명하듯이 이원대립의 도농관계는 도농 이원체제로 인해 구축된 것으로서 도농 격차 혹은 도농 갈등은 경제와 사회의 발전과 더불어 자동적으로 해소, 해결되지 않을 것이며, 조화로운 도농 관계, 조화로운 사회도 자동적으로 실현되지 않을 것이다. 때문에 오직 이런 도농체제를 개혁해야 만이 도농 갈등이 완화되고 해소될 수 있으며, 나아가 도농사이의 효율적인 소통과 상호 작용을 촉진할 수 있을 것이다.

개혁개방 30여 년래, 무릇 도시든 아니면 농촌이든 어디를 막론하고 경제체제개혁은 모두 큰 성과를 이룩했다. 유일하게 개혁하지 못했거나 비교적 적게 섭렵한 체제라면 바로 도농 관계와 관련된 도농 이원체제일 것이다. 만약 개혁개방을 한층 더 추진한다 해도 도농체제 개혁은 돌아가기가 어려울 것이다. 현재 및 향후에 중국이 직면한 발전목표와 임무는 조화로운 발전과 지속가능한 발전 및 전반 사회의 발전수준을 업그레이드하는 것이다. 이런 목표를 실현함에 있어서 가장 중요한 역량과 가장 효과적인 경로는 여전히 개혁에 있다. 다만 개혁의 목표가 이미 경제체제가 아니라 도시와 향촌의 사회체제로 되었을 뿐이다. 다시 말하면 우리는 도농 이원체제 개혁을 다음 단계 개혁의 목표로 삼아야 한다는 말이다.

이와 동시에 사회주의 새농촌 건설과정에서 도농 이원체제 개혁을 또 하나의 중요한 돌파구로 삼아야 한다. 오로지 개혁해야 만이 발전을 도모할 수 있다. 농촌경영체제 개혁은 이미 농촌경제의 고속발전을 촉진했지만 도농 분할의 이원체제는 오히려 농촌사회와 농민들의 발전을 심각하게 제약했기에 이러한 체제를 개혁하지 않는다면, 농촌사회와 농민들이 실질적인 발전을 이루기가 매우 어려울 것이다. 때문에 사회주의 새농촌 건설을 이상적인 목표에 도달시키려면 반드시 도농 이원체제 개혁 중에서 돌파구를 찾아야 한다.

물론 도농 체제개혁은 많은 장애와 어려움에 직면하고 개혁의 임무도 간고하고 복잡할 수 있겠지만, 도농 체제를 계속해 다음 단계의 개혁목표로 삼는 것을 견지하고 생각을 자유롭게 하여 관념을 변화하는 것을 통해 힘써 제도를 혁신하고 개혁의 방식으로 직면할 수 있는 여러 가지 어려움과 문제에 대응한다면, 최종적으로 개혁의 성과를 이룩하고 도농 이원구도를 변화해 도시와 향촌의 균등한 발전을 촉진하고 도시와 향촌의 일체화 행정 및 조화사회 건설을 추진할 수 있을 것이다.

참고문헌

참고문헌

Blecher, Marc and Vivienne Shue. 1996. Tethered Deer, Government and Economy in a Chinese County. Stanford, Stanford University Press.

Bourdieu, Pierre. 1993. Sociology in Question. London, Sage.

Chan, Anita, Richard and Jonathhan Unger. 1984. Chen Village, The Recent History of a Peasant Community in Mao's China. Berkeley, University of California Press.

Chao, Kang. 1986. Man and Land in Chinese History, An Economic Analysis. Stanford University Press.

Coale, Ansley J. 1973. "The Demographic Transition", in International Population Conference, 1973,Vol.1.

Comaroff, J.L. & S. Robert. 1981. Rules and Process, The Cultural Logic of dispute in African Context. The University of Chicago Press.

Conley J. & W.M. O'Barr. 1990. Rules versus Relationships. The University of Chicago Press.

Crook, David and Isabel. 1959. Revolution in a Chinese Village, Ten Mile Inn. London, Rutledge & Kegan paul.

Easterlin, Richard A. 1968. Population, Labor Force, and Long Swings in Economic Growth. New York, Columbia University Press.

Eckstein, Alexander. 1977. China's Economic Revolution. Cambridge, Cambridge University Press.

Elvin , Mark. 1973. The Pattern of the Chinese Past. Stanford, Stanford University Press.

Ewick, P.& Susan Silbey. 1998. The Common Place of Law, stories from everyday life. The University of Chicago Press.

Fishbein, M., and I. Ajzen. 1975. Belief, Attitude, Intention and Behavior, An Introduction to Theory and Research. Reading, Massachusetts, Addicon-Wesley.

Fricke, Tom. 1997. "The Uses of Culture in Demographic Research, A continuing Place for Community Studies". in Population and Development Review. 24 (4) 825 - 832.

Friedman, Edward., Paul G. Pickowicz & Mark Selden. 1991. Chinese Village, Socialist State. New Haven, Yale University Prss.

Geertz, Clifford. 1963. Agricultural Involution. University of California Press.

Geertz, Clifford. 1973. The Interpretation of Cultures. New York, Basic Books.

Geertz, Clifford. 1983. The Local Knowledge. New York, Basic Books.

Gray, Jack. 1982. China's New Development Strategy. New York, Academic Press.

Gurley, John. 1976c. China's Economy and the Maoist Strategy. New York, Monthly Review Press.

Hiton, ₩Mliam. 1990. The Privatization of China, the Great Reversal. London, Earthscan Publication Ltd.

Hook, Brain. (eds). 1996. The Individual and the State in China. Oxford, Claredon Press.

Leibenstein, H. 1978. General X-efficiency Theory and Economy Development. New York, Oxford University Press.

Lichtenstein, Peter M. 1991. China at the Brink. Praeger Publisher.

Lippit, Victor, and Mark Selden (ed.) 1982c. The Transition to Socialism in China. Armonk,M.E. Sharpe.

Little,Daniel.1989. Understanding Peasant China, Case studies in the Philosophy of Social Science. New Haven, Yale University Press.

Madsen, Richard. 1984. Morality and Power in a Chinese Village. Berkeley, University of California Press.

Merry, S.E. 1990. Getting Justice and Getting Even. The University of Chicago Press.

Migdel, Joel. 1988. Strong Society and Weak State, State-Society Relations and State Capabilities in the Third World. Princeton, New Jersey, Princeton University Press.

Moody, Peter. 1988. Political Opposition in Post Confucian Society. New York, Praeger.

Myers, Ramon. 1970. The Chinese Peasant Economy ,Agricultural Development in Hopei and Shantung, 1890 - 1949. Cambridge, MA, Harvard University Press.

Nee, Victor.1991."Social Inequalities in Reforming State Socialism , Between Review and Market in China", in American Sociological Review 1991 , 56 , 267-282.

Newman, S. H. and D. Thompson, eds. 1976. Population Psychology. DHEWPublication. No. (NIH) 76-574.

Nolan, Peter. 1988. The Political Economy of Collective Farms. Boulder,Westview Press.

Nolan, Peter, (eds). 1986. Rethinking Socialist Economics. Cambridge, UK, Polity Press.

Oi, Jean C. 1989c. State and Peasant in Contemporary China, the Political Economy of Village Government. Berkeley, University of California Press.

Parish, William (eds) .1985. Chinese Rural Development. New York, M.E. Sharpe.

Pasternak, Burton. 1972. Kinship and Community in Two Chinese Villages. Stanford University Press.

Perkins, Dwight H. & Yusurf. 1984. Rural Development in China. John Hopkins University Press.

Perry, Elizabeth J. 1980. Rebels and Revolutionaries in North China, 1845-1945. Stanford, California, Stanford University Press.

Popkin, Samuel. 1979. The Rational Peasant, The Political Economy of Rural Society in Vietnam. University of California Press.

Potter, S. & M. Jack. 1989. China's Peasants, The Anthropology of a Revolution. Cambridge University Press.

Rogers, H. & E. Lewis. 1974. 'Political Support and Compliance Attitude', in American Politics Quarterly. 2,61-77.

Sarat, S.. 1975. "Support for the Legal System, An Analysis of Knowledge, Attitudes, and Behavior", in American Politics Quarterly. 3,3-24.

Scott, James C. 1976. The Moral Economy of the Peasant, Rebellion and Subsistence in Southeast Asia. Yale University Press

Scott, James, 1976, The Moral Economy of the Peasant, New Heaven, Yale University Press.

Selden, Mark. 1982c. The Political Economy of Chinese Socialism. New York, M. E_ Sharpe.

Selden, Mark. 1993c. The Political Economy of Chinese Development. Armonk, New York, M. E. Sharpe.

Shue, Vivienne. 1988c. The Reach of State, Sketches of the Chinese Body Politics. Stanford, California, Stanford University Press.

Skinner, William eds. 1977. The City of Late Imperial China. Stanford University Press.

Tang, Anthony. 1979. "China's Agricultural Legacy". In Economic Development and Cultural Change. Vol.1,1-22.

Tyler, T.. 1990. Why People Obey the Law. Yale University Press.

Walker, D.. 1972. 'Contact and Support, an Empirical Assessment of Public Attitudes towards the Police and Court", in North Carolina Law Review. 51,43-78.

Yang, C.K. 1959. A Chinese Village in Early Communist Transition. Cambridge, MIT Press.

Yang, Martin. 1967. "The family as a primary economic group", in George Dalton eds. Tribal and Peasant Economies. The Natural History Press.

[미] 로베르토 웅거(Roberto Mangabeira Unger), 『현대사회 중의 법률』, 남경,

역림출판사(译林出版社), 2001.

[미] 오쿤(Okun), 『평등과 효율』, 북경, 화하출판사(华夏出版社),1999.

[미] 게리 베커(Gary Stanley Becker), 『가정경제분석』, 북경, 화하출판사, 1987.

[미] 도널드 블랙(Donald Black), 『법률의 운행행위』, 북경,

중국정 법대학출판사, 1994.

[미] 보즈(Boz), [영] 셔먼(Sherman), 『출산과 사회』, 천진, 천진인민출판사.

[프] 피에르 부르디외 (Pierre Bourdieu), 『문화자본과 사회 연금술』,

상해, 상해인민출판사, 1997.

둥즈카이(董志凯) 편, 『1949-1952년 중국경제분석』,

북경, 중국사회과학출판사, 1996.

[미] 프래신짓트 두아라(Prasenjit Duara), 『문화, 권력과 국가, 1900-1942년의

화북농촌』, 남경, 쟝수인민출판사, 1996.

페이샤오통(费孝通), 『학술의 자술과 반성』, 북경, 삼련서점(三联书店), 1996.

페이샤오통, 『진실한 배움 탐구의 기록』, 북경, 북경대학출판사, 1998.

[영] Raymood Firth, 『이문유형』, 북경, 상무인서관(商务印书馆), 1991.

구바오창(顾宝昌)편, 『사회인구학의 시야』, 북경, 상무인서관, 1992.

국가통계국, 『중국통계연감, 2007』, 북경, 중국통계출판사, 2007.

허빙리(⊠⊠隶), 『1368-1953중국인구 연구』, 상해, 상해고적출판사, 1989.

황종즈(黄宗智), 『화북의 소농경제와 사회의 변천』,

북경, 중화서국(中华书局), 1986.

황종즈, 『창장삼각주 소농가정과 향촌의 발전』, 북경, 중화서국, 1992.

황종즈, 『중국농촌의 과도한 밀집화와 현대화, 규범인식위기 및 출로』,

상해, 상해사회과학원출판사, 1992.

리루루(李路路), 『구조조정사회에서의 사영기업주』, 북경,

중국인 민대학출판사, 1998.

리페이린(李培林), 『농민의 종결-평황촌의 이야기』, 북경, 상무인서관, 2004.

리챵(李强), 홍다융(洪大用), 『시장경제, 발전차이와 사회공평』,

하얼빈, 흑룡강인민출판사, 1995.

리인허(李银河), 『생육과 촌락문화』, 북경, 중국사회과학출판사, 1994.

[프] 클로드 레비 스트로스 (Claude Levi Strauss), 『구조인류학』,

북경, 문화 출판사, 1989.

린이푸(林毅夫), 『제도, 기술과 중국농업발전』, 상해,

상해삼 련서점(上海三联书店), 1994.

린이푸, 『제도, 기술과 중국농업발전에 대한 재론』, 북경,

북경대학출판사, 2000.

류스딩(刘世定), 후이옌(胡翼燕), 『행위의 동일성 경향과 인구 규모』,

북경, 중국인구출판사, 1993.

천이룽(陆益龙), 『호적제도, 제어와 사회차별』, 북경, 상무인서관, 2003.

천이룽, 『인간성정치와 촌락경제의 변천-안훼이 샤오캉촌 조사』,

상해, 상해인민출판사, 2007.

[미] Lenski, G. E., 『권력과 특권, 사회분층의 이론』, 항주,

절강인민출판사, 1998.

[영] 말리노프스키(Malinowski.B.), 『양성사회학』, 상해,

상해문화출판복사본, 1989.

[영] 말리노프스키, 『개화하지 못한 사람들의 연애와 혼인』,

상해, 상해문예출판사, 1990.

마우(马戊), 『티베트의 인구와 사회』, 북경, 통신출판사, 1996.

마샤(马侠), 왕웨이즈(王维志), 『중국 성진(城镇) 인구 이전』,

북경, 중국인구출판사, 1994.

『모택동선집』, 북경, 인민출판사, 1966.

[프] Mendras, H., 『농민의 종말』, 북경, 중국사회과학원출판사, 1991.

[미] Joel S. Migdal., 『농민, 정치와 혁명, 제3세계정치와 사회변혁의 압력』,

북경, 중앙편역출판사, 1996.

[미] R.K.Robert King Merton., 『논리론 사회학』, 북경, 화하출판사, 1990.

[미] 더글러스 노스 (Douglass Cecil North), 『경제사 중의 구조와 변천』,

상해, 상해삼련출판사, 상해인민출판사, 1997.

[미] 로스코 파운드(Roscoe Pound), 『법률을 통한 사회통제』, 북경,

화하출판사, 1987.

펑시저(彭希哲), 다이싱이(戴星翼)편, 『중국농촌 사회구역 생육문화』,

상해, 화동사범대학출판사, 1996.

[러] Chayanovan, 『농민경제조직』, 북경, 중앙편역출판사, 1996.

[미] 시어도어 슐츠(Theodore W. Schultz), 『전통 농업에 대한 개조』,

북경, 상무인서관, 1987.

[미] G.William Skinner, 『중국농촌의 시장과 사회구조』,

북경, 중국사회과학출판사, 1998.

[영] 애덤 스미스(Adam Smith), 『국민재부의 성질과 원인의 연구』,

북경, 상무인서관, 1997.

쑤리(苏力), 『법을 농촌에 보내다』, 북경, 중국정법대학출판사, 2000.

왕춘광(王春光), 『사회유동과 사회의 재구조』, 항주, 절강인민출판사, 1995.

왕밍밍(王铭铭), 『사회인류학과 중국연구』, 북경, 삼련서점, 1997.

왕밍밍 편, 『향토사회중의 질서, 공정과 권위』, 북경,

중국정법대학출판사, 1997.

[독] 막스 베버 (Max Weber), 『프로테스탄티즘 윤리와 자본주의 정신』,

북경, 삼련서점, 1987.

[독] 막스 베버 (Max Weber), 『경제와 사회』, 북경, 상무인서관, 1997.

예원전(叶文振), 『어린이 수요론, 중국 어린이의 원가와 효용』,

상해, 복단대학(复旦大学)출판사, 1998.

장중리(张仲礼), 『중국신사』, 상해, 상해사회과학원출판사, 1991.

자오궈화(赵国华), 『생식숭배문화』, 북경, 중국사회과학출판사, 1991.

정항성(郑杭生)편, 『당대 중국농촌사회 구조조정의 실증연구』,

북경, 중국인민대학출판사, 1996.

정항성, 리챵(李强) 등, 『사회운행머리말-중국특색이 있는 사회학 기본이론에

대한 탐색』, 북경, 중국인민대학출판사, 1993.

중국사회과학원인구소편, 『중국인구 이전과 도시화』,

북경, 북경경제학원출판사, 1989.

저우치런(周其仁), 『농촌개혁과 중국발전』, 홍콩, 옥스퍼드대학출판사, 1994.

저우싱(周星), 왕밍밍 편, 『사회문화인류학 강연집』, 천진,

천진인민출판사, 1996.

쫭잉장(庄英章), 린피부(輪圮埔), 『타이완 한 개 시진의 사회경제발전사』,

대북, '중앙연구원'민족학사, 1977.

번잡한 도시의 생활은 결코 나의 신분에 화려한 변화를 가져다주지 못했다. 상아탑 속에서 뒷바라지를 하는 부모님을 잊은 적이 없다. 환갑 나이의 연로한 어머니는 여전히 자식의 권고도 마다하고 공터에서 부지런히 텃밭을 가꾸고 있다. …… 어머니한테서 나는 중국 농민들의 근면함과 소박함과 강인함을 볼 수 있었다. 그들은 나의 시선을 중국 농민과 농민의 문제에 집중하게 하였다. 이 책은 '3농' 문제에 대한 오랜 사고의 성과이며 낳아주고 키워준 토지에 대한 깊은 사랑이다.

소년시기에 겪은 일들과 기억 속에 남아있는 기억들은 내가 농촌에 대하여 연구를 할 수 있는 원동력이었고 연구의 이론과 방법의 원천이었다. 어린 시절에 농업생산과 농촌생활에 대한 직접적인 접촉은 농민과 농촌문제에 특별한 감정과 독특한 이해를 가지게 하였다. 나의 박사논문은 중국 호구제도에 대한 연구였는데 당시 연구의 중점은 농민과 농촌의 발전문제였다. '농촌'을 벗어난 농민의 후대로서 나는 학문적 이치의 각도로 이런 제도가 많은 농민들에 대하여 공정하지 못하다는 것을 설명하려 한다. 2006년 나는 새로운 농촌건설연구에 관한 국가의 사회과학

연구기금을 신청하였다. 나는 안훼이 샤오캉촌과 환동(皖东) T촌의 경험에 대한 연구의 기초에서 새로운 농촌건설의 이론과 실천문제에 대하여 초보적인 조사를 하였으며 그 후로 『북경대학학보』, 『중국인민대학학보』 및 『장하이학간(江海学刊)』에 조사에 관한 논문들을 발표하였다. 본 저서에서는 이런 연구들의 성과들을 깊이 있게 확장하였다.

이 책의 원고가 완성될 즈음 나의 박사 후 과정 지도교수인 정항성 교수님께서 흔쾌히 머리말을 써주셨다. 정 교수님께서는 머리말에 고무 격려하는 말씀을 해주셨는데 이러한 말씀들은 앞으로 내가 나아갈 원동력이 될 것이다. 수년 동안 정 교수님께서는 빈틈없이 국가경제와 국민생활에 관심을 두시며 가르침을 주셨다. 정 교수님은 나의 학술과 인생의 거울이시다.

가족의 관심과 도움은 나를 계속해서 앞으로 나아가게 하였다. 특히 아내 위민(俞敏)과 사랑하는 장자 루량(陆亮)의 이해와 지지가 있었기에 나는 나의 학문에 몰두할 수 있었고 큰 발전을 가져올 수 있었다.

중국인민대학출판사의 판위(潘宇)박사님과 책임편집 자오젠룽(赵建荣),

수샤오메이(徐曉梅)는 본 저서의 출간을 위해 많은 노력을 하였는데 그들에게 진심으로 고마움을 전한다.

마지막으로 본 저서의 연구와 출판에 아낌없는 지지를 보내 준 국가사회과학연구기금항목(06BSH012), 2008년 교육부 "새 세기 우수인재 지지계획", 북경시 사회과학출판기금과 중국인민대학과학연구기금 중점항목(08XNA008)에 고마움을 전한다.

기축년 2월 26일

스위원(時雨園)에서